普通高等教育"十三五"规划教材

操作系统原理与实践

主　编　曾宪权　冯战申　章慧云

電子工業出版社.

Publishing House of Electronics Industry

北京·BEIJING

内 容 简 介

操作系统是计算机系统的核心和灵魂，是其他软件运行的支撑环境，其性能的优劣直接影响整个计算机系统的性能。本书采用理论与实践相结合的方式，系统地介绍了现代操作系统的经典理论和最新应用技术，选择具有代表性的主流操作系统 Linux 和 Windows 作为案例贯穿全书。

全书共分 8 章，基本覆盖了操作系统的基本概念、设计原理和实现技术，尽可能系统、全面地介绍了现代操作系统的基本原理和实现技术。其中，第 1 章介绍操作系统的概念、发展历史、操作系统结构和设计的相关问题；第 2 章讨论操作系统的工作环境和用户界面；第 3 章和第 4 章详细阐述处理器管理、进程同步、通信机制及死锁；第 5 章～第 7 章分别介绍操作系统的存储管理、文件管理和设备管理功能；第 8 章分析操作系统的安全和保护问题。

本书可作为高等学校计算机科学与技术、软件工程及其相关专业本科、专科学生的教材，也可作为考研、考证参考书，还可以作为从事计算机工作的科技人员学习和开发用书。

图书在版编目（CIP）数据

操作系统原理与实践 / 曾宪权，冯战申，章慧云主编 . —北京：电子工业出版社，2016.2
普通高等教育"十三五"规划教材

ISBN 978-7-121-27846-4

Ⅰ．①操… Ⅱ．①曾… ②冯… ③章… Ⅲ．①操作系统—高等学校—教材 Ⅳ．①TP316

中国版本图书馆 CIP 数据核字（2015）第 300423 号

策划编辑：袁　玺
责任编辑：郝黎明
印　　刷：三河市华成印务有限公司
装　　订：三河市华成印务有限公司
出版发行：电子工业出版社
　　　　　北京市海淀区万寿路 173 信箱　邮编　100036
开　　本：787×1 092　1/16　印张：20　字数：512 千字
版　　次：2016 年 2 月第 1 版
印　　次：2016 年 2 月第 1 次印刷
定　　价：42.00 元

凡所购买电子工业出版社图书有缺损问题，请向购买书店调换。若书店售缺，请与本社发行部联系，联系及邮购电话：(010) 88254888。

质量投诉请发邮件至 zlts@phei.com.cn，盗版侵权举报请发邮件至 dbqq@phei.com.cn。

服务热线：(010) 88258888。

前言

  操作系统课程是高等学校计算机科学与技术、软件工程专业的核心课程，也是网络工程、信息安全和自动化等专业学生必须学习和掌握的基础课程。该课程在计算机软硬件课程的设置上起着承上启下的作用，也是打好软件基础的课程，其内容涉及理论、算法、技术和实现等，集成了程序设计知识、数据结构、计算机组成和体系等多种不同门类的计算机专业知识，在整个计算机专业课程体系中扮演着核心角色。因此，操作系统知识的学习对于从事计算机技术的人员来说是非常重要的。但是，在教学实践中，可以发现学生学习和理解这门课程有一定的难度，其原因主要有以下几点。

  （1）操作系统是计算机硬件上的第一层软件，负责管理计算机资源，为其他软件提供运行环境，其涉及计算机软、硬件的诸多知识。

  （2）课程内容较抽象。尽管大家使用计算机时都要与操作系统交互，但是对什么是操作系统、操作系统能够做什么及怎样做等问题并不是很清楚，因而对操作系统倍感抽象、费解。

  （3）发展变化快。计算机操作系统在用户需求的推动下，随着计算机体系的发展而不断发展，是计算机软件中变异、更新最快的软件，因而加重了学生的学习难度。

  为了解决这些问题，提高操作系统课程的教学质量，在广泛汲取国内外优秀教材和研究成果的基础上，借鉴、参照 ACM/IEEE-CS2002 和 CCC2002 中操作系统课程教学的相关内容，结合多年操作系统课程的教学经验，编者编写了本书。本书采用"理论—技术—实践"的体系来安排教学内容，以降低问题难度，提高学生学习兴趣，培养学生实践能力和创新意识。与国内相关书籍相比，本书具有以下特点。

  （1）理论联系实际。本书将操作系统原理讲解和实际操作系统结合起来，在介绍原理之后，给出了该原理在实际商用操作系统中的应用，从而把理论与实践有机地结合起来，使抽象的理论更利于理解和消化，提高了学生的学习兴趣。

  （2）实践性强。本书结合教学内容提供了相关编程实例和技术，给出了部分程序的完整 C 语言代码，精选了部分与课程内容相关的实验。每个实验都给出了相关背景知识。读者通过阅读这些背景知识，基本上可以完成这些实验。通过完成这些实验，一方面可以加深读者对操作系统原理的理解，另一方面可以提高学生系统程序设计和分析的能力。

  （3）内容新颖。本书在选材过程中，根据现代操作系统的发展要求，选择最近几年出现的新思想、新概念、新技术，在一定程度上反映了操作系统的发展方向，以提高学生适应迅速变化的操作系统发展的能力，了解操作系统的发展趋势，培养学生的创新能力。

  （4）适用面广。本书做到了理论与实践的有机结合，既讲述了操作系统的基本原理，又介绍了相关的编程知识和技术，既可以作为教材使用，又可以作为计算机工程人员的参考用书。

  （5）便于教学和自学。本书每章都给出了学习要求和建议，课后精选大量习题来巩固课程内容，给出了一些扩展阅读材料，利于教师教学和读者自学。

全书共分 8 章，基本上涵盖了现代操作系统的基本概念、设计原理和实现技术。第 1 章介绍操作系统的概念、功能、特征、发展历史和结构；第 2 章分析操作系统的工作环境和操作系统提供的服务和接口；第 3 章～第 7 章分别介绍了处理器管理与调度、进程同步和死锁、存储管理、文件管理和 I/O 管理；第 8 章叙述了操作系统与计算机系统的安全和保护问题。

本书以普通高校计算机科学与技术及其相关专业本、专科学生为主要对象，也可以作为自学和考研参考书。由于各高校的不同专业教学安排要求和教学时间有一定的差别，因此，在本书教学内容上可酌情进行取舍。如果课时较充分，则可以讲授全部内容，并安排上机实践来完成实验。如果课时较少，则可讲授每章的基本内容，实验可作为学生的作业。为检查学习效果，每章后留有习题和相应的实验，读者可根据实际需要选择使用。

本书是许昌学院精品课程建设教材，由曾宪权、冯战申、章慧云担任主编，邱颖豫、鄢靖丰参编。具体分工如下：第 1 章由邱颖豫编写，第 2 章～第 5 章由曾宪权编写，第 6 章和第 7 章由冯战申编写，第 8 章由鄢靖丰编写。本书部分章节引用了一些中、英操作系统教材、著作及网络资源，在此向各位作者表示衷心的感谢。

由于编者水平有限，加之时间仓促，书中疏漏和错误之处在所难免，真诚希望各位读者批评指正。编者联系信箱：xianquanzeng@126.com。

编　者

目 录

第1章

操作系统概论

目标和要求

◆ 了解操作系统在整个计算机系统中的地位。
◆ 理解和掌握操作系统的概念和作用。
◆ 理解现代操作系统的特征和功能。
◆ 了解操作系统的发展历程及发展趋势，从而理解计算机技术发展的推力及发展趋势。
◆ 掌握批处理系统、分时系统和实时系统的特点，能够区分不同类型的操作系统。
◆ 了解操作系统的设计目标，熟悉操作系统的设计结构。

学习建议

本章是操作系统课程的总论，涉及内容比较多，也比较抽象和枯燥，因此，学习中应加强对基本概念的理解，结合 Windows 和 UNIX/Linux 等商用操作系统的发展历程来理解整个操作系统的发展，进而理解操作系统的概念、作用和特点，明白"什么是操作系统"、"操作系统能做什么"等。

操作系统是计算机系统中最重要的系统软件，它管理整个计算机系统的软、硬件资源，是其他软件和程序的运行基础，是用户与计算机硬件的桥梁。由于应用领域的不同，各种操作系统有着不同的设计目标和要求，但这些操作系统仍然有一些共性。

本章分析了操作系统在计算机系统中的地位和作用，回顾了操作系统的发展历史，介绍了现代操作系统的特征和功能，并对支持操作系统的硬件环境及操作系统设计等相关问题做了综合性讨论，为进一步学习操作系统理论奠定了良好的基础。

1.1 概　述

1.1.1　操作系统的地位

现代的大多数计算机系统是以数学家约翰·冯·诺依曼等在 20 世纪 40 年代末期提出的"存储程序控制"的原理为基础的。它能够按人的要求接收和存储信息，自动进行数据处理和计算，并输出结果。因此，计算机系统要提供基本的组件，以组成计算机系统赖以工作的实体。这些组件包括

1

中央处理器（Central Processing Unit，CPU）、存储器、输入和输出设备等，它们给用户提供了基本的计算资源，用户可以借助这些资源来完成自己的计算任务。由于计算机系统每类硬件资源都有不同的物理特性，需要采用不同的操作方式，使用起来非常不方便。为了正确使用计算机系统，屏蔽硬件的差异，需要编写程序来管理计算机的所有部件。计算机系统中使用的各种程序称为计算机软件。有了软件，计算机才可以对信息进行存储、处理和检索，检查文档拼写错误，玩儿探险游戏，处理许多有意义的事情。因此，现代计算机系统是硬件和软件的有机统一体，硬件是计算机的"躯体"，软件是计算机的"灵魂"，软件能充分发挥硬件潜能和扩充硬件功能，完成各种系统及应用任务。

根据软件在计算机系统中所起的作用不同，计算机软件大致可分为系统软件和应用软件。通常，一个完整的计算机系统可以粗略分成计算机硬件、操作系统、系统软件和应用程序四个层次。

图 1-1 给出了计算机系统的软硬件层次结构。其中，每一层具有一组功能并提供相应的接口，接口对内层掩盖了实现细节，对外层提供了使用约定。

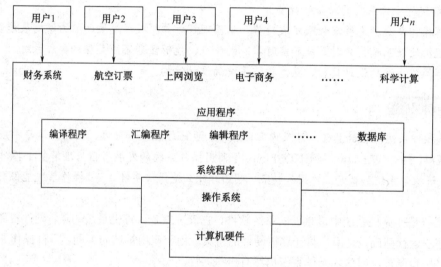

图 1-1　计算机系统的层次结构

计算机硬件层提供基本的可计算性资源，包括具有一组指令的处理器、可被访问的寄存器和存储器，可被使用的各种 I/O 设施和设备。这些设施和设备是操作系统和上层软件赖以工作的基础，也是操作系统设计者可以使用的资源。

操作系统层是硬件层上的第一层软件，是对硬件所做的首次扩充和改造，主要完成资源的调度和分配、信息的存取和保护、并发活动的协调和控制等。操作系统是上层软件运行的基础，为编译程序、编辑程序、数据库系统等的设计者提供了有力支撑。在计算机系统的操作过程中，操作系统提供了正确使用计算机资源的方法。

系统程序层建立在操作系统改造和扩充过的机器上，提供了扩展指令集，实现各种语言处理程序、数据库管理系统和其他系统程序的作用。此外，它还提供了种类繁多的实用程序，如链接装配程序、库管理程序、诊断排错程序、分类/合并程序等供用户使用。

应用程序层用来解决用户的不同应用要求，如娱乐、办公等。通过使用操作系统提供的支撑环境，应用程序开发者可以借助各种程序设计语言来快捷、方便地开发各种应用程序，满足用户的应用要求，而不需要考虑计算机系统硬件的差异。

因此，可以认为，在整个计算机系统中，操作系统和硬件组成了一个运行平台，其他软件都运行在这个平台上。

1.1.2 操作系统的目标

计算机发展到今天，从个人机到巨型机，无一例外地都配置了一种或多种操作系统，操作系统已经成为现代计算机系统不可分割的重要组成部分。配置操作系统的主要目标如下。

（1）方便用户使用。操作系统提供良好的、一致的用户接口，弥补硬件系统的类型和数量差别，使计算机系统使用起来十分方便。

（2）扩大机器功能。操作系统是计算机硬件上的第一层软件，应该能够改造硬件设施，扩充机器功能。

（3）管理系统资源。操作系统管理和分配硬件、软件资源，合理地组织计算机的工作流程。

（4）提高系统效率。操作系统应该充分利用计算机系统的资源，保持 CPU 和 I/O 设备的繁忙，提高计算机系统的效率和吞吐量。

（5）构筑开放环境。操作系统应该构筑一个开放环境，主要指：遵循有关国际标准；支持体系结构的可伸缩性和可扩展性；支持应用程序在不同平台上的可移植性和可互操作性。开放性已成为计算机技术的核心问题，也是一个新的系统或软件能否被应用的重要依据。

1.1.3 操作系统的作用

大多数计算机用户有过一些使用操作系统的体验，但要准确地给出操作系统的定义却很困难，部分原因在于用户可以从不同的角度来观察操作系统。一般来说，操作系统在计算机系统中的作用可以从以下几个方面来理解。

1. 操作系统是用户与计算机硬件之间的接口

为了使用计算机来完成自己的任务（如娱乐、游戏、科学计算等），用户需要通过操作系统来使用这些计算机系统的资源。因此，从用户的角度来看，操作系统是其与计算机硬件之间的一个接口。通过这个接口，用户能够使用不同的界面（如 Windows 的图形用户界面和控制台方式）方便、快捷、安全、可靠地操作计算机硬件来完成自己的计算任务。图 1-2 给出了操作系统作为用户接口时的示意图。

2. 操作系统为用户提供了扩展计算机

在机器语言上，计算机的体系结构是原始的且编程是很困难的，尤其是输入和输出操作。例如，当用户使用磁盘来进行 I/O 操作时，用户必须了解磁盘的各种参数（如磁盘的扇区数、物理介质的记录格式等）。显然，这对程序员的编程造成了相当的困难，而对一般的程序员来说，他们并不想涉足磁盘编程的细节，需要的是一种简单的、高度抽象的、可以与之交互的设备。这就需要采用软件技术使硬件的复杂性和用户隔离开来，给用户提供一个更好的使用计算机设备的接口，这种软件就是操作系统。操作系统隐藏了计算机硬件的底层特性，给用户提供了一个扩展的计算机系统，使用户能够实现处理器的管理、存储空间的分配和管理、输入和输出设备的控制和管理等。

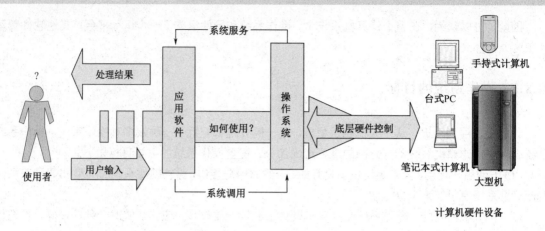

图 1-2　操作系统接口示意图

　　每当在计算机上安装一层软件时，提供了一种抽象，系统的功能就会增加一些，使用就更加方便，用户可用的运行环境就更好。所以，当计算机上安装了操作系统后，便为用户提供了一台功能显著增强、使用更加方便、效率明显提高的扩展机器。它比底层硬件的功能更强，更易于编程和使用。

3．操作系统是计算机系统的资源管理者

　　在计算机系统中，能分配给用户使用的各种硬件和软件设施总称为资源。资源包括两大类：硬件资源和信息资源。其中，硬件资源分为处理器、存储器、I/O 设备等，I/O 设备又分为输入型设备、输出型设备和存储型设备；信息资源则分为程序和数据等。操作系统的重要任务之一是有序地管理计算机中的硬件、软件资源，跟踪资源使用状况，满足用户对资源的需求，协调各程序对资源的使用冲突，为用户提供简单、有效的资源使用方法，最大限度地实现各类资源的共享，提高资源利用率，使得计算机系统的效率有了很大提高。

　　资源管理是操作系统的一项主要任务，而控制程序执行、扩充其功能、屏蔽使用细节、方便用户使用、组织合理工作流程、改善人机界面等都可以从资源管理的角度理解。

　　通过上面的介绍，大家知道操作系统是计算机系统中最重要的系统软件，是其他程序运行的基础。到底什么是操作系统，它应该具有哪些功能，现在还没有一个完整的定义，结合上面的介绍，可把操作系统定义如下：操作系统是控制和管理计算机硬件和软件资源，合理地对各种资源进行分配和调度，规范计算机工作流程，方便用户使用的程序的集合。

　　操作系统是计算机系统的基础软件，它常驻内存，给用户程序提供了支撑环境，所以，操作系统有哪些成分变得非常重要。一个比较公认的定义是，**操作系统**是一直运行在计算机上的系统程序（通常称为**内核**），其他程序则为应用程序，运行在操作系统提供的良好环境中，因此，操作系统类似于政府，它本身并不能实现任何有用的功能，只是提供了一个其他程序进行工作的环境。

1.1.4　操作系统的特征

　　尽管现在的操作系统种类繁多，功能差别很大，但它们仍然具有一些共同的特征，如操作系统具有并发性、共享性、虚拟性和异步性。

1. 并发性

并发性是指两个或多个事件或活动在同一时间间隔内发生。操作系统是一个并发的系统，并发性是它最重要的特性。操作系统的并发性是指计算机系统中同时存在若干个运行的程序，这些程序在执行时间上重叠。并发性能够消除计算机系统中各个部件之间的相互等待，有效地改善了系统资源的利用率，提高了系统的吞吐量和系统效率。例如，一个程序等待 I/O 时，它会让出 CPU，操作系统调度另一个程序占有 CPU 运行，即在程序等待 I/O 时，CPU 不会空闲，使得多个 I/O 设备可同时进行输入和输出，也使得设备 I/O 和 CPU 计算同时进行，这就是并发技术。

尽管并发能有效改善资源的利用率，但会引发一系列的问题，使操作系统的设计和实现变得复杂，如程序之间如何切换、协调等问题，操作系统必须具有控制和管理各种并发活动的能力，保证各程序的正确执行。在计算机系统中，并发实际上是一个物理 CPU 在若干个程序之间的多路复用，它与并行性不同。并行性是指两个或两个以上事件或活动在同一时刻发生。可见，并行的事件或活动一定是并发的，但并发的事件或活动未必是并行的，并行性是并发性的特例，而并发性是并行性的扩展。实现并发性的关键技术之一是如何对系统内的多个程序进行切换，这涉及进程调度问题。

2. 共享性

共享性是现代操作系统的另一个重要特征。共享是指系统中的硬件和软件资源不再为某个程序独占，而是供多个用户共同使用。资源共享的方式有如下两种。

（1）互斥访问。系统中的某些资源，如打印机、磁带机等，它们虽然可以提供给多个程序使用，但在同一时间段内只允许一个程序访问这些资源，即要求互相排斥地使用这些资源。

（2）同时访问。计算机系统中有些资源允许同一时间内多个程序对它们进行访问。典型的可同时访问的设备是磁盘，各种可重入程序也可被同时访问。

并发性和共享性是现代操作系统最基本的两个特征，两者是互为存在条件的。资源共享是以程序的并发为条件的，若系统不允许程序并发执行，则自然不存在资源共享问题。若系统不能对资源共享实施有效的管理，则必将影响到程序的并发执行，甚至无法并发执行。

3. 虚拟性

虚拟性是指操作系统采用的一种管理技术，它把一个物理上的实体变为若干个逻辑上的对应物，或者把物理上的多个实体变成逻辑上的一个对应物。显然，物理实体（前者）是实际的，而后者是虚拟的。采用虚拟技术的目的是给用户提供一个易于使用、高效的操作环境。在现代计算机系统中，操作系统通过共享计算机的硬件资源来实现虚拟设备，如图 1-3 所示。

4. 异步性

在多道程序环境下，允许多个进程并发执行，但由于竞争资源等因素的限制，使进程的执行不是"一气呵成"，而是以"走走停停"的方式运行的。也就是说，在多道程序环境下，程序的执行是以异步方式进行的。每个程序在何时执行，多个程序间的执行顺序及完成每道程序所需的时间都是不确定和不可预知的。在操作系统中，不确定性有如下两种含义。

（1）程序执行结果是不确定的，即程序是不可再现的。

（2）程序在何时执行，多个程序的执行顺序及每个程序的完成时间都是不确定的，因而也是不可预知的。

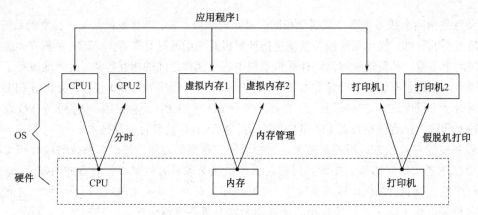

图 1-3　操作系统虚拟技术的工作原理

异步性是现代操作系统的重要特征。操作系统运行在一个随机的环境中，但这并不能说明，操作系统不能很好地控制资源的使用和程序的运行，而只是强调操作系统的设计和实现要考虑各种可能性，以便稳定、高效、可靠、安全地达到程序并发和资源共享的目的。

1.1.5　操作系统的功能

操作系统的主要任务是为多道程序的运行提供良好的运行环境，保证多道程序的高效运行，提高资源的利用率和方便用户的使用。为实现上述目标，现代操作系统应具有以下几项功能。

1. 处理器管理

处理器是计算系统中最重要的资源，各种程序最终都要在处理器上执行，因此，必须尽可能地提高处理器的利用率。为了提高处理器的利用率，现代操作系统采用了多道程序设计技术。当一个程序因等待某一条件而不能运行时，就把处理权交给另一个可以运行的程序。或者，当一个比当前运行程序更重要的程序到达时，它应该抢占当前程序占用的 CPU。为了描述多道程序的并发执行，操作系统引入进程或线程的概念来描述程序的动态执行过程。处理器的分配和调度都是以进程或线程为基本单位的，因而，处理器的管理可归结为对进程或线程的管理。操作系统负责下列进程管理的活动。

（1）创建或删除用户进程和系统进程。

（2）暂停或重启进程。

（3）提供进程同步机制。

（4）提供进程通信机制。

（5）提供死锁处理器制。

2. 存储管理

内存是现代计算机系统的中心，是可以被 CPU 和 I/O 设备共同访问的数据仓库。内存通常是 CPU 直接寻址和访问的、唯一的大容量存储器。例如，如果 CPU 要处理磁盘中的数据，那么这些数据必须通过 CPU 产生的 I/O 调用并传送到内存中。同样，如果 CPU 需要执行指令，则这些指令必须在内存中。如果一个程序要执行，则它必须先映射成绝对地址并装入内存。随着程序的执行，进程可以通过产生绝对地址来访问内存中的程序指令和数据。程序运行结束时，其内存空间得以释放，下一个程序可以被装入并执行。

为了改善 CPU 的利用率和计算机对用户的响应速度，必须在内存中保留多个程序。内存管理方法很多，不同算法的效能和特定环境有关。某一特定系统的内存管理方法的选择取决于多种因素，尤其是系统的硬件设计。每个算法都要求有特定的硬件支持。操作系统负责下列内存管理活动。

（1）记录内存的哪些部分正在被使用及被谁使用。

（2）当内存空间可用时，决定哪些进程可以装入内存。

（3）根据需要分配和释放内存空间。

（4）确保在多道程序环境下，各个程序的运行只在自己的内存空间中运行，互不干扰。

（5）当内存空间不足时，采取何种策略扩展逻辑内存。

3．设备管理

计算机系统中的设备有着不同的物理特性，为了方便用户使用设备，操作系统提供了设备管理功能来隐藏特定设备的硬件特质。操作系统的设备管理的主要任务是管理各类外部设置，完成用户提出的 I/O 请求，加快 I/O 信息的传送速度，发挥 I/O 设备的并行性，提高 I/O 设备的利用率，以及提供各种设备的驱动程序和中断程序，方便用户的使用。为此，设备管理应具有以下功能。

（1）提供外部设置的控制与处理。

（2）提供缓冲区的管理。

（3）提供设备独立性。

（4）外部设置的分配和驱动调度。

（5）实现虚拟设备。

4．文件管理

文件管理是操作系统最常见的功能。计算机可以在多种物理介质上存储信息。磁带、磁盘和光盘是最常用的介质，这些介质有着不同的特点和物理组织。为了便于使用计算机系统，操作系统对存储设备的物理属性进行了抽象，定义了逻辑存储单元。操作系统将文件映射到这些介质上，并通过这些存储设备访问文件。文件是由创建者定义的一组相关信息的集合。文件通常可以用来表示程序和数据，可以是有严格格式的，也可以是没有格式的。为了实现文件的管理，操作系统必须提供文件的存储、检索和修改等操作，解决文件的共享、保密和保护等问题，以便用户能方便、高效、安全地访问文件。现代操作系统一般都提供了功能很强的文件系统。

通常，操作系统负责与文件管理相关的以下活动。

（1）创建或删除文件。

（2）创建或删除目录。

（3）提供操作文件和目录的原语。

（4）将文件映射到外存上。

（5）在稳定的存储介质上备份文件。

5．用户接口管理

为了方便用户灵活、方便地使用计算机系统，操作系统提供了一组友好的用户接口。通过这些接口，用户能方便地调用操作系统的功能，有效地组织任务及其工作、处理流程，并使整个系统高效运行。操作系统提供的接口有两大类：命令接口和程序接口。程序接口是为用户程序执行中访问系统资源而设置的，是用户程序取得操作系统资源的唯一途径，它由一组系统调用组成。命令接口可分为基于文本的接口（通常称为 Shell）和基于图形的用户接口（Graphical User Interface，GUI）两种。用户通过命令接口可以实现与操作系统的交互。

6. 其他功能

随着计算机技术和网络的广泛应用，操作系统的功能进一步得到加强。除了传统操作系统的功能外，操作系统还必须提供其他新功能来满足计算机发展的需要，这些新功能主要包括系统安全和网络通信。

1）系统安全

操作系统的安全直接关系到信息自身的安全，安全已成为衡量操作系统性能的极为重要的方面。通常，系统安全有两方面的含义：一个含义是安全，即保存在系统中的数据或信息不会被未经授权的任何单位、个人操作、复制或修改；另一个含义是防护机制，即操作系统应该为用户提供一套信息防护手段。这套防护系统能按照不同信息系统的防护要求，采取相应的机制来防止一定强度的入侵攻击。

2）网络通信

在计算机网络时代，网络上任何计算机的应用都离不开网络通信，所以，现代操作系统都注重为用户提供可靠、快捷的网络通信功能。这里所说的网络通信功能主要是指，操作系统为应用提供必要的网络协议栈，即一组网络通信所必需的通信程序。常用的网络协议是 TCP/IP 协议。通信协议的实现涉及操作系统内部的多种功能，将网络通信协议作为操作系统的一项功能一并设计，有利于提高网络通信的效率和可靠性。

通过前面的介绍，已了解了操作系统的特点、功能和作用，为了更好地理解操作系统的概念，有必要回顾一下操作系统的发展历史。通过跟踪发展，能够识别操作系统的共性，并知道这些系统是如何和为何发展成现在的样子的。

1.2 ••• 操作系统的形成和发展

操作系统的形成和发展是随着计算机体系结构的变化而发展起来的，为了更清楚地把握操作系统的实质，了解操作系统的发展是很有必要的，因为操作系统的许多基本概念都是在操作系统的发展过程中出现并逐步发展和成熟的。了解操作系统的发展历史，有助于更深刻地认识操作系统基本概念的内在含义。通过对操作系统历史的简单回顾，可注意到在操作系统中，问题的发现将导致引入新的硬件功能。

1.2.1 人工操作阶段

从计算机诞生（1946 年）到 20 世纪 50 年代中期研制的计算机属于第一代计算机，这时的计算机体积庞大，速度慢，没有操作系统。由用户（程序员）采用手工方式直接控制和使用计算机硬件，即由用户（程序员）将事先准备好的程序和数据穿孔在纸带或卡片上，然后将这些纸带或卡片装入纸带或卡片输入机，启动硬件并将程序和数据输入到计算机中，随后启动计算机运行。当程序运行结束取走结果后，才让另一个用户上机。这种人工操作方式有以下缺陷。

（1）用户上机独占全机资源，而使资源利用率不高，系统效率低下。

（2）手工操作多，浪费处理器时间，也极易发生差错。

（3）数据的输入、程序的执行、结果的输出均联机进行，从上机到下机的时间非常长。

随着计算机速度的提高，人工操作方式的缺点暴露出来。例如，一个作业在每秒 1 万次的计算机上执行，需要运行 1 小时，作业的建立和人工干预只用了 3min，那么手工操作的时间占总运行时间的 5%。当计算机的速度提高到每秒 10 万次时，作业运行仅需要 6min，而手工操作不会有大的变化，仍为 3min，这时手工操作时间占总运行时间的 50%。由此可见，缩短手工操作和人工干预的时间是十分必要的。另外，CPU 速度迅速提高，而 I/O 设备速度却提高不多，导致 CPU 和 I/O 设备之间的矛盾越来越突出，操作系统必须妥善解决这些问题。

1.2.2　管理程序阶段

20 世纪 50 年代，随着晶体管计算机的广泛应用，计算机高级语言（FORTRAN、ALGOL、COBOL 等）的出现，用户可以采用高级语言编写程序来控制计算机的执行。用户要完成某一任务，首先将程序写到纸上，然后穿成卡片，再将卡片带到计算中心交给操作员。计算机运行完当前任务后，其结果由打印机输出，操作员再从卡片盒中选择另一个任务（作业）交给计算机执行。在这个阶段中，用户提交的任务是在操作员的干预下成批执行的。

由于处理器的速度与手工操作设备输入和输出不匹配，人们设计了监督程序（或管理程序）来实现任务的自动转换处理。在此期间，每个任务由程序员提供一组在某种介质（如纸、磁盘上）的任务信息（文件），包括任务说明书及相关的程序和数据。任务说明书由程序员提交给系统操作员，操作员集中一批用户提交的作业，由管理程序将这批作业从纸带或卡片机输入到磁带上，每当一批作业输入完成后，管理程序自动把磁带上的第一个作业装入内存，并把控制权交给作业。当该作业执行完成后，作业又把控制权交回管理程序，管理程序再调入磁带上的第二个作业到内存中执行，以此类推，直到所有的作业都完成。这种处理方式称为"批处理方式"。由于是串行操作，所以又称为单道批处理。第一个批处理操作系统（也是第一个操作系统）是 20 世纪 50 年代中期由 General Motors 开发的，使用在 IBM 701 上。在 20 世纪 60 年代早期，许多厂商为自己的计算机系统开发了批处理操作系统，用于 IBM 7090/7094 计算机的操作系统 IBSYS 最为著名，它对其他操作系统有着广泛影响。

在早期的批处理系统中，作业的输入和输出都是联机的。联机 I/O 的缺点是速度慢，I/O 设备和 CPU 仍然串行工作，CPU 消耗时间多，为此，在批处理系统中引入了脱机 I/O 技术。除主机外，另设一台外围计算机，该机仅与 I/O 设备交互，不与主机相连。输入设备上的作业通过外围机输入到高速磁盘上（脱机输入），主机从高速磁盘上把作业读入内存并执行。作业执行完毕后，主机负责将结果输出到高速磁盘（脱机输出）上，外围计算机从磁盘将结果读出并交打印机进行打印输出，如图 1-4 所示。这样，I/O 工作脱离了主机，外围计算机和主机可以并行工作，大大加快了程序的处理和数据的输入/输出，这种技术称为脱机 I/O 技术。

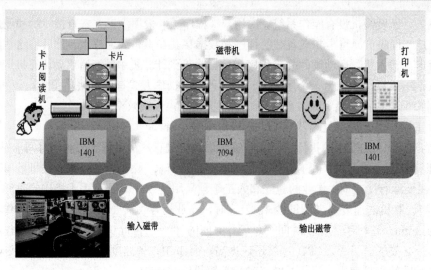

卡片阅读机　卡片　磁带机　打印机

IBM 1401　IBM 7094　IBM 1401

输入磁带　输出磁带

图 1-4　脱机批处理系统

1.2.3 多道批处理

在单道批处理系统中，内存中仅有一个任务，无法充分利用系统中的所有资源，致使系统中仍有许多资源空闲，设备利用率低，系统性能差。在 20 世纪 60 年代中期，计算机的体系结构发生了很大的变化，由以 CPU 为中心的结构改变为以主存为中心，使在内存中同时装入多个作业（或任务）成为可能，多道程序的概念成为现实。

所谓**多道程序设计**是指允许多个程序同时进入一个计算机系统的主存储器并启动进行计算的方法。也就是说，计算机内存中同时存放多道（两道以上相互独立的）程序，它们都处于开始点和结束点之间。从宏观上看是并行的，多道程序都处于运行中，并且都没有运行结束；从微观上看是串行的，各程序轮流使用 CPU，交替执行。引入多道程序设计技术的根本目的是提高 CPU 的利用率，充分发挥计算机系统部件的并行性，现代计算机系统都采用了多道程序设计技术。

在多道批处理系统中，用户所提交的作业（任务）都存放在外存上形成后备队列，由作业调度程序按一定的算法从后备队列中挑选若干个作业装入内存，使它们共享处理器和系统资源。中央处理器采用切换方式为每个作业服务，使得程序可以同时执行，大大提高了 CPU 和设备的利用率，增加了系统的吞吐量，如图 1-5 所示。这个阶段的管理程序已迅速发展成为一个重要的系统软件——操作系统。

这里给出一个简单的例子来说明多道程序设计的好处。考虑一台计算机，它有 250MB 可用存储器（没有被操作系统使用）、磁盘、终端和打印机，同时提交执行三个程序：JOB1、JOB2 和 JOB3。它们的属性在表 1-1 中列出。假设 JOB2 和 JOB3 对处理器只有最低的要求，JOB3 要求连续使用磁盘和打印机。对于简单的批处理环境，这些作业将顺序执行。因此，JOB1 在 5min 后完成，JOB2 必须等待 5min，然后在此之后的 15min 内完成，而 JOB3 则在 20min 后才开始，即从它最初被提交开始，30min 后才完成。表 1-2 中的单道程序设计列出了平均资源利用率、吞吐量和响应时间，图 1-6（a）显示了各个设备的利用率。显然，在整个需要的 30min 内，所有资源都没有得到充分使用。

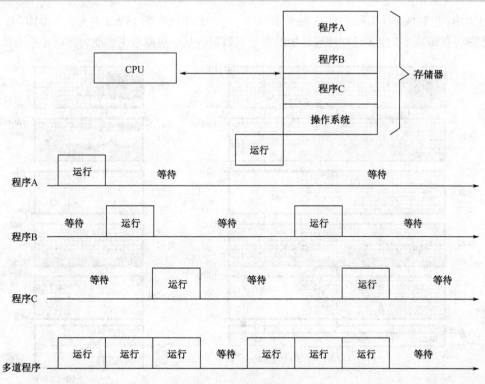

图 1-5　多道程序设计

表 1-1　示例程序执行属性

类　别	JOB1	JOB2	JOB3
作业类型	大量计算	大量 I/O	大量 I/O
持续时间	5min	15min	10min
需要的内存	50MB	100MB	75MB
是否需要磁盘	否	否	是
是否需要终端	否	是	否
是否需要打印机	否	否	是

表 1-2　多道程序的资源利用效果

类　别	单道程序设计	多道程序设计
处理器利用	20%	40%
存储器使用	33%	67%
磁盘使用	33%	67%
打印机使用	33%	67%
总共运行时间	30min	15min
吞吐率	6 个作业小时	12 个作业小时
平均响应时间	18min	10min

假设作业在多道程序操作系统下并行运行。由于作业间几乎没有资源竞争，这 3 个作业都可以在计算机中同时存在其他作业的情况下，在几乎最小的时间内运行（假设 JOB2 和 JOB3 均分配到了足够的处理器时间，以保证它们的输入和输出操作处于活动状态）。JOB1 仍然需要 5min 完成，

但此时 JOB2 也完成了 1/3，而 JOB3 完成了一半。这三个作业将在 15min 内完成。由图 1-6（b）中的直方图可获得表 1-2 中多道程序设计中的那一列数据，从中可以看出性能的提高是很明显的。

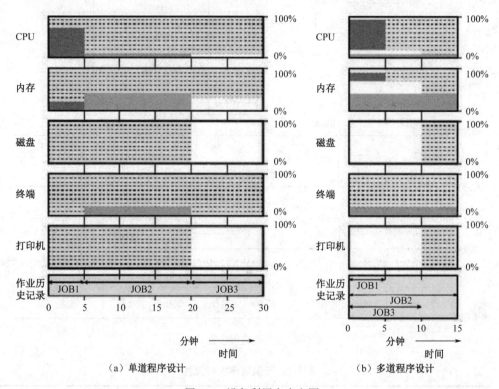

（a）单道程序设计 　　　　　（b）多道程序设计

图 1-6　设备利用率直方图

1.2.4　分时系统与实时系统的出现

1. 分时系统

在批处理系统中，用户不能干预自己程序的运行，无法得知程序的运行情况，这对程序的调试和排错极为不利。为了克服这一缺陷，增强系统的交互能力，便产生了**分时操作系统**（Time Sharing Operating System)。其实现思想如下：在一台主机上连接多个带有显示器和键盘的终端，同时允许多个用户通过自己的终端，以交互方式使用计算机，共享主机资源，如图 1-7 所示。

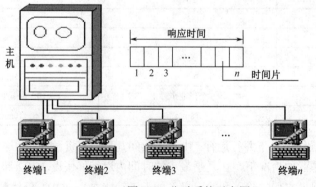

图 1-7　分时系统示意图

分时技术把处理器的时间分成很短的时间片，这些时间片轮流地分配给各个联机的作业使用。如果某作业在分配给它的时间片用完时仍未完成，则该作业暂时中断，等待下一轮运行，并把处理器的控制权让给另一个作业使用。这样在一个相对较短的时间间隔内，每个用户作业都能得到快速响应，以实现人机交互。

第一个分时操作系统是由麻省理工学院开发的兼容分时系统（Compatible Time-Sharing System，CTSS），源于多路存取计算机项目，该系统最初是在 1961 年为 IBM 709 开发的，后来又移植到 IBM 7094 中。

批处理和分时都使用了多道程序设计，但分时系统与多道批处理系统相比，具有完全不同的特征。分时系统具有以下特点。

（1）多路性：允许在一台主机上同时连接多台联机终端，系统按分时原则为每个用户服务。

（2）独立性：每个用户各占一个终端，彼此独立操作，互不干扰。

（3）及时性：用户的请求能在很短的时间内获得响应。

（4）交互性：用户可通过终端与系统进行广泛的人机对话。

2．实时系统

虽然多道批处理操作系统和分时操作系统获得了较佳的资源利用率和快速的响应时间，从而使计算机的应用范围日益扩大，但它们难以满足实时控制和实时信息处理领域的需要。这样就产生了实时系统。目前有三种典型的实时系统：过程控制系统、信息查询系统和事务处理系统。计算机用于生产过程控制时，要求系统能现场实时采集数据，并对采集的数据进行及时处理，进而能自动地发出控制信号控制相应执行机构，使某些参数（压力、温度、距离、湿度）能按给定规律变化，以保证产品质量。导弹制导系统、飞机自动驾驶系统、火炮自动控制系统都是实时过程控制系统。计算机还可用于控制实时信息处理，情报检索系统是典型的实时信息处理系统。计算机接收成百上千从各处终端发来的服务请求和提问，系统应在极快的时间内做出回答和响应。事务处理系统不但对终端用户及时做出响应，而且要对系统中的文件或数据库频繁更新。例如，银行业务处理系统，每次银行客户发生业务往来，均需修改文件或数据库。这样的系统要求响应快、安全保密、可靠性高。

实时操作系统（Real Time Operating System）是指当外界事件或数据产生时，能够接收并以足够快的速度予以处理，其处理的结果又能在规定的时间之内控制监控的生产过程或对处理系统做出快速响应，并控制所有实行任务协调一致运行的操作系统。由实时操作系统控制的过程控制系统较为复杂，通常由以下四部分组成。

（1）数据采集。它用来收集、接收和录入系统工作必需的信息或进行信号检测。

（2）加工处理。它对进入系统的信息进行加工处理，获得控制系统工作必需的参数或做出决定，并进行输出、记录或显示。

（3）操作控制。它根据加工处理的结果采取适当措施或动作，达到控制或适应环境的目的。

（4）反馈处理。它监督执行机构的执行结果，并将该结果反馈至信号检测或数据接收部件，以便系统根据反馈信息采取进一步措施，达到控制的预期目的。

在实时系统中通常存在若干个实时任务，它们常常通过"队列驱动"或"事件驱动"开始工作，当系统接收来自某些外部事件后，分析这些消息，驱动实时任务完成相应处理和控制。可以从不同角度对实时任务加以分类。按任务执行是否呈现周期性分类，可分成周期性实时任务和非周期性实时任务；按实时任务截止时间分类，可分成硬实时任务和软实时任务。

分时系统和实时系统的出现标志着操作系统步入了实用化阶段，操作系统成为计算机系统中重要的系统软件,它为用户的应用提供了一个良好的支撑环境,方便了用户的使用。批处理操作系统、实时操作系统和分时操作系统构成了现代操作系统的基本类型,现代操作系统可能综合它们多方面的特征以满足不同的应用需求。

1.2.5 操作系统的进一步发展

近年来,由于组成计算机的电子元器件快速更新换代,导致计算机体系结构不断发展,为了适应计算机结构的变化,满足用户不断变化的应用需求,提高计算机系统资源利用率,许多新的操作系统出现了。典型的有微机操作系统、网络和分布式操作系统、并行和集群系统及嵌入式系统等。

1. 微机操作系统

从 20 世纪 70 年代以来,个人计算机得到了广泛的应用。为了满足个人用户使用计算机的要求,方便用户的使用,提高系统的响应速度,微机操作系统应运而生。微机操作系统是在个人计算机上使用的操作系统,因而早期的微机操作系统是单用户和单任务的(如 DOS)。现在,随着计算机技术的发展,用户需求的提高,许多在大型计算机上使用的技术被引入到微机操作系统中。

近年来,微机操作系统得到了进一步发展,以 Windows、OS2、MacOS 和 Linux 为代表的新一代微机操作系统具有 GUI、多用户和多任务、虚拟存储管理、网络通信支持、数据库支持、多媒体支持、应用编程支持 API 等功能。新一代微机操作系统还具有以下特点。

(1)开放性:支持不同系统互连、支持分布式处理和多 CPU 系统。

(2)通用性:支持应用程序的独立性和在不同平台上的可移植性。

(3)高性能:随着硬件性能提高、64 位机逐步普及、CPU 速度进一步提高,微机操作系统中引进了许多以前在中、大型机上才能实现的技术,支持多线程,支持对称处理器,使计算机系统性能大大提高。

(4)采用微内核结构:提供基本支撑功能的内核极小,大部分操作系统功能由内核之外运行的服务器来实现。

2. 网络和分布式操作系统

计算机网络是通过通信设备将物理上分散的并具有自制能力的多个计算机系统互连起来的系统。**网络操作系统**(Network Operating System)能够控制计算机在网络中方便地传送信息和共享资源,并能为网络用户提供各种所需服务的操作系统。网络操作系统主要有以下两种工作模式。

(1)客户机/服务器(Client/Server)模式,这类网络中有服务器和客户机两类站点。服务器主要为用户提供文件打印、通信传输、数据库等服务。客户机是本地处理和访问服务器的节点。

(2)对等模式(Peer-to-Peer)。在这种结构中,网络中的站点是对等的。

网络操作系统除了具有操作系统的基本功能外,还应具有网络通信、资源管理和网络管理等功能。目前比较流行的网络操作系统有 Windows Server 2003、Linux 和 UNIX。

分布式计算机系统是一种特殊的计算机网络系统。在分布式系统中,每台计算机高度自治,又相互协调,能在系统范围内实现资源管理、任务分配,能并行地运行分布式程序。分布式系统与计算机网络的关键区别在于:在分布式系统中,多台自主的计算机对用户是透明的(或者说是不可见的）。用户输入一条命令运行某个程序，分布式系统便会去运行，而不需要事先知道程序所在的位置，也就是说，在分布式系统中，用户察觉不到多个处理器的存在，用户面对的是一台虚拟的单处理器。在计算机网络中，用户必须明确指出在哪台机器上登录，明确地运行递交的任务，明确地指定文件传输的目的地；而在分布式系统中，不需要明确指定这些内容，系统会自动完成而不需用户的干预。从效果上讲，分布式系统是建立于计算机网络之上的软件系统，具有高度的整体性和透明性。因此，计算机网络和分布式系统的区别更多地取决于软件（尤其是操作系统）而不是硬件。用于管理分布式系统的操作系统称为分布式操作系统。

3．并行和集群系统

现代的绝大多数计算机属于单处理器系统，即只有一个主 CPU。随着企业应用的不断增长，为了增加计算能力，减少投资和增加系统的可靠性，多处理器系统（也称为并行系统）的重要性日益突出。多处理器系统有多个紧密通信的处理器，它们共享计算机总线、时钟，有时还包括内存和外设等。多处理器系统有对称多处理（Symmetric Multiprocessing，SMP）和非对称多处理（Asymmetric Multiprocessing）两种模式。在对称多处理器系统中，每个处理器都运行一个操作系统的副本，这些副本根据需要互相通信。而在非对称的多处理系统中，每个处理器的地位是不平等的，它们有自己特定的任务，一个主处理器控制系统，其他处理器或者向主处理器请求任务或者执行预先固定的任务。目前，最为普遍使用的多处理器系统是对称多处理器系统。

与并行系统一样，集群系统（Cluster System）将多个 CPU 集中起来完成计算任务。然而，集群系统与并行系统不同，它是由两个或多个独立的系统耦合起来的。集群的定义尚未定型，通常的定义是集群计算机共享存储并通过 LAN 紧密连接。

4．嵌入式操作系统

随着以计算机技术、通信技术为主的信息技术的快速发展和 Internet 的广泛应用，3C（Computer，Communication，Consumer Electronic）合一的趋势已初露端倪，计算机是贯穿社会信息化的核心技术，网络和通信是社会信息化赖以存在的基础设施，电子消费品是人与社会信息化的主要接口。3C合一的必然产品是信息电器。而信息电器的使用，要求把计算机嵌入到各种设备中，以适应不同的应用领域。由于嵌入式计算机与其他计算机系统有着巨大的差别，需要相应的嵌入式软件的支持，而嵌入式操作系统是各类嵌入式软件的基本支撑，是运行在嵌入式计算机环境中，对整个系统及所有操作及各种部件、装置等资源进行管理、协调和控制系统的软件。它具有操作系统的基本功能，又具有微型化、可定制、实时性、可靠性和易于移植等特点。目前，代表性的嵌入式操作系统有Windows CE（微软）、Personal Java（SUN 公司）等。

纵观整个操作系统的发展历史，可以发现：操作系统正是在用户需求的推动下不断地向前发展的，从而极大地方便了用户的使用。当代，操作系统的发展正在呈现更加迅猛的发展态势。从规模上看，操作系统向着大型化和微型化两个不同的方向发展。大型系统的典型是分布式操作系统和集群操作系统，而微型系统的典型代表则是嵌入式操作系统。分布式操作系统和集群操作系统是适应计算平台向异构、网络化方向演变而出现的，嵌入式操作系统是为了支持智能电子设备的应用而引入的，目前已得到越来越广泛的应用。

案例研究：Linux 和 Windows 操作系统

1. Linux 操作系统

Linux 是类 UNIX 操作系统大家族中的一员。从 20 世纪 90 年代末开始，Linux 变得非常流行，并且跻身于有名的商用 UNIX 操作系统之列，这些 UNIX 系统包括 AT&T 公司开发的 SVR4（System V Release 4）、加利福尼亚大学伯克利分校发布的 4.4 BSD、DEC 公司（现在属于 HP）的 Digital UNIX、IBM 公司的 Solaris 及 Apple 公司的 Mac-OS-X。

1991 年，Linus Torvalds 开发出了最初的 Linux，它是一种适用于基于 Intel 80386 微处理器的 IBM PC 兼容机的操作系统。Linus 将这个系统放到 Internet 上，允许人们自由下载，许多人对 Linux 进行了改进、扩充、完善，做出了关键性贡献。这些年来，开发者已经可以使 Linux 在其他平台上运行，包括 HP 的 Alpha、Itanium（最新的 Intel 64 微处理器）、MIPS、SPARC、Motorola 的 MC680x0、PowerPC 及 IBM 的 zSeries。

Linux 最大的优点就在于它不是商业操作系统，它的源码在 GNU 公共许可证下是开放的，任何人都可以获得源码并修改它（Linux 内核源码的官方网站是 http://www.kernel.org/）。它继承了 UNIX 系统的许多优点，还做了许多改进，成为一个真正的多用户、多任务通用操作系统。1993 年，Linux 1.0 诞生，随着众多商业公司的参与，Linux 得到了进一步的发展，各种不同的 Linux 发行版本相继问世，如著名的 Red Hat Linux，这些发行版将 Linux 内核和相关的工具、应用程序集成到一个系统中，更加方便了用户的使用。现在，Linux 的内核已由最初的 1.0 发展到 2.6。

Linux 操作系统的技术特点如下。

（1）Linux 继承了 UNIX 的优点，有许多改进，是集体智慧的结晶，能紧跟技术发展潮流，具有极强的生命力。

（2）通用操作系统，可作为 Internet 上的服务器、网关；可用做文件和打印服务器；也可供个人使用。

（3）内置通信联网功能，可让异种机联网。

（4）开放源代码，有利于发展各种特色的操作系统。

（5）符合 POSIX 标准，各种 UNIX 应用可方便地移植到 Linux 下。

（6）Linux 提供了庞大的管理功能和远程管理功能。

（7）Linux 支持大量外部设备。

（8）Linux 支持 32 种文件系统，如 EXT2、EXT、Xiafs、Isofs、HPFS、MS-DOS、UMSDOS、Proc、NFS、SYSV、Minix、SMB、UFS、NCP、VFAT、AFFS 等。

（9）提供 GUI，有图形接口 X-Windows，有多种窗口管理器。

（10）Linux 支持并行处理和实时处理，能充分发挥硬件性能。

（11）用户可自由获得源代码，在 Linux 平台上开发软件成本低。

2. Windows 操作系统

Windows 操作系统是由微软公司开发的操作系统。从 1983 年微软公司宣布 Windows 的诞生到现在的 Windows 8.0，Windows 已经走过了 30 多年，并且成为风靡全球的微机操作系统。目前，个人计算机上采用 Windows 操作系统的占 90%，微软公司几乎垄断了 PC 软件行业。

1983 年 11 月，比尔·盖茨宣布推出 Windows。但是一直到 1985 年 11 月，微软公司才正式发布 Windows 1.0。1987 年 12 月，Windows 2.0 正式发布。1990 年 5 月 22 日，微软推出了 Windows 3.0。从此，在许多独立软件开发商和硬件厂商的支持下，微软的 Windows 在市场中逐渐开始取代 DOS 成为操作系统平台的主流软件。表 1-3 列出了 Windows 的一些版本的发展时间表。Windows 之所以如此流行，是因为它有强大的吸引功能及 Windows 的易用性。

表 1-3　Windows 版本的发展时间表

Windows 9x 内核系列的发展	Windows NT 内核系列的发展
1983 年 11 月：Windows 宣布诞生	
1985 年 11 月：Windows 1.0	
1987 年 12 月：Windows 2.0	
1990 年 5 月：Windows 3.0	
1992 年 4 月：Windows 3.1	
	1993 年 8 月：Windows NT　3.1
1994 年 2 月：Windows 3.11	1994 年 9 月：Windows NT　3.5
1995 年 8 月：Windows 95	1995 年 6 月：Windows NT　3.51
	1996 年 8 月：Windows NT　4.0
	1997 年 9 月：Windows NT　5.0 Beta 1
1998 年 6 月：Windows 98	1998 年 8 月：Windows NT　5.0 Beta 2
1999 年 5 月：Windows 98 SE	1999 年 4 月：Windows 2000 Beta 3
1999 年 11 月：Windows ME Beta 2	
2000 年 9 月：Windows ME	2000 年 2 月：Windows 2000
	2000 年 7 月：Windows 2000 SP1
2001 年 1 月：Windows 9x 内核正式停运	2001 年 3 月：Windows XP Beta 2
	2001 年 10 月：Windows XP
	2006 年 11 月：Windows Vista
	2009 年 10 月：Windows 7
	2012 年 10 月：Windows 8
	2015 年 7 月：　Windows 10

（1）界面图形化。以前 DOS 的字符界面使得一些用户操作起来十分困难，Mac 首先采用了图形界面和鼠标，这就使得人们不必学习太多的操作系统知识，只要会使用鼠标即可进行工作。这就是界面图形化的好处。Windows 中的操作可以说是"所见即所得"，只要移动鼠标单击、双击即可完成操作。

（2）多用户、多任务。Windows 系统可以使多个用户用同一台计算机而不会互相影响。多任务是现在许多操作系统都具备的，这意味着可以同时让计算机执行不同的任务，并且互不干扰，如一边儿听歌一边儿写文章，同时打开数个浏览器窗口进行浏览等，这对现在的用户而言是必不可少的。

（3）网络支持良好。Windows 中内置了 TCP/IP 协议和拨号上网软件，用户只需进行一些简单的设置即可上网浏览、收发电子邮件等。同时，它对局域网的支持也很出色，用户可以很方便地在 Windows 中实现资源共享。

（4）出色的多媒体功能。这也是 Windows 的一个特色。在 Windows 中可以进行音频、视频的编辑/播放工作，可以支持高级的显卡、声卡，使其"声色俱佳"。MP3 及 ASF、SWF 等格式的出现使计算机在多媒体方面更加出色，用户可以轻松地播放最流行的音乐或观看影片。

（5）硬件支持良好。Windows 95 以后的版本都支持"即插即用"技术，这使得新硬件的安装更加简单。用户将相应的硬件和计算机连接好后，只要有其驱动程序，Windows 就能自动识别并进行安装。几乎所有的硬件设备都有 Windows 下的驱动程序。随着 Windows 的不断升级，它能支持的硬件和相关技术也在不断增加，如 USB 设备、AGP 技术等。

（6）众多的应用程序。在 Windows 下有众多的应用程序可以满足用户各方面的需求。Windows 下有数种编程软件，有无数的程序员在为 Windows 编写程序。

1.3 操作系统结构

操作系统是一个复杂的、庞大的系统软件，它的设计和开发必须采用软件工程的原则和方法。在进行操作系统的设计和开发时，了解操作系统的设计目标和设计原则，熟悉操作系统的体系结构是非常重要的。

1.3.1 操作系统的设计

1．操作系统的设计目标

一个高质量的操作系统应具有可靠性、高效性、可扩充性、可移植性、安全性和兼容性等特征。

（1）可靠性。可靠性包括正确性和健壮性，这是现代操作系统最基本的要求，也就是说，作为计算机系统最底层、最重要的基础性系统软件，操作系统必须能够保证系统的正确性和容错性，给用户提供良好的工作平台，以方便用户的使用。

（2）高效性。高效性是指操作系统能够满足多个用户的资源请求，支持多道程序的运行，提高系统资源的利用率，进而提高系统的运行效率，即现代操作系统必须是一个高效的系统，以最大程度地满足用户的要求。

（3）可扩充性。一个实际的操作系统投入运行后，随着应用需求的变动，可能需要对相应的功能进行扩展，以满足用户的要求，这就要求操作系统易于扩展、维护。

（4）可移植性。可移植性指的是把一个程序从一个计算机系统环境移到另一个计算机系统环境中并能正常运行的特性。现代操作系统的设计都将可移植性作为一个重要的目标，而影响可移植性的最大因素就是和机器有关的硬件处理部分，因此，现代操作系统在设计时总是把操作系统与硬件相关的部分相对独立出来，并且位于操作系统的底层。

（5）安全性。操作系统是计算机系统的基础软件，它的安全性直接关系到整个计算机系统的安全，因此，操作系统应为用户数据提供最基本的安全机制，以保证整个系统的安全。

（6）兼容性。兼容性是指一个计算机系统环境中的软件对于另一种计算机系统环境的适应能力。由于用户的使用要求不断发生变化，因此操作系统的版本不断更新，这就要求操作系统具有相应的兼容性以满足不同层次用户的要求。

2. 操作系统的设计与实现

操作系统的设计是一项复杂的、高创造性的工作，必须采用科学的原理和方法，正确区分设计策略和实现机制，做到策略和机制相分离。机制决定了如何做，策略决定了做什么。例如，定时器的结构是一种确保 CPU 保护的机制，而对特定的系统将定时器的时间设置为多长却是策略问题。策略和机制的区分对于系统的灵活性很重要，策略可能会随时间和地点而有所改变。在最坏的情况下，每次策略的改变都可能需要机制的改变。系统需要更通用的机制，这种策略的改变只需要重新定义一些系统参数。著名的 UNIX 操作系统的设计名言就是"提供机制而不是策略"。

在设计操作系统之后必须实现它。传统的操作系统使用汇编语言来编写，但操作系统现在通常使用高级语言（如 C 和 C++）来编写。采用高级语言来实现操作系统，代码编写更快、更为紧凑、更容易理解和调试、更容易移植。现代操作系统的典型代表，如 UNIX、OS/2、Linux 和 Windows 等的主要代码均是采用 C 语言编写的。

1.3.2　操作系统结构的类型

在操作系统的发展过程中，产生了多种体系结构。到目前为止，大致可以分为四种类型。这四种结构的系统都在实际使用中，各有其使用范围。需要说明的是，对于一个实际的现代操作系统来说，它的体系结构往往比较难划分到某一个类别之下，往往充分吸收多种体系结构的优点，把不同的体系结构整合起来使用。

1. 整体式结构

操作系统的整体式结构又称模块组合结构，是一种基于结构化程序设计的软件设计方法。早期的操作系统（如 IBM S/360）及一些小型操作系统（如 DOS 操作系统）均属于这种类型。整体式操作系统的基本设计思想如下：把模块作为操作系统的基本单位，按照功能需要而不是根据程序和数据的特性把整个操作系统分解成若干模块，每个模块具有一定的功能，若干个关联模块协作完成某个功能。各个模块可以不加控制、自由调用，每个模块经独立设计、编码和调试后连接成一个完整的系统，如图 1-8 所示。这种结构的优点如下：程序结构紧密，接口简单直接，系统效率高。但是它也有一定的缺陷，如模块独立性差，模块之间牵连太多，系统结构不清晰，系统的正确性难以保证，可靠性降低，扩充性差等。而随着系统规模的扩大，采用这种结构构成的系统的复杂性迅速增长，这就促使人们去研究新的结构概念及设计方法。

2. 层次结构

为了保证操作系统结构的清晰，具有较高的可靠性和较强的适应性，易于扩充和移植，在整体式操作系统的基础上产生了层次结构的操作系统。所谓层次结构就是把操作系统所有的功能模块按照功能的调用次序分别排成若干层，各层之间的模块只能是单向依赖或单向调用（如只允许上层或外层模块调用下层或内层模块）关系，这样不但会使操作系统的结构清晰，而且不构成循环。

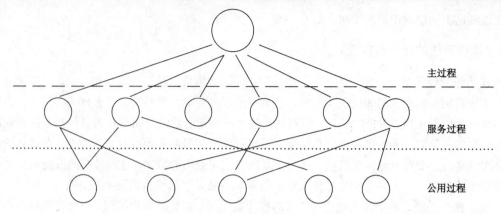

图 1-8　简单的整体式操作系统模型

在用层次结构构造操作系统时，目前还没有一个明确的、固定的分层方法，大致的分层原则如下。

（1）把与机器硬件相关程序模块放在最底层，以起到把其他层与硬件隔离开的作用。在操作系统中，中断处理、设备启动、时钟等反映了机器硬件特性的程序模块应放在离硬件尽可能近的层次中。这样的安排既增强了系统的适应性，又有利于系统的可移植性。

（2）对于一个计算机系统来说，往往具有多种操作方式（如既可以在前台处理一个实时任务，又可在后台成批处理一组任务），为了便于操作系统从一种操作方式平滑地过渡到另一种操作方式，在分层时应该把反映系统外部特征的软件放在最外层。这样改变或扩充时，只涉及对外层的修改，内层共同使用的部分保持不变。

（3）为进程或线程的正常运行创造环境和提供条件的内核程序，如 CPU 调度、进程或线程的控制和通信机构等，应该尽可能放在最底层，以支撑系统其他功能部件的执行。

（4）尽量按照实现操作系统命令时模块间的调用次序或按进程间单向发送信息的顺序来分层。

层次结构既具有整体结构的优点，即把复杂的整体问题分解成若干个比较简单的相对独立的成分，也就是把整体问题局部化，使得一个复杂的操作系统分解成许多功能单一的模块，又有整体结构不具有的优点，即各模块之间的组织结构和依赖关系清晰明了，增强了系统的可读性、可适应性，保证了系统的可靠性。

DijKstra 于 1968 年发表的 THE 多道程序设计系统中第一次提出了操作系统分层的结构方法，整个 THE 操作系统结构共有六层，如图 1-9 所示。

5	操作员
4	用户程序
3	输入/输出管理
2	操作员及进程通信
1	内存和磁盘管理
0	处理器分配和多道程序

图 1-9　THE 操作系统结构

3．虚拟机结构

虚拟机系统的最早尝试是 IBM 公司的 CP/CMS，后来改名为 VM/370，这一系统的后继产品今天仍然在 IBM OS/390 等大型机上广泛使用。分时系统应该提供以下功能：多道程序；一个比裸机更方便、扩展界面的计算机。VM/370 的任务是将两者彻底隔离开来。图 1-10（a）给出了虚拟机的概念结构。

VM/370 的核心被称为虚拟监控程序，它在裸机上运行并且具备多道程序的功能。该系统向上提供了若干台虚拟机，如图 1-10（b）所示。不同于其他操作系统的是，这些虚拟机不是具有文件管理等优良特征扩展的计算机，与之相反，它们仅仅是精确复制的裸机硬件，包括核心态/用户态、I/O 功能、终端等其他真实硬件所具有的功能。因为每台虚拟机都与裸机相同，所以每台虚拟机都可以运行一台裸机所能够运行的任何类型的操作系统。不同的虚拟机可以运行不同的操作系统，而且实际上往往如此，例如，某些虚拟机运行 OS/360 的后续版本作为批处理或事务处理，同时，另一些运行一个单用户交互系统供分时用户使用，该系统被称为会话监控系统（Conversational Monitor System，CMS）。CMS 的程序在执行系统调用时，其系统调用陷入其虚拟机中的操作系统，而不是调用 VM/370，这就像在真实的计算机上一样，然后 CMS 发出正常的硬件 I/O 指令来执行该系统调用。这些 I/O 指令被 VM/370 捕获，随后 VM/370 执行这些指令。作为对真实硬件模拟的一部分，通过将多道程序功能和提供虚拟机分开实现，它们更简单、更灵活和更易于维护。

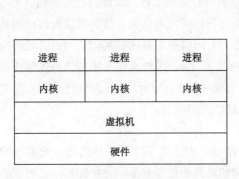
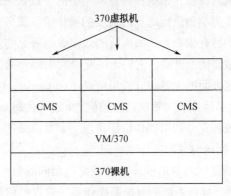

（a）虚拟机的概念结构　　　　（b）带CMS的VM/370结构

图 1-10　虚拟机和 VM/370 结构图

4．客户机/服务器体系结构

操作系统结构的改进与计算机技术的发展紧密相连，随着计算机网络的广泛应用，分布式数据处理得到了广泛应用，而分布式环境下的操作系统的结构也在不断发展和变化。采用客户机/服务器结构的操作系统非常适用于网络环境和分布式计算环境，这种结构又称为微内核结构。客户机/服务器的思想如下：将操作系统分成两大部分，一是运行在用户态并以客户机/服务器方式活动的进程；二是运行在核心态的内核。除内核部分外，操作系统的其他部分被分成若干相对独立的进程，每一个进程实现一类服务，称为服务器进程。客户机和服务器进程之间采用消息传递进行通信，内核将消息传送给服务器进程，服务器进程执行客户机提出的服务请求，在满足客户的要求后再通过内核发送消息，把结果返回给用户。由于操作系统的绝大多数功能由用户态进程来实现，内核只完成极少的核心态任务，主要起信息验证、交换作用，因而称为微内核，这种结构也称为客户机/服务器模型，如图 1-11 所示，具有易于扩充、移植，可靠性高，支持分布式系统等优点，但也存在一个潜在的缺点，即消息的发送和接收需要花费一定的时间，所有进程只能通过微内核进行通信，因而，在一个通信频繁的系统中，微内核系统往往不能提供较高的效率。典型的采用微内核结构的操作系统有卡内基·梅隆大学研制的 Mach 系统和 Windows NT 的早期版本。

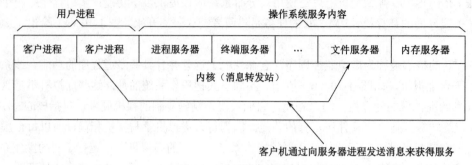

图 1-11　客户机/服务器模型

5．近年来操作系统结构的发展

1）新一代微内核

微内核思想对操作系统的结构理论产生了很大的影响，但由于微内核结构本身的低效性导致了纯粹的微内核操作系统在商业应用中的失败，因此，得益于微内核思想的 Windows NT 不得不把本来应该作为单独进程运行的大量的操作系统服务移到核心空间运行，以降低通信开销。至今，微内核思想仍然有生命力，微内核的效率成为研究的新方向。研究者认为，传统的微内核结构功能过于复杂，通信代价过高，它们无法充分利用硬件的能力，因而要使微内核真正实用，必须解决这三个问题。这方面的主要研究成果就是 Exo-kernel、QNX 和 L4。这些操作系统的核心仅解决基本的并发、通信和地址空间管理机制的问题，这些代码是与硬件相关的，因而，挖掘硬件的潜力相对直接。这些系统都充分利用硬件特征实现了非常高效的 RPC 通信机制。

2）面向对象的操作系统

所谓面向对象的操作系统就是将面向对象程序设计方法用于操作系统的设计而形成的观点和方法体系。操作系统的对象是操作系统管理的信息和资源的抽象表示。对象拥有自己的状态或存储空间，其状态只能由定义好的操作来改变，而改变对象状态的操作又是依靠其他对象通过消息来启动的。用面向对象的方法设计操作系统的关键是如何根据设计目标和要求来划分对象的层次、定义对象、解决对象间通信问题。

3）基于构件技术的操作系统

构件化操作系统是把构件化软件思想应用于操作系统领域的产物。构件化的理想状态是像硬件那样来开发和配置计算机软件，就像在一块主板上可以选择符合相关标准的不同插卡或芯片，一个软件系统也可以选择符合一定标准的不同组成部件，人们把这些不同的组成部件看做系统构件。构件化操作系统就是以构件的观点看待操作系统，认为操作系统由一些构件构成，这些构件分别在操作系统中实现相应的功能，例如，硬件抽象层和内存管理均可以看做一个构件，而且操作系统内的构件可以根据不同的需求进行替换，例如，根据实时性操作系统的要求，可以选择不支持虚存的内存管理软件。构件化操作系统目前活跃于嵌入式操作系统领域。

案例研究：Windows Vista 和 Linux 系统结构

1．Windows Vista 系统结构

作为一个实际应用中的操作系统，Windows Vista 没有单纯地使用某一种体系结构，它的设计融合了分层操作系统和客户机/服务器操作系统的特点。图 1-12 给出了 Windows Vista 的整体结构。

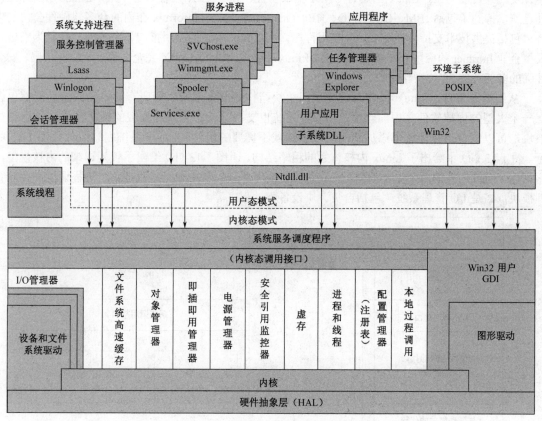

图 1-12　Windows Vista 的体系结构图

Windows Vista 像其他操作系统一样，通过硬件机制实现了核心态（管态，Kernel Mode）及用户态（目态，User Mode）两个特权级别。当操作系统状态为前者时，CPU 处于特权模式，可以执行任何指令，并可以改变状态；而在后一个状态下，CPU 处于非特权模式，只能执行非特权指令。一般来说，操作系统中至关重要的代码都运行在核心态下，而一般用户程序都运行在用户态下。当用户程序使用了特权指令时，操作系统就能借助于硬件提供的保护机制剥夺用户程序的控制权并做出相应处理。在 Windows Server 2003 中，只有那些对性能影响很大的操作系统组件才能在核心态运行。在核心态下，组件可以和硬件交互，组件之间也可以交互，并且不会引起模式切换。因为核心态和用户态的区分，应用程序不能访问操作系统代码和数据，所有操作系统组件都会受到保护。

Windows Vista 最初设计是相当微内核化的，随着不断的改型及对性能的优化，目前的 Windows

Vista 已经不是经典定义中的微内核系统，它将许多系统服务的代码放在核心态，包括文件服务、图形引擎等功能组件，事实证明这种做法比经典的微内核系统更高效、更稳健。

2．Linux 系统结构

Linux 是在个人计算机和工作站上广泛使用的类 UNIX 操作系统。1992 年，芬兰赫尔辛基大学的学生 Linux Torvalds 在 Intel 386 个人计算机上开发出了 Linux 的第一个版本，并且利用 Internet 发布了 Linux 的源代码，从而创建了 Linux 操作系统。随后，许多软件设计专家参与了 Linux 系统的开发。到目前为止，Linux 已具有 UNIX 全部特征，与 POSIX 兼容。近年来，Linux 在国际上发展迅速，得到了包括 IBM、COMPAQ、HP、Oracle、Sybase、Informix 在内的众多软硬件公司的支持，包括提供技术支持，开发 Linux 应用程序，将 Linux 系统的应用推向各个领域，并且为它进入大型企业 Intranet 的应用领域奠定了基础。Linux 系统是一个与 UNIX 完全兼容、开放源代码、安全性强的多任务的 32 位操作系统。

从结构上来看，Linux 操作系统是采用单块结构的操作系统，即所有的内核系统功能都包含在一个大型的内核软件之中。当然，Linux 系统也支持可动态装载和卸载的模块结构。利用这些模块，可以方便地在内核中添加新的组件或卸载不需要的组件。Linux 系统完整组件如图 1-13 所示。图 1-13（a）中给出了 Linux 内核体系的粗略结构，而图 1-13（b）给出了较为详细的内核模型，它描述了组成内核的两个主要部分：一是进程控制子系统，其中包括进程通信、进程调度和存储管理模块；二是 I/O 管理系统，包括自负、块设备驱动程序等。

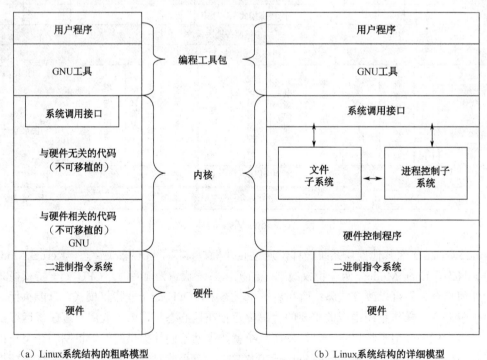

图 1-13　Linux 系统结构模型

硬件控制程序负责处理中断事件。因为 CPU 允许磁盘或终端等设备中断一个正在被它执行的程序。在 Linux 内核中，中断服务是由中断机制来完成的，它包括两部分：一部分是硬件，包括中断控制器等；另一部分是软件，包括中断服务例程。

从总体上来看，Linux 内核是一个单内核，但是它在单内核的设计中引入了微内核的许多设计与实现方法。实践证明，这种在单内核的模式中吸收某些微内核的实现方法而产生的混合体比纯粹的单内核系统的功能更强大、更实用。

1.4 总结与提高

操作系统是计算机系统中最重要的系统软件，它为其他软件的执行提供了支撑环境，以方便用户使用。现代操作系统是计算机资源的管理者，管理着计算机系统的众多资源，如处理器、存储器、I/O 设备和文件，协调多道程序的执行，给用户建立一个良好的工作环境。现代操作系统具有并发性、共享性、异步性等特点，拥有处理器管理、存储管理、文件管理、设备管理等功能，并为用户提供了操作接口。

操作系统是随着计算机技术的发展，在用户需求的推动下，不断向前发展的，先后经历了无操作系统阶段、管理程序阶段、多道批处理系统、分时系统和实时系统等发展阶段。为满足计算机体系结构的变动、用户需求、现代操作系统的进一步发展，出现了许多新型操作系统，如微机操作系统、网络和分布式操作系统、并行和集群系统及嵌入式操作系统。

操作系统是一个复杂的大型软件，非常复杂，必须采用软件工程的方法。现代操作系统的设计结合了许多新的思想和理论，使操作的设计更加科学，提高了操作系统的安全性和稳健性。

习　题　1

1．简述操作系统在计算机系统中的作用。

2．什么是操作系统？现代操作系统具有哪些特征？

3．批处理、分时和实时操作系统各有什么特点？

4．什么是多道程序设计？采用多道程序设计有何优点？

5．常用的操作系统体系结构有哪些？它们各有什么特点？

6．设计操作系统时采用层次结构有什么好处？

7．采用微内核设计操作系统的主要优点是什么？

8．考虑操作系统的多种定义，操作系统是否应该包括网络浏览器和电子邮件等应用程序？分别从正反两个方面加以论述来支持你的答案。

9．计算机安装上操作系统之后，专业人士把这样的计算机称为虚拟计算机。请问怎样理解"虚拟"在这里的含义？

10．选择一个自己熟悉的操作系统，概述该系统如何实现操作系统的基本功能。

11．一个分层结构操作系统由裸机、用户、处理器调度、文件管理、作业管理、内存管理、设备管理、命令管理几部分组成。试按层次结构的原则从内到外将各部分重新排序。

12．"随机性"是操作系统的一个基本特征，试举例说明随机性产生的原因，以及操作系统所做的处理。

第 2 章

操作系统用户工作环境和界面

目标和要求

◆ 了解操作系统的工作模式，理解处理器状态的划分。
◆ 了解操作系统的生成和启动过程。
◆ 熟悉操作系统提供给用户的各种接口的特点。
◆ 掌握系统调用的特点和用法。

学习建议

用户通过操作系统提供的接口来使用操作系统提供的服务，因此，为了掌握操作系统接口的使用，应该理论与实践结合，在计算机上使用操作系统提供的接口，来完成某一任务。

操作系统是用户与计算机硬件系统之间的接口，用户通过操作系统可以快速、有效和安全地操纵计算机的各类资源，以处理自己的程序。为了方便用户使用操作系统，操作系统向用户提供了接口，以支持用户与操作系统的交互。操作系统提供的用户接口主要有命令接口和程序接口。前者包括基于字符的命令接口和 20 世纪 90 年代以来流行的图形用户接口两种形式，后者采用系统调用的形式，以方便程序员编程。

本章首先简单介绍了用户工作环境的形成，然后讨论了操作系统提供的服务，以及操作系统提供给用户使用这些服务的方式（界面）。

2.1 操作系统用户工作环境

操作系统为用户提供一个工作环境，这个工作环境可以为用户提供满足不同工作需要的恰当的服务。形成用户的工作环境包含以下三个方面的工作。

（1）系统要提供各种硬件、软件资源。

（2）设计合理的操作命令：允许用户处理由操作系统支持的各种目标，如设备、文件、进程。

（3）形成一个可供使用的工作环境：将操作系统装入计算机，并对系统参数和控制结果进行初始化，以使计算机系统为用户工作。

2.1.1　操作系统的工作模式

计算机的基本功能是执行程序，而最终被执行的程序是存储在内存中的机器指令。处理器根据程序计数器（PC）从内存中取一条指令到指令寄存器（IR）中并执行它，PC 将自动地增长或改变为转移地址，以指明下一条执行的指令。

每台计算机机器指令的集合称为指令系统，它反映了一台机器的功能和处理能力，可以分为以下四类。

（1）数据处理类指令：用于执行算术和逻辑运算。

（2）控制类指令：如转移，用于改变执行指令序列。

（3）寄存器数据交换类指令：用于在处理器的寄存器和存储器之间交换数据。

（4）I/O 类指令：用于启动外部设置，使主存和设备交换数据。

引入操作系统后，操作系统核心程序可以使用全部机器指令，但用户程序却只能使用机器指令系统的一个子集。这是因为用户程序执行一些有关资源管理的机器指令很容易产生混乱。例如，置程序状态字指令将导致处理器占有程序的变更，它只能被操作系统使用；同样，启动外部设置进行输入/输出的指令也只能在操作系统程序中执行，否则多个用户程序会竞争使用外部设置而导致 I/O 混乱。

因此，在多道程序设计环境中，从资源管理和控制程序执行的角度出发，必须把指令系统中的指令分为两个部分：特权指令和非特权指令。所谓特权指令是指那些只能提供给操作系统的核心程序使用的指令，如启动输入/输出设备、设置时钟、控制中断屏蔽位、清内存、建立存储键，加载PSW，等等。只有操作系统才能执行全部指令（特权指令和非特权指令），而一般用户只能执行非特权指令，否则会导致非法执行特权指令而产生保护中断。

那么中央处理器怎么知道当前是操作系统还是一般用户在其上运行呢？这将依赖于处理器状态的标志。在执行不同程序时，根据执行程序对资源和机器指令的使用权限，可把处理器设置成不同状态。

处理器状态又称为处理器的运行模式，有些系统把处理器状态划分为核心状态、管理状态和用户状态，而大多数系统把处理器状态简单地划分为管理状态（又称特权状态、系统模式、特态或管态）和用户状态（又称目标状态、用户模式、常态或目态）。

当处理器处于管理状态时，可以执行全部指令，使用所有资源，并具有改变处理器状态的能力；当处理器处于用户状态时，只能执行非特权指令。

Pentium 的处理器状态有四种，支持四个保护级别，0 级权限最高，3 级权限最低。一种典型的应用是把四个保护级别依次设定如下。

（1）0 级为操作系统内核级，处理 I/O、存储管理和其他关键操作。

（2）1 级为系统调用处理程序级，用户程序可以通过调用这里的过程执行系统调用，但是只有一些特定的和受保护的过程可以被调用。

（3）2 级为共享库过程级。它可以被很多正在运行的程序共享，用户程序可以调用这些过程，共享它们的数据，但是不能修改它们。

（4）3 级为用户程序级。它受到的保护最小。

当然，各个操作系统在实现过程中可以根据具体策略有选择地使用硬件提供的保护级别，如运行在 Pentium 上的 Windows 操作系统只使用了 0 级和 3 级。

下面两类情况会导致从用户状态向管理状态转换：一是程序请求操作系统服务，执行系统调用；二是在程序运行时，产生中断或异常事件，运行程序被中断，转向中断处理程序或异常处理程序，如图 2-1 所示。

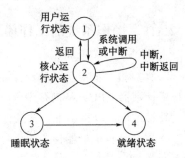

图 2-1　处理器状态变化

2.1.2　系统的生成

我们可以专门为某台计算机设计、编码和实现操作系统。但是，操作系统通常被设计成运行在一类计算机上，这些计算机有不同的外设。对于某个特定的计算机，必须要配置和生成系统，以便给用户建立一个良好的工作环境，这一过程称为**系统生成**（System Generation，SYSGEN）。

操作系统通常以文件的形式存放在磁盘或磁带上，为了生成合适的操作系统，可以使用一个特殊的程序（如 Setup.exe）。SYSGEN 程序从给定的文件中读取，或询问操作员有关硬件系统的特定配制信息，或直接检测硬件以决定有什么部件。在系统生成过程中，下列信息必须确定。

（1）CPU 的类型：CPU 的类型决定了系统的指令集。

（2）内存的容量：内存容量的确定能够保证系统在合法的地址范围内活动，合理安排可用内存。

（3）可用设备的类型和数量：系统需要知道如何访问设备、设备的中断号、设备类型和模型，以及任何特殊的设备特点。

（4）操作系统的功能选项或使用的参数。这些选项或值可能包括需要使用多少和多大的缓冲区，需要什么类型的 CPU 调度算法，所支持进程的最大数量是多少，等等。

这些信息确定后，可以有多种方法来生成系统。一种极端的做法是系统管理员根据这些信息来修改操作系统的源代码，并完全编译操作系统，从而生成了专门适用于所描述系统的操作系统的输出目标代码；另一种做法是从预先编译过的库中选择合适的模块，把这些模块链接起来，生成操作系统。选择库允许包括所有支持 I/O 设备的驱动程序，但是只有需要的才链接到操作系统。这种方法由于没有重新编译，生成速度较快，但生成的系统可能过分通用。此外，还可以构造完全由各种表驱动的系统。所有的代码都是系统的组成部分，选择发生在执行时而不是在编译或链接时。系统生成适当的表以描述系统。绝大多数现代操作系统按这种方式来构造。例如，Windows XP 在安装或引导时不需要人工干预，在回答了有关磁盘分配和网络配制的基本问题后，安装程序 Setup.exe 能自动检测系统硬件，并安装正确生成的系统。这些系统生成方法的主要差别是所生成系统的大小和通用性，以及因硬件配置变化而进行修改的方便性。

2.1.3　系统的启动

在生成了合适的操作系统以后，它必须要为硬件所使用，但是硬件如何知道内核在哪里或者如何装入操作系统内核呢？装入操作系统内核以启动计算机系统的过程称为**引导系统或系统启动**。现代绝大多数计算机系统有一小块代码保存在 ROM 中，它被称为引导程序（或引导装载程序）。这段代码能定位内核，将它装入内存，然后开始执行。系统启动过程是指由系统引导程序和保存在磁盘上的操作系统引导程序将操作系统内核可执行代码逐级装入内存并开始执行，直到完成整个操作系统装载的系统引导阶段。在系统的启动过程中，系统需要完成许多初始化过程，以便为用户提供各种服务。

系统的启动是一个复杂的过程，一般可以分为初始引导、核心初始化和系统初始化三个阶段。

1．初始引导阶段

现代多数计算机使用固化在 ROM 中的基本输入/输出系统（Basic Input/Output System，BIOS）来启动计算机。BIOS 包括中断服务程序、系统设置程序、上电自检和 BIOS 启动自举程序。BIOS 中断服务程序用来完成硬件设备的初始化；系统设置程序用来设置 CMOS 的参数，该程序一般通过在启动计算机时，按 Delete 键进入 CMOS 设置；上电自检程序完成对硬件配制的检测，如发现问题将给出提示或鸣笛警告；而 BIOS 启动自举程序按照系统 CMOS 中设置的启动顺序搜索软、硬盘驱动器及 CD-ROM 等，读入存放在该设备特定位置（如操作系统引导扇区）的操作系统引导记录（该记录在磁盘的 0 面 0 磁道 1 扇区）到内存的特定位置，然后将控制权交给引导记录，由该引导记录将内核代码从文件系统中装入内存，以完成系统的启动。

2．核心初始化阶段

在操作系统的内核代码装入内存后，引导程序将控制权转交给内核可执行代码，从此核心代码开始执行。内核先进行初始化工作，包括对硬件及接口电路的初始化，对内核所有数据结构进行初始化，如初始化页目录和页表项等。

3．系统初始化阶段

这一阶段是前两个阶段的继续，其主要任务是做好准备工作，使系统处于命令接收状态，这时用户可使用计算机来完成自己的工作。在此阶段中，操作系统为用户创建工作环境，接收并解释执行用户的程序和指令。例如，Windows 系统启动出现的桌面，UNIX/Linux 系统启动出现的命令行界面或 X-Window 界面，均表明系统已经成功启动，用户可以使用计算机了。

案例研究：Linux 系统启动过程

Linux 系统的启动大致可以分为以下几个阶段：①由 BIOS 加载操作系统引导装入程序；②由操作系统引导装入程序加载操作系统内核；③内核代码解压缩；④内核初始化；⑤生成 init 进程；⑥系统初始化，Shell 命令文本执行；⑦生成各终端进程。下面以 Linux 内核 2.6 为例，来介绍 Linux 内核的启动过程。

1．BIOS 启动过程

BIOS 启动过程是指从开机到引导程序装入内存并获得控制权的这段时间。实际上，BIOS 的启动过程可分为以下几个步骤。

（1）对系统硬件配置进行一系列检测，以确认系统中有哪些设备及这些设备是否正常工作。这个过程称为 POST，即上电自检过程。

（2）硬件设备进行初始化，以保证所有的硬件设备操作都不会引起 IRQ 中断线和 I/O 端口冲突。如果机器是基于 PCI 体系结构的，则在此步骤的最后会显示系统中所安装的所有 PCI 设备的列表。

（3）根据 BIOS 的设置，搜寻一个操作系统引导程序并把它装入内存。通常这个过程按照用户预定义的次序，先尝试访问系统软盘的第一个扇区，再访问硬盘的第一个扇区，最后试图访问 CD-ROM 的第一个扇区。

（4）如果在指定的设备中找到有效的设备，则立即将该设备第一个扇区的内容复制到 RAM 中以 0x7C000 开始的位置，然后指令控制跳转到此处，开始执行刚才装入的可执行代码，这个代码就是加载操作系统引导程序的二进制代码。

2．引导过程

由于启动盘可以是硬盘也可以是软盘，所以启动过程可分为软盘引导过程和硬盘引导过程。如果启动盘是软盘，则在 CPU 执行了 int 19H 中断调用后把软盘 0 面 0 磁道 1 扇区中所存放的可执行代码读入内存。这段程序的源代码是由汇编语言写成的，存放在 arch/i386/boot/boot/bootsect.s 文件中。它被编译后，放在整个内核可执行代码的开头，在创建启动盘时，它被复制到软盘的 0 面 0 磁道 1 扇区，当 BIOS 执行 int 19H 调用时，装载的正好是这个引导程序。硬盘的引导过程与软盘的引导过程有所不同。用硬盘启动时，Linux 巧妙地使用了一个被称为 LILO（即 Linux Loader）的小程序来引导。这种方式较为灵活，它允许用户自己选择要启动的操作系统，并进入工作状态。LILO 的功能由三个程序来实现。第一个程序把 Linux 内核或其他操作系统的可执行代码读入内存的引导程序，它可称为启动加载器。第二个程序负责把程序的可执行代码写入引导分区，并备份原来的代码，创建 map 文件以便启动映像内核，它的可执行文件是/sbin/lilo。第三个程序是存放 LILO 配置信息的/etc/lilo.conf 等配置文件。这三个文件是 LILO 启动时必需的，存放在/boot 目录下。

3．内核解压缩过程 startup_32()和系统初始化

由引导程序加载到内存的内核代码是经过压缩的内核模块 zImage 或 bzImage，因此在启动内核之前必须执行解压缩过程。这个过程是由位于物理地址 0x00100000 处或 ox00001000 处的 startup_32()函数来完成的。这个函数具体处于哪个位置取决于内核映像是被装入高端内存还是低端内存。它的源文件在 arch/i386/boot/compressed 目录下的 head.s 中。

解压缩后，CPU 在 0x100000 处执行第二个 startup_32()函数。该函数的源代码在 arch/i386/kernel/head.s 文件中，它的作用是为 Linux 的进程 0 建立执行环境。为此，它要完成初始化临时中断描述表和 CPU 控制寄存器 CR_0、CR_3 和 CR_4 的机器状态字，并对页目录、页表项及全局描述表进行设置，为启动内核做进一步的准备工作。

4．启动 Linux 内核

当进程 0（实际上是内核本身）的环境设置好之后，系统作为 0 号进程运行。进程 0 在核心态调用 kernel_thread()创建新的进程，即 1 号进程。1 号进程开始运行时执行 init()函数。此时 1 号进程运行在核心态，继续一些系统初始化工作，然后调用 kernel_thread()继续创建一些管理系统的守护进程。最后，1 号进程通过系统调用 execve()执行程序/etc/init 的可执行代码，1 号进程自然演变为系统的第一个用户态进程。1 号进程又称为初始化进程（init 进程），因为系统进入用户态后由它负责初始化所有新的进程。

init 进程进入多用户状态后，除了产生其他进程外，一个主要任务是允许用户通过终端注册，因此，它创建了若干个 getty 进程，该进程通过系统调用 exec()执行 login 程序，使用户注册。注册

成功后，再通过系统调用 exec()注册 Shell。此时，系统显示登录提示符或打开一个图形窗口，用户即可开始工作，整个系统的启动过程完成。

2.2 操作系统用户界面

操作系统提供一个环境以执行程序，并向程序和这些程序的用户提供一定的服务。在现代计算机系统中，用户通过操作系统所提供的接口来使用操作系统提供的服务，如图 2-2 所示。操作系统的接口是操作系统提供给用户与计算机交互的外部机制，用户借助这种机制来控制用户的系统。操作系统为用户提供了两类接口：命令接口和程序接口。

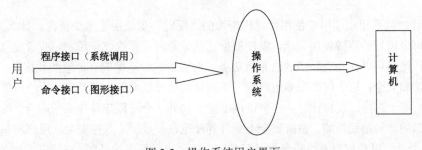

图 2-2　操作系统用户界面

2.2.1 操作系统提供的服务

尽管各种操作系统所提供的具体服务千差万别，但是也具有一些共同特点。操作系统提供的共性服务为用户带来了极大的方便，使用户使用计算机变得更加简单和方便。操作系统提供给用户和程序员的基本服务如下。

（1）**用户界面**：所有的操作系统都有用户界面。用户界面有多种形式。一种是命令行界面（Command-Line Interface，CLI），它采用文本命令，并用一定的方法输入（即一种允许输入并编辑的命令）。另一种是批界面，其中控制这些命令和命令的指令被输入文件，通过执行文件来实现。最为常用的是图形用户界面（Graphical User Interface，GUI），此时界面是一个视窗系统，它具有定位设备以指挥 I/O、从菜单中选择、选中部分并用键盘输入文本。有些系统还提供了两种甚至三种界面。

（2）**程序执行**：系统必须能将程序装入内存并运行该程序。程序也必须能在一定的时间内结束执行。当程序执行过程中出现错误或异常时，应能报告错误或做相应处理。

（3）**I/O 操作**：程序运行时可能需要 I/O 操作。这些操作可能涉及文件或各种 I/O 设备。对于一些特定的设备还需要特定功能。出于效率和保护的考虑，用户通常不能直接控制 I/O 设备，因此，操作系统必须提供进行 I/O 操作的方法。

（4）**文件系统操作**：文件系统让用户按照文件名来建立、读写、修改及删除文件，使信息的存取更加方便、可靠。当涉及多个用户访问或共享文件时，操作系统将提供文件保护机制。

（5）**通信服务**：在许多情况下，一个进程需要与另外一个进程交换信息。这种通信主要有两种形式：一种发生在同一台计算机上运行的两个进程之间，另一种发生在由计算机网络连接起来的不同计算机上的进程之间。通信可通过共享内存来实现，也可以使用消息传送技术实现。

（6）**错误监测和处理**：操作系统通常需要知道可能出现的错误。错误可能发生在 CPU 和内存硬件中（如内存错误或电源失败）、I/O 设备中（如磁带奇偶出错、网络连接出错、打印机缺纸）和用户程序中（如算术溢出、试图访问非法内存地址或使用 CPU 时间太长）。对于每种类型的错误，操作系统应该采取适当的行动，以确保正确性和一致性。

此外，操作系统还提供了一组函数，这些函数是为了保证系统本身高效率、高质量地运行，从而使得多个用户能够有效地共享系统资源，提高系统效率。这些函数可实现以下功能。

（1）**资源分配**：当多个用户登录到系统或多个作业同时执行时，系统必须为每个进程分配资源。操作系统管理多种不同类型资源，有的资源（如 CPU 周期、内存和文件存储器）可能需要特殊的分配程序，而其他资源（如 I/O 设备）可能只需要通用的申请和释放程序。例如，为了更好地使用 CPU，操作系统需要采用 CPU 调度程序以考虑 CPU 的速度、必须执行的作业、可用的寄存器数和其他因素。

（2）**统计**：当希望知道用户使用计算机资源的情况时，如使用了多少资源、什么类型的资源，系统会保存每个用户的资源使用记录，以便根据这些记录向用户收取使用费，或者建立系统使用统计数据。统计结果可以作为进一步改进系统服务，对系统进行重组的有价值的数据。

（3）**保护和安全**：对于保存在多用户或网络连接的计算机系统中的信息，用户可能需要控制信息的使用。当多个进程并发执行时，一个进程不能干预另一个进程或操作系统本身。保护即确保所有对系统资源的访问是受控的。系统安全不受外界侵犯也很重要。这种安全从用户向系统证明自己（利用密码）开始，以获取对系统资源的访问权限。安全也包括保护外部 I/O 设备，如 Modem 和网络适配器不受非法访问，并记录所有非法入侵。如果一个系统需要保护和安全，那么系统中的所有部分都要预防。

操作系统提供了许多服务，底层的服务通过系统调用来实现，可被程序直接使用。高层的服务通过系统程序来实现，用户不必编写程序，可借助命令管理器或 Shell 来请求执行完成各种功能的系统程序。

2.2.2　命令接口

当前几乎所有的计算机（从大型机、中型机到微型机）的操作系统都向用户提供了命令接口，以实现用户与计算机之间的交互，即允许用户在终端上键入命令，以取得操作系统提供的服务，并控制自己程序的运行。用户使用命令接口来与计算机进行交互时，首先必须在终端上键入正确的操作命令，由终端处理程序接收用户键入的命令，并将它显示在终端屏幕上。当一条命令输入完成（如用户按 Enter 键）后，操作系统的命令解释程序对用户输入的命令进行分析，然后执行相应的命令处理程序。可见，操作系统的命令接口应包括一组命令、终端处理程序和命令解释程序。其中，命令解释程序在操作系统的最外层，以便直接与用户交互。该程序的主要作用是在屏幕上给出提示符，请求用户输入命令，然后读入并识别命令再转到相应的命令处理程序中执行，并将处理结果送到屏幕上显示。若用户键入的命令有错，命令解释程序未能识别，或在执行过程中出现错误，则显示出错信息。例如，大家熟悉的 DOS/Windows 98 中的 command.com 文件、Windows 2000/XP 中的 cmd.exe 文件及 UNIX/Linux 操作系统的 Shell 程序就是典型的命令解释程序。

为了能向用户提供多方面的服务，通常，操作系统可向用户提供几十条甚至上百条的联机命令。

根据这些命令所完成功能的不同，可把它们分成以下几类：①系统访问类；②磁盘操作类；③文件操作类；④目录操作类；⑤通信类；⑥其他命令。例如，Linux 的常用命令可以分为如下五大类。

（1）文件管理类：cd、chmod、chgrp、comm、cp、crypt、diff、file、find、ln、ls、mkdir、mv、od、pr、pwd、rm 和 rmdir。

（2）进程管理类：at、kill、mail、nice、nohup、ps、time、write、mesg。

（3）文本加工类：cat、crypt、grep、norff、uniq、wc、sort、spell、tail、troff。

（4）软件开发类：cc、f77、login、logout、size、yacc、vi、emacs、dbs、lex、make、lint 和 ld。

（5）系统维护类：date、man、passwd、stty、tty 和 who。

在使用操作命令过程中，有时需要连续使用多条命令，有时需要多次重复使用若干条命令，有时需要选择性地使用不同命令。如果用户每次都将这一条条命令由键盘输入，既浪费时间，又容易出错，则此时可用批命令实现。现代操作系统都支持批命令，其实现思想如下：规定一种特别的文件，通常该文件有特殊的文件扩展名，如 DOS 约定为 bat，用户先把一系列命令组织在该文件中，一次建立，多次执行，从而减少输入次数，方便用户操作，节省时间，减少出错。进一步的，操作系统还支持命令文件使用一套控制子命令，从而可写出带形式参数的批命令文件。这样的批命令文件可执行不同的命令序列，增强了命令接口的处理能力。

案例研究：Linux 系统的 Shell 程序

Shell 程序是 Linux 操作系统的最外层，因此也被称为外壳。它可以作为命令语言，为用户提供使用操作系统的接口，用户利用该接口与计算机进行交互。当用户成功登录 Linux 系统后，Shell 程序开始执行，首先在用户终端上显示系统提示符，等待用户的输入，这时用户可以键入命令来与系统交互，以便使用操作系统提供的各种服务。Linux 命令由命令名、选项和参数表组成。命令名实际上是一个能完成某种功能的目标程序的名称，参数表给出命令执行时的附加消息，一个命令可以有 0 个或多个参数。命令名和参数表之间还可以使用一种称为选项的自变量，用破折号开始，后跟一个或多个字母、数字。选项可对命令的正常操作加以修改，一条命令可有多个选项，典型的命令格式如下。

```
$ Command –option arg1 arg2 … argk
```

当用户输入命令并按 Return 或 Enter 键后，Shell 开始解释执行用户的命令。Shell 查找系统文件目录，如果 Shell 能够找到用户键入的命令，则 Shell 程序会创建一个新进程，并将参数 arg1,arg2,…,argk 传递给新创建的进程，由该进程完成用户程序的执行。命令处理完成后，控制权又转交给 Shell 程序，Shell 继续等待下一个指令。Shell 程序的执行过程可简单描述如下。

```
While (TRUE) {                              /*TRUE=1,无限循环*/
        type-prompt( );                     /*输出屏幕提示符*/
        read-command(command,parameters);   /*从键盘读入参数*/
        pid=fork( );                        /*创建子进程*/
        if(pid<0 {
         printf("unable to fork!");         /*输出创建失败信息*/
         continue;                          /*继续循环 */
          }
        if(pid!=0) {                        /*创建成功*/
```

```
            waitpid(-1,&status,0);              /*父进程等子进程结束*/
          }
      else {
        execve(command,prraters,0);           /*子进程执行命令*/
      }
    }
```

2.2.3 图形用户接口

　　通过操作系统的命令接口来控制计算机，用户必须熟悉并能够正确使用系统所提供的命令的名称、功能和格式，因而增加了用户使用计算机的难度。随着计算机应用的发展，普通用户要求能够简单直观地操作计算机。为了方便用户的使用，Apple 公司在 20 世纪 80 年代中期推出了图形用户接口。使用 GUI 来操作计算机，用户不需要记忆复杂的操作命令，只需要用鼠标点击代表相应命令的图形（称为图标）来运行程序即可，因而极大地方便了用户，因此，20 世纪 90 年代新推出的操作系统都提供了图形用户接口，如 Windows 系列的操作系统。

　　在提供 GUI 的操作系统中，当一个程序执行时，一个新的显示区域（称为窗口）被创建来完成程序的执行。用户可以通过鼠标来改变窗口的大小、形状、位置等。另外，用户也可以通过鼠标来控制自己所采取的操作，例如，在 Windows XP 中，用户在桌面上右击，系统将弹出一个快捷菜单，用户可以通过该菜单来重新排列桌面图标，建立文件夹或对象，或者查看系统的显示属性。

　　在支持 GUI 的操作系统中，用户可以利用鼠标来操作与命令相关的图标、菜单，方便地与计算机进行交互。总之，GUI 给用户提供了一种简单、直观使用操作系统服务的方法，促进了计算机应用的发展，但这并不是说基于字符方式的命令接口已被淘汰，实际上，由于命令接口更易于对计算机资源进行控制，互动性强，占用系统资源少，许多程序员或专业人员仍然使用命令接口来实现自己的任务。为了满足不同层次人员的应用要求，现代操作系统在提供 GUI 的同时，仍然支持命令接口的使用。例如，Windows 的命令行、Linux 的 Shell 程序等。

案例研究：Windows Explore VS. Linux Shell

　　为了表明基于文本的命令接口和基于 GUI 的不同，这里将 Windows 操作系统的 GUI 和 Linux 的 Shell 程序做一简单比较。为了简单起见，仅比较两者的文件管理功能。

　　Windows 操作系统的资源管理器 Windows Explore 提供了 GUI，整个文件管理器由包含文件信息和一组按钮、下拉菜单的两个面板组成。用户可以通过这些按钮和下拉菜单管理文件。左边的面板显示目录结构，每个目录项的前面有一个带+和-号的方框，单击+号可以展开并显示下一级目录，而右边的面板显示左边面板中选定的内容，如图 2-3 所示。图 2-3 中选中的是目录 Masm611（在目录结构中被高亮显示），它包括四个字目录，即 DISK1、DISK2、DISK3 和 DISK4。

　　（1）浏览文件和目录。在 Windows Explore 中，用户可以通过使用+/-号和面板的滑动条快速地浏览目录结构，获得文件的信息，而在 Linux 的 Shell 程序中，用户必须熟悉目录操作命令，如 pwd（显示当前工作目录）、ls（显示当前目录的信息）、cd（改变目录）等。

　　（2）建立和删除文件、目录。在 Windows Explore 中，用户可以通过"文件"菜单的相应选项来完成文件或目录的建立、删除或重命名。而在 Linux 的 Shell 程序中，用户必须采用 rm、mkdir 命令来删除文件或建立目录。

（3）**移动文件和目录**。在 Windows　Explore 中，用户通过鼠标选中文件和目录，然后将其拖到新的目录即可完成文件和目录的移动；在 Linux 中，用户通过命令 mv 指定相应的参数以移动文件（目录）。

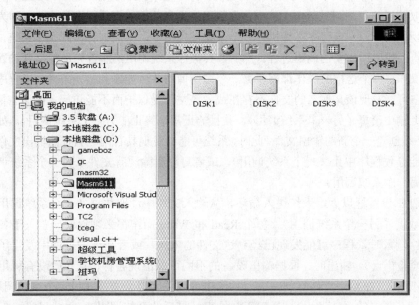

图 2-3　Windows 的资源管理器

以上仅简单比较了 Windows　Explore 和 Linux 操作系统 Shell 程序的共同操作。通过比较，可发现 GUI 是一种更加方便和直观的操作接口，因此，现代的大多数操作系统，特别是面向非专业人员和普通用户的操作系统提供了 GUI 作为它们最高层的 OS 接口。但是，基于文本的命令接口对程序员和专业人员来说仍然是必不可少的，主要是因为通过命令，用户可以根据自己的需要灵活、有效地控制命令的执行顺序，提高系统的效率，而基于菜单驱动的 GUI 相对来说功能固定、比较单一。

2.2.4　程序接口

前面介绍的命令接口与图形用户接口都需要与用户进行交互。而在用户程序中，大多数用户仅需要操作系统提供的服务，而不希望与操作系统进行交互，因此，现代操作系统均为程序员提供了程序接口。程序接口又称应用编程接口（Application Programming Interface，API），是操作系统专门为用户程序设置的，是用户程序取得操作系统服务和功能的唯一途径。

1．系统调用的概念

由于用户程序执行在用户态下，因此，为了使用操作系统的服务和功能，必须借助操作系统提供的程序接口。程序接口由一组系统调用（System Call）组成，用户程序使用"系统调用"即可获得操作系统的底层服务，使用或访问系统的各种软硬件资源。系统调用实质上是应用程序请求操作系统内核完成某一功能的、一种特殊的过程调用。通过系统调用，用户程序能够获得核心态下提供的服务和功能。系统调用不仅可供所有的应用程序使用，还可以供操作系统本身的其他部分（尤其是命令处理程序）使用。例如，UNIX/Linux 提供的系统调用可以在 C 或 C++程序中直接使用。微软公司的 Windows 系列操作系统的系统调用是 Win32 API 的一部分，可以为微软的所有 Windows 平台的编译程序使用。

下面通过一个简单的例子来说明系统调用的作用。如果有一个用户进程正在运行，并且需要从一个文件读取数据并复制到另一个文件中。应用程序本身并不能直接读取该文件，因为文件管理是操作系统的功能。所以，该程序必须执行一个系统调用指令，将控制转移到操作系统，操作系统再通过参数检查，找出所需要的调用进程。然后，其执行系统调用，即首先进行打开输入文件并创建输出文件的操作。每个这样的操作都需要另一个系统调用并可能碰到错误条件。当程序设法打开输入文件时，它可能发现该文件名的文件不存在或者该文件受保护而不能访问。在这些情况下，程序应该在终端上输出消息（另一个系统调用），并且非正常地终止（另一个系统调用）。如果输入文件存在，那么必须创建一个新的输出文件。此时，系统可能会发现具有同一名称的输出文件已经存在。这种情况可能导致程序中止（一个系统调用），或者可以删除现有文件（另一个系统调用）并创建新的文件（另一个系统调用）。

两个文件都设置好以后，系统进入循环，从输入文件中读取数据（一个系统调用）并向输出文件中写入数据（另一个系统调用）。每个 Read 和 Write 操作都必须返回一些关于各种可能错误的状态信息。输入时，程序可能发现已经到达文件的末尾，或者在读的过程中发生了一个硬件错误（如奇偶检验错误）。输出时，根据输出设备的不同可能出现各种错误（如没有可用磁盘空间、打印机没有纸等）。在整个文件复制完成后，程序可以关闭两个文件（另一个系统调用），在终端上写一个消息（更多的系统调用），最后正常结束（最后的系统调用）。由此可见，一个用户程序是通过频繁地利用各种系统调用来获得操作系统所提供的各种服务和功能的。

但绝大多数程序员不会看到这些细节。一般来说，应用程序开发人员根据应用程序接口设计程序。API 是一系列适用于应用程序员的函数，包括传递给每个函数的参数及其返回的程序员想得到的值。有三种应用程序员常用的 API：适用于 Windows 系统的 Win32 API，适用于 POSIX 系统的 POSIX API（包括几乎所有 UNIX、Linux 和 Mac OS X），以及适用于 Java 虚拟机程序的 Java API。

在 Windows 中有一套过程，称为 Win32 API，程序员用这套过程获得操作系统的服务。Windows 支持 API 的组件有 Kernel、User 和 GDI。Kernel 包含了多数操作系统函数，如内存管理、进程管理；User 集中了窗口管理函数，如窗口创建、撤销、移动、对话等相关函数；GDI 提供画图函数、打印函数。Windows 将三个组件置于动态链接库中。所有的用户应用程序都可以使用这些函数。

Win32 API 有数千个，其中许多涉及了系统调用。表 2-1 所示为一些 Windows 的系统调用。

在后台，组成 API 的函数通常为应用程序员调用实际的系统调用。例如，Win32 函数 CreateProcess()（用于生成一个新的进程）实际上调用了 Windows 内核中的 NTCreateProcess()系统调用。为什么一个应用程序员宁可根据 API 来编程，也不调用实际的系统调用呢？这有如下几个原因。根据 API 编程的好处之一在于程序的可移植性，一个采用 API 设计程序的应用程序员希望其程序能在任何支持同样 API 的系统上编译并执行（尽管体系的不同常使其很困难）。此外，对一个应用程序员而言，实际的系统调用比 API 更为注重细节和困难。尽管如此，调用 API 中的函数和与其相关的内核系统调用之间仍然存在紧密的联系。事实上，许多 Win32 和 POSIX 的 API 与 UNIX、Linux 和 Windows 操作系统提供的自身的系统调用是类似的。

表 2-1 Win32 API 中的一些系统调用

Win32 API	说 明
CreateProcess	创建一个进程
WaitForSingleObject	等待一个进程退出
ExitProcess	终止进程的执行
CreateFile	创建一个文件或打开一个文件
CloseHandle	关闭一个文件
ReadFile	从一个文件中读取数据
WriteFile	把数据写入一个文件
SetFilePointer	设置文件指针的位置
GetFileAttributesEx	获得文件的属性
CreateDircetory	创建一个新目录
RemoveDirectory	删除一个空目录
DeleteFile	删除一个已存在的目录
SetCurrentDirectory	改变当前工作目录

绝大多数程序设计语言的运行时支持系统（与编译器一起预先构造的函数库）提供了系统调用接口，作为应用程序与操作系统的系统调用的链接。系统调用接口截取 API 的函数调用，并调用操作系统中相应的系统调用。通常，每个系统调用一个与其相关的数字，系统调用接口根据这些数字维护一个列表索引。系统调用接口调用所需的操作系统内核中的系统调用，并返回系统调用状态及其他返回值。

调用者不需要知道如何执行系统调用或者执行过程中它做了什么，它只需遵循 API 并了解执行系统调用后系统做了什么。因此，对于程序员而言，通过 API 操作系统接口的绝大多数细节被隐藏起来，并被执行支持库管理。API、系统调用接口和操作系统之间的关系如图 2-4 所示，它表现了操作系统如何处理一个调用 open()系统调用的用户应用。

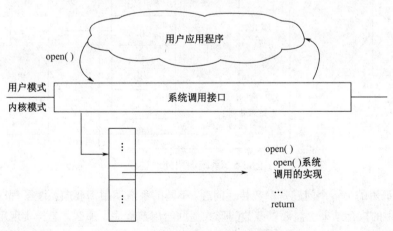

图 2-4 处理 open()系统调用的用户程序

2．系统调用的实现

系统调用的实现与一般过程调用的实现相比有很大的差别。对于系统调用，控制由原来的用户态转换为核心态，这需要借助于中断和陷入机制来完成，该机制包括中断和陷入硬件机构，以及中断和陷入处理程序两部分。系统调用的格式随着计算机的不同而不同，但是任何不同的计算机，系统调用都有以下共同特点。

（1）每个系统调用对应一个功能号，要调用操作系统的某一特定例程，必须在指令中给出对应的功能号。在有些系统中，直接把系统调用号放在系统调用命令中。例如，IBM 370 和早期的 UNIX 的系统调用的低 8 位用于存放系统调用号。在其他系统中，将系统调用号装入某指定寄存器或内存单元，如 DOS 将系统调用号放在 AH 寄存器中。

（2）按功能号实现调用的过程大致相同，都通过对功能号的解释分别转入对应系统调用处理子程序。

系统调用的处理过程如下。

首先，系统将处理器的状态由用户态转为核心态，并由硬件和内核程序完成系统调用的一般处理，即保存 CPU 现场、传递相关参数等。其次，分析系统调用类型，转入相应的系统调用处理子程序。为使不同的系统调用方便地转向相应的系统调用处理子程序，在系统中配置了一张系统调用入口表。表中的每个表目都对应一个系统调用，其中包含系统调用处理子程序的入口地址等。因此，操作系统内核利用系统调用号查找该表，即可找到相应处理子程的入口地址而转去执行它。最后，在系统调用处理子程序执行完成后，应恢复被中断进程或设置新的 CPU 现场，并返回被中断进程或新进程，继续往下执行。图 2-5 所示为系统调用的执行过程。

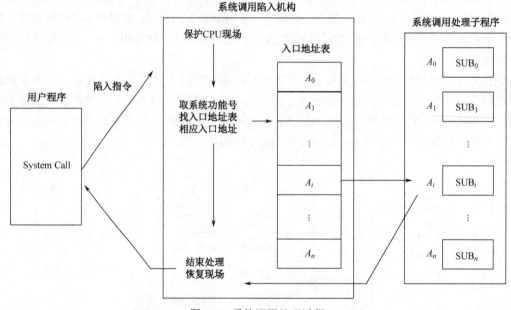

图 2-5　系统调用处理过程

有关系统调用的另一个问题是参数传递问题。不同的系统调用需要向系统子程序传递不同的参数，且系统调用的执行结果也需要以参数的形式返回给用户程序。那么，怎样实现用户程序和系统程序之间的参数传递呢?有两种常用的实现方法：一种是由陷阱指令自带参数，一般来说，一条陷阱指令的长度总是有限的，且该指令要附带一个系统调用的功能号，因此，陷阱指令只能附带极有限的几个参数进入系统内部；另一种方法是通过使用相关的通用寄存器来传递参数。显然，这些寄存器应是系统程序和用户程序都能访问的。但是由于寄存器长度较短，所以无法传递较多的参数。因此，在存在较多的系统调用的系统中，大多在内存中开辟专用堆栈区来传递参数。

　　由上述可知，系统调用的实现不仅取决于具体的操作系统，还与机器特性密切相关，因此，它总是以汇编的方式来实现的。为了方便用户，许多操作系统向用户提供了一个调用汇编系统调用的函数库，其中将系统调用号、参数的传递及系统调用指令等细节屏蔽起来，使得用户可像使用普通的函数那样使用系统调用。

案例研究：Linux 操作系统的系统调用号和系统调用表

　　在 Linux 操作系统中，与系统调用有关的数据结构和响应函数分别是系统调用号和系统调用表 sys_call_table。源文件 include/asm/unistd.h 为每个系统调用规定了唯一的编号，这个编号就是所谓的系统调用号，源代码中用 __R_##name 表示。程序清单 2-1 给出的是该文件中的部分系统调用号。

程序清单 2-1　系统调用号：

```
#define  _ _NR_exit              1
#define  _ _NR_fork              2
#define  _ _NR_read              3
#define  _ _NR_write             4
#define  _ _NR_open              5
#define  _ _NR_close             6
......
#define  _ _NR_removexattr       235
#define  _ _NR_lremovexattr      236
#define  _ _NR_fremovexattr      237
```

　　系统调用表是一张由指向实现各种系统调用的内核响应函数的地址指针组成的表。在文件 arch/i386/kernel/entry.s 中可以看到系统调用表的格式。程序清单 2-2 是该表的一部分。

程序清单 2-2　系统调用表：

```
......
.data
ENTRY(sys-call-table)
    . long SYMBOL-NAME(sys-ni-syscall)    0
    . long SYMBOL-NAME (sys-exit)         1
    . long SYMBOL-NAME (sys-fork)         2
    . long SYMBOL-NAME (sys-read)         3
    . long SYMBOL-NAME (sys-write)        4
    . long SYMBOL-NAME (sys-open)         5
    . long SYMBOL-NAME(sys-close)         6

    . long SYMBOL-NAME (sys-vfork )       190
......
```

　　可以看出系统调用表中的各表项的内容就是各系统调用响应函数在内存中的物理地址。由此可以确定系统调用号与系统调用响应函数的关系：系统调用号就是系统调用表中各表项的相对偏移量。

3. 系统调用的分类

　　不同的计算机系统提供不同的系统调用不同，根据系统调用的功能，可以把系统调用大致分为以下五大类。

（1）进程控制类系统调用。这类系统调用主要用于对进程的控制，如创建和终止进程的系统调用，获得和设置进程属性的系统调用。

（2）文件管理类系统调用。这类系统调用用来对文件进行管理，数量较多，其中包括文件的创建、打开、删除、关闭、读写和定位、获得和设置文件属性、建立目录、移动文件的读/写指针等。

（3）设备管理类系统调用。这类系统调用包括设备的请求和释放、断开和连接、读写和定位，以及设备属性的读取和设置等。

（4）进程通信类系统调用。这类系统调用被用来在进程间传递消息和信号，其中包括消息系统中的建立链接、接收链接、关闭链接、发送消息、接收消息等系统调用，以及共享存储区通信中的建立共享存储区、与共享存储区建立连接、读共享存储区、写共享存储区等系统调用。

（5）信息维护类系统调用。这类系统调用用来实现对系统的日常维护，其中包括获得和设置系统日期和时间、获得进程和子进程所使用的 CPU 时间、设置文件访问和修改的时间、了解内存的使用情况和操作系统的版本号等系统调用。

4．系统调用与过程（函数）调用的区别

程序中执行系统调用或过程（函数）调用，虽然都是对某种功能或服务的需求，但两者从调用形式到具体实现上都有很大区别。

（1）调用形式。过程（函数）使用一般调用指令，其转向地址是固定不变的，包含在跳转语句中；但系统调用中不包含处理程序入口，而仅仅提供功能号，按功能号调用。

（2）被调用代码的位置。过程（函数）调用是一种静态调用，程序和被调代码在同一程序内，经过链接编辑后作为目标代码的一部分。当过程（函数）升级或修改时，必须重新编译链接。而系统调用是一种动态调用，系统调用的处理代码在调用程序之外（在操作系统中），这样，当系统调用处理代码升级或修改时，与调用程序无关。此外，调用程序的长度也大大缩短，减少了占用的存储空间。

（3）提供方式。过程（函数）往往由编译系统提供，不同编译系统提供的过程（函数）可以不同；系统调用由操作系统提供，一旦操作系统设计好，系统调用的功能、种类与数量便固定了。

（4）调用的实现。程序使用一般机器指令跳转指令来调用过程（函数），是在用户态下运行的；程序执行系统调用，是通过中断机构来实现的，需要从用户态转变到核心态，在管理态下运行，因此安全性好。

2.3 ••• 总结与提高

操作系统给用户提供了一个工作环境。用户可以通过系统生成程序来生成操作系统，建立适宜的工作界面。用户可以根据自己的需要来生成不同类型的操作系统，以满足工作的要求。系统生成后，用户可以启动系统。整个系统的启动非常复杂和关键，不能出现错误。系统的启动可分为引导阶段、核心初始化阶段和系统初始化阶段。

为了方便用户的使用，操作系统向用户提供了命令接口、图形用户接口和程序接口。用户可以通过这些接口，采用方式来控制计算机，获得操作系统的服务，完成自己的工作，这些接口各有优

缺点，有不同的应用领域，用户可以根据需要来选择，为此，现代操作系统可同时提供这三种接口，即命令接口、图形用户接口和程序接口（系统调用）。程序接口是用户程序使用操作系统服务的唯一接口。

习　题　2

1．操作系统的启动过程分为哪几个阶段，各完成什么功能？

2．列出操作系统提供给用户更为方便地使用计算机系统的五个服务，并说明在哪些情况下用户级程序不能够提供这些服务。

3．处理器为什么要区分核心态和用户态两种操作方式？什么情况下进行两种方式的转换？

4．操作系统的接口包括哪几种，各有何优缺点？

5．何谓系统调用？简述系统调用的实现过程（可画图表示）。

6．命令解释器的用途是什么？为什么它是与内核分开的？能否采用操作系统提供的系统调用接口为用户开发一个新的命令解释器？

7．使用 C 或 C++，编写一个使用系统调用从一个文件复制数据到另一个文件的程序。

8．查看 Linux 操作系统的相关源代码，了解和分析 Linux 的启动过程，画出 Linux 的启动流程图。

实验 1　向 Linux 内核增加系统调用

1．实验目的

在此实验中，将学习 Linux 操作系统提供的系统调用接口，以及一个用户程序如何通过该接口与操作系统内核实现通信。学习任务是将一个新的系统调用加入内核，然后扩展该操作系统的功能。

2．实验环境

本实验可以在 Linux 操作系统下完成。

3．背景知识

1）开始

用户模式过程调用通过堆栈或寄存器传递参数给被调用的过程来完成，保存当前的状态和程序计数器值，跳转至与被调过程相对应的编码的开始部分。进程像以前一样继续拥有相同的特权。

对于用户程序而言，系统调用就像过程调用一样，但在执行上下文和特权方面有所改变。在 Intel 386 结构的 Linux 中，系统调用通过将系统调用号存储在 EAX 寄存器中，将参数存储在另一个硬件寄存器中，并执行一个陷阱指令（即!NTOx80 汇编指令）来完成。陷阱指令执行后，系统调用号被用做一个代码指针表的索引，以获得执行系统调用的句柄号的开始地址。进程跳到该地址，进程的特权也从用户模式转为内核模式。得到扩展的特权的进程现在可以执行内核代码，包括不能在用户模式下执行的特权指令。之后，内核代码即可完成与 110 设备交互等服务请求，以及完成进程管理和其他不能在用户模式下完成的活动。

Linux 内核最新版本的系统调用号列在/user/src/linux-2. x/include/asm-i386/unistd.h 下（如对应于系统调用 close()的 NR close，它被用来调用关闭文件描述符，被定义为值 6）。系统调用句柄的指针列表一般存储在文件/usr/sr c/linux-2.x/arch/i386/kernel/entry.s 的 ENTRY (sys_caIUable)下。注意，表中 sys_close 被保存在 entry number 6 处，以与在文件 unistd.h 中定义的系统调用号一致（关键词.long 表示 ent 可占用与 long 类型的数据值相同的字节数）。

2）构建新的内核

在增加新的系统调用到内核前，必须使自己熟悉从内核源代码构造二进制码的任务，并用新构造的内核启动机器。该活动包括如下任务，其中有些任务取决于 Linux 操作系统特定的安装。

（1）获取 Linux 分发版的内核代码。如果已事先在机器上安装了代码包，则/usr/src/linux 或/usr/src/linux-2.x（此后缀相当于内核版本号）目录下的文件可以使用；如果没有事先安装此代码，则可从 Linux 发行版提供商或 http://www.kemel.org 处下载。

（2）学习如何配置、编译和安装 Linux 二进制文件。这在不同的 Linux 发行版间有所不同，构建内核（进入保存内核代码的目录后）的一些典型的命令包括：make xconfig、make dep、make bzImage()。

（3）增加新的由系统支持的可启动的内核集的 entry。Linux 操作系统通常使用 lilo 或 grub 等工具来维护可启动内核列表，用户在机器启动期间能够从中加以选择。如果使用的系统支持 lilo，则可向 lilo.conf 增加一个 entry。

```
image=/boot/bzlmage.mykernel
label=MyLinux 1.0
root=/dev/hda5
read-only
```

其中，/boot/bzImage.mykemel 是内核 image，MyLinux 1.0 是新的内核相关的标签。完成这个步骤后，用户可以选择启动新的内核，或在新构建的内核不能正常运作时启动没有修改过的内核。

3）扩展内核源

现在可以试着增加新的文件到用来编译内核的源文件集中。通常，源代码保存在/usr/src/linux-2.x/kernel 目录下，当然，其位置可能在 Linux 发行版中有些不同。增加系统调用有两种方法：第一种选择是增加系统调用到一个该目录下已经存在的源文件中；第二种选择是在源文件目录下生成一个新的文件，并修改 usr/src/linux-2.xl/kernel/Makefile，以在编译过程中包括新生成的文件。第一种方法的优点在于通过修改已经作为编译过程的一部分并已存在的文件，不再需要修改 Makefile。

4）向内核增加新的系统调用

若已经熟悉与构建和启动 Linux 内核相关的各种背景任务，那么可以开始向 Linux 内核增加新的系统调用。在这个项目中，系统调用具有有限的功能，它将简单地从用户模式转为内核模式，打印用内核消息记录的一条消息，并转为用户模式，在此称之为 hello world 系统调用。尽管只有有限的功能，它还是说明了系统调用机制，并清楚地显示了用户程序和内核之间的交互。

（1）生成新的名为 helloworld.c 的文件以定义系统调用，包括头文件 linux/linkage.h 和 linux/kernel.h，将下述代码增加到该文件中。

```
#include <linux/linkage.h>
#include <linux/kernel.h>
asmlinkage int sys_helloworld()
{
    printk( "hello world!");
    <    >
    return 1;
}
```

这会生成名为 sys_helloworld()的系统调用。如果将此系统调用增加到源代码目录下已存在的文件中,所需做的就是将 sys_helloworld()函数增加到所选择的文件中。代码中的 asmlinkage 是从同时用 C 语言和 C++语言编写 Linux 的时期遗留下来,指示代码是用 C 语言编写的。printk()函数被用来打印给内核日志文件的消息,因此仅能从内核调用。在 printk()的参数中指定的内核消息被记录到文件/var/log/kernael/warnings 中,printk()调用的函数原型在/usr/include/linux/kernel.h 中定义。

(2)在/usr/src/linux-2.x/include/asm-i386/unistd.h 中为__NR_hellowworld 定义了一个新的系统调用号。用户程序可以用此调用号来识别新增加的系统调用。同样,需要保证增加_ _NR_syscalls 的值,它被保存在相同的文件中,该常数跟踪在内核中定义的系统调用号。

(3)增加一个条目.long sys_helloworld 到/usr/src/linux-2.x/arch/i386/kernel/entry.s 文件中的 sys_call_table 中,如前所述,系统调用号被用做该表的索引,以查找被调用的系统调用的句柄编码的位置。

(4)将 helloworld.c 文件增加到 Makefile(如果为系统调用生成新的文件)中。保存一个旧的内核二进制码镜像的备份(以防新生成的内核出现问题)。现在可以构建新的内核了,将它重新命名以区分未修改的内核,并向装入程序配置文件增加一个 entry (如 lilo.conf)。完成这些步骤后,即可启动旧的内核,也可以启动包括用户的系统调用的新内核。

5)从一个用户程序使用系统调用

当使用新的内核启动时,它将支持新定义的系统调用,只需要从用户程序调用这个系统调用即可。通常,标准的 C 语言库支持为 Linux 操作系统定义的系统调用接口。当新的系统调用没有与 C 语言库连接时,调用自己的系统调用将会需要人工干预。

正如前面提及的,通过保存适当的值到硬件寄存器并完成一个陷阱指令来调用系统调用。但是,这些都是低级操作,不能用 C 语句来完成,此时需要用到汇编语言,而 Linux 提供了宏指令。例如,如下的 C 程序使用_syscal10()来调用新定义的系统调用。

```
#include <linux/errno.h>
#include <sys/syscall.h>
#include <linux/unistd.h>
_syscall0 (int, helloworld);
main ( )
{
    helloworld () ;
}
```

(1)_syscall0()采用了两个参数。第一个参数定义系统调用返回值的类型,第二个参数是系统调用的名称。该名称被用来标识在执行陷阱指令前保存在硬件寄存器中的系统调用号。如果系统调用需要参数,则可以采用一个不同的宏(如_syscall0(),后缀表明参数数量)来代替完成系统调用所需的汇编代码。

(2)用新构建的内核编译并执行程序。此时,在内核日志文件/var/log/kernel/warnings 中应有一个消息"hello world"，以表明系统调用被执行。

4．问题描述

向 Linux 系统中添加一个计算阶乘的系统调用 Factorial，然后在用户程序中调用该系统调用来计算一个整数的阶乘，该整数由用户通过键盘输入。

5．解决方案

（1）在 linux-2.6.32.2/arch/x86/kernel 目录中找到 syscall_table_32.s，在此文件的最后一行添加.long sys_mycall。

（2）在 linux-2.6.32.2/arch/x86/include/asm 目录中找到 unistd_32.h，在此文件的 #define NR_syscalls 337 前面添加#define __NR_Factorial 337，同时把 NR_syscalls 改成 338。

```
#define __NR_ Factorial 337
#ifdef __KERNEL__
#define __NR_syscalls  338
```

NR_syscalls 相当于系统调用表边界，所有系统号都要小于它。

（3）在 linux-2.6.32.2/include/linux 目录中找到 syscalls.h，在这个文件中添加如下代码。

```
asmlinkage long sys_ Factorial (int);
```

（4）实现系统调用。在 linux-2.6.32.2/kernel 目录下找到 sys.c，在其中添加系统调用的实现程序。这里用到了宏 SYSCALL_DEFINE()对系统调用进行了封装。程序如下。

```
SYSCALL_DEFINE(Factorial)
{
 //函数内容
}
```

（5）编译内核，重新启动系统，选择新的内核，编写测试程序测试。

第 3 章
处理器管理

目标和要求

◆ 理解和掌握进程的概念、特征和状态。
◆ 了解进程控制机制，掌握编写多进程程序的方法。
◆ 理解并掌握线程的概念、线程与进程的关系及线程的实现。
◆ 了解处理器调度的层次和评价标准。
◆ 掌握常用进程调度算法的思想和性能，能够根据任务选择适当的调度算法。

学习建议

本章内容是操作系统课程的重点内容之一，应该加强学习。但是，由于这些操作系统的原理和概念比较抽象，并发程序和顺序程序的执行情况不容易理解，因此，在学习时应加强对概念的理解，结合实际的操作系统，如 Windows 和 Linux，多上机编写程序，进而掌握现代操作系统的核心编程技术。

现代操作系统都支持多道程序设计，在传统的多道程序设计系统中，处理器的分配和调度运行是以进程为单位的，因而处理器的管理可归结为对进程的管理。进程是操作系统的核心概念，操作系统的其他内容都是围绕进程而展开的。

本章首先分析了程序并发执行的特点，进而引出进程和线程的概念，最后对处理器的调度问题做了详细的陈述。

3.1 ··· 进 程 概 述

3.1.1 程序的执行方式

在早期的计算机系统中，程序的执行方式是顺序的，即必须一个程序执行完成后，再允许另一个程序执行。通常，一个计算任务可以分成若干个程序段，在各程序段之间，必须按照某种先后次序顺序执行，仅当前一个操作（程序段）执行完后，才能执行后继操作。例如，在进行计算时，总是先输入用户的程序和数据，再进行计算，最后将所得结果打印出来。显然，在早期的计算机中，输入、计算和打印这三个程序段的执行只能一个一个的顺序执行，如图 3-1 所示。显然，程序顺序执行时具有以下特点。

（1）顺序性：当顺序程序在处理器上执行时，处理器的操作是严格按照程序所规定的顺序执行的，即每个操作必须在下一个操作开始执行之前结束。

（2）封闭性：程序一旦开始执行，其计算结果不受外界因素的影响。

（3）可再现性：程序执行的结果与它的执行速度无关（即与时间无关），而只与初始条件有关。只要给定相同的输入条件，程序重复执行一定会得到相同的结果。

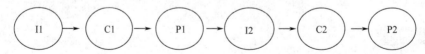

图 3-1   程序段的顺序执行

显然，程序的顺序执行降低了计算机系统的处理能力，效率低下。为了提高计算机系统的利用率，在现代计算机中广泛采用并发操作，即若干个程序段同时在系统中运行，这些程序段的执行在时间上是重叠的，一个程序段的执行尚未结束，另一个程序段的执行已经开始。程序的并发执行具有以下特点。

（1）失去程序的封闭性。程序并发执行时，多个程序共享系统中的各种资源，因而这些资源的状态将由多个程序来改变，致使程序的运行已失去封闭性。这样，某个程序在执行时，必然会受到其他程序的影响。例如，当处理器这一资源已被某个程序占有时，另一个程序必须等待。

（2）程序与计算不再一一对应。"程序"是指令的有序集合，是静态概念，而"计算"是指令序列在处理器上的执行过程，是"动态"概念。在并发执行过程中，一个共享程序可被多个作业调用，从而形成多个"计算"。例如，在分时系统中，一个编译程序副本往往为几个用户同时服务，该编译程序便对应几个"计算"。

（3）不可再现性。程序在并发执行时，由于失去封闭性，因此导致其失去可再现性。例如，有两个循环程序 A 和 B，它们共享一个变量 N。程序 A 每执行一次，都要做 N=N+1 操作；程序 B 每执行一次，都要执行 Print(N)操作，然后将 N 置为"0"。程序 A 和程序 B 分别以不同的速度运行。这样，可能出现如表 3-1 所示的三种情况（假定某时刻变量 N 的值为 n）。

表 3-1   三种情况

序 号	执 行 顺 序	N 的 值
1	N=N+1; Print(N); N=0;	n+1, n+1, 0
2	Print(N); N=0; N=N+1	n, 0, 1
3	Print(N); N=N+1; N=0	n, n+1, 0

上述情况说明，程序在并发执行时，由于失去封闭性，其计算结果已与并发程序的执行速度有关，从而使程序的执行失去了可再现性。

3.1.2 进程的概念

现代的计算机能在同一时刻做几件事。当一个用户程序正在运行时，计算机还能同时读取磁盘，并向屏幕或打印机输出文本，这就要求 CPU 在各个程序之间来回切换，也就是说，在一段时间内，内存中有多个程序同时执行，它们在执行时间上重叠，即多个程序是并发执行的。

多道程序在执行时，需要共享系统资源，从而导致各程序在执行过程中出现相互制约的关系，程序的执行表现出间断性的特征。这些特征都是在程序的执行过程中发生的，是动态的过程，而传统的程序本身是一组指令的集合，是一个静态的概念，无法描述程序在内存中的执行情况，即无法从程序的字面上看出它何时执行、何时停顿，也无法看出它与其他执行程序的关系，因此，程序这个静态概念已不能如实反映程序并发执行过程的特征。为了深刻描述程序动态执行过程的性质，人们引入了"**进程**"这个概念。

进程的概念是操作系统中最基本、最重要的概念。它是多道程序系统出现后，为了刻画系统内部出现的动态情况，描述系统内部各道程序的活动规律而引进的一个新概念，所有的多道程序设计操作系统都建立在进程的基础上。操作系统专门引入进程的概念，从理论角度看，是对正在运行的程序过程的抽象；从实现角度看，是一种数据结构，目的在于清晰地刻画动态系统的内在规律，有效管理和调度进入计算机系统主存储器运行的程序。

进程最早是 1960 年在 MIT 的 MULTICS 和 IBM 公司的 TSS/360 系统中提出的，直到目前对进程的定义和名称也没有统一，不同的系统中采用不同的术语名称，例如，MIT 称其为进程，IBM 公司称其为任务，Univac 公司称其为活动。进程的定义也是多种多样的，国内学术界较为一致的看法是，进程是一个具有一定独立功能的程序关于某个数据集合的一次运行活动。从操作系统管理的角度出发，进程由数据结构及在其上执行的程序（语句序列）组成，是程序在这个数据集合上的运行过程，也是操作系统进行资源分配和保护的基本单位。它具有如下属性。

（1）结构性：进程包含了数据集合和运行于其上的程序。

（2）共享性：同一程序同时运行于不同数据集合上时，构成不同的进程。或者说，多个不同的进程可以共享相同的程序。

（3）动态性：进程是程序在数据集合上的一次执行过程，是动态概念，同时，它还有生命周期，由创建而产生，由撤销而消亡；而程序是一组有序指令序列，是静态概念，所以程序作为一种系统资源是永久存在的。

（4）独立性：进程既是系统中资源分配和保护的基本单位，又是系统调度的独立单位（单线程进程）。凡是未建立进程的程序，都不能作为独立单位参与运行。通常，每个进程都可以各自独立的速度在 CPU 上运行。

（5）制约性：并发进程之间存在着制约关系，进程在进行的关键点上需要相互等待或互通消息，以保证程序执行的可再现性和计算结果的唯一性。

（6）并发性：进程可以并发执行。对于一个单处理器的系统来说，m 个进程 P1，P2，…，Pm 是轮流占用处理器并发执行的。例如，可能是这样进行的：进程 P1 执行了 $n1$ 条指令后让出处理器给 P2，P2 执行了 $n2$ 条指令后让出处理器给 P3，……，Pm 执行了 nm 条指令后让出处理器给 P1，等等。因此，进程的执行是可以被打断的，或者说，进程执行完一条指令后在执行下一条指令前，可能被迫让出处理器，由其他若干个进程执行若干条指令后才能再次获得处理器而执行。

通过前面的介绍，可以发现进程和程序是两个完全不同的概念，它们之间既有联系又有区别，它们在以下四个方面有着重要的区别。

1）动态性

程序是静态、被动的概念，本身可以作为一种软件资料长期保存，而进程是程序的一次执行过程，是一个动态、主动的概念，有一定的生命周期，会动态地产生和消亡。例如，从键盘上输入一条显示系统时间的命令：

```
C:\> date <Enter>
```

则系统会针对这条命令创建一个进程，这个进程执行 date 命令所对应的程序（以可执行文件的形式存放在磁盘上）。当工作完成后，显示当前系统日期，这个进程即会终止，而 date 命令所对应的程序仍然在磁盘上保留。

2）并发性

进程是一个独立运行的单位，能与其他进程并发执行，进程是作为资源申请和调度单位而存在的，而通常的程序是不能作为一个独立运行的单位而并发执行的。

进程在 CPU 上才能真正执行。系统以进程为单位进行 CPU 的分配，因为进程不仅包括相应的程序和数据，还有一系列描述其活动情况的数据结构，因而系统能够根据各个进程的状态，从中选出一个最适合运行的进程，将 CPU 控制权交给它，令其执行，也就是说，进程是 CPU 分配和调度的单位。而程序是静态的，系统无法区分内存中的哪一个程序更适合运行，所以程序不能作为独立的运行单位。

3）非对应性

程序和进程之间并不是一一对应的。一个程序可被多个进程共用，一个进程在其活动中又可以顺序地执行若干程序。例如，在分时系统中，多个用户同时上机做 C 程序的编译。用户 A 在终端上输入命令 cc file1.c。系统就会创建一个进程（如 A），A 进程调用 C 编译程序 cc，对文件 file1.c 进行编译。用户 B 也在自己的终端上输入命令 cc file2.c。系统又为这条命令创建一个进程（如 B），它也调用 C 编译程序 CC 对文件 file2.c 进行编译。这样一个 C 编译程序就对应多个用户进程（如 A 和 B）。另外，一个进程活动过程又要用到多个程序，例如，进程 A 在执行过程中除了调用 C 编译程序和文件 file1.c 外，还要用到 C 预处理程序、链接程序、结果输出程序等。

4）异步性

各个程序在并发执行过程中会产生相互制约关系，造成各自前进速度的不可预知性，而程序不存在这种异步性。

3.1.3 进程的状态

进程是程序在内存中的一次执行过程，表现出间断性的特征，也就是说，进程在整个生命周期内处于不同的状态。在操作系统中，进程通常有三种基本状态。这些状态是处理器挑选进程运行的主要因素。这三种基本状态是运行态、就绪态和阻塞态（或等待态）。

（1）运行态（Running）是指当前进程已经分配到 CPU，它的程序正在处理器上执行的状态。

（2）就绪态（Ready）是指已具备运行条件，但因为其他进程正在占用 CPU，使它暂时不能运行而处于等待分配 CPU 的状态。

（3）阻塞态（Blocked）是指进程因等待某种事件发生（如等待 I/O 操作完成，等待其他进程发来的信号）而暂时不能运行的状态，也就是说，处于阻塞态的进程尚不具备运行条件，即使 CPU 空闲它也无法使用。

进程的这些状态的名称较为随意，随着不同的操作系统而变化，但它们所表示出的状态可以出现在所有的系统中。有的操作系统为了更仔细地描述了进程的状态，可能在这三种基本状态的基础上加以扩展，形成更多的进程状态。例如，UNIX 定义了九种进程状态（核心态执行、用户态执

行、内存中就绪、就绪且换出、内存中睡眠、睡眠且换出、
被抢占、创建和僵死状态）。在任何时刻一次只能有一个进
程可在任何一个处理器上运行，尽管许多进程可能处于就
绪或等待。与这些状态相对应的状态图如图 3-2 所示。

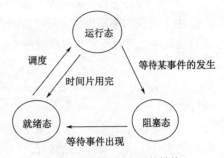

图 3-2　进程状态及其转换

　　通常，一个进程在创建之后将处于就绪态。一个进程
在执行过程中，它的状态将会发生改变。运行态的进程可
能由于等待某个事件而进入阻塞态，当等待事件结束后，
阻塞态的进程将进入就绪态，而处理器的调度策略又会引
起运行态和就绪态之间的切换。引起进程状态转换的原因
如下。

　　（1）运行态→阻塞态：等待使用资源或某事件发生，如等待 I/O 操作等。

　　（2）阻塞态→就绪态：资源得到满足或事件发生，如 I/O 完成。

　　（3）运行态→就绪态：运行时间片到或出现有更高优先级进程。

　　（4）就绪态→运行态：CPU 空闲时选择一个就绪进程。

　　在一个实际的系统中，进程的状态及其转换可能更为复杂，例如，引入专门的新建态和终止态。
图 3-3 给出了进程五种状态模型及其转换。

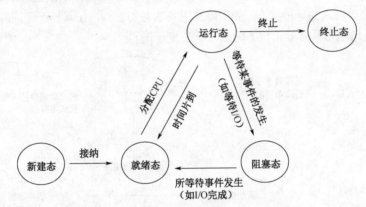

图 3-3　进程的五种状态及其转换

　　新建态对应进程刚被创建的状态。处于这种状态的进程，系统已为它创建了必要的管理信息，
但它并没有被提交执行，而是在等待操作系统完成创建进程的必要操作。进程终止时，系统首先等
待操作系统进行善后处理，然后退出主存。当一个进程到达自然结束点，或出现了无法克服的错误，
或被操作系统终结，或被其他有终止权的进程终结时，它将进入终止态。进入终止态的进程不再执
行，但依然临时保留在系统中等待善后。一旦其他进程完成了对终止态进程的信息抽取，系统将删
除该进程。引起进程状态转换的具体原因如下。

　　（1）NULL→新建态：执行一个程序，创建一个子进程。

　　（2）新建态→就绪态：系统完成了进程创建操作，且当前系统的性能和内存的容量均允许。

　　（3）运行态→终止态：一个进程到达自然结束点，或出现了无法克服的错误，或被操作系统终
结，或被其他有终止权的进程终结。

　　（4）终止态→NULL：完成善后操作。

　　（5）就绪态→终止态：某些操作系统允许父进程终结子进程。

（6）等待态→终止态：某些操作系统允许父进程终结子进程。

由于进程的不断创建，系统资源已不能满足进程运行的要求，必须把某些进程挂起，对换到磁盘镜像区中，暂时不参与进程调度，以达到平衡系统操作负荷的目的。引起挂起进程的原因主要有以下几点。

（1）系统中的进程均处于等待状态，需要把一些阻塞进程对换出去，以腾出足够内存装入就绪进程运行。

（2）进程竞争资源，导致系统资源不足，负荷过重，需要挂起部分进程以调整系统负荷，保证系统的实时性或使系统正常运行。

（3）定期执行的进程（如审计、监控、记账程序）对换出去，以减轻系统负荷。

（4）用户要求挂起自己的进程，以便进行某些调试、检查和改正。

（5）父进程要求挂起后代进程，以进行某些检查和改正。

（6）操作系统需要挂起某些进程，检查运行中资源使用情况，以改善系统性能；或当系统出现故障或某些功能受到破坏时，需要挂起某些进程以排除故障。

在引入挂起态的系统中，又增加了两个新的进程状态：静止就绪和静止阻塞。静止就绪是活动就绪进程由其自身或其他进程调用挂起原语而进入的一种状态。处于静止就绪状态的进程没有资格争用 CPU，只有其他进程调用激活原语将其激活后才行。静止阻塞是活动阻塞进程由其自身或其他进程调用挂起原语而进入的一种状态。处于静止阻塞状态的进程，在其挂起期间并不影响其等待事件的发生。图 3-4 所示为具有静止状态的进程状态变迁图。

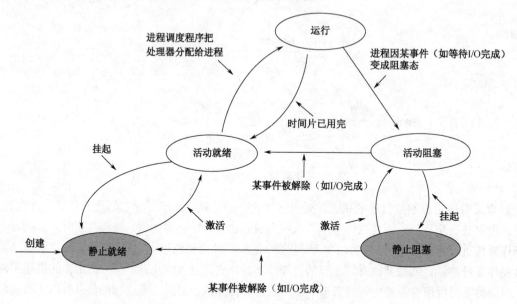

图 3-4　具有静止状态的进程状态变迁图

3.1.4　进程描述

进程的活动是通过在 CPU 上执行一系列程序和相应的数据来体现的，因此，程序和数据组成了进程的实体，但两者仅是静态的文本，没能反映其动态特性。为此，需要有一个数据结构来描述进程当前的状态、本身的特性、对资源的占用及调度信息等。这种数据结构就是**进程控制块**（Process

Control Block，PCB）。此外，程序执行过程必须包含一个或多个堆栈，用来保存过程调用和相互传递参数的踪迹。进程在内存的活动可以用**进程上下文**（Process Context）来描述。在操作系统中，把进程的物理实体和支持进程运行的环境合称为进程上下文。进程的运行被认为是在进程的上下文中执行的。在操作系统中，进程的上下文由用户级上下文、系统级上下文和寄存器上下文组成。进程的内存映像可以很好地说明进程的组成。简单来说，一个**进程映像**（Process Image）通常由程序代码、数据、堆栈和 PCB 等四部分组成。图 3-5 给出了进程的一般映像模型。

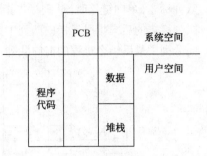

图 3-5　进程的结构

PCB 是进程组成中最关键的部分，是系统对进程进行控制和管理的依据，是进程存在的唯一标志。当系统创建一个新进程时就要为它创建一个 PCB。当进程终止后，系统收回其 PCB，该进程在系统中就不存在了。另外，系统利用进程控制块来跟踪程序执行过程中的状态，进程控制块的某些内容表达了进程在当前时刻的状态及它与其他进程和资源的关系。进程控制块不但指出了进程的名称，而且标志出了程序和数据集合的物理位置，它和进程一一对应，有一个进程就要建立一个进程控制块。

为了对进程做充分描述，进程控制块通常包含许多重要信息。在不同的系统中，PCB 的组成是不同的。在简单的操作系统中，PCB 的内容很少，但对于一些大型的操作系统而言，PCB 的内容非常复杂，设有很多描述进程的信息项。通常，进程控制块应包括表 3-2 所列的基本内容。

表 3-2　PCB 的内容

信　息	含　义
进程标识	标明系统中各个进程
状态	说明进程当前状态
位置信息	指明程序及数据在主存或外存的位置
控制信息	参数、信号量、消息等
队列信息	链接统一状态的进程
优先级	进程调度的优先级
现场信息	将处理器的现场保存到该区域以便再次调用时能正确执行
其他信息	因不同的系统而异

并发系统中同时存在许多进程，有的处于就绪态，有的处于阻塞态，而阻塞的原因又各不相同。进程的主要特征是由 PCB 来刻画的。为了对所有进程进行有效管理，常将各个进程的 PCB 用适当的方式组织起来，使用较多的是用队列来组织 PCB。处于同一状态的所有 PCB 链接在一起的数据结构称为进程队列（Process Queues）。同一状态进程的 PCB 既可按先来先服务的原则排成队列；也可按优先级或其他原则排成队列。等待态的进程可以进一步细分，每一个进程按等待的原因进入等待队列。例如，如果一个进程要求使用某个设备，而该设备已经被占用，则此进程就链接到该设备相关的等待态队列中。

在一个队列中，链接进程控制块的方法可以是多样的，常用的方法是单向链接和双向链接。单向链接方法是在每个进程控制块内设置一个队列指引元，它指出在队列中跟随着它的下一个进程控制块内队列指引元的位置。双向链接方法是在每个进程的进程控制块内设置两个指引元，其中一个指出队列中该进程上一个进程的进程控制块内队列指引元的位置，另一个指出队列中该进程下一个进程的进程控制块的队列指引元的位置。为了标志和识别一个队列，系统为每一个队列设置了一个队列标志，单向链接时，队列标志指引元指向队列中第一个进程的队列指引元的位置；双向链接时，队列标志的后向指引元指向队列中第一个进程的后向队列指引元的位置，队列标志的前向指引元指向队列中最后一个进程的前向队列指引元的位置。这两种链接方式如图 3-6 所示。

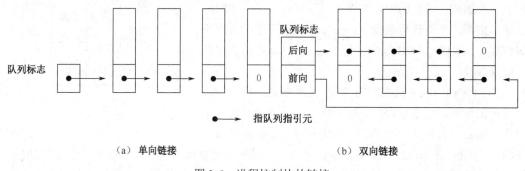

图 3-6　进程控制块的链接

案例研究：Linux 系统的进程

Linux 的进程概念与传统操作系统中的进程概念完全一致，进程是操作系统调度的最小单位。

1. PCB

在 Linux 内核中，代表一个进程的内核数据结构是 struct task_struct，即前面提到的具有实际意义的进程控制块，Linux 把它命名为 task_struct 结构，源代码见 include/linux/sched.h 文件。这个结构是一个大家族，成员非常多，其中许多成员是指向进程运行时要用到的其他数据结构指针，如指向当前目录结构（struct fs_struct）的指针 fs，指向文件描述符（struct files_struct）的指针 files，指向内存描述符（struct mm_struct）的指针 mm 等。task_struct 部分代码如下。

```
struct task_struct {
  long state;      /*任务的运行态[-1表示不可运行,0表示可运行(就绪),>0表示已停止]*/
  long counter;    /*运行时间片计数器(递减)*/
  long priority;   /*优先级*/
  long signal;     /*信号*/
  struct sigaction sigaction[32];
                   /*信号执行属性结构,对应信号将要执行的操作和标志信息*/
  long blocked;    /* bitmap of masked signals */
                   /* various fields */
  int exit_code;   /*任务执行停止的退出码*/
unsigned long start_code,end_code,end_data,brk,start_stack;
                   /*代码段地址、代码长度、总长度、 堆栈段地址*/
long pid,father,pgrp,session,leader;
                   /*进程标识号(进程号)、父进程号、父进程组、会话号、会话首领*/
unsigned short uid,euid,suid;    /*用户标识号（用户ID）*/
unsigned short gid,egid,sgid;    /*组标识号（组ID） 有效组ID保存的组ID*/
```

```
        long alarm;                          /*报警定时值*/
        long utime,stime,cutime,cstime,start_time;
                            /*用户态运行时间、内核态运行时间、子进程用户态运行时间、子进程内核
                              态运行时间、进程开始运行时刻*/
        unsigned short used_math;            /*标志：是否使用协处理器*/
        /* file system info */
        int tty;                             /* -1 if no tty, so it must be signed */
        unsigned short umask;                /*文件创建属性屏蔽位*/
        struct m_inode * pwd;                /*当前工作目录i节点结构*/
        struct m_inode * root;               /*根目录i节点结构*/
        struct m_inode * executable;         /*执行文件i节点结构*/
        unsigned long close_on_exec;         /*执行时关闭文件句柄位图标志*/
        struct file * filp[NR_OPEN];         /*进程使用的文件表结构*/
        /* ldt for this task 0 - zero 1 - cs 2 - ds&ss */
        struct desc_struct ldt[3];           /*本任务的局部描述符表*/
        /* tss for this task */
        struct tss_struct tss;               /*本进程的任务状态段信息结构*/
        };
```

这个内核数据结构占用了 1000 多个字节，包含了内核管理进程所需要的所有信息。根据这些信息的内容，可以简单地将它分成以下几类：进程调度数据、存储管理数据、对称多处理器方式数据成员、进程队列指针和内存管理数据、各种二进制标志位、进程标识信息、进程家族关系、PID 散列表成员、时间数据、内存页面管理、进程凭证、进程资源数据、进程所在终端信息、信号量数据、进程上下文环境、文件管理系统信息、信号处理数据成员、线程组跟踪、自旋锁成员、日志文件系统成员等。

2．进程的状态

Linux 内核在进程控制块中用 state 成员描述进程的当前状态，并明确定义了五种进程状态，分别如下。

（1）**TASK_RUNNING** 状态：该状态表示进程要么在 CPU 上执行，要么在就绪队列中等待调度程序调度执行。

（2）**TASK_INTERRUPTIBLE** 状态：该状态表示进程处于可中断的等待状态，即处于等待队列中的进程，可被其他进程产生的一个信号或一个硬件中断唤醒，使其状态变为 TASK_RUNNING。

（3）**TASK_UNINTERRUPTIBLE** 状态：该状态表示进程处于不可中断的等待态。不可中断的等待态是指等待进程不能被其他进程产生的一个信号唤醒或改为另一个状态。当进程打开一个设备文件时，才会用到这种状态。

（4）**TASK_MOMBIE** 状态：该状态表示进程中止执行，并且释放了运行时的大部分资源，但尚未释放自己的进程控制块时所处的一种状态。

（5）**TASK_STOPPED** 状态：该状态表示进程的执行被暂停。当一个进程被另一个进程监控时，任何信号都可以把这个进程的状态变为暂停态。另外，当进程收到信号 SIGSTOP、SIGTSTP、SIGTTIN 和 SIGTOU 时，也将转变为暂停态。

图 3-7 给出了 Linux 系统中进程状态之间的转换关系。

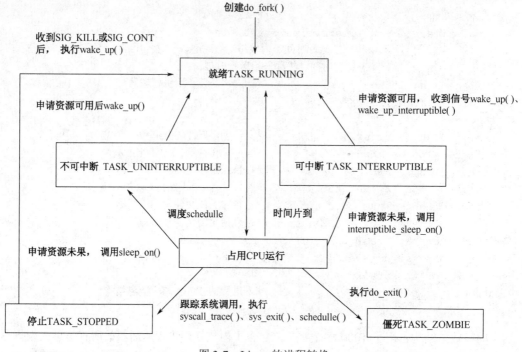

图 3-7　Linux 的进程转换

3．进程的组织

内核使用进程控制块来描述每个进程，并根据进程控制块的信息对处于各种状态的活动进程进行有效的控制。为了对不同状态的进程进行有效的控制，内核建立了几个进程链表，包括进程链表、就绪进程链表、PIDhash 链表及空闲任务链表。每个进程链表由进程控制块的指针链接在一起。

1）进程链表和运行队列链表

内核首先用一个双向循环链表把所有的进程联系起来形成一个进程链表，链表的前后指针由 PCB 中的 prev_task 和 next_task 成员来实现。另外，为了提高进程调度的效率，内核将所有处于 TASK_RUNNING 状态的进程的 PCB 组成双向循环链表，称为就绪队列。该链表的前后指针是 PCB 中的 next_run 和 prev_run。就绪进程的总数存放在 nr_running 变量中。进程链表和就绪队列的表头均是 init_task（即 0 号进程）的 PCB。

2）PIDhash 链表

顺序扫描进程链表或就绪队列并检查每个 PCB 的进程标识符 PID 成员，虽然容易理解，但效率低。为了提高搜索效率，Linux 内核引入 PIDhash 散列表，使用散列查找法来提高查找速度。该散列表由 PIDhash_SZ 个元素组成，表项包含指向 PCB 的指针。内核用 pid_hashfn 宏把 PID 转换成散列表索引。源代码见 include/linux/sched.h 文件。

```
#define PIDHASH_SZ(4096 >> 2)
extern struct task_struct  *pidhash[PIDHASH_SZ]
#define pid_hashfn(x) (((x>>8)^(x) & (PIDHASH_SZ.1))
```

另外，为了处理散列冲突问题，即两个不同的 PID 散列的结果可能对应同一个表项，内核将对应散列表中同一表项的所有进程的 PID 组成双向链表。该链表的前后指针是 PCB 中的 pidhash_next

和 pidhash_pprev 域。

3）如何寻址当前进程

由于进程是动态的，因此 PCB 存放在动态内存中。为了方便查找当前 PCB 的地址，Linux 内核把每个 PCB 和该进程要使用的内核堆栈放在一个单独的 8KB 的内存区中。进程控制块放在这个内存的低地址端，而内核堆栈起始于该内存区的高地址端，并向这个内存区的低地址端增长，即只要数据写进栈中，ESP 寄存器的内容就递减。

把 PCB 和内核态栈放在一起，对当前 PCB 的定位最有好处。因为内核很容易从 ESP 寄存器的值中获得当前进程的 PCB 指针。这个工作由 current 宏来完成，current 宏定义在 include/i386/current.h 文件中。

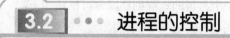

3.2 ● ● ● 进程的控制

操作系统对进程的控制是依据用户命令和系统状态来决定的。进程控制的功能是完成进程状态的转换，用户可在一定程度上对进程的状态进行控制。这种控制表现在进程的创建、终止、进程的挂起和激活等方面。

3.2.1 进程控制机构

用户程序执行在用户态，要想实现对进程的控制，必须借助操作系统提供的相应机制。

1. 操作系统内核

操作系统的大部分功能是由系统内核提供的，如进程的创建和撤销等操作都是在系统内核中实现的。操作系统内核就是操作系统的核心，它是基于硬件的第一层软件扩展，提供操作系统最基本的功能，是操作系统工作的基础。在现代操作系统设计中，通常将一些与硬件相关的模块（如中断处理程序、各种常用设备的驱动程序及运行频率较高的模块等）常驻内存，以提高操作系统的运行效率，并对它们加以特殊的保护。通常，将这一部分程序称为操作系统的内核。

2. 原语

操作系统内核的功能大都通过各种原语来实现。原语是机器指令的延伸，是由若干条指令构成，用于完成特定功能的过程。原语是操作系统核心，它不是由进程而是由一组程序模块组成的，是操作系统的一个组成部分，它必须在管态（一种机器状态，管态下执行的程序可以执行特权和非特权两类指令，通常把它定义为操作系统的状态）下执行，并且常驻内存，而个别系统有一部分不在管态下运行。为了保证操作的正确性，它们是原子操作，这一点使原语有别于一般的过程。所谓原子操作是指一个操作中的所有动作要么全做，要么全不做，即原子操作是一个不可分割的操作。操作系统内核中有许多原语，如用于进程建立和撤销的原语，改变进程状态的原语，实现进程同步和通信的原语等。

3.2.2 进程操作

1. 进程的创建

进程在执行过程中,能通过系统调用创建多个新进程,创建进程称为父进程,而新进程称为该进程的子进程。这些新进程仍然可以创建其他进程,从而形成了进程树。

通常,进程需要一定的资源(如 CPU 时间、内存、文件、I/O 设备)以完成任务。在一个进程创建子进程时,子进程可以从操作系统中直接获得资源,也可能只从父进程资源子集中获得资源。无论是系统还是用户,创建进程必须调用创建原语来实现。创建原语的主要功能是创建一个指定标识符的进程,形成 PCB,所以调用者必须提供相应形成 PCB 的参数,如 CPU 的状态(s0)、内存的地址 m0 和优先级 Pi 等。一个典型的进程创建原语可描述如下。

```
Create (s0,m0,pi){
    p=Get_New_PCB();              //分配新的PCB
    pid=Get_New_PID();            //分配进程的PID
    p->ID=pid;                    //设置进程的PID
    p->CPU_State=s0;              //CPU的状态
    p ->Memory=m0;
    p ->Priority=pi;
    p ->Status.Type='Ready';
    p ->Status.List=RL;
    ......................
    Insert(RL,p);                 //将进程p插入就绪队列
    Scheduler();                  //调度程序
}
```

2. 进程的阻塞

一个进程经常需要与其他进程进行通信。正在运行的进程因为提出服务请求(如 I/O 操作)未被操作系统立即满足,或者所需数据尚未到达等原因,只能转变为阻塞态,等待相应事件出现后将其唤醒。

正在运行的进程通过调用阻塞原语,主动把自己阻塞。阻塞原语可描述如下。

```
Block( ) {
    p=Get_PCB();
    s=p->Status.Type;
    cpu=p->Processor_ID;
    p->CPU_State=Interrupt(cpu);   //保存处理器现场
    p->Status.Type='Blocked';
    Insert(BL,p);                  //将进程插入等待队列
    Scheduler();
}
```

3. 进程的唤醒

当阻塞的进程等待的事件出现时(如所需数据已到达,或者等待的 I/O 操作已经完成),由其他与阻塞进程相关的进程(如完成 I/O 操作的进程)调用唤醒原语,将等待该事件的进程唤醒。阻塞进程不能唤醒自己。唤醒原语的执行过程如下。

```
Wakeup( pid ) {
    P=Get_PCB(pid);
    Remove(p->Status.List,p);        //从阻塞队列中移出进程p
    p->Status.Type='Ready';
    Insert (RL,p);
    Scheduler ();
}
```

4．进程的终止

进程完成了任务，或者在执行过程发生异常时，系统要终止当前进程的执行。终止进程的执行，可用进程终止原语来实现。一个典型进程的终止原语如下。

```
Destroy ( pid ){
    P=Get_PCB(pid);
    Kill_Tree(p);
    Scheduler();
}

Kill_Tree ( P ) {
 for ( each q in p->Creation.Tree.Child)
      Kill_Tree(q);            //删除当前进程的所有子进程q
if (p->Status.Type='Running') {
  cpu =p->Processor_ID;
  Interrupt (cpu);
}
Remove (p->Status.List,p);
Release_all(p->Memory);
Release_all (p->Other_Resources);
Close_all(p->Open_Files);
Delete_PCB(p);
}
```

除了这几种基本的进程控制原语外，有些系统为了调节系统负载，或者满足用户的某些特殊要求，还提供了进程挂起和激活原语。

案例研究：在 Linux 和 Windows 系统中创建进程

1．Linux 系统中进程的建立

在 Linux 系统中，用户或系统可以使用系统调用 fork 来创建一个新的进程。fork 的函型原型为 pid_t fork()。

当一个进程调用 fork 创建一个子进程后，父进程和子进程都在自己独立的地址空间内执行。它们之间不共享任何地址空间，但是父子进程具有相同的程序代码、数据和堆栈段，因此，为了区分运行中的父子进程，fork 系统调用向父子进程返回不同的值。它向子进程返回 0，而向父进程返回子进程的 PID。图 3-8 给出了 fork 系统调用的执行过程。下面通过一个简单的程序来说明系统调

用 fork 的用法。

```
/* ------------------------------------------------------------
   The file create.c introduces the use of fork.
   ------------------------------------------------------------*/
#include <stdio.h>
main()
{
int pid;
printf("Before: my pid is %d .\n",getpid());
pid=fork();   //create new process
if (pid == -1)
   perror("Can not fork process!");   //error
else if (pid ==0)
    printf("I am the child. My pid is %d .\n", getpid());
else
  printf("I am the parent. My child is %d .\n",pid);
}
```

下面是运行的结果。

```
$ ./create.o
Before: my pid is 5931.
I am the parent. My child is 5932.
I am the child. My pid is 5932.
```

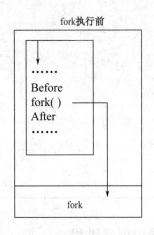
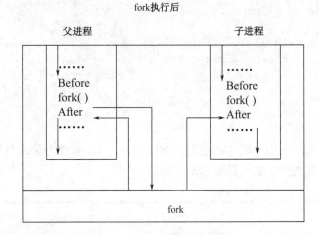

（a）一个控制流进入内核fork模块   （b）调用后，从fork返回两个控制流

图 3-8   fork 系统调用

从上面的分析可知，在 Linux 中，用户通过 fork 创建的进程与原进程运行相同的程序代码，为了使新进程运行新的程序，用户可以使用系统调用 exec 来装入一个新的程序到当前进程的地址空间中。如果 exec 调用成功，则系统开始执行新程序，永远不会返回原来的程序。系统调用 exec() 是一个调用簇，有六种不同的格式，用户在使用时可参考相关的帮助手册。下面是一个简单的例子。

```
/* ------------------------------------------------------------
   The file execl.c introduces the use of fork and exec.
   ------------------------------------------------------------ */
#include <stdio.h>
```

```
#include <unistd.h>
#include <sys/wait.h>
#include <sys/types.h>
#include <errno.h>
#include <string.h>
int main()  {
pid_t pid;            //保存进程的PID
int status;           //等待退出状态
pid=fork();
if (pid= = -1){
    perror("Fork failed to create aprocess!");
    exit(1);
}else if (pid= = 0)   {  //子进程代码
   if(execl("/bin/ls","ls","-l",NULL)<0) {
       perror("Execl failed!");
       exit(1);
   }
   }else if (pid! = wait(&status))    //父进程代码
      perror("A signal occurred before the chile exited!");

return 0;
}
```

编译并执行 execl.c，结果如下。

```
$./a.out
total 196
-re-re-r-  -  1   jj     group 131  Aug   31  2000  hello.c
……
```

ls 命令列出指定目录下的文件名和目录名，参数-l 要求显示文件或目录的详细信息，如类型、访问权限、链接数、拥有者等。

2．在 Windows 系统中创建进程

在 Windows 系统中，一个进程可以调用 Win32 API 的 CreateProcess 函数来创建一个新的进程及其主线程，以执行指定的任务。在利用 CreateProcess 建立进程时，操作系统要为新进程分配新的地址空间和资源，建立新的主线程。一旦新进程建立，父进程仍然使用原来的地址空间继续执行，而新进程则在新的地址空间中执行一个新的程序，因此，CreateProcess 函数有许多参数。下面给出 CreateProcess 的函型原型（参见 Win32 API 用户手册）。

```
BOOL CreateProcess(
     LPCTSTR lpApplicationNames,// pointer to name of executable module
     LPTSTR CommandLine,         // pointer to command line string
    LPSECURITY_ATTRIBUTES lpProcessAttributes,
                                // pointer to process security attributes
     LPSECURITY_ATTRIBUTES lpThreadAttributes,
                                // pointer to thread security attributes
     BOOL bInheritHandles,       // handle inheritance flag
     DWORD dwCreationFlags,      // creation flags
     LPVOID lpEnvironment,       // pointer to new environment block
     LPCTSTR lpCurrentDirectory, // pointer to current directory name
```

```
            LPSTARTUPINFO lpStarupInfo,  // pointer to STARTUPINFO
            LPPROCESS_INFORMATION lpProcessInformation
                                     // pointer to PROCESS_INFORMATION )
```

由于 CreateProcess 函数中含有十个不同的参数，因此，用户可以根据需要灵活选择。为了简单起见，在使用 CreateProcess 建立进程时，许多参数均采用默认值。下面的代码表明了如何使用 Win32 API 来创建一个子进程。

```
#include <Windows.h>
#include <stdio.h>
#include <string.h>
...........................
STARTUPINFO  startInfo;
PROCESS_INFORMATION  processInfo;
......
strcpy(lpCommandLine,
          "c:\\WINNT\\SYSTEM32\\NOTEPAD.EXE temp.txt");
ZeroMemory(&startupInfo,sizeof(startInfo));
startInfo.cb=sizeof(startInfo);
if (! CreateProcess (NULL,lpCommandLine,NULL,NULL,FALSE,
        HIGH_PRIORTY_CLASS CREATE_NEW_CONSOLE, NULL, NULL,
        &startInfo, &processInfo)) {
    fprintf(stderr,"CreateProcess failed!");
    ExitProcess(1);
}
......
CloseHandle(&processInfo.hThread);
CloseHandle(&processInfo.hProcess);
```

3.3 • • • 线　　程

自从 20 世纪 60 年代人们提出进程的概念后，OS 中一直以进程作为能拥有资源和独立运行的单位。但随着计算机应用需求的变化，人们希望系统的并发能力进一步提高，为此，20 世纪 80 年代人们又提出了比进程更小的独立运行的基本单位——线程（Thread）。

3.3.1　线程的概念

在只有进程的操作系统中，进程是存储器、外设等资源的分配单位，同时也是处理器调度的基本单位，因而，进程在任何时刻只有一个执行控制流，这样就限制了系统并发活动的程度。这里以文件服务器为例进行说明：当文件服务器接收一个文件请求后，由于等待磁盘传输而经常被阻塞。如果文件服务器在等待磁盘传输数据时，不是被阻塞而是继续接收新的文件服务请求并进行处理，那么文件服务器的性能和效率便可以大大提高。很显然，在单进程系统中，这个目标是难以达到的，需要采用新的概念、提出新的机制。近年来，并行技术、网络技术和软件设计技术的发展给并发程序设计的效率带来了一系列新的问题，主要表现在以下几方面。

（1）进程时空开销大，频繁地进程切换将耗费大量的处理器时间；要为每个进程分配存储空间，这也限制了系统中并发进程的总数。

（2）进程通信代价大，每次通信均要涉及通信进程之间或通信进程和操作系统之间的信息传递。

（3）进程之间的并发性粒度较粗，并发度不高，过多的进程切换和通信延迟使得细粒度的并发得不偿失。

（4）不适合并行计算和分布的要求，对于多处理和分布式计算来说，进程之间大量的、频繁的通信和切换，会大大降低并行度。

（5）不适合客户机/服务器计算的要求。

为此，在很多现代操作系统中，如 Solaris、Windows、OS/2 和 UNIX 等，设计人员把进程的两个属性——资源拥有者和调度单位分别赋予不同的实体，进程只是资源拥有者，处理器调度和运行的单位是线程，即一种轻量级的进程（Light Weight Process，LWP）。如果操作系统中引入进程的目的是使多个程序并发执行，以改善资源使用率和提高系统效率，那么在操作系统中再引入线程，则是为了减少程序并发执行时所付出的时空开销，使得并发粒度更细、并发性更好。

线程是进程内的一个执行单位或进程内的一个可调度的实体，是 CPU 使用的基本单元。在多线程环境中，进程被定义成资源分配的单位和一个被保护的单位，与进程相关联的因素如下。

（1）存放进程映像的虚拟地址空间。

（2）受保护地对处理器、其他进程（用于进程间通信）、文件和 I/O 资源（设备和通道）的访问。

在一个进程中，可能有一个或多个线程，每个线程都包含如下内容。

（1）线程执行状态（运行、就绪等）。

（2）在未运行时保存的线程上下文；从某种意义上看，线程可以被看做进程内的一个被独立操作的程序计数器。

（3）一个执行栈。

（4）用于每个线程局部变量的静态存储空间。

（5）与进程内的其他线程共享的对进程的内存和资源的访问。

图 3-9 从进程管理的角度说明了线程和进程的区别。在单线程进程模型中（即没有明确的线程概念），进程表示包括其进程控制块和用户地址空间，以及在进程执行中管理调用/返回行为的用户栈和内核栈。当进程正在运行时，处理器寄存器将被该进程控制；当进程不运行时，这些处理器寄存器中的内容将被保存。在多线程环境中，进程仍然只有一个与之关联的进程控制块和用户地址空间，但是每个线程都有一个独立的栈，独立的线程控制块用于包含寄存器值、优先级和其他与线程相关的状态信息。

因此，进程中的所有线程共享该进程的状态和资源，它们驻留在同一块地址空间中，并且可以访问相同的数据。当一个线程改变了存储器中的一个数据项时，其他线程在访问这一数据项时能够看到变化后的结果。如果一个线程为读操作打开一个文件，那么同一个进程中的其他线程也能够从这个文件中读取数据。在性能上，线程的重要优点如下。

（1）在一个已有进程中创建一个新线程比创建一个全新进程所需的时间要少得多。有些开发者的研究表明，线程创建要比在 UNIX 中进程创建快 10 倍。

（2）终止一个线程比终止一个进程花费的时间少。

（3）同一进程内，线程间切换比进程间切换花费的时间少。

（4）线程提高了不同的执行程序间通信的效率。在大多数操作系统中，独立进程间的通信需要内核的介入，以提供保护和通信所需要的机制。但是，由于在同一个进程中的线程共享内存和文件，它们无需调用内核即可互相通信。

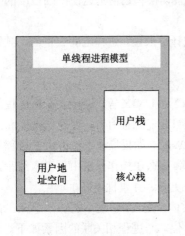

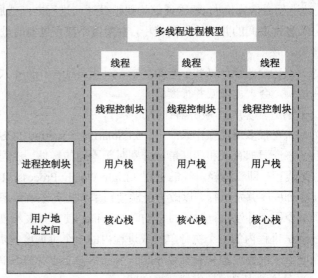

（a）单线程进程模型　　　　　　　　　　（b）多线程进程模型

图 3-9　单线程和多线程的进程模型

因此，当应用程序或函数应该被实现为一组相关联的执行单位时，用一组线程比用一组独立的进程更有效。

使用线程的应用程序的例子是文件服务器。当每个新文件请求到达时，为文件管理程序产生一个新线程。由于服务器将会处理很多请求，所以将会在短期内创建和销毁许多线程。如果服务器运行在多处理器上，那么在同一个进程中的多个线程就可以同时在不同的处理器上执行。此外，由于文件服务程序中的进程或线程必须共享文件数据，因而需要协调它们的活动，此时使用线程和共享存储空间比使用进程和信息传递要快。

在支持线程的操作系统中，调度和分派是在线程基础上完成的。因此，大多数与执行相关的信息可以保存在线程级的数据结构中。但是，有些活动影响着进程中的所有线程，操作系统必须在进程一级对它们进行管理。挂起涉及把一个进程的地址空间换出内存并为其他进程的地址空间腾出位置。因为一个进程中的所有线程共享同一个地址空间，所以它们都会同时被挂起。类似的，进程的终止会导致进程中所有线程的终止。

3.3.2　线程的实现

许多现代操作系统已实现了线程，如 Solaris 2、Windows 2000/XP/2003、Linux 及 Java 语言等。但它们的实现方式并不完全相同，主要有在用户层实现的用户级线程（User-Level Thread，ULT）和在内核实现的内核级线程（Kernel-Level Thread，KLT）。

1. 用户级线程

在一个纯粹的用户级线程中，有关线程管理的所有工作都由应用程序完成，内核没有意识到线程的存在。图 3-10（a）说明了纯粹的用户级线程方法。任何应用程序都可以通过使用线程库设计成多线程程序，线程库是用于用户级线程管理的一个例程包，它包含用于创建和销毁线程的代码、在线程间传递消息和数据的代码、调度线程执行的代码，以及保存和恢复线程上下文的代码。

用户级线程具有以下优点。

（1）由于所有线程管理数据结构都在一个进程的用户地址空间中，线程切换不需要内核模式特权，因此，进程不需要为了线程管理而切换为内核模式，这节省了在两种模式间进行切换（从用户模式到内核模式，从内核模式返回到用户模式）的开销。

（2）用户级线程可以在任何操作系统中运行，不需要对底层内核进行修改以支持用户级线程。线程库是一组供所有应用程序共享的应用级软件包。

用户级线程有如下两个明显的缺点。

（1）在典型的操作系统中，许多系统调用会引起阻塞。因此，当用户级线程执行一个系统调用时，不仅这个线程会被阻塞，进程中的所有线程都会被阻塞。

（2）在纯粹的用户级线程策略中，一个多线程应用程序不能利用多处理技术。内核一次只把一个进程分配给一个处理器，因此一次进程中只有一个线程可以执行。实际上，在一个进程内有应用级的多道程序。多道程序会使得应用程序的速度明显提高，同时执行部分代码也会使应用程序受益。

2．内核级线程

在一个纯粹的内核级线程中，有关线程管理的所有工作都是由内核完成的，应用程序部分没有进行线程管理的代码，只有一个到内核级线程设施的应用程序编程接口。Windows、Linux 和 OS/2 都使用了这种方法。

图 3-10（b）显示了纯粹的内核级线程方法。任何应用程序都可以设计成多线程程序，一个应用程序的所有线程都在一个进程内。内核为该进程及其内部的每个线程维护上下文信息。调度是在内核基于线程架构的基础上完成的。该方法克服了用户级线程方法的两个基本缺陷。首先，内核可以同时把同一个进程中的多个线程调度到多个处理器中；其次，如果进程中的一个线程被阻塞，则内核可以调度同一个进程中的另一个线程。内核级线程方法的另一个优点是内核例程自身也可以使用多线程。

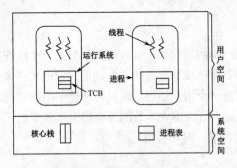
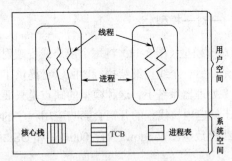

（a）用户级线程的实现方法　　　　　　　（b）内核级线程实现方法

图 3-10　线程实现方法

相对于用户级线程方法，内核级线程方法的主要缺点如下：同一个进程在把控制从一个线程传送到另一个线程时，需要内核的模式切换。为说明它们的区别，表 3-3 给出了在基于单处理器的 VAX 计算机上运行类 UNIX 操作系统的测量结果。这里进行了两种测试，即 Null Fork 和 Signal-Wait，前者测试创建、调度、执行和完成一个调用空过程的进程/线程的时间（派生一个进程/线程的开销），后者测量进程/线程给正在等待的进程/线程发信号，然后在某个条件下等待所需要的时间（两个进程/线程的同步时间）。可以看出用户级线程和内核级线程之间、内核级线程和进程之间都有一个数量级以上的差距。

表 3-3　线程和进程操作执行时间

操　作	用户级线程	内核级线程	进　程
Null Fork	34	948	11300
Signal-Wait	37	441	1840

因此，从表面上看，虽然使用内核级线程多线程技术会比使用单线程的进程有明显的速度上的提高，但是使用用户级线程比内核级线程有额外的提高。这个额外的提高是否真的能够实现要取决于应用程序的性质。如果应用程序中的大多数线程切换需要内核模式的访问，那么基于用户级线程的方案不会比基于内核级线程的方案好多少。

3.3.3　多线程模型

许多系统都提供了对用户和内核线程的支持，从而产生了不同的多线程模型。下面介绍三种常见类型的线程模型。

1．多对一模型

多对一模型（图 3-11）将许多用户级线程映射到一个内核线程上。线程管理是在用户空间进行的，因而效率比较高，但是如果一个线程执行了阻塞系统调用，那么整个进程会被阻塞。此外，因为任何时刻只有一个线程访问内核，多个线程不能并行运行在多处理器上，所以在这种模型中，处理器调度的单位仍然是进程。

Solaris 2 提供的线程库就使用了这种模型。另外，在不支持内核级线程的操作系统上实现的用户级线程库也使用多对一模型。

2．一对一模型

一对一模型（图 3-11）将每个用户线程映射到一个内核线程上。该线程模型在一个线程执行阻塞时，允许另一个线程继续执行，所以它提供了比多对一模型更好的并发功能。它也允许多个线程运行在多处理器系统上。这种模型的缺点是只要创建一个用户线程，就需要创建一个相应的内核线程。由于创建内核线程的开销会影响应用程序的性能，所以绝大多数的这种模型实现限制了系统所支持的线程数量。Windows NT/2000/XP 和 OS/2 实现了一对一模型。

3．多对多模型

多对多模型（图 3-11）多路复用了许多用户级线程到同样数量或更小数量的内核线程上。内核线程的数量可能与特定应用程序或特定机器有关。虽然多对一模型允许开发人员随意创建任意多的用户进程，但是由于内核只能一次调度一个线程，所以并不能增加并发性。虽然一对一模型提供了更大的并发性，但是开发人员必须小心不要在应用程序内创建太多的线程。多对多模型克服了其缺点，开发人员可以创建任意多个必要的线程，并且相应内核线程能在多处理器系统上并行运行。当一个线程执行阻塞系统调用时，内核能调度另一个线程来执行。Solaris 2、IRIX 和 Tru64 UNIX 都支持这种模型。

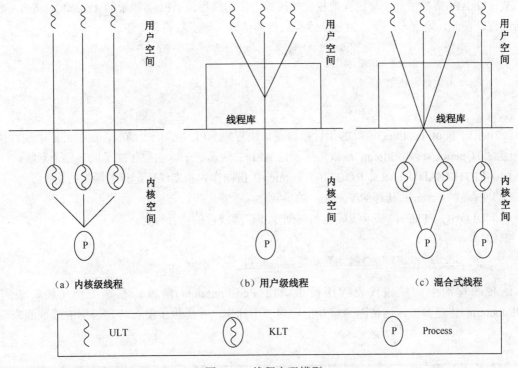

图 3-11　线程实现模型

3.3.4　线程池

多线程技术在网络服务器的应用中非常普遍，通常，当服务器收到请求后，它会创建一个线程来处理用户的请求。显然，这种服务器的工作方式存在以下缺陷。

（1）响应用户请求之前有一段创建线程的延迟。另外，每个线程完成任务后就撤销，不能重复使用。

（2）如果所有的用户请求都由新线程来处理，那么并没有限制在系统中可以并发执行的线程数量。无限制的线程使用会耗尽系统资源，如 CPU 时间或内存。解决网络服务器中存在的问题可采用线程池（Thread Pool）。

线程池的实现思想如下：　在进程建立时创建若干线程，把它们放在一个"池中"，它们在"池中"等待工作；当服务器收到一个请求时，唤醒池中的一个线程（如果有可用线程），并将要处理的请求传给它；一旦线程完成了任务，就返回到池中再等待其他工作；如果池中没有可用的线程，那么服务器会一直等，直到有空闲线程为止。

线程池具有如下主要优点。

（1）通常用现有线程处理请求要比等待创建新的线程快。

（2）线程池限制了在任何时候可用线程的数量。这对那些不能支持大量并发线程的系统非常重要。

线程池中的线程数量由系统 CPU 的数量、物理内存的大小和并发客户请求的期望值等因素决定。比较高级的线程池能动态调整线程的数量以适应具体情况。这类结构的优点是在系统负荷低时可减低内存消耗。

Win32 API 提供了几个与线程池相关的函数。使用线程池 API 类似于用 ThreadCreate()函数创建新线程。在此,定义了一个作为独立线程运行的函数,该函数可能如下。

```
DWORD WINAPI PoolFunction (AVOID Param) {
/**
* 这个函数作为独立线程执行
**/
}
```

一个指向 PoolFunction()函数的指针被传递给线程池 API 中的一个函数,池中的一个线程执行这个函数。QueueUserWorkItem()函数是线程池 API 的成员之一,它被传递了以下三个参数。

(1) LPTHREAD_START_ ROUTINE Funtion:指向作为独立线程运行的函数的指针。

(2) Pvoid Param:传递给 Funtion 的参数。

(3) ULONG Flags:显示线程池如何创建和管理线程的执行标志。

例如:

```
QueueOserWorkItem(&PoolFunction,NULL,0);
```

这使线程池中的线程代表程序员来调用 PoolFunction()函数。在这个例子中,没有向 PoolFunction()传递参数。这是因为将 0 指定为一个标志,并提供了没有特别说明的线程池来创建线程。

案例研究:Windows Server 2003 和 Linux 线程

1. Windows Server 2003 线程

Windows Server 2003 的线程是内核线程,系统的处理器调度对象为线程。线程的上下文主要包括寄存器、线程环境块、核心栈和用户栈。Windows Server 2003 把线程的状态分成待调度状态、就绪状态、备用状态、运行状态、等待状态、就绪挂起状态、转换状态、终止状态和初始化状态。

待调度状态:线程已获得除处理器以外的所需资源,正等待选择一个空闲处理器或抢占一个处理器正在执行的线程,进行调度。

就绪状态:线程已获得除处理器以外的所需资源,并已确定了执行该线程的处理器,正等待成为该处理器上的最高优先级线程,以调度执行。

备用状态:线程已变成当前处理器上的最高优先级线程,正进行描述切换以进入运行状态。系统中每个处理器上只能有一个处于备用状态的线程。

运行状态:已完成描述表的切换,线程进入运行状态。线程会一直处于运行状态,直到出现被抢占、时间片用完、线程终止或进入等待状态的情况为止。

等待状态:线程正等待某对象,以同步线程的执行。当等待事件出现时,等待结束,并根据优先级进入运行或就绪状态。

就绪挂起状态:线程已结束等待状态,但线程所在进程的所有线程的内核堆栈都在外存。内存管理模块可能把线程占用的内存置换到外存中。当线程等待事件出现而它所在进程的所有线程的内核堆栈都处于外存时，线程进入就绪挂起状态。

转换状态：线程已结束等待状态，但线程的内核堆栈位于外存。当线程等待事件出现而它的内核堆栈处于外存时，线程进入转换状态；当线程内核被调回内存时，线程进入待调度就绪状态。

终止状态：线程执行完毕即可进入终止状态。如果执行体中有一个指向线程对象的指针，那么可将处于终止状态的线程对象重新初始化，并再次使用。

初始化状态：线程创建过程中的状态。

Windows Server 2003 内核中与线程调度相关的主要数据结构有处理器数据结构和几个全局数据结构。由于 Windows Server 2003 支持多处理器，每个处理器对应的处理器数据结构中都有一组自己的线程调度数据结构，它们是一个待调度就绪线程队列、一个分成 32 个优先级的就绪线程队列、一个备用线程变量和一个运行线程变量。当线程处于就绪挂起或转换状态时，它不与任何处理器对应，而分别放在两个全局队列中。

Windows Server 2003 有一组相关的系统调用，应用程序可用它们来进行线程控制。CreateThread 完成线程的创建，在调用进程的地址空间上创建一个线程，以执行指定的函数，它的返回值为所创建线程的句柄。ExitThread 用于结束当前线程。SuspendThread 可挂起指定线程。ResumeThread 可激活指定线程，它的对应操作是递减指定线程的挂起计数，当挂起计数为 0 时，线程恢复执行。

下面的程序演示了在 Windows 中如何创建一个多线程程序来执行不同的任务。

```c
#include <windows.h>
#include<stdio.h>
DWORD sum;
//线程执行函数
DWORD WINAPI Summation (LPVOID Param)
{
  DWORD Upper = *(DWORD*)Param;
  for (DWORD i = 0; i <= Upper; i++)
    sum+=i;
  return 0;
}

int main (int argc, char *argv[])
{
  DWORD ThreadId;
  HANDLE ThreadHandle;
  int Param;
  if(argc != 2)
  {
    fprintf(stderr, "An integer parameter is required\n");
    return -1;
  }

  Param = atoi(argv[1]);
  if(Param < 0)
  {
    fprintf(stderr, "An integer >= 0 is required\n");
    return -1;
  }
```

```
    //创建线程
    ThreadHandle= CreateThread (NULL, 0, Summation, &Param, 0, &ThreadId);
    If (ThreadHandle != NULL)
    {
        WaitForSingleObject(ThreadHandle,INFINITE);
        CloseHandle(ThreadHandle);
        printf("sum =%dd\n",sum);
    }
}
```

2. Linux 线程

Linux 内核在 2.2 版本中引入了线程机制。Linux 提供了 fork，这是传统进程复制功能的系统调用。Linux 还提供了系统调用 clone，其功能类似于创建一个线程。clone 和 fork 的行为很相似，它不是创建调用进程的复制，而是创建一个独立进程以共享原来调用进程的地址空间。通过共享父进程的地址空间，clone 任务能像独立线程一样工作。

由于 Linux 内核进程具有特定表示方式，所以允许其共享地址空间。系统内的每个进程都有一个唯一的内核数据结构。但是，该数据结构并不是保存该数据结构中进程本身的数据，而是保存了此数据保存处的数据结构指针。例如，每个进程的数据结构都包括其他数据结构（如打开文件列表、信号处理信息和虚拟内存等）的指针。当调用 fork 时，即可创建新进程，它具有父进程的所有相关数据结构的副本。当调用 clone 时，也创建了新进程，但是新进程并不复制所有数据结构，而是指向父进程的数据结构，从而允许子进程共享父进程的内存和其他进程资源。作为系统调用 clone 的参数，可传递一些标记的集合。这些标记集用来指出父进程有多少内容被子进程共享了。如果没有设置标记，则没有共享，且 clone 和 fork 一样。如果设置了五个标记，则子进程与父进程共享一切，其他不同标记的组合形成了不同程度的共享。

有趣的是，Linux 并不区分进程和线程。事实上，Linux 在讨论程序内的控制流时，通常称之为任务而不是进程或线程。除了克隆进程外，Linux 并不支持多线程编程、独立数据结构或内核子程序。

3. pthread 线程

pthread 是 POSIX 标准（IEEE 1003.1c）定义的，它定义了线程创建 API 和同步 API。这是线程行为的规范，而不是实现。操作系统设计者可以根据意愿来采取任何实现形式。通常，实现 pthread 规范的库局限于基于 UNIX 的系统，Windows 操作系统通常并不支持 pthread。

下面通过一个简单的例子来说明如何使用 pthread API 来创建线程。以下程序用于创建一个独立线程来确定非负整数的累加和。

```
#include <pthread.h>
#include <stdio.h>
int sum;                      //线程共享该数据
void runner(void *param);     //线程执行函数
main(int argc,char *argv[])
{
  pthread tid;                //线程标识
  pthread-attr-t  attr;       //线程属性集
  if (argc !=2) {
```

```
        fprintf(stderr,"usage":a.out <interger value>\n");
        exit(1);
        }
        if (atoi(argv[i]<0) {
          fprintf(stderr,"%d mest be >=0\n",atoi(argv[1]));
          exit(1);
        }
        pthread-attr-init(&attr);                    //取得默认属性
        pthread_create(&tid,&attr,runner,argv[1]);    //创建线程
        pthread-join (tid,NULL);                     //主线程等待
        printf("Sum= %d\n",sum);
}
void runner(void *param)
{
        int upper=atoi(param);
        int i;
        sum=0;
        if (upper>0){
          for(i=1;i<=upper;i++)
              sum+=i;
        }
        pthread-exit(0);                             //终止当前线程
        }
```

3.4 ● ● ● 处理器调度

调度是操作系统的基本功能，几乎所有计算机资源在使用之前都要被调度。当然，CPU 是最重要的计算机资源之一，它的调度对于操作系统的设计非常重要。处理器调度是由调度程序来完成的。在多道程序系统中，一个任务被提交后，必须经过处理器调度后，方能因获得处理器而执行。由于用户提交给系统的任务不同，因此，操作系统要提供不同的处理器调度方式来满足不同任务的处理要求，一般来说，一个较为完善的操作系统提供了三个层次的处理器调度。

3.4.1　处理器调度的层次

从处理器调度的对象、时间、功能等不同角度，可以把处理器调度分成不同的类型。按照调度所设计的层次不同，可把处理器调度分成高级调度、中级调度和低级调度三个层次，如图 3-12 所示。

1．高级调度

高级调度又称为作业调度或宏观调度。其主要功能是根据一定的算法，从输入的一批任务（作业）中选出若干个作业，分配必要的资源，如内存、外设等，为其建立相应的用户作业进程和为其服务的系统进程（如输入/输出进程），最后把它们的程序和数据调入内存，等待进程调度程序对其执行调度，并在作业完成后做善后处理工作。

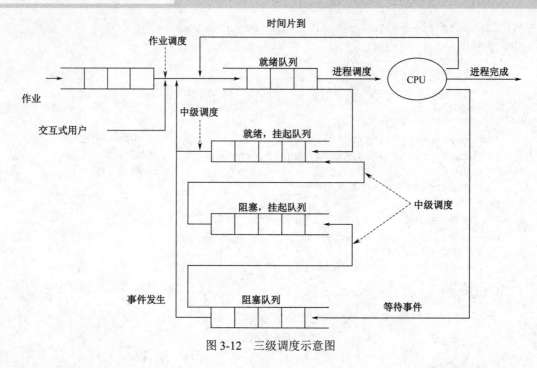

图 3-12　三级调度示意图

2．中级调度

中级调度涉及进程在内外存间的交换。为缓解内存紧张问题，在许多系统中设立了中级调度。中级调度的主要功能是在内存使用紧张时，将一些暂时不能运行的进程从内存中对换到外存上等待。当外存有足够的空闲空间时，再将合适的进程重新换入内存，等待进程调度。引入中级调度的主要目的是提高内存的利用率和系统吞吐量。

3．低级调度

低级调度又称进程调度或微观调度，其主要功能是根据一定的算法，将 CPU 分派给就绪进程队列中的一个进程。执行低级调度功能的程序称为进程调度程序，由它实现 CPU 在进程间的切换。进程调度是操作系统中最基本的一种调度，在一般的操作系统中必须有进程调度，而且其策略的优劣会直接影响整个系统的性能。

当创建新进程时，执行高级调度，把新进程加入当前活动的一组进程。中级调度是对换功能的一部分，它把一个进程的一部分换出内存，以解决内存空间紧张的问题。低级调度才是真正决定哪一个就绪进程是下一个得以执行的进程。

调度也可按照操作系统的类型分类，即批处理调度、交互式系统调度、实时调度及多处理器调度。

3.4.2　进程调度

进程调度是操作系统中最基本的一种调度，在各种类型的操作系统中都必须配置进程调度。当系统出现某些事件时，就会导致系统执行进程调度，以选择新的进程为其分配 CPU，使之执行。典型的引起进程调度事件有如下几种。

（1）当一个进程从运行状态切换到等待状态（如 I/O 请求）时。

（2）当一个进程从运行状态切换到就绪状态（如当出现中断）时。

（3）当一个进程从等待状态切换到就绪状态（如 I/O 完成）时。

（4）当一个进程终止时。

当发生进程调度时，进程调度程序把当前进程的处理现场信息保留在 PCB 的现场信息区中，然后根据一定的调度算法，采取相应的调度方式，选择一个就绪进程，为其分配 CPU 资源。一般说来，进程调度的方式可分为非抢占方式和抢占方式。

1．非抢占方式

在这种调度方式下，一旦一个进程被选中运行，它会一直运行下去，直到它完成工作、自愿放弃 CPU，或者因等待某一事件而被阻塞为止，即得到 CPU 的进程不管运行多长时间，都会一直运行下去，绝不会因为时钟中断等原因而被迫让出 CPU。

2．抢占方式

与非抢占方式相反，抢占方式允许调度程序根据某种策略中止当前运行进程的执行，将其移入就绪队列，并选择另一个进程投入运行。出现抢占调度的情况有：新进程到达，出现中断且阻塞进程转变为就绪状态，以及规定的时间片用完等。

抢占式调度比非抢占式调度的开销大，其好处是可以为全体进程提供更好的服务，防止一个进程长期占用处理器。此外，通过采用有效的进程切换机制（尽可能获得硬件支持）和使用大容量内存来存放更多的程序，可以降低抢占式调度的代价。

3.4.3　选择调度算法的准则

通常，由于系统及其目标不同，所采用的调度算法也不相同，即不同的系统会采用不同的调度算法，而不同的调度算法有不同的性能。一种算法可能有利于某类作业或进程的运行，而不利于其他类型作业或进程的执行。在选择调度算法时，必须考虑各种算法所具有的特性。

为了比较 CPU 调度算法，人们提出了许多评价准则。这些准则如下。

（1）**CPU 利用率**：需要使 CPU 尽可能忙。CPU 使用率从 0 到 100%。对于真实系统，它应该从 40%（轻负载系统）到 90%（重负荷系统）。

（2）**吞吐量**：表示单位时间内 CPU 完成作业的数量。对于长进程事务，吞吐量为每小时一个进程，而对于短进程事务，吞吐量可能为每秒 10 个进程。

（3）**周转时间**：从一个特定作业的角度来看，重要的准则是运行该作业需要花费多长时间。从作业提交到作业完成的时间间隔称为周转时间。周转时间是用于作业等待进入内存、进程在就绪队列中等待、进程在 CPU 上执行和完成 I/O 操作所花费的时间的总和。作业 i 的周转时间 T_i 为

$$T_i = t_{ci} - t_{si}$$

其中，t_{si} 表示作业 i 的提交时间，即作业 i 到达系统的时间；t_{ci} 表示作业 i 的完成时间。

系统中 n 个作业的平均周转时间 T 为

$$T = \left(\sum_{i=1}^{n} T_i \right) \times \frac{1}{n}$$

作业的周转时间没有区分作业实际运行时间长短的特性，因为长作业不可能具有比运行时间还短的周转时间。为了合理地反映长短作业的差别，人们定义了另一种衡量标准——带权周转时间 W_i，即

其中，T_i 为周转时间，R_i 为实际运行时间。

相应的，平均带权周转时间为

$$W=\left(\sum_{i=1}^{n}W_i\right)\times\frac{1}{n}=\left(\sum_{i=1}^{n}\frac{T_i}{R_i}\right)\times\frac{1}{n}$$

（4）**等待时间**：CPU 调度算法并不真正影响作业执行或 I/O 操作的时间数量，它只影响进程在就绪队列中等待所花费的时间。等待时间是就绪队列中等待所花费的时间之和。

（5）**响应时间**：在交互式系统中，周转时间不可能是最好的评价标准。往往一个进程很早就产生了某些输出，当前面的结果在终端上输出时，它可以继续计算新的结果。因此，另一个评价标准是从提交请求到产生第一响应的时间，即响应时间。它是开始响应所需要的时间，而不是输出该响应所需的时间。周转时间通常受输出设备速度的影响。

3.5 ••• 调 度 算 法

CPU 调度算法就是采取何种策略从就绪队列中选择一个进程并为之分配 CPU 的问题。目前存在多种调度算法，有的算法适用于作业调度，有的算法适用于进程调度，也有的调度算法对两者都可用。

3.5.1 先来先服务调度算法

显然，最简单的 CPU 调度算法是先来先服务（First-Come，First-Served，FCFS）。采用这种方案，最先进入就绪进程队列的进程首先被分配 CPU。FCFS 策略可以用 FIFO 队列来实现。当一个进程进入就绪队列时，其 PCB 被链接到队列的尾部。当 CPU 空闲时，CPU 被分配给位于队首的进程，该运行进程从队列中被删除。FCFS 调度的代码编写简单且容易理解。

但是，采用 FCFS 策略的平均周转时间通常相当长，因而适用于长进程，而不适用于短进程，因为短进程的执行时间很短，如果让它等待较长时间才得到服务，它的带权周转时间就会很长。

考虑如下一组进程 P1、P2、P3，它们的到达时间依次为 0、1、2，运行时间分别为 24、3、3（时间单位为 ms）。如果按照 FCFS 策略来处理这些进程，那么得到如图 3-13 所示的结果，因此，平均周转时间 T=26ms，平均带权周转时间 W=6.33ms。

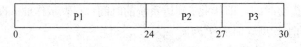

图 3-13　FCFS 调度算法

FCFS 调度算法是非抢占的。一旦 CPU 被分配给了一个进程，则该进程会保持 CPU 直到释放

CPU 为止，即程序终止时或请求 I/O 时。FCFS 算法对于分时系统（每个用户需要定时地得到一定的 CPU 时间）是尤为麻烦的。允许一个进程持有 CPU 的时间过长，将是一个严重错误。

3.5.2　最短作业优先调度算法

另一个 CPU 调度方法是最短作业优先（Shortest-Job-First，SJF）调度。这一算法将每个进程与其估计运行时间相关联。当 CPU 可用时，它分配给具有最短运行时间的进程。如果两个进程具有相同的运行时间，那么可以使用 FCFS 调度来处理。

SJF 调度算法可证明为最佳调度算法，这是因为对于给定的一组进程，SJF 算法的平均周转时间最小。通过将短进程移到长进程之前，短进程等待时间的减少大于长进程等待时间的增加，因而，平均等待时间减少了。虽然 SJF 算法是最佳的，但是它不能在进程调度层次上实现，因为没有办法知道进程的执行时间。

例如，考虑一组进程 P1、P2、P3 和 P4，它们在时刻 0 到达，其运行时间依次为 6ms、8ms、7ms、3ms。采用 SJF 调度，能得到如图 3-14 所示的调度结果，因此，平均周转时间 $W=(3+9+16+24)/4=13$ms。如果使用 FCFS 调度方案，那么平均周转时间 $W=(6+14+21+24)/4=16.25$ms。

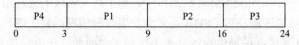

图 3-14　SJF 调度算法

SJF 算法可能是抢占的或非抢占的。当一个新进程到达就绪队列而以前的进程正在执行时，就需要选择。当新进程的运行时间与当前进程的剩余运行时间相比更短时，可抢占 SJF 算法可能抢占当前运行进程，而非抢占 SJF 算法会允许当前运行进程先执行直到释放 CPU 为止。可抢占 SJF 调度有时称为最短剩余时间优先调度。

下面考虑一个例子。设有四个进程 P1、P2、P3 和 P4，它们的到达时间依次为 0、1、2、3，运行时间分别为 8ms、4ms、9ms、5ms。如果采用可抢占 SJF 调度方法，那么可产生如图 3-15 所示的调度结果，因此，平均周转时间 $W=(17+4+24+7)/4=13$ms。如果采用非抢占 SJF 调度策略，则平均周转时间 $W=14.25$ms。

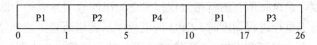

图 3-15　可抢占式 SJF 调度算法

3.5.3　优先级调度算法

优先级调度算法（Priority-Scheduling Algorithm）是指每个进程都有一个优先级与其相关联，具有最高优先级的就绪进程会被分派到 CPU。具有相同优先级的进程按 FCFS 顺序调度。SJF 算法可作为优先级调度的一个特例。

优先级通常为固定区间的数字，如 0～7，或者 0～4095。但是，对于 0 是最高还是最低的优先级，并没有定论。有的系统用小数字表示低优先级，而有的系统用小数字表示高优先级。在本书中，用小数字表示高优先级。

例如，考虑一组进程 P1、P2、P3、P4、P5，它们在时刻 0 按 P1，P2，…，P5 到达，其运行时间依次为 10、1、2、1、5，优先级分别是 3、1、4、5、2。采用优先级调度算法，会按照图 3-16 来调度这些进程，平均周转时间为 12 个时间单位。

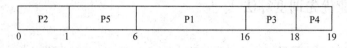

图 3-16　优先级调度算法

优先级可以通过内部或外部方式来定义。内部优先级使用一些可测量数据以计算进程优先级。例如，时间极限、内存紧张、打开文件数量和平均 I/O 时间与 CPU 平均运行时间之比都可以用于计算优先级。外部优先级是通过操作系统之外的准则来设置的，如进程重要性、用于支付使用计算机的费用类型和数量、其他因素。

优先级调度可以是可抢占的或者非抢占的。当一个进程到达就绪队列时，其优先级与当前运行进程的优先级相比，如果新到达进程的优先级高于当前运行进程的优先级，那么抢占优先级调度算法会抢占 CPU，而非抢占优先级调度算法只是将新进程加入到就绪队列的头部。

优先级调度算法的一个主要问题是**无穷阻塞**或**饥饿**，即优先级调度算法会使某些低优先级进程无限制地等待 CPU。在一个重负载的计算机系统中，如果高优先级的进程很多，形成一个稳定的进程流，就会阻止低优先级的进程获得 CPU。通常会发生两种情况：要么进程最终能运行（在系统最后为轻负载时），要么计算机系统最终崩溃并失去所有未完成的低优先级进程。

低优先级进程无限等待问题的解决方案之一是老化。老化是一种技术，用于逐渐增加在系统等待很长时间的进程的优先级。例如，如果优先级从 127（低）到 0（高），那么可以每 15min 递减等待进程的优先级，最终即使初始优先级为 127 的进程也有系统中最高优先级 0 并能获得 CPU。事实上，不超过 32h，优先级为 127 的进程就会老化为优先级为 0 的进程。

3.5.4　轮转法

轮转（Round-Robin，RR）调度算法是专门为分时系统设计的。它类似于 FCFS 调度算法，但是增加了抢占以在进程间切换。

为了实现 RR 调度，系统将所有的就绪进程按先进先出的原则排成一个队列。新来的进程加入到就绪队列的末尾。每当执行进程调度时，CPU 调度程序从就绪队列中选择第一个进程，设置定时器在一个时间片之后中断，最后将 CPU 分配给该进程。时间片是一个小的时间单位，通常为 10～100ms。

此时，有两种情况可能发生：进程可能只需要小于一个时间片的 CPU 执行时间，对于这种情况，进程本身会自动释放 CPU，进程调度程序会处理就绪进程队列的下一个进程；另一种情况是，当前运行进程的 CPU 执行时间比一个时间片要长，定时器会中断当前进程的执行，进行上下文切换，该进程会被加入到就绪队列的尾部，进程调度程序会选择就绪队列中的下一个进程。

采用 RR 策略的平均周转时间通常相当长。考虑如下一组进程，它们在时刻 0 到达，其执行时间依次为 24ms、3ms 和 3ms。如果使用 4ms 的时间片，那么进程 P1 会执行 4ms。由于它还需要 20ms，所以在第一个时间片用完后它被抢占，而 CPU 交给队列中的一个进程 P2，由于 P2 不需要 4 ms，所以在时间片用完之前退出，CPU 再被分配给下一个进程 P3。在每个进程都得到了一个时间片后，

CPU 又被交给了进程 P1 以获得更多时间片，因此，RR 调度结果如图 3-17 所示，平均周转时间为
（30+10+7）/3≈15.67ms。

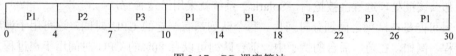

图 3-17　RR 调度算法

对于 RR 调度算法，队列中没有一个进程被分配超过一个时间片的执行时间。如果进程的执行
时间超过了一个时间片，那么该进程会被抢占，而被放回到就绪队列。RR 调度算法是可抢占的。

时间片的大小对 RR 调度算法的性能有很大的影响。如果时间片太长，每个进程都在这段时间
内运行完毕，RR 调度算法就退化为 FCFS 调度算法。如果时间片太短，CPU 在进程间的切换工作
会非常频繁，从而导致系统开销增加。

3.5.5　多级队列调度

在进程可以容易地分成不同组的情况下，可以使用**多级队列调度算法**（Multilevel-Queue-
Scheduling Algorithm）。例如，一种常用的划分方法是前台（或交互式）进程和后台（或批处理）
进程。这两种不同类型的进程具有不同的响应时间要求，也有不同的调度需要。另外，与后台进程
相比，前台进程可能要有更高的（或外部定义）优先级。

多级队列调度算法将就绪进程队列分成多个独立队列，如图 3-18 所示。根据进程的某些属性，
如内存的大小、进程优先级或进程类型，进程会被永久地分配到一个队列中，每个队列有自己的调
度算法。例如，不同队列可用于前台和后台进程。前台队列可能使用 RR 调度算法，而后台队列可
能使用 FCFS 调度算法。另外，队列之间必须有调度，通常采用固定优先级可抢占调度算法来实现。
例如，前台队列可以比后台队列具有绝对的优先级。

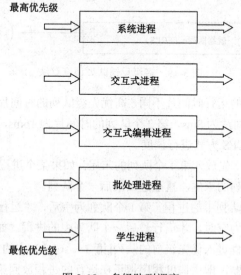

图 3-18　多级队列调度

现在来研究一下具有五个队列的多级调度算法的例子：①系统进程；②交互式进程；③交互式
编辑进程；④批处理进程；⑤学生进程。

各队列的优先级自上而下降级。仅当系统进程、交互式进程和交互式编辑进程三个队列都为空时，批处理队列中的进程才可以运行。当批处理进程正在运行时，若有一个交互式编辑进程进入就绪队列，那么该批处理进程会被抢占。Solaris 2 系统就采用了这种算法。

另一种可能是在队列之间划分时间片。每个队列都有一定的 CPU 时间，这可用于调度队列内的不同进程。例如，在前、后台的例子中，前台队列可以有 80%的 CPU 时间用于在进程之间进行 RR 调度，而后台队列有 20%的 CPU 时间宜采用 FCFS 算法调度其进程。

3.5.6 多级反馈队列调度

对于多级调度算法，通常进程进入系统时，被永久地分配到一个队列中。进程并不在队列之间移动。例如，如果有独立队列用于前台和后台进程，进程并不从一个队列移到另一个队列，这是因为进程并不改变前台和后台性质。这种设置的优点是低调度开销，缺点是不够灵活。

多级反馈队列调度允许进程在队列之间移动。其主要实现思想如下。

（1）系统中设置多个就绪队列，每个队列对应一个优先级，第一个队列的优先级最高，第二个队列次之，以下各队列的优先级逐个降低，如图 3-19 所示。

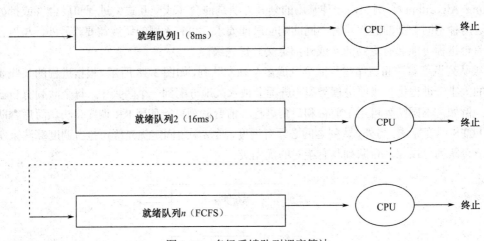

图 3-19　多级反馈队列调度算法

（2）各就绪队列中进程的运行时间片不同，高优先级队列的时间片小，低优先级队列的时间片大。例如，第 1 个队列的时间片为 8ms，第 2 个队列的时间片为 16ms，等等，从高到低依次加倍，最后一个队列中的进程按 FCFS 方式进行调度。

（3）新进程进入系统后，先放入第 1 个队列的末尾。如果某个进程在规定的时间片内没有完成工作，则把它转入下一个队列的末尾，直至进入最后一个队列。

（4）系统先运行第 1 个队列中的进程。第 1 个队列为空后，才运行第 2 个队列中的进程，以此类推。仅当前面所有队列都为空时，才运行最后一个队列中的进程。如果处理器正在第 i 个队列中为某个进程服务，又有新进程进入优先级前的队列[第 1～（$i-1$）中的任何一个队列]，则此新进程要抢占正在运行进程的处理器，即由调度程序把正在运行的进程放回第 i 队列的末尾，把处理器分配给新到的高优先级进程。

通常，多级反馈队列调度程序可由下列参数来定义。

（1）队列数目。

（2）每个队列的调度算法。

（3）用以确定进程何时升级到较高优先级队列的方法。

（4）用以确定进程何时降级到较低优先级队列的方法。

（5）用以确定进程在需要服务时应进入哪个队列的方法。

多级反馈队列调度程序的定义使它成为最通用的 CPU 调度算法。它可被分配以适应特定系统设计。但它需要一些方法来选择参数值以定义最佳的调度程序。虽然多级反馈队列是最通用的方案，但是它也是最复杂的方案。

3.5.7　高响应比优先调度

高响应比优先（Highest Response Ratio First，HRRF）调度算法是一种非抢占调度算法。它为每个进程计算一个响应比：

$$响应比=\frac{等待时间+要求服务时间}{要求服务时间}=1+\frac{等待时间}{要求服务时间}$$

由上式可以看出：

（1）如果作业的等待时间相同，则要求服务的时间越短，其优先级越高，因而该算法有利于短作业。

（2）当要求服务的时间相同时，作业的优先级决定于其等待时间，等待时间越长，其优先级越高，因而它实现的是先来先服务。

（3）对于长作业，作业的优先级可以随等待时间的增加而提高，当其等待足够长时，其优先级便可升到很高，从而获得处理器。

简而言之，该算法既照顾了短作业，又考虑了长作业。其缺点是调度之前需要计算进程的响应比，从而增加了系统的开销。另外，对于实时进程无法做出及时的反映。

3.6 ••• 多处理器调度和实时调度

3.6.1　多处理器调度

多处理器系统是包含两个或多个处理器的计算机系统，与单处理器系统相比，在速度、性能和可靠性等方面都有了很大的提高，相应的，在结构和管理上也变得更为复杂。下面简要讨论多处理器调度的一些有关问题，主要讨论处理器功能相同或同构的系统，任何可用处理器可用于运行队列中的任何进程。

如果有多个处理器可用，那么可进行负载分配。有可能为每个处理器提供独立的队列，在这种情况下，一个具有空队列的处理器会空闲，而另一个处理器会很忙，即会造成处理器忙闲不均的问题。为了阻止这种情况，可使用一个共同就绪队列。所有进程都进入这一队列，并被调度到任何可用空闲处理器上。对于这种情况，有两种调度算法可使用。一种方法是每个处理器都是自我调度的。每个处理器都检查共同就绪队列，并选择一个进程来执行。采用这种调度方法，如果有多个处理器试图访问和更新一个共同数据结构，那么每个处理器必须仔细编程，必须确保两个处理器不能选择同一进程，并且进程不会从队列中丢失。另一种方法是选择一个处理器来为其他处理器进行调度，从而形成了主从结构。这种非对称处理方式实现起来非常简单，减轻了数据共享的需要，但是存在潜在的不可靠性，即主机一旦出现故障，将导致整个系统瘫痪，也很容易于因为主机太忙而来不及处理，形成了系统瓶颈。

3.6.2　实时调度

实时系统中存在若干实时任务，它们对时间有着严格的要求。通常，一个特定任务与一个截止时间相关联。截止时间分为开始时间和完成时间。根据对截止时间的要求，实时任务可分为硬实时任务和软实时任务。硬实时任务是指系统必须满足对截止时间的要求，否则会导致无法预测的后果或对系统产生致命的错误。软实时任务是指任务与预期的截止时间相关联，但不是绝对严格的，即使已超出任务的截止时间，仍然可以对它实施调度并完成，这是有意义的。

为了保证实时任务对截止时间的要求，实时系统必须具备足够强的处理能力和快速的切换机制。通常，在提交实时任务时，系统将该任务的截止时间、所需的处理时间、资源要求和优先级等信息一起提交给调度程序。若系统能够及时处理该任务，调度程序便接收它，否则将拒绝接收该任务。

对不同的实时系统，其调度方式和算法的选择也各不相同。在一些小型的实时系统或要求不太严格的实时控制系统中，常采用简单易行的非抢占式轮转调度方式，它可获得数秒至数十秒的响应时间；而在有一定要求的实时控制系统中，可采用非抢占式优先级调度算法，它可获得仅为数秒至数百毫秒级的响应时间；在要求比较严格的实时系统中，应采用比较复杂的抢占调度方式，其中，基于时钟中断的抢占式优先级调度算法可将响应时间降到几毫秒至 100 μs，甚至更低，适用于要求更严格的实时系统。

案例研究：Windows Server 2003 和 Linux 进程调度

1. Windows Server 2003 的线程调度

作为一个实际的操作系统，Windows Server 2003 的处理器调度的对象是线程，因此也称线程调度。但 Windows Server 2003 的线程调度并不单纯使用一种调度算法，而使用多种算法的结合体，并根据实际需要进行优化和改进。

1）Windows Server 2003 的线程调度特征

Windows Server 2003 实现了基于优先级抢先式的多处理器调度系统，系统总是运行优先级最高的就绪线程。通常，线程可在任何可用处理器上运行，但可限制某线程只能在某处理器上运行。亲和处理器集合允许用户线程通过 Win32 调度函数选择它偏好的处理器。

当一个线程被调度进入运行状态时，它可运行一个被称为时间配额的时间片。时间配额是 Windows Server 2003 允许线程连续运行的最大时间长度，随后 Windows Server 2003 会中断该线程运行，判断是否需要降低该线程的优先级，查找是否有其他高优先级或相同优先级的线程在等待运行。Windows 不同版本的时间配额不同，同一系统中各线程的时间配额可修改。Windows Server 2003 具有抢先式调度特征，一个线程的一次调度执行可能并没有用完其时间配额就被抢先了。事实上，一个线程甚至可能在被调度进入运行状态后开始运行之前被抢占。

Windows Server 2003 在内核中实现其线程调度代码，这些代码分布在内核中与调度相关事件出现的位置，并不存在一个单独的线程调度模块。内核中完成线程调度功能的函数统称为内核调度器。线程调度出现在 DPC/线程调度中，线程调度触发事件有如下四种。

（1）一个线程进入就绪状态，如一个刚创建的新线程或一个刚结束等待状态的线程。

（2）一个线程由于时间配额用完而从运行状态转入退出状态或等待状态。

（3）一个线程由于调用系统服务而改变优先级或被系统本身改变其优先级。

（4）一个正在运行的线程改变了其亲和处理器集合。

当这些触发事件出现时，Windows Server 2003 必须确定下一个要运行的线程。当 Windows Server 2003 选择一个新线程进入运行状态时，将执行一个线程上下文切换以使新进程进入运行状态。线程上下文是保存正在运行线程的相关运行环境，加载另一个线程的相关运行环境，并开始新线程的执行的过程。

Windows Server 2003 的处理调度对象是线程，这时的进程仅作为提供资源对象和线程的运行环境，而不作为处理器调度的对象。处理器调度是严格针对线程的，并不考虑被调度线程属于哪个进程。例如，进程 A 有 10 个可运行的线程，进程 B 有 2 个可运行的线程，这 12 个线程的优先级都相同，则每个线程将得到 1/12 的处理器时间。Windows Server 2003 并不会把处理器时间分成两部分，一部分给进程 A，另一部分给进程 B。

2）Windows Server 2003 中的线程调度 API

下面给出 Win32 API 中与线程调度相关的函数列表，如表 3-4 所示。更详细的信息可参考 Win32 API 的参考文档。

表 3-4　Win32 API 中与线程调度相关的函数

函 数 名	函 数 功 能
Suspend/ResumeThread	挂起正在运行的线程或激活一个暂停运行的线程
Get/SetPriorityClass	读取或设置进程的基本优先级类型
Get/SetThreadPriority	读取或设置线程相对优先级
Get/SetProcessAffinityMask	读取或设置进程的亲和处理器集合
SetThreadAffinityMask	设置线程的亲和处理器集合，只允许该线程在指定处理器集合运行
	读取或设置暂时提升线程优先级状态
Get/SetThreadPriorityBoost	设置特定线程的首选处理器
SetThreadIdealProcessor	读取或设置当前进程默认优先级提升控制
Get/SetProcessPriorityBoost	当前线程放弃一个或多个时间配额的运行
SwitchToThread	使当前线程等待指定的一段时间（单位为 ms）。0 表示放弃该线程的剩余
Sleep	时间配额
	使当前线程进入等待状态，直到 I/O 处理完成
SleepEx	

3）Windows 2003 线程优先级

Windows Server 2003 内部使用 32 个线程优先级，即 0～31，它们可以分成以下三个部分。

（1）**实时优先级（优先数为 31～16）**：用于通信任务和实时任务。实时优先级线程的优先数不可变，一旦一个就绪线程的实时优先数比运行线程高，它将抢占处理器运行。

（2）**可变优先级（优先数为 15～1）**：用于交互式任务。这一层次优先数的线程，可根据执行过程中的具体情况动态地调整优先数，但是 15 这个优先数是不能被突破的。

（3）**一个系统线程优先级（0）**：仅用于对系统中空闲物理页面进行清零的零页线程。

可从两个不同的角度制定线程优先级：用户可通过 Win32 API 来指定线程的优先级，或通过 Windows Server 2003 内核控制线程的优先级。Win32 API 可在进程创建时指定其优先级类型为实时、高级、中上、中级、中下和空闲，并进一步在进程内各**线程**创建时指定线程的相对优先级为相对实时、相对高级、相对中上、相对中级、相对中下、相对低级和相对空闲。

进程仅有单个优先级取值（基本优先级），线程有当前优先级和基本优先级两个优先级取值。线程的当前优先级可在 1～15 内动态变化，通常会比基本优先级高。Windows Server 2003 从不调整 16～31 内的线程优先级，因而这些线程的基本优先级和当前优先级总是一样的。在应用程序中，用户可在一定范围内升高或降低线程优先级。要把线程的优先级提升到实时优先级，用户必须有升高线程优先级的权限。

4）Windows 2003 线程时间配额

时间配额是一个线程从进入运行状态到系统检查是否有其他优先级相同的线程需要开始运行之间的时间总和。一个线程用完自己的时间配额时，如果没有其他相同优先级线程，则系统将重新给该线程分配一个新的时间配额，并继续运行。

每个线程都有一个代表本次运行最大时间长度的时间配额。时间配额不是一个时间长度值，而是一个称为配额单位的整数。在不同的 Windows 系统中，由于优化的目标不同，线程默认的时间配额是不同的。但是，用户可以修改默认的时间配额。

5）Windows Server 2003 线程调度数据结构

为了进行线程调度，内核维护了一组称为"调度器数据结构"的数据结构，如图 3-20 所示。调度器数据结构负责记录各线程状态，如哪些线程处于等待态、处理器正在执行哪个线程等。Windows Server 2003 支持多处理器，每个处理器对应的处理器数据结构（__KPRCB）中都有一组自己的线程调度数据结构，它们是一个待调度就绪线程队列（DeferredReadyListHead）、一个分为 32 个优先级的就绪线程队列（DispatcherReadyListHead）、一个备用线程指针（NextThread）、一个运行线程指针（CurrentThread）和一个就绪位图（ReadySummary）。每个处理器由一组子队列组成，每个调度优先级有一个子队列，其中包括该优先级的等待在相应处理器上调度执行的就绪线程。

每个处理器维护的就绪位图是一个 32 位的量，用于提高调度速度。就绪位图中的每一位指示一个调度优先级的就绪队列中是否有线程等待运行。B0 与调度优先级 0 相对应，B1 与调度优先级 1 相对应，以此类推。Windows Server 2003 维护了一个称为空闲位图（KiIdleSummary）的 32 位的全局变量。空闲位图中的每一位指示一个处理器是否处于空闲状态。

6）线程优先级提升

在下列五种情况下，Windows Server 2003 会提升线程当前的优先级。

（1）I/O 操作完成。

（2）信号量或事件等待结束。

（3）前台进程中的线程完成一个等待操作。

（4）由于窗口活动而唤醒图形用户接口线程。

（5）线程处于就绪状态超过了一定时间，但没能进入运行状态（处理器饥饿）。

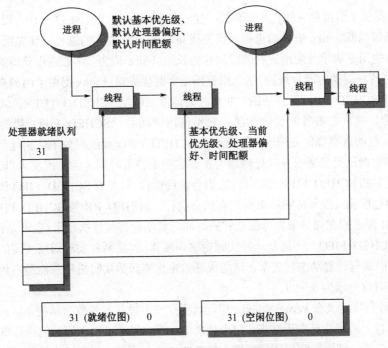

图 3-20　线程调度其数据结构

其中，前两条是针对所有线程进行的优先级提升，而后三条针对某些特殊的线程在正常的优先级提升基础上进行额外的优先级提升。线程优先级提升的目的是改进系统吞吐量、响应时间等整体特征，解决线程调度策略中潜在的不公正性。与任何一种调度算法一样，线程优先级提升也不是完美的，它并不会使所有应用都受益。

注意：Windows Server 2003 永远不会提升实时优先级范围（16～31）的线程的优先级，因此，在实时优先级范围内的线程调度总是可以预测的。

7）线程调度策略

Windows Server 2003 严格基于线程的优先级来确定哪一个线程将占用处理器并进入运行状态。需要说明的是，Windows Server 2003 在单处理系统和多处理器系统中的线程调度是不同的。下面主要介绍单处理系统中的线程调度。

主动切换：一个线程可能因为等待某个事件而主动放弃处理器的使用。当线程主动放弃占用的处理器时，调度程序选择就绪队列中的第一个线程进入运行状态。

抢占：当一个高优先级的线程进入就绪队列时，正处于运行状态的低优先级线程被抢占。

时间配额耗尽：当处于一个运行状态的线程用完它的时间配额时，Windows Server 2003 首先确定是否降低该线程的优先级，然后确定是否需要调度另一个线程进入运行状态。

结束：当线程运行结束时，其状态从运行状态转变为终止状态。

2．Linux 进程调度

在 Linux 2.5 系列内核中，调度程序开始采用了一种称为 O(1)的调度算法。它解决了先前 Linux 版本调度程序的许多不足，引入了许多强大的新特性。

Linux 系统实现了基于动态优先级的抢占式调度方式。开始时，系统先设置进程的基本优先级，然后根据运行需要允许调度程序增加或降低进程优先级。

　　Linux 内核提供了两组独立的优先级范围。第一组是 nice 值，值为-20～19，默认值为 0。nice 的值越大，优先级越低。nice 值小的进程（优先级高）在 nice 值大的进程（优先级低）之前执行。另外，nice 的值也用来决定分配给进程的时间片的长短。nice 值为-20 的进程获得的时间片最长，nice 值为 19 的进程获得的时间片最短。第二组范围是实时优先级。Linux 提供了两种实时调度策略：SCHED_FIFO 和 SCHED_RR。而普通的、非实时的调度策略是 SCHED_OTHER。SCHED_FIFO 实现了一种简单的、先来先服务的调度算法。它不使用时间片。SCHED_FIFO 级的进程会比任何 SCHED_OTHER 级的进程都优先调度，一旦一个 SCHED_FIFO 级进程处于可执行状态，就会一直执行下去，直到它自己受阻塞或释放处理器为止。它不是基于时间片的，因此可以一直执行下去。如果有两个或更多的 SCHED_FIFO 级进程，它们会轮流执行。只要有 SCHED_FIFO 级进程在执行，其他级别较低的进程就只能等待它结束后才有机会执行。SCHED_RR 与 SCHED_FIFO 大体相同，只要 SCHED_RR 级进程在耗尽事先分配给它的时间后就不能再继续执行了。也就是说，SCHED_RR 是带有时间的 SCHED_FIFO——这是一种实时轮流调度算法。这两种实时调度实现的都是静态优先级，内核不为实时进程计算动态优先级，这能保证给定优先级的实时进程总能抢占优先级比它低的进程。默认的实时优先级为 0～99。

　　Linux 的调度程序定义在 kernel/sched.c 中，调度程序中最基本的数据结构是运行队列。可执行队列是给定处理器上的可执行进程链表，每个处理器一个，每个可投入运行的进程唯一地归属于一个可执行队列。此外，可执行队列还包括每个处理器的调度信息。每个可执行队列都有两个优先级数组：一个活动的和一个过期的。活动数组内的每个可执行队列上的进程还有时间片剩余，而过期数组内的可执行队列上的进程都耗尽了时间片。当一个进程时间片耗尽时，它会被移至过期数组，但在此之前，时间片已经为它重新计算了。优先级数组是一种能够提供 O(1)级算法复杂度的数据结构。优先级数组使可运行处理器的每一个优先级都包含一个相应的队列，而这些队列包含对应优先级上的可执行进程链表。为了提高查找速度，每个优先级数组还拥有一个优先级位图，至少为每个优先级准备一位。开始时，所有的位都被置为 0。当某个拥有一定优先级的进程开始准备执行时，位图中相应位会被置为 1。

　　在 Linux 系统中，选定下一个进程并执行是通过 schedule()函数实现的。当内核代码想要休眠时会直接调用该函数，另外，如果有进程将被抢占，那么该函数也会被唤醒执行。schedule()函数首先检查活动数组中第一个设置的位，该位对应着优先级最高的可执行进程。然后，调度程序选择这个级别链表中的第一个进程。这是系统优先级最高的可执行进程，也是马上会被调度执行的进程。实际上，在 schedule()函数中不存在任何影响执行时间长短的因素，因而它所用的时间是恒定的。

3.7 ● ● ● 总结与提高

　　现代操作大多支持多用户多任务，因此，在某一段时间内，系统中存在多个程序交替执行，它们共享系统的资源，表现出动态的特征，而程序仅仅是一组指令的静态集合，不能深刻描述出程序在内存中的执行情况，为此，在现代操作系统中引入了进程的概念。进程是程序的一次执行，是动态的概念，是操作系统中最重要的概念之一。进程在整个生命周期内处于不同的状态。进程有运行、就绪和阻塞三种基本状态，并可以在这三种状态之间进行转换。由于系统存在多个进程，为了对进程进行控制和管理，每个进程有唯一的 PCB。PCB 是进程存在的标识。操作系统提供了各种原语来实现进程控制，主要是进程创建、终止、阻塞和唤醒原语等。

在引入进程的操作系统中，进程是资源分配和处理器调度的单位。由于进程本身是一个重量级的进程，从而限制了系统的并发能力，为此，人们引入一个轻量型的进程——线程。线程是进程内的一个执行实体，不拥有资源，和进程中的其他线程共享资源。一个进程包括多个线程。线程是处理器调度的单位，而进程是资源分配的单位。线程有用户级线程、核心级线程及混合模式三种实现方式。

处理器调度就是根据系统的执行情况，选择一个进程并为其分配 CPU，使之执行。处理器的调度可以分成高级调度、中级调度和低级调度三个层次。进程调度是基本的调度层次，可以采用多种策略。目前常见的调度算法有先来先服务、最短作业优先、优先级调度、时间片轮转、多级队列和多级反馈队列调度等。每种调度算法都有自己的优缺点，适用于不同类型的进程（或作业）的调度。

习　题　3

1. 操作系统中为什么要引入进程的概念？它会产生什么样的影响？
2. 试从动态性、并发性和独立性上比较进程和程序。
3. 试说明 PCB 的作用，为什么说 PCB 是进程存在的唯一标志？
4. 试说明进程在三个基本状态之间转换的典型原因。
5. 在进行进程切换时，所要保存的处理器状态信息有哪些？
6. 试说明引起进程创建/撤销的主要事件。
7. 什么是线程？线程与进程有什么区别和联系？
8. 线程的实现方式有哪些，各有什么特点？
9. 评价进程调度算法的原则有哪些？
10. 什么是原语？原语的主要特征是什么？
11. 为什么说多级反馈队列调度算法能较好地满足各方面的需要？
12. 假设一个系统中有五个进程，它们的到达时间依次为 0、2、4、6、8，服务时间依次为 3、6、4、5、2。忽略 I/O 及其他开销时间，若分别按先来先服务、非抢占及抢占的短进程优先、高响应比优先、时间片轮转（时间片=1）调度算法进行 CPU 调度，请给出进程的调度顺序，计算各进程的平均周转时间和平均带权周转时间。
13. 解释下面调度算法对短进程偏好程度上的区别。
（1）FCFS；（2）RR；（3）多级反馈队列。
14. 详细说明可抢占式调度和非抢占式调度算法的区别。为什么现代计算机大多采用抢占式的调度算法？
15. 什么是进程？进程由哪几部分组成？画出具有挂起和恢复状态的进程状态转化图并标明转换的原因。
16. 现代操作系统一般提供了多进程（或称多任务）运行环境，请回答以下问题。

（1）为了支持多进程的并发执行，系统必须建立哪些关于进程的数据结构？

（2）为支持进程状态的变迁，系统至少要提供哪些进程控制原语？

（3）执行每一个进程控制原语时，进程的状态发生了什么变化？

17．说明作业调度、中级调度和进程调度的区别，并分析下述问题应由哪一级调度程序负责。

（1）在可获得处理器时，应将它分给哪个就绪进程？

（2）在短期繁重负载下，应将哪个进程暂时挂起？

18．进程的三个基本转换如图 3-21 所示，图中 1、2、3、4 分别代表某种类型状态变迁，请分别回答以下问题。

（1）什么事件会引起各状态之间的变迁？

（2）图中常常由于某一进程的状态变迁而使另一进程也产生状态变迁，试判断变迁 3-1、2-1、3-2、4-1、3-4，如果有的话，将发生什么因果变迁？

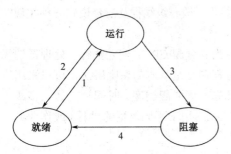

图 3-21　进程的三个基本转换

（3）在什么情况下，上述变迁将不引起其他变迁？

19．某个操作系统的设计目标是同时支持实时任务和交互式任务，它的实现采用了混合式多线程策略，处理器调度策略采用多队列策略，在系统资源匮乏时，可以采用中级调度来平衡系统负载。

（1）该操作系统中存在哪些与处理器调度有关的实体？

（2）设计一种合理的多队列进程调度策略，它既能满足实时任务调度的需要，又能从外设访问角度来满足交互式任务调度的需要。

实验 2　Shell 编程

1．实验目的

学习如何编写一个 UNIX/Linux Shell 程序，了解如何创建子进程来执行一项专门的工作、父进程如何继续子进程的工作。

2．实验环境

此实验可以在任何 UNIX/Linux 系统中实现。

3．背景知识

Shell（也称命令行解释程序）是一种机制，每个交互用户可以使用它来向操作系统发送命令，而操作系统通过命令响应用户。每当用户成功地登录到一台计算机时，操作系统使分配到登录端口的用户进程执行特定的 Shell。操作系统通常并不具有内建的窗口界面，相反，它假设存在一个简单的、面向字符的界面，用户在其中输入字符串（以 Enter 键或 Return 键结束），而操作系统通过字符行回送到屏幕作为响应。面向字符的 Shell 假设存在一个固定行数（通常为 25）和每行显示固定字符（通常为 80）的屏幕。

一旦 Shell 初始化它的数据结构并开始工作，它就清除 25 行显示并在第一行的开始打印提示符。

Linux 系统通常包含机器名作为提示符的一部分。例如，如果 Linux 机器名为 kiowa.cs.colorado.edu，则 Shell 打印的提示字符为 kiowa>或者 bash>。

这取决于正在使用的 Shell。Shell 等待用户键入一个命令行作为对提示符的响应。命令行以 Enter 或 Return 结尾。当用户键入一个命令行后，Shell 的工作是使操作系统执行嵌入在命令行中的命令。

每个 Shell 都有自己的语法和语义。在标准 Linux Shell(bash)中，一个命令行具有以下形式。

```
command argument_1  argument_2 …
```

其中，第一个单词是将要执行的命令，而剩余的单词是命令需要的参数。参数的个数依赖于正在执行的命令。

Shell 可能采用不同的策略来执行一个用户程序。现代操作系统通过建立一个新的进程或线程来执行一个新的计算任务。这样做的主要目的在于当程序在执行过程中出现致命的错误时不会影响初始进程，从而保证了系统的安全性。Shell 要使程序完成工作，必须采取以下步骤。

（1）打印一个提示符。系统有默认的提示符，用户也可以根据需要自己设定提示符。一旦提示符确定，每当 Shell 准备接收一个命令行时，提示符就被打印到 stdout 中。

（2）得到命令行。为了得到一个命令行，Shell 执行一个阻塞读操作，使执行 Shell 的进程进入睡眠状态，直到用户键入一个命令行作为对提示符的响应。一旦用户键入命令行，则命令行字符串被返回到 Shell。

（3）解析命令。解析程序从命令行的左边开始扫描直到遇到一个空白字符（如空格、制表符或者 NEWLINE）。第一个单词是命令的名称，而后面的单词是参数。

（4）查找文件。Shell 程序将按照环境变量 path 设置的路径来查找与命令同名的文件。如果没有找到，则 Shell 将提示用户无法找到该命令。

（5）准备参数。Shell 简单地将参数传递到命令中，作为指向字符串的 argv 数组。

（6）执行命令。Shell 必须执行指定文件中的可执行文件。

基本的 Shell 通过采用系统调用 fork()、execv()和 wait()使用多进程来达到此目的。这些系统调用组合在一起实现一个真正的 Shell 的模型，如图 3-22 所示。

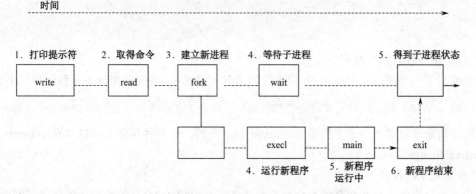

图 3-22　Shell 的 fork()、exec()和 wait()循环

4．问题描述

编写一个 C/C++程序作为 Linux 内核的 Shell。Shell 程序应该使用与 Linux Shell 相同的方式运行，尤其是当用户输入一个命令行时，如 indentifier [identifier [indentifer]]，Shell 应该解析命令行以

建立 argv。它搜索目录系统（按照 PATH 环境变量指定的顺序），找到与第一个 identifier（可能是相对文件名或完全文件名）同名的文件。如果找到文件，则根据可选参数列表执行。

5. 解决方案

下面是一个 Shell 程序的代码框架。

```
struct command_t {
  char *name;
  int argc;
  char *argv[];
………．
};

int main(){
  ………
  struct command_t *command;
  ………
  //shell初始化

  //main 循环
  while(true){
  //打印提示符
  ………
  //判断命名，解析命令行参数
  ………
  //查找文件的完全路径名
  ………
  //建立新进程执行文件
  ………
  //父进程等待直到子进程完成
  }
  //终止shell
  ………
  }
```

1）确定命令行名和参数列表

如果编写了一个程序并想使 Shell 将参数传递到该程序中，则应使用如下主程序声明函数原型。

```
int  main(int argc, char *argv[]);
```

当程序将命令行读入一个字符串 command_line 之后，它解释该命令行以填充 command_struct 字段（name 和 argv）。

2）查找完全路径名

用户可能已提供完全路径名作为命令单词或者只是根据PATH环境变量中的值进行限定的相对路径。

3）运行命令

派生出一个新进程来执行指定的命令，然后使子进程执行此命令。以下的代码框架将完成这个目的。

```
pid=fork();
if (pid= = 0) {
  //这是一个子进程
  execvp(full_pathname,command->argv,0);
}else if(pid>0)
    wait(stutus);
}
```

实验 3 Windows 多线程控制台程序

1. 实验目的

学习和掌握如何编写 Windows 多线程控制台程序。通过程序的编写，加深对进程和线程关系的理解，掌握多线程程序的执行和编写技巧。

2. 实验环境

此实验可在当前任何 Windows 操作系统上实现。

3. 背景知识

每个 Windows 进程都有一个主线程，用户可以通过 Win32 API 函数 CreateThread 在当前进程内创建其他线程。这些线程共享进程的资源，但只执行一个独立的任务，因此，在建立线程时，除了继承进程的部分信息外，程序员还必须提供线程执行环境的相关信息。下面来研究一下 CreateThread 函数的原型。

```
HANDLE CreateThread (
   LPSECURITY_ATTRIBUTES  lpThreadAttributes ,    //线程安全属性指针
   DWORD  dwStackSize,                            //初始化线程堆栈的大小
   LPTHREAD_START_ROUTINE lpStartAddress,         //线程函数指针
   LPVOID lpParameter,                            //新线程的参数
   DWORD  dwCreationFlags                         //建立标志
   LPDWORD lpThreadID                             //返回线程标识符指针
);
```

函数原型使用六个参数来描述新线程的特征。当 CreateThread 函数执行时，操作系统建立内核对象来保存新对象的数据结构。通常，操作系统无论建立什么实体（如线程），它都向用户空间返回一个称为句柄（HANDLE）的引用值（指针）。函数 CreateThread 返回的句柄用来标识新创建线程，以便操作系统能够使用该句柄来实现相关的系统调用。在利用系统调用 CreateThread 创建线程时，相应的系统对象或资源被显式分配给新线程，因此，当该线程不再使用时，程序员必须显式地释放线程句柄。

为了更好地理解系统调用 CreateThread 的用法，这里简单介绍一下该函数的相关参数。

lpThreadAttributes：Windows NT/2K 使用该安全属性参数来控制新线程与其他线程和进程的通信方式（在其他低版本的 Windows 系统中，这个参数必须设为 NULL）。为简单起见，该参数一般设置为 NULL，因此，常见的 CreateThread 调用的形式为 CreateThread(NULL,…)。

dwStackSize：每个线程独立于进程内的其他线程，是进程内的一个独立执行单位，因此，每个线程有自己的堆栈。尽管通常只使用该参数的默认值 0，但是程序员仍可以指定自己线程堆栈的大小。

lpStartAddress 和 **lpParameter**：为了建立线程，向 OS 提供新线程开始执行的地址（该地址在当前进程的地址范围内）是非常必要的，参数 lpStartAddress 用来指定新线程的开始地址，它是一个函数入口的地址。因此，在使用该参数之前，相应的函数原型必须存在。当然，也必须有一个函数来实现该原型，这个函数是新线程创建后要执行的函数。另外，新线程在执行时需要相应的参数，这些参数的类型必须事先已知且声明，或者是 void *类型，CreateThread 的参数类型为 void *，这就是函数原型使用 LPVOID（实际上被定义为 void *）类型的原因。当新线程开始执行一个函数时，参数 lpParameter 的值将被传递给该函数。例如，假设有一个函数原型如下。

```
DWORD WINAPI MYfUNC(LPVOID)
```

这个函数是新线程将要执行的函数。假设父线程将给子线程传递一个整型参数 theArg，那么该系统调用的形式如下。

```
int    theArg;
……
CreateThread(NULL,0,myFunc,&theArg,..)
```

dwCreationFlags：参数 dwCreationFlags 用来控制线程建立的方式。通常，参数 dwCreationFlags 只有一个可能的值，即 CREATE_SUSPENDED。如果选择该值，则新线程创建后被挂起，直到另外一个线程执行系统调用 ResumeThread(targetThreadHANDLE)时才被唤醒。该参数的默认值为 0。

lpThreadID：该参数是系统范围内某个线程的指针。

通过前面的分析，可以给出一个完整的 CreateTread 系统调用的例子。

```
DWORD  targetThreadID
…
CreateThread(NULL,0,myFunc,0,&targetThreadID);
```

4．问题描述

编写一个单进程多线程的 Windows 控制台程序。该程序在一个进程内建立 N个线程来执行指定的任务。N是一个无符号整数，用来指定创建辅助线程的数目，该参数由用户从命令行传递给系统。因此，假设程序名为 mthread.exe，运行程序的命令行为如下。

```
mthread  N
```

5．解决方案

在开始项目之前，必须了解以下三个问题：如何保证程序是一个 Windows 控制台程序，而不是一个图形界面程序；如何通过命令行来传递参数给程序；如何设置多线程程序的编译和链接环境。

1）Win32 控制台程序

Windows 图形界面程序与传统 C 程序的主要区别在于 main 函数原型的不同。标准的 main 函数的原型如下。

```
int main( int argc, char *argv[]);
```

而 Windows 图形界面程序的 main 函数的原型如下。

```
int WINAPI WinMain( HINSTANCE hInstance,HINSTANCE lprevHinstance,
                LPSTR  lpCmdLine, Int nCmdShow);
```

程序的主函数应该有一个标准的 main 函数原型。

如果使用 Visual C++来实现编程，则必须先关闭原来的工作区和工程，重新为程序建立一个新的工程，并选择工程类型为 Win32 控制台应用程序。

2）main 程序的参数

Windows 中 Visual C++也支持标准 C 语言的命令行参数的传递，因此，程序的 main 函数的原型应该如下。

```
int main(int argc, char *argv[]);
```

3）设置多线程的编译和链接环境

为了实现多线程的编程，必须调整编译和链接环境。首先，打开 Visual C++的"工程/设置"对话框，在该对话框中，有一个设置 C/C++参数的标签。默认命令行的设置为"/MLD(单线程)"，将其改成"/MTD（多线程）"。其次，在链接标签中必须包括库函数"/libcmt.lib"或"/libcmtd.lib"，增加"/libcmtd.lib"到链接器所使用的库函数列表中。最后，必须增加标志/nodefaultlib:library 到命令行中，这可通过在链接器设置对话框中增加命令行原型来实现。

这个实验要求程序完成以下功能：读取命令行参数 N；从 1 到 N，建立新线程来执行模拟工作；所有的线程完成后，中止当前程序的执行。

该程序的大体结构如下。

```
#include  <Windows.h>
#include  <math.h>
#include  <stdio.h>
#include  <stdlib.h>
static int runFlag=TRUE;
void main(int argc, char *argv[]) {
unsigned int runTime;
SYSTEMTIME now;
WORD stopTimeMinute, stopTimeSecond;
//读取命令行参数N
//读取线程运行时间runTime;
//计算暂停时间
GetSystemTime(&now);
printf("mthread start at %d: %d: %d",now.wHour,now.wMinute,noe.wSecond);
stopTimeSecond = (now.wSecond+(WORD)runtime) % 60;
stopTimeMinute = now.wMinute+(now.wSecond+(WORD)runTime)/60;
//for 1 to N
for ( i=0; i<N; i++) {
//建立新线程执行模拟任务
sleep(100);   //使新线程运行
}
//线程执行周期
while (runFlag){
  GetSystemTime(&now);
  if (now.wMinute>=stopTimeMinute) && (now.wSecond>=stopTimeSecond))
    runFlag=FALSE;
```

```
        sleep(1000);
        }
    sleep(5000);
    }
```

在上面的程序框架中，系统调用 sleep(K)的作用是当前线程放弃处理阻塞自己 *K*ms，然后线程被唤醒并插入到合适的调度队列。这个系统调用放置在创建新线程调用之后是因为阻塞创建线程 100ms（0.1s），给新创建的线程一个运行机会。这是多线程编程常采用的技巧。

上面的代码使用系统时间来决定一个子线程的运行时间。代码读取进程和线程组存在的时间，计算出当前时间，然后计算线程组暂停的时间。一个工作线程被创建并执行模拟工作时，协调线程检查当前时间，查看暂停时间是否到达。如果不到暂停时间，则协调线程继续睡眠 1000ms，然后被唤醒，继续检查。如果工作线程已执行足够长时间，则协调线程设置全局变量 runFlag 的值为 FALSE，等待 5s 后终止程序的执行。下面来看工作线程使用的代码片断。

```
//每个工作线程执行的代码（模拟工作）
DWORD WINAPI threadwork(LPVOID threadNo) {
double y;
const double x=3.14159;
const double e=2.7183;
int i;
const int naptime=1000;    //单位为ms
const int busyTime=4000;
DWORD result=0;
while (runFlag) {   //初始化CPU执行时间
for (i=0;i<busyTime;i++)
   y=pow(x,e);
 //初始化睡眠时间
   sleep(napTime);
 //输出相关信息    }
 //终止程序
   return result;
}
```

每个工作线程使用它能得到尽可能多的处理器工作周期，并计算一个乘方函数，然后继续睡眠一会儿。每个工作线程重复这个工作，直到变量 runFlag 的值变为 FALSE 为止。该方案通过在线程组间共享变量来决定线程什么时间结束，这在进程之间是不可能的，自己思考为什么。

第 4 章

进程同步与死锁

目标和要求

◆ 深入理解和掌握临界资源和临界区、进程同步和互斥的概念和含义。

◆ 理解并掌握进程同步的原则和机制，熟练掌握信号量机制的含义，并能利用信号量来实现进程同步。

◆ 了解管程的概念和实现，知道如何利用管程来实现进程同步。

◆ 了解并掌握进程通信的方式，能够编写程序实现进程之间的通信。

◆ 了解并掌握死锁的概念、死锁产生的原因和必要条件。

◆ 了解并掌握预防死锁、避免死锁的方法。

◆ 了解死锁的检测和解除方法。

学习建议

本章内容是操作系统课程的核心内容，应该加强学习。但是，由于这些操作系统的原理和概念比较抽象，不易理解，因此，在学习时，应加强对概念的理解，多看书多做题，并结合实际的操作系统，如 Windows 和 Linux，多上机编写程序。

在多道程序系统中，多个活动着的进程虽然总是按照各自执行环境以不可预知的速度运行的，但这并不是说系统中的各个进程是彼此独立的、互不干扰的。它们之间存在一定的制约关系，这些关系按其性质可分为进程同步和互斥两类。另外，由于并发进程之间存在互斥问题，如果进程的推进顺序不当，则可能造成死锁。

本章将分析并发进程之间的同步和互斥关系，介绍进程同步的实现机制，分析死锁产生的原因和处理死锁的相关策略。

4.1 ••• 进程同步和互斥

在多道程序系统中，并发执行的进程之间共享计算机资源，从而导致进程之间存在一定的制约关系。如果对进程之间的制约关系不加约束，就会使系统出现混乱，如多个进程输出结果交织在一起，产生与时间有关的错误，处理结果不唯一，系统的某些空闲资源得不到有效利用等。为了保证程序执行结果的正确性，提高系统资源的利用率，系统必须提供相应的并发控制机制。

4.1.1 进程的同步

为了了解进程间的同步关系，先来看一个日常生活中的进程之间合作的例子。在一辆公共汽车上，司机的职责是驾驶车辆；售票员的工作是售票、开关车门，各有各的职责。但为了完成同一个任务，司机和售票员的工作又需要相互配合、协调。当汽车到站时，驾驶员将车辆停稳后，售票员才能将车门打开让乘客上下车，然后关车门，而只有在得到车门已经关好的信号后，驾驶员才能开动汽车继续前进。也就是说，在公交车系统中，司机和售票员进程必须在某些关键点相互等待，这种并发进程之间为了完成某个任务而相互等待的关系就是进程同步关系。

在实际的计算机系统中，进程同步关系的例子也很多。例如，在某一个系统中，有三个进程 Input、Compute 和 Output。Input 进程负责从输入设备上读取信息，并把这些信息保存到一个缓冲区中，Compute 进程负责从缓冲区中读取数据进行相应的处理，并把处理后的数据放入另一个缓冲区，Output 进程负责从缓冲区中把处理过的数据输出到打印机上。要实现这三个进程的协同工作，必须满足如下制约关系：只有系统有空缓冲区时，Input 进程才能向其中写入信息；只有系统中有写满的数据的缓冲区和空缓冲区时，Compute 进程才能从中取出数据做进一步的加工和转送工作；Output 进程只有在系统有已写入处理数据的满缓冲区时才能从中取出数据进行输出。由此可见，为了完成整个任务，这三个进程必须在某些点上相互等待，并互通消息，它们之间存在着同步关系。

通过前面的分析可以看出，同步进程之间通过共享资源来协调各自的活动，在执行时间、次序上有一定的约束。虽然彼此不知道对方的名称，但知道对方的存在和作用。在协调动作的情况下，多个进程可以合作共同完成一项任务。同步意味着多个进程之间根据它们一致同意的协议进行相互作用，其实质是使各合作进程的行为保持一致性或不变关系。

4.1.2 进程的互斥

在多道程序系统中，进程在执行过程中需要共享系统资源。系统中许多资源一次能被一个进程使用。如果对这类资源的使用不加限制，就可能出现混乱。

假定系统中只有一台打印机，进程 p1、p2 都需要使用打印机，如果使它们同时使用，则两个进程的输出交织在一起，打印出的结果无法使用。为了解决这一问题，进程使用之前要先提出申请，一旦系统将打印机分配给它，就一直由它独占使用，其他申请使用打印机的进程则必须等待。从以上的分析看出，进程 p1 和 p2 在逻辑上完全独立，毫无关系，只是由于竞争同一个物理资源而相互制约。这种进程之间的间接制约关系不同于前面讲述的进程的同步关系，它们的运行不具有时间次序的特征，谁先向系统提出申请，谁就先执行。这种对共享资源的排他性的使用关系就是进程的互斥关系。

在计算机的资源中，有些资源，如上面提到的打印机资源，一次只能被一个进程使用，这类资源称为临界资源。临界资源可能是硬件，也可能是软件，如变量、数据、表格、队列等。它们虽然可以被若干个进程共享，但一次只能为一个进程利用。

并发进程对临界资源的访问必须做某种限制，否则可能出现与时间有关的错误，进程处理的结果与访问临界资源的时间有关。例如，有两个进程共享一个变量 x（x 可代表某种资源的数量），这两个进程在一个处理器上并发执行，分别具有内部寄存器 r1 和 r2，两个进程可按第 1 种方式对变量 x 进行访问和修改，如图 4-1 所示，两个进程分别对变量 x 做了加 1 操作，相应的 x 的值增加了 2。但如果按照第 2 种方式对变量 x 进行修改，虽然两个进程各自对 x 做了加 1 操作，但 x 的值却只增加了 1。

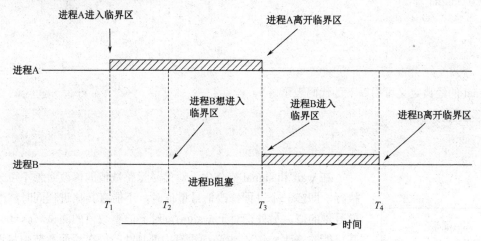

```
p1:  r1=x;        p1:  r1=x;
     ++r1;        p2:  r2=x;
     x=r1;             ++r2;
p2:  r2=x;             x=r2;
     ++r2;        p1:  ++r1;
     x=r2;             x=r1;
（a）第1种方式      （b）第2种方式
```

图 4-1　进程访问临界资源

所以，当两个或多个进程可能异步地改变共享数据区的内容时，必须防止两个（或多个）进程同时存取和改变数据。如果未提供这种保证，被修改的数据就不可能达到预期的变化。当两个进程共用一个变量时，它们必须顺序地使用，一个进程对共用变量操作完毕后，另一个进程才能访问和修改这一变量。

在每个进程中，访问临界资源的程序能够从概念上分离出来，称为临界区或临界段，它就是进程中对共享资源进行审查和修改的程序段。诸进程进入临界区必须互斥，即仅当进程 A 进入临界区，完成对临界资源的使用并退出临界区后，进程 B 才能访问其对应的临界区。图 4-2 给出了进程 A 和进程 B 互斥使用临界区的过程。

图 4-2　进程互斥使用临界区

值得注意的是，临界区是对某一临界资源而言的，对于不同临界资源的临界区，它们之间不相交，所以不必互斥执行，而相对于同一临界资源的若干个临界区，则必须互斥进入，即对临界资源的操作必须互斥执行。例如，有程序段 A、B 是关于变量 X 的临界区，而 C、D 是关于变量 Y 的临界区，那么，A、B 之间需要互斥执行，C、D 之间也要互斥执行，而 A 与 C、B 与 D 之间不用互斥执行。

为实现进程互斥进入自己的临界区，可采用硬件的方法，如设置"测试并设置"指令，或者采用不同的软件算法来协调它们的关系。通常的做法是在系统中设置专门的同步结构来协调各进程的运行。但是，无论采用软件算法还是硬件方法，所有的同步机制都应遵循下述四条准则。

（1）空闲让进：当无进程处于临界区时，表明临界资源处于空闲状态，应允许一个请求进入临界区的进程立即进入自己的临界区，以有效地利用临界资源。

（2）忙则等待：当已有进程进入临界区时，表明临界资源正在被访问，因而其他试图进入临界区的进程必须等待，以保证对临界资源的互斥访问。

（3）有限等待：对任何要求访问临界资源的进程，应保证在有限的时间内进入自己的临界区，以免陷入"死等"状态。

（4）**让权等待**：当进程不能进入自己的临界区时，应立即放弃占用 CPU，以使其他进程有机会得到 CPU 的使用权，以免陷入"忙等"。

4.1.3 信号量机制

为了解决进程同步和互斥问题，人们提出了许多方案，其中最著名的一种进程同步机制就是信号量机制。信号量机制是荷兰学者 E. W. Dijkstra 在 1965 年提出的一种解决进程同步、互斥问题的通用工具，并在操作系统中得到了实现。现在，信号量机制已被广泛地应用于单处理器、多处理器系统及计算机网络中。

信号量 s 是整数变量，除了初始化外，它只能通过两个标准的原子操作 wait 和 signal 来访问。这两个操作原来被称为 P（用于 wait，表示测试）和 V（用于 signal，表示增加）操作。wait 的经典定义可用以下伪代码表示。

```
wait(s) {
   while (s<=0)
    ; // no_op
    s - - . .;
   }
```

signal 的经典定义可用以下伪代码表示。

```
signal (s) {
  s + +;
}
```

在 wait 和 signal 操作中，对信号量整数值的修改必须不可分割地执行，即当一个进程修改信号量值时，不能有其他进程同时修改同一信号量的值。另外，对于 wait(s)，对 s 的整数值的测试（s<=0）和对其可能的修改（s--），也必须没有中断地执行。在后面章节中将详细地描述如何实现这些操作。下面来研究如何使用信号量的问题。

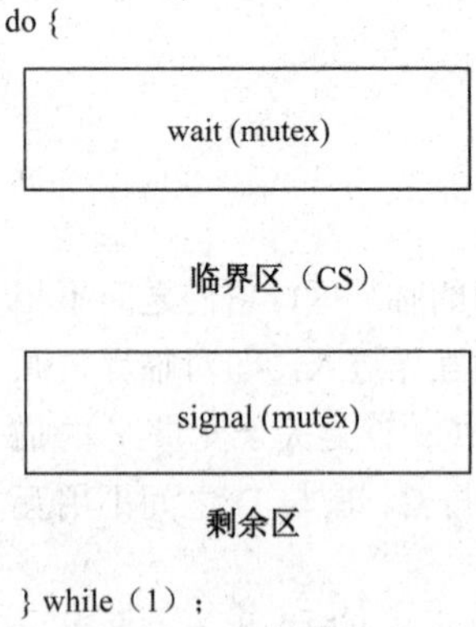

1. 信号量的用法

可使用信号量来解决 n 个进程的临界区问题。这 n 个进程共享一个信号量 mutex，并初始化为 1。每个进程的组织结构如图 4-3 所示。

```
do {
```

┌─────────────────────────────┐
│   wait (mutex)   │
└─────────────────────────────┘

临界区（CS）

┌─────────────────────────────┐
│   signal (mutex)   │
└─────────────────────────────┘

剩余区

```
} while（1）;
```

图 4-3 进程互斥模型

也可以使用信号量来解决各种同步问题。例如，考虑两个正在执行的并发进程：p1 有语句 s1 而 p2 有语句 s2，假设要求只有在 s1 执行完之后才能执行 s2，则可以很容易地实现这一要求，即使 p1 和 p2 共享一个共同信号量 synch，且初始化为 0。在进程 p1 中插入如下语句。

```
s1;
signal (synch);
```

在进程 p2 中插入如下语句。

```
wait(synch);
s2;
```

因为 synch 初始化值为 0, p2 只有在 p1 已经调用 signal(synch), 即 s1 之后才能执行。

2. 信号量的实现

上面定义的信号量虽然能够用来解决进程的同步和互斥问题, 但存在一个明显的缺陷, 即该机制没有遵循"让权等待"的原则, 而使进程处于"忙等"状态。当一个进程位于临界区内时, 任何其他试图进入其临界区的进程都必须在进入代码中连续循环。这种连续循环在实际的多道程序系统中显然是一个问题, 因为这里只有一个 CPU 为多个进程共享。忙等待浪费了 CPU 时钟, 这本来可有效地为其他进程使用。为了克服忙等, 可修改信号量操作 wait 和 signal 的定义。当一个进程执行 wait 操作时, 发现信号量的值不为正, 则它必须等待。然而, 该进程不是忙等而是阻塞自己。阻塞操作将一个进程放入到与信号量相关的等待队列中, 且该进程的状态被切换为等待状态。接着, 控制被转到 CPU 调度程序, 以选择另一个进程来执行。

一个进程阻塞且等待信号量 S, 可以在其他进程执行 signal 操作之后被重新执行。该进程的重新执行是通过 wakeup 操作来进行的, 该操作将进程从等待状态切换为就绪状态。接着, 该进程被放入到就绪队列中, 根据 CPU 调度算法的不同, CPU 有可能会, 也有可能不会从运行进程切换为刚刚就绪的进程。

为了实现这样定义的信号量, 将信号量定义为一个"C"结构, 即

```
typedef struct {
   int value;
   struct process *L;
} semaphore;
```

每个信号量都有一个整数值和一个进程链表。当一个进程必须等待信号量时, 就加入到进程就绪链表中。操作 signal 会从等待进程链表中取一个进程以唤醒。

信号量操作 wait 可按如下代码来定义。

```
void wait (semaphore S) {
 S.value - -;
 if (S.value <0) {
 add this process to S.L;
 block();
 }
}
```

信号量操作 signal 可按如下代码来定义。

```
void signal (semaphore S) {
 S.value + +;
 if (S.value <= 0) {
 remove a process P from S.L;
 wakeup(P);
 }
}
```

操作 block 挂起调用它的进程, 操作 wakeup (P) 重新启动阻塞进程 P 的执行。这两个操作都是由操作系统作为基本系统调用来提供的。

在信号量的实现中, S.value 的初值表示系统某类资源的数目, 因而又称为资源信号量, 对它的每次 wait 操作, 意味着进程请求一个单位的该类资源, 因此, 描述为 S.value--; 当 S.value<0 时,

表示该类资源已分配完毕，因而进程调用 block 原语，进行自我阻塞，放弃处理器，并插入到信号量链表 S.L 中。可见，该机制遵循了"让权等待"的准则。此时，S.value 的绝对值表示在该信号量链表中已阻塞进程的个数，即恰好等于对信号量 S 实施 wait 操作而被封锁起来并进入信号量 S 队列的进程数。对信号量的每次 signal 操作，表示执行进程释放一个单位资源，故 S.value++操作表示资源数目增加 1。若加 1 后 S.value<=0，则表示在该信号量链表中，仍有等待该资源的进程被阻塞，故应再调用 wakeup 原语，将 S.L 链表中的第一个等待进程唤醒。如果 S.value 的初值为 1，则表示只允许一个进程访问临界资源，此时的信号量转化为互斥信号量。

信号量的关键之处是它们原子地执行。必须确保没有两个进程能同时对同一信号量执行 wait 和 signal 操作。这种情况属于临界区问题，可通过如下两种方法来解决。

在单处理器环境下（即只有一个 CPU 存在），可以在执行操作 wait 和 signal 时简单地禁止中断。这种方案在单处理器环境下能工作，这是因为一旦禁止中断，不同进程指令不会交织在一起。只有当前运行进程执行，直到中断被重新允许和调度器重新获得控制为止。

在多处理器环境下，禁止中断毫无作用。来自不同进程（运行在不同处理器）的指令可以任意不同方式交织在一起。如果硬件不提供任何特殊指令，那么可以使用临界问题的正确的软件解决方案来保证这两个原语的实现，这里的临界区包括 wait 和 signal 子程序。

这里的 wait 和 signal 操作的定义，并没有完全取消忙等，而是取消了应用程序进入临界区的忙等。此外，将忙等仅限制在操作 wait 和 signal 的临界区内，这些区比较短（如果适当编码，则它们不会超过 10 条指令）。因此，几乎不占用临界区，忙等很少发生，且需时间很短。对于应用程序，却是一种完全不同的情况，临界区可能很长（数分钟或数小时）或几乎总是占满，这时忙等极为低效。

3．AND 型信号量

上述的进程互斥问题，是针对各进程之间要共享一个临界资源而言的。在有些应用场合中，一个进程需要先获得两个或更多的共享资源后，方能执行其任务。假定有两个进程 A 和 B，它们都要求访问共享数据 D 和 E。当然，共享数据都应作为临界资源。为此，可为这两个数据分别设置用于互斥的信号量 Dmutex 和 Emutex，并令它们的初值为 1。相应的，在两个进程中都要包含两个对 Dmutex 和 Emutex 的操作，即

process A:

```
wait (Dmutex);
wait (Emutex);
```

process B:

```
wait(Emutex);
wait(Dmutex);
```

若进程 A 和 B 按下述次序交替执行 wait 操作。

```
process A: wait(Dmutex);//Dmutex=0
process B: wait(Emutex);//Emutex=0
process A: wait(Emutex);//Emutex= -1,A阻塞
process B: wait(Dmutex);//Dmutex= -1,B阻塞
```

最后，进程 A 和 B 处于僵持状态。在无外力作用下，两者都将无法从僵持状态中解脱出来。人们称此时的进程 A 和 B 已进入死锁状态。显然，当进程同时要求的共享资源越多时，发生进程死锁的可能性就越大。出现上述现象的原因主要在于进程运行时需要多个资源，在为每个进程分配所需的全部资源时，不能保证原子操作，从而导致进程之间相互等待对方释放所占资源的死锁状态。

为了解决进程同时需要多种资源且每种资源要占用一段时间的问题，人们提出了 AND 型信号量同步机制。

AND 型信号量的基本思想：将进程在整个运行过程中需要的所有资源，一次性全部分配给进程，待进程使用完后再一起释放。只要尚有一个资源未能分配给进程，其他所有可能为之分配的资源，都不分配给它。也就是说，对若干个临界资源的分配，采取了原子操作方式：要么全部分配给进程，要么一个也不分配。

AND 型信号量 wait 原语为 **Swait**，其定义如下。

```
Swait(S1, S2, …, Sn)
{   if(S1 >=1 && S2 >= 1 && … && Sn >= 1)
  { //满足资源要求时的处理
    for (i = 1; i <= n; ++i)  .--Si;
  }
  else
  {     /*某些资源不够时的处理;
    调用进程进入第一个小于1信号量的等待队列Sj.queue;
    阻塞调用进程*/
  }
}
```

AND 型信号量集 signal 原语为 **Ssignal**，其定义如下。

```
Ssignal(S1, S2, …, Sn)
{
  for (i = 1; i <= n; ++i)
{
  ++Si;          //释放占用的资源
  for (在Si.queue中等待的每一个进程P)
  { 从等待队列Si.queue中取出进程P;
    if(判断进程P是否通过Swait中的测试)  //重新判断
  { 进程P进入就绪队列;
    break;
  }
    else   进程P进入某等待队列;
  }
}
}
```

引入 AND 信号量后，上面的例子可以简单改写如下。

process A:
```
Swait(Dmutex,Emutex);
………
Ssinal(Dmutex,Emutex);
```

process B:
```
Swait(Emutex,Dmetux);
………
Ssinal(Emutex,Dmutex);
```

这样就不会出现死锁问题了。

4．信号量的应用

利用信号量可以很好地解决进程之间的同步问题。一般同步问题可分为两类：一类是保证一组合作进程按逻辑需要确定的次序执行；另一类是保证共享缓冲区（或共享数据）的合作进程的同步。

1）合作进程的执行次序

若干个进程为了完成一个共同任务而并发执行，然而，这些并发进程之间根据逻辑上的需要，有的操作可以没有时间上的先后次序，即不论谁先做，最后的计算结果都是正确的；但有的操作有一定的先后次序，即它们必须遵循一定的同步规则，只有这样，并发执行的最后结果才是正确的。

为了描述方便，可以用一个图来表示进程集合的执行次序。图的连接描述了进程开始和结束的次序约束。此图称为进程流图。如果用 S 表示系统中某一任务启动，F 表示完成，则可以用图 4-4 所示的进程流图来表示这一组合作进程执行的先后顺序。

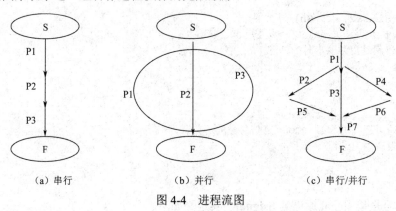

（a）串行　　　　　　　　（b）并行　　　　　　　　（c）串行/并行

图 4-4　进程流图

图 4-4（a）说明进程 P1、P2、P3 依次顺序执行，只有前一个进程结束后，后一个进程才能开始执行，当 P3 完成时，这一组进程全部结束。图 4-4（b）则表示进程 P1、P2、P3 这三个进程可以同时执行。图 4-4（c）中描述的进程执行次序是混合的，既有顺序执行的，也有并行的。P1 执行结束后，P2、P3、P4 可以开始执行，P2 结束后，P5 可开始执行，而只有当进程 P3、P5、P6 都结束时，P7 才能开始执行。

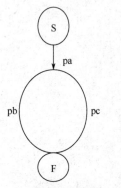

图 4-5　三个并发进程的进程流图

对于这类问题，如何利用信号量机制来解决？先看下面的例子。例如，进程 pa、pb、pc 为一组合作进程，其进程流图如图 4-5 所示，使用信号量机制来实现这三个进程的同步。

为确保这三个进程的执行顺序，设两个同步信号量 SB、SC 分别表示进程 pb 和 pc 能否开始执行，其初值均为 0。具体算法如下。

```
main( ){
    semaphore SB=SC=0;
    cobegin
      pa();
      pb();
      pc();
    coend;
}
void pa()
 {
    ......
    signal(SB);
    signal(SC);
```

```
    }
void pb()
  {
    wait(SB);
    ……
  }
void pc()
  {
    wait(SC);
    ……
  }
```

2）共享缓冲区的进程同步

进程之间的另一类同步问题是共享缓冲区的同步。以下例说明这类问题的同步规则及信号量的解法。

设某计算进程 cp 和打印进程 iop 共用一个单缓冲区，如图 4-6 所示。其中，cp 负责不断地计算数据并送入缓冲区 buffer，iop 负责不断地从缓冲区 buffer 中取出数据并打印。

这两个进程可以并发执行，但由于它们共用一个缓冲区，所以必须遵循一个同步规则，即对缓冲区的操作应做某种限制，以使最终的输出结果是正确的。通过分析可知，cp、iop 必须遵守以下同步规则。

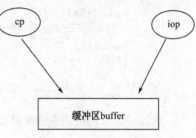

图 4-6　计算和打印进程

（1）当 cp 把计算结果送入缓冲区 buffer 时，iop 才能从缓冲区 buffer 中取出结果并打印，即当 buffer 中有信息时，iop 才能动作，否则必须等待。

（2）当 iop 把缓冲区 buffer 中的数据取出打印后，cp 才能把下一个计算结果送入缓冲区 buffer，即只有当 buffer 为空时，cp 才能动作，否则必须等待。

为了遵循这一同步规则，这两个进程在并发执行时必须通信，即进行同步操作。为此，设有两个信号量 Sa 和 Sb。信号量 Sa 表示缓冲区 buffer 中是否有可供打印的计算结果，其初值为 0。每当计算进程 cp 把计算结果送入缓冲区 buffer 后，便对 Sa 执行 signal(Sa)操作，表示已有可供打印的结果。打印进程 iop 在执行前必须对 Sa 执行 wait(Sa)操作。若执行 wait 操作后 Sa=0，则表示打印进程 iop 可以执行打印操作；若执行 wait 操作后 Sa<0，则表示缓冲区 buffer 中尚无可供打印的计算结果，打印进程 iop 被阻塞。信号量 Sb 以表示缓冲区 buffer 中有无空位置来存放新的信息，其初值为 1。当计算进程 cp 计算出一个结果，要放入缓冲区 buffer 之前，必须先对 Sb 做 wait(Sb)操作，查看缓冲区 buffer 中是否有空位置。如果执行 wait 操作后 Sb=0，则计算进程 cp 可以继续执行，否则 cp 进程被阻塞，等待 iop 进程从缓冲区 buffer 中取走数据后将它唤醒。打印进程 iop 把缓冲区 buffer 中的数据取走后，便对信号量 Sb 执行 signal(Sb)操作，以便能够与进程 cp 通信，即告诉进程 cp 缓冲区 buffer 中的信息已取走，可以存放新的信息了。

上述两个进程的同步关系可描述如下。

```
main ( ) {
    semaphore Sa=0;
    semaphore Sb=1;
    cobegin
      cp( );
      iop( );
```

```
        coend;
    }

    void cp( ) {
        while (计算未完成)
        {
        得到一个计算结果；
        wait(Sb);
        将计算结果送入缓冲区buffer；
        signal(Sa);
        }
    }
    void iop( ) {
        while (打印工作未完成)
        {
        wait (Sa);
        从缓冲区buffer中取出信息；
        signal ( Sb);
        打印输出结果；
        }
    }
```

通过对信号量机制在进程同步中的应用进行分析，在利用信号量机制实现进程同步时应注意以下三个问题。

（1）分析进程间的制约关系是同步还是互斥关系，确定信号量的种类。在保持进程间有正确的同步关系的情况下，哪些进程应先执行，哪些进程后执行，彼此间通过什么信号量进行协调，从而明确需要设置哪些信号量。

（2）信号量的初值与相应的资源数量有关，也与 wait 和 signal 操作在程序中出现的代码有关，不能为负值。

（3）对同一信号量的 wait 和 signal 操作必须成对出现，但是，它们分别出现在不同的进程代码中。如果在一个进程代码中出现多个 wait 操作，则 wait 操作的顺序至关重要，否则可能导致死锁的发生。

4.2 ••• 经典同步问题

本节将介绍若干个不同的同步问题。这些问题用来测试几乎所有新提出的同步方案。在这些解决方案中，使用了信号量来处理同步问题。

4.2.1 生产者－消费者问题

在计算机系统中，通常每个进程都可以消费（使用）或生产（释放）某类资源。这些资源可以是硬件资源，也可以是软件资源。当某一进程使用某一资源时，可以看做消费，称该进程为消费者。而当某一进程释放某一资源时，它就相当于生产者。在操作系统中，生产者进程可以是计算进程、发送进程；而消费者进程可以是打印进程、接收进程等。因此，生产者－消费者问题是计算机操作系统中并发进程内在关系的一种抽象，是典型的进程同步问题。解决好生产者－消费者问题就解决好了一类并发进程的同步问题。

生产者－消费者问题可描述如下：有 n 个生产者和 m 个消费者，连接在一个有 K 个单位缓冲区的有界缓冲上。其中，pi 和 cj 都是并发进程，只要缓冲区未满，生产者 pi 生产的产品即可投入缓冲区；只要缓冲区不空，消费者进程 cj 即可从缓冲区取走并消耗产品，如图 4-7 所示。

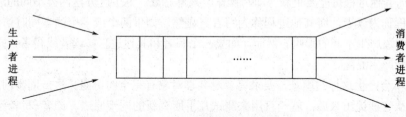

图 4-7 生产者－消费者问题

为了使这两类进程协调工作，防止盲目生产和消费，它们应满足如下同步条件：①任何时刻所有生产者存放产品的数目不能超过缓冲区的总容量（K）；②所有消费者取出的产品总量不能超过所有生产者当前生产的产品总量。因此，为了解决生产者-消费者问题，应该设两个同步信号量：一个说明空缓冲区的数目，用 empty 表示，初值为有界缓冲区的大小 K；另一个说明已用缓冲区的数目，用 full 表示，初值为 0。另外，由于在此问题中有 n 个生产者和 m 个消费者，它们在执行生产活动和消费活动中要对有界缓冲区进行操作。由于有界缓冲区是一个临界资源，必须互斥使用，因此还需要设置一个互斥信号量 mutex，其初值为 1。

根据以上分析，解决这个问题的代码可描述如下。

```
main( ) {
    semaphore empty=k;          /* 可以使用的空缓冲区数 */
    semaphore full=0;           /* 缓冲区内可以使用的产品数 */
    semaphore mutex=1;

    cobegin
     producer();
     consumer();
    coend;

}
void producer( )              void consumer( )
  {                             {
  do {                          do {
    ……                            wait(full);
  produce a product;            wait(mutex);
    ……                            ……
  wait (empty);                 remove an item from buffer to nextc;
  wait (mutex);                 ……;
  ……                            signal(mutex);
  add nextp to buffer;          signal(empty);;;
  ……                            ……
  signal(mutex);                consume the item in nextc;
  signal(full);                 ……
```

```
} while (1);                          }while(1);
}                                     }
```

4.2.2 读者–写者问题

一个数据对象（如文件或数据库）可以被多个并发进程共享，其中有的进程可能只需要读共享对象的内容，而其他进程可能要更新（即写操作）共享对象。为了区分这两类不同的进程，将只对读感兴趣的进程称为读者，而其他进程称为写者。显然，如果两个或多个读者同时访问共享对象，则不会对共享对象产生不利的影响。然而，如果一个写者和其他进程（读者或写者）同时访问共享对象，则很可能产生混乱。

为了确保不会产生这样的困难，要求写者对共享对象有完全的访问。这一同步问题称为读者–写者问题。自从它被提出来后，就一直用来测试几乎所有新的同步原语。读者–写者问题有多个变种，都与优先级相关。最为简单的，即被称为第一类读者–写者的问题，要求没有读者需要保持等待，除非有一个写者已允许使用共享对象。换句话说，没有读者会因为有一个写者在等待而去等待其他读者的完成。第二类读者–写者问题要求一旦写者就绪，那么写者会尽可能快地执行其写操作。换句话说，如果一个写者等待访问对象，那么不会有新读者开始读操作。

对于这两类问题的解答都可能导致饥饿。在第一种情况下，写者可能饥饿；在第二种情况下，读者可能饥饿。因此，产生了问题的其他变种。这里介绍第一类读者-写者问题的解答。关于读者-写者问题的没有饥饿的解答，可参见相关的文献。

为了解决第一类读者-写者问题，需要定义两个信号量 wrt 和 mutex。另外，还要定义一个整数变量 readcount。信号量 wrt 和 mutex 初始化为 1，而变量 readcount 初始化为 0。信号量 wrt 为读者和写者共有，用于读者和写者、写者和写者之间的互斥。它被第一个进入临界区和最后一个离开临界区的读者使用，而不能被用来描述读者在其他读者处于临界区时进入或离开临界区的行为。变量 readcount 用来跟踪有多少进程正在读对象，即正在读的读者数目。信号量 mutex 用于确保在更新变量 readcount 时的互斥。

第一类读者-写者问题的描述算法如下。

读者进程的结构：　　　　　　　　　　写者进程的结构：

```
wait(mutex);
readcount++;
if (readcount == 1)
   wait(wrt);
signal(mutex);
    …
reading is performed.
…
wait(mutex);
readcount--..;
if (readcount == 0)
  signal(wrt);
signal(mutex);
```

```
wait(wrt);
  …
 writing is performed.
  …
   signal(wrt);
```

值得注意的是，如果有一个写者在临界区内，且 n 个读者处于等待，那么一个读者在 wrt 上排队，而 $n-1$ 个读者在 mutex 上排队。当一个写者执行 signal(wrt)时，可以重新启动等待读者或单独等待写者的执行，这一选择由调度程序来做。

4.2.3　哲学家进餐问题

假设有五个哲学家，他们花费一生的时光思考和吃饭。这些哲学家共用一个圆桌，每个哲学家都有一把椅子。在桌中央有一碗米饭，每个哲学家面前有一只空盘子，每两人之间放一根筷子，如图 4-8 所示。当一个哲学家思考时，他与其他同事不交互，当哲学家感到饥饿时，会试图拿起离他最近的两根筷子（他与邻近左、右两人之间的筷子）。一个哲学家一次只能拿起一根筷子。显然，他不能从其他哲学家手里拿走筷子。当一个饥饿的哲学家同时有两支筷子时，他可以不释放筷子而吃米饭了。当吃完后，他会放下两根筷子，并再次开始思考。

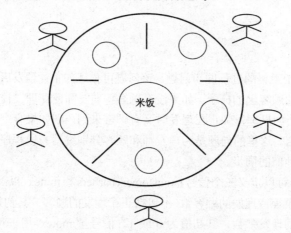

图 4-8　哲学家进餐时的情况

哲学家进餐问题是一个典型的同步问题，它代表某一类并发控制问题。这类问题是需要在多个进程之间分配多个资源且不会出现死锁和饥饿形式的简单表示。哲学家进餐问题的一种简单解决方法是每支筷子都用一个信号量来表示。一个哲学家通过对信号量执行 wait 操作试图夺取相应的筷子；他会通过对适当信号量执行 signal 操作以释放相应的筷子。因此，共享数据是

```
semaphore  chopstick[5];
```

其中，所有 chopstick 的元素被初始化为 1。哲学家 i 的结构如下。

```
    do {
        wait(chopstick[i]);
        wait(chopstick[(i+1)%5]);
          …
         eat;
          …
        signal(chopstick[i]);
        signal(chopstick[(i+1)%5]);
          …
          think;
          …
    } while(1);
```

虽然这一解答确保没有两个相邻哲学家同时进餐，但是这一解答应被丢弃，因为它可能出现永远等待，从而导致死锁。假设这五个哲学家同时变得饥饿，且同时拿起其左边的筷子，则此时所有的 chopstick 元素均为 0。当每个哲学家试图拿起其右边的筷子时，他会被永远延迟。下面列出多个可能解决死锁问题的方法。

（1）最多允许四个哲学家同时坐在桌子上。

（2）只有两支筷子都可用时，才允许一个哲学家拿起它们（他必须在临界区内拿起两支筷子）。

（3）使用非对称解决，即奇数号哲学家先拿起其左边的筷子，再拿起其右边的筷子，而偶数号哲学家先拿起其右边的筷子，再拿起其左边的筷子。

最后，有关哲学家进餐问题的任何满意的解决方案必须确保没有一个哲学家会饿死。没有死锁的解决方案并不能取消饿死的可能性。

4.2.4　理发师问题

理发师问题是另一个经典的进程同步问题。该问题可描述如下：理发店有一位理发师、一把理发椅和 n 把供等候理发的顾客坐的椅子。如果没有顾客，理发师便在理发椅上睡觉。一个顾客到来时，他必须叫醒理发师。如果理发师正在理发时又有顾客来到，则如果有空椅子可坐，就坐下来等待，否则离开这个理发店。这里的问题是为理发师和顾客分别编写一段程序，描述他们的行为，并且利用信号量机制保证他们的同步。

为了解决这个问题，可以定义三个信号量 customer、barbers 和 mutex，以及一个计数变量 waiting。信号量 customer 用来记录等待理发的顾客数（不包括正在理发的顾客），其初始化为 0，信号量 barbers 用来记录正在等候顾客的理发师数，其初值为 0 或 1。信号量 mutex 用来对变量 waiting 做互斥操作。计数变量 waiting 记录正在等候理发的顾客数，初值为 0。它实际上是信号量 customer 的一份副本，之所以使用变量 waiting 主要是因为无法读取信号量的当前值。在该解法中，进入理发店的顾客必须先看等候的顾客数，如果少于椅子数，则留下来等，否则离开。具体解法如下。

```
#define  CHAIR  5                /*为顾客准备的椅子数*/

int  waiting=0;                  /*等候理发的顾客数*/
semaphore customers = 0;
semaphore barbers = 0;
semaphore  mutex = 1;

void  barber( )
{
  while(TRUE);                   /*理完一人,还有顾客吗?*/
   {
   wait(customers);              /*若无顾客,则理发师睡眠*/
   wait(mutex);                  /*进程互斥*/
   waiting=waiting - 1;          /*等候顾客数少一个*/
   signal(barbers);             /*理发师为一个顾客理发*/
   signal(mutex);               /*开放临界区*/
    cut_hair( );                /*正在理发*/
    }

void  customer( )
```

```
{
    wait(mutex);                    /*进程互斥*/
    if (waiting<CHAIRS) {           /*查看有无空椅子*/
      waiting= waiting+1;           /*等候顾客数加1*/
      signal(customers);            /*必要的时候唤醒理发师*/
      signal (mutex);               /*开放临界区*/
      wait(barbers);                /*无理发师，顾客坐着等候*/
      get.haircut( );               /*一个顾客坐下来等待理发*/
    }
    else {
      signal(mutex);                /*人满了,顾客离开!*/
    }
}
```

当一个顾客到来时执行过程 customer，首先获得信号量 mutex 已进入临界区。如果另一位顾客到来，则只能等到第一位顾客释放 mutex。随后检查等候的顾客数是否少于椅子数。如果顾客数不少于椅子数，则顾客释放 mutex 并离开。如果有一把椅子可坐，则递增变量 waiting，随后对信号量 customers 执行 signal 操作，并唤醒理发师。当理完发后，顾客退出该过程，并离开理发店，因而不需要执行循环，因为每个顾客只需要理一次发。但理发师必须执行循环以服务下一位顾客。如果有顾客，则为顾客理发，否则去睡觉。

4.3 管　程

虽然信号量机制提供了一种方便且有效的机制以处理进程同步，但是其不正确的使用仍然会导致一些定时同步错误并难以检测，因为这些错误只有在一些特定执行顺序的情况下才会出现，而这些顺序并不总是出现。也就是说，当信号量无法正确地用来解决临界区问题时，会很容易产生各种类型的错误。为了解决这些问题，人们提出了一些高级语言构造同步机制，管程（Monitor）机制就是一类高级同步构造类型。

4.3.1　管程的基本概念

计算机系统中有各种软硬件资源，均可用数据结构加以抽象描述，即用少量信息和对该资源执行的操作来表示该资源，而忽略了它们的内部结构和实现细节。例如，对于一台电传机，可用与分配该资源有关的状态信息（busy 或 free）和对它执行请求和释放操作，以及等待该资源的进程队列来描述。当资源采用数据结构来描述时，资源管理程序可用对该数据结构进行操作的一组过程来表示，如资源的请求过程 request 和资源的释放过程 release。人们把这样的一组相关的数据结构和过程称为管程。Hansan 为管程所下的定义是，"一个管程定义了一个数据结构和能为并发进程所执行（在该数据结构上）的一组操作，这组操作能同步进程和改变管程中的数据"。由管程的定义可知，管程由三部分组成：局部于管程的若干公共变量说明；对该数据结构进行操作的一组过程；对局部于管程的数据设置初值的语句。此外，还必须给管程赋一个名称。

图 4-9 给出了管程的结构示意图。

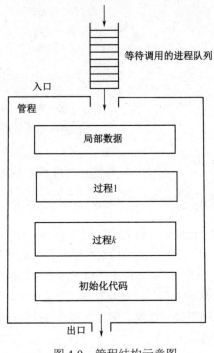

图 4-9　管程结构示意图

管程的语法如下。

```
monitor   monitor-name
  {
  <共享变量的说明>;

  procedure <过程名>(<形式参数表>);
{
  <过程体>;
};
    ......
procedure <过程名>(<形式参数表>);
{
  <过程体>;
};


<管程的局部数据初始化语句>;
};
```

　　此外，局部于管程的数据结构，仅能被局部于管程的过程访问，任何管程外的过程都不能访问它；反之，局部于管程的过程也仅能访问管程内的数据结构。由此可见，管程相当于围墙，它把共享变量和对它进行操作的若干个过程围起来，所有进程访问临界资源时，都必须经过管程才能进入，而管程每次只允许一个进程进入管程，从而实现了进程的互斥。

4.3.2　条件变量

　　管程构造确保了一次只能有一个进程在管程内活动，提供了一种实现互斥的简便途径，但还需要一种办法使进程在无法继续运行时被阻塞。例如，当一个进程进入管程后等待某个条件未满足时，这个进程必须挂起，释放管程，以便其他进程进入。而当所需的条件满足，且该管程可用时，则恢复该进程的执行，且使它在先前的挂起点重新进入该管程。

解决这个问题的方法是引入**条件变量**。条件变量是当调用管程过程的进程无法运行时，用于阻塞进程的一种信号量，它包含在管程内，且只能在管程内对它进行访问。对条件变量仅有的操作是 wait 和 signal。当发现一个管程过程无法继续时，它在某些条件变量上执行 wait，这个动作引起调用进程阻塞，并将另一个先前被挡在管程之外的进程调入管程。

另一个进程可以通过对其伙伴在等待的同一个条件变量上执行同步原语 signal 操作来唤醒正在等待的伙伴进程。当使用 signal 唤醒等待进程时，可能出现两个进程同时停留在管程内的情况。为了避免这种现象，需要一条规则来通知在 signal 之后怎么办。Hoare 建议让新唤醒的进程运行，而执行 signal 的进程等待，直到新唤醒进程退出管程或等待另一个条件。Brinch Hansen 则建议执行 signal 的进程立即退出管程，即 signal 语句只可能作为一个管程过程的最后一条语句。这里采纳 Brinch Hansen 的建议，因为它在概念上更简单，并且更容易实现。如果在一个进程条件变量上正有若干个进程等待，则对该条件变量执行 signal 操作，调度程序将在其中选择一个进程使其恢复运行。

条件变量不是计数器，也不像信号量那样积累信号供以后使用，所以如果向一个其上没有等待进程的条件变量发送信号，则该信号将丢失。wait 操作必须在 signal 之前，这条规则使得实现简单了许多。实际上这不是一个问题，因为用变量很容易跟踪每个进程的状态。一个原本要执行 signal 的进程通过检查这些变量即可知道该操作是不需要的。

4.3.3　利用管程解决生产者－消费者问题

在利用管程来解决生产者-消费者问题时，首先要为它们建立一个管程，并命名为 Procedure_Consumer，其中包括如下两个过程。

（1）put(item)过程。生产者利用该过程将自己生产的产品放入缓冲池，并用整型变量 count 来表示在缓冲池中已有的产品数目，当 count≥n 时，表示缓冲池已满，生产者必须等待。

（2）get(item)过程。消费者利用该过程从缓冲池中取走一个产品，当 count≤0 时，表示缓冲池中已无可取走的产品，消费者应等待。

具体过程如下。

```
monitor  Producer_Consumer
    {
        int in,out,count;
        item buffer[n];                 //空缓冲区数目
        condition notfull,notempty;     //条件变量

    void  put(item)
        {
        if (count≥n)  notfull.wait;
        buffer[in]=nextp;
        in=(in+1) % n;
        count=count+1;
        if (notempty.queque)  notempty.signal;
        }
```

```
    void  get(item)
      {
      if (count≤ 0 )   notempty.wait;
      nextc=buffer[out];
      out=(out+1) %  n;
      count=count - 1;
      if (notfull.queue)  notfull.signal;
      }

      in=out=0;
      count=0;
      }
```

在利用管程解决生产者–消费者问题时，其中的生产者和消费者可描述如下。

```
    void producer()
      {
       repeat
        produce an item in nextp;
        Producer_Consumer.put(item);
        until false;
       }
    void consumer
      {
       repeat
        Producer_Consumer.get(item);
        consume the item in nextc;
       until false;
      }
```

这个例子说明管程的职责与信号量的职责不同。在使用管程的情况下，管程构造本身可以实施互斥，使生产者和消费者不可能同时存取缓冲区。当然，程序员必须把相应的 wait 和 signal 原语放在管程中，防止进程在已装满的缓冲区中又放入产品或者从已取空的缓冲区中取走产品。而在使用信号量的情况下，互斥和同步的设置都要由程序员负责。

管程自动实现对临界区的互斥，因而用它进行并行程序设计比用信号量更容易保证程序的正确性。但它也有缺点。由于管程是一个程序设计语言的概念，编译程序必须能够识别管程，并用某种方式实现互斥。然而，C、Pascal 及多数编程语言不支持管程。所以，希望这些编译程序实现互斥的规则是不可靠的。实际上，编译程序如何知道哪些过程属于管程内部、哪些不属于管程，也是一个问题。

虽然上述语言都没有使用信号量，但增加信号量很容易实现，只要在库函数中增加两个小的汇编语言代码例程，用来提供对信号量的 wait 和 signal 操作系统调用即可。

4.4 ••• 操作系统同步实例分析

前面分析了操作系统同步的机制。下面将结合实际的操作系统来进一步分析操作系统的同步问题。这里主要讨论 Windows Server 2003 和 Linux 操作系统提供的同步机制。

4.4.1　Windows Server 2003 中的进程同步

Windows Server 2003 中提供了互斥对象、信号量对象和事件对象三种同步对象及相应的系统调用，用于进程和线程的同步。这些同步对象都有一个用户指定的对象名称，在不同进程中用同样的对象名称来创建或打开对象，从而获得该对象在本进程中的句柄。从本质上讲，这些同步对象的功能是相同的，它们的区别在于适用场合和效率有所不同。

互斥对象（Mutex）就是互斥信号量，在一个时刻只能被一个线程使用。它的相关 API 包括 CreateMutex、OpenMutex 和 ReleaseMutex。CreateMutex 创建互斥对象，返回对象句柄；OpenMutex 打开并返回一个已存在的互斥对象句柄，用于后续访问；ReleaseMutex 释放对互斥对象的占用，使之成为可用。

信号量对象（Semaphore）就是资源信号量，初始值的取值为 0 到指定最大值之间，用于限制并发访问的线程数。它的相关 API 包括 CreateSemaphore、OpenSemaphore 和 ReleaseSemaphore。CreateSemaphore 创建一个信号量对象，在输入参数中指定初值和最大值，返回对象句柄。OpenSemaphore 打开并返回一个已存在的信号量对象句柄，用于后续访问。ReleaseSemaphore 释放对信号量对象的占用，使之成为可用。

事件对象（Event）相当于"触发器"，用于通知一个或多个线程某事件的出现。它的相关 API 包括 CreateEvent、OpenEvent、SetEvent、ResetEvent 和 PulseEvent。CreateEvent 创建一个事件对象，返回对象句柄。OpenEvent 打开并返回一个已存在的事件对象句柄，用于后续访问。SetEvent 和 PulseEvent 设置指定事件对象为可用状态。ResetEvent 设置指定事件对象为不可用状态。

对于这三种同步对象，Windows Server 2003 提供了两个统一的等待操作 WaitForSingleObjec 和 WaitForMultipleObjects。WaitForSingleObjec 可在指定的时间内等待指定对象为可用状态；WaitForMultipleObjects 可在指定的时间内等待多个对象为可用状态。这两个 API 的接口分别如下。

```
DWORD WaitForSingleObjec(HANDLE hHandle,       //等待对象句柄
        DWORD  dwMilliSeconds                   //以ms为单位的最长等待时间
    );
DWORD WaitForMultipleObjects(DWORD nCount,   //对象句柄数组中的句柄数
    CONST HANDLE *lpHandles,
      //指向对象句柄数组的指针，数组中可包括多种对象句柄
    BOOL bWaitALL,
     //等待标志：TRUE表示对象同时可用，FALSE表示至少一个对象可用
    DWORD dwMilliSeconds                        //等待超时时限
    );
```

除了上述三种同步对象外，Windows Server 2003 还提供了一些与进程同步相关的机制，如临界区对象和互锁变量访问 API。临界区对象只能用于在同一进程内使用的临界区，同一进程内各线程对它的访问是互斥进行的。把变量说明为 CRITICAL_SECTION 类型，即可作为临界区使用。临界区对象相关 API 包括 InitializeCriticalSection（对临界区对象进行初始化）、EnterCriticalSection（等待占用临界区的使用权，得到使用权时返回）、TryEnterCriticalSection（非等待方式申请临界区的使用权，申请失败时返回 0）、LeaveCriticalSection（释放临界区的使用权）和 DeleteCriticalSection（释放与临界区对象相关的所有系统资源）。

互锁变量访问 API 相当于硬件指令，用于对整型变量的操作，可避免线程间切换对操作连续性

的影响。这组互锁变量访问 API 包括 InterlockedExchange（32 位数据的先读后写原子操作）、InterlockedCompareExchange（依据比较结果进行赋值的原子操作）、InterlockedExchangeAdd（先加后存结果的原子操作）、InterlockedDecrement（先减 1 后存结果的原子操作）和 Interlockedincrement（先加 1 后存结果的原子操作）。

4.4.2　Linux 中的进程同步

Linux 提供了两类进程同步原语：一类是内核同步原语，即计数信号量，它既可以用于单处理器系统，又可用于多处理器系统；另一类是二进制信号量，称为自旋锁。

信号量是一种睡眠锁，它可以允许任意数量的锁持有者。信号量同时允许的持有者的数量可以在声明信号量时指定。信号量的两个原子操作 p(wait)和 v(signal)在 Linux 中分别称为 down()和 up()操作。down()操作通过对信号量计数减 1 来请求获得一个信号量。如果结果是 0 或大于 0，获得信号量锁，任务即可进入临界区。如果结果是负数，任务会被放入等待队列，处理器执行其他任务。相反，当临界区中的操作完成后，up()操作用来释放信号量，如果在该信号量上的等待队列不为空，那么处于队列中等待的任务在被唤醒的同时获得信号量。

信号量的实现是与体系结构相关的，具体的定义在文件<asm/semaphore.h>中。struct-semaphore 类型用来表示信号量。可以通过以下方式静态地声明信号量。

```
static  DECLARE_SEMAPHORE_GENERIC(name,count);
```

其中，name 是信号量变量名，count 是信号量的使用者数量。
创建更为普通的互斥信号量可以使用以下方式。

```
static DECLARE_MUTEX(name);
```

其中，name 同样指信号量变量名。
更常见的情况是，信号量作为一个大数据结构的一部分被动态创建。此时，只要有指向该动态创建的信号量的间接指针，即可使用如下函数来对它进行初始化。

```
sema_init(sem,count)
```

其中，sem 是指针，count 是信号量使用者数量。相应的，初始化一个动态创建的互斥信号量时可使用以下函数。

```
init_MUTEX(sem);
```

下面的例子说明了信号量的一般用法。

```
static DECLARE_MUTEX(mr_sem)
…
if ( down_interruptible(&mr_sem)
  /* 信号被接收，信号量还未获取 */
/* 临界区*/
up(&mr_sem);
```

自旋锁是 Linux 内核中最常见的锁。自旋锁最多只能被一个进程持有。如果一个进程试图去获得一个被其他进程持有的自旋锁，那么该进程会一直进行"忙等待—旋转—等待锁重新可用"。若锁没有被争用，则请求锁的进程便能立即得到它，继续执行。在任意时间，自旋锁都可以防止多于一个的进程同时进入临界区。一个被争用的自旋锁使得请求它的进程在等待锁重新可用时自旋（特别浪费处理器时间），所以自旋锁不应该被长时间持有。自旋锁的实现和体系结构密切相关，代码往往通过汇编实现。这些与体系结构相关的代码定义在文件<asm/spinlock.h>中，实际需要的接口定义在文件<linux/spinlock.h>中。自旋锁的基本使用形式如下。

```
spinlock_t mr_lock=SPIN_LOCK_UNLOCKED;
spin_lock(&mr_lock);
  /* 临界区 */
spin_unlock(&mr_lock);
```

4.5 进 程 通 信

并发进程之间的交互必须满足两个基本要求：同步和通信。进程竞争资源时要实施互斥，互斥是一种特殊的同步，实际上需要解决好进程同步问题。进程同步是一种进程通信，通过修改信号量，进程之间可建立联系，相互协调运行和协同工作。进程协同工作时，需要互相交换信息，有些情况下进程间交换少量信息，有些情况下进程间交换大批数据。进程之间互相交换信息的工作称为**进程通信**（Inter Process Communication，IPC）。

根据进程之间通信量的大小，可以将进程的通信方式分为低级通信机制和高级通信机制两种。低级通信机制中的进程之间交换的信息量很少，适用于集中式操作系统；而高级通信机制能在进程之间方便、高效地交换大量的信息，它既适用于集中式操作系统，又适用于分布式操作系统。目前，常用的进程通信方式主要有信号通信机制、管道通信机制、共享存储区通信机制、消息传递通信机制等。

4.5.1 进程通信的方式

1．信号通信机制

信号通信机制主要作为在同一进程之间通信的简单工具。在计算机软件中提到的信号不是一个抽象的概念，而是非常具体的一组事件。核心用整数来标识这些事件。每个进程在执行时，都要通过信号机制来检查是否有信号到达。若有信号到达，则表示某进程已发生了某种异常事件，应立即中断正在执行的进程，转向由该信号（某整数）所指示的处理程序，以完成对所发生的事件（事先约定）的处理。处理完毕后，再返回此前的断点处继续执行。可见，信号通信机制是对硬件中断的一种模拟，因此又称软中断。

信号通信机制是一种简单的异步通信机制，当某个事件发生时，核心或发送进程发送给进程的信号实际上就是事先定义好的代表该事件的一个整数，所以，信号是一个很短的信息。在标准信号中，一个信号不能携带参数、消息等其他详细信息。信号不但能从内核发送给一个进程，也能由一个进程发送给另一个进程。

2．管道通信机制

管道是连接一个读进程和一个写进程以实现它们之间通信的一个特殊共享文件。它允许进程按先进先出的方式传送数据，也能使进程同步执行操作，如图 4-10 所示。向管道提供数据输入的发送进程（即写进程），以字符流形式把大量数据送入管道，而接收管道输出的接收进程（即读进程），从管道中接收（读取）数据。由于发送进程和接收进程是利用管道进行通信的，所以也称管道通信。管道实际上是一个共享文件，基本上可借助于文件系统的机制实现，包括（管道）文件的创建、打开、关闭和读写。

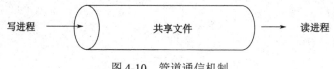

图 4-10　管道通信机制

为了协调读、写进程双方的通信，管道通信机制必须具有以下三方面的协调能力。

（1）进程对通信机构的使用应该互斥，一个进程正在使用某个管道写入或读出数据时，另一个进程必须等待。

（2）发送者和接收者双方必须能够知道对方是否存在，如果对方已经不存在，则没有必要再发送信息。

（3）管道长度有限，发送信息和接收信息之间要实现正确的同步关系。

3．共享存储区通信机制

为了在进程间传送大量数据，在存储器中划出一块共享存储区，诸进程可通过对共享存储区中的数据的读或写来实现通信。这种通信方式属于一种高级通信方式。进程在通信前，先向系统申请获得共享存储区中的一个分区，并指定该分区的关键字，若系统已经为其他进程分配了这样的分区，则将该分区的描述符返回给申请者。申请者把获得的共享存储区连接到本进程上。此后，便可像读、写普通存储器一样读、写该公用存储区了。实现共享存储区通信的关键在于进程要负责共享存储区的同步和互斥问题。

4．消息传递系统

在消息传递系统中，进程间的数据交换是以格式化的消息为单位的，程序员直接利用系统提供的一组通信命令（原语）进行通信。操作系统隐藏了通信的实现细节，简化了通信程序编制的复杂性。消息通信机制有以下两种实现方式。

（1）**直接通信方式**。发送进程直接把消息发送给接收者，并将它挂在接收进程的消息缓冲队列上。接收进程从消息缓冲队列中取得消息，这种通信方式也称消息缓冲通信。

（2）**间接通信方式**。发送进程将消息发送到某中间实体中（信箱），接收进程从中取得消息。这种通信方式也称信箱通信。

4.5.2　消息传递系统

消息传递系统是一种常用的进程通信方式，它允许进程互相通信而不需要利用共享数据。在消息传递系统中，两个进程通过发送和接收消息来进行通信，因此，系统必须提供相应的系统调用，以实现消息的传送。一般来说，系统提供了两个系统调用原语：send 和 receive。这两个原语的一般格式如下。

```
send(p,m)
receive(q,m)
```

前者向给定进程 p 发送消息 m，而后者接收来自进程 q 的消息 m。通常，进程之间传送的消息可以是任意数据，如一组字符串，也可以是事先定义的对象类型。在有些系统中，甚至不指定发送进程 q 和接收进程 p。

在设计和实现 send 和 receive 原语时，必须考虑以下几个基本问题。

（1）在发送消息时，发送进程是否必须等到消息被接收后再继续执行，或者发送后立即继续原来的操作？

（2）当一个接收进程已开始运行，但无消息可用时，系统应如何处理？

（3）发送进程是否必须精确地指定接收进程，消息能否同时发送给一组接收进程？

（4）接收进程是否必须准确地指定发送进程，它能否接收来自发送进程组中任何一个进程发送的消息？

对于第一个问题，有两种选择：一种选择是发送进程阻塞直到消息被接收为止，这种方式称为阻塞或同步；另一种选择是发送进程在发送完消息后继续执行，这种方式称为非阻塞或异步方式。第二个问题与第一个问题类似，接收进程在没有消息可用时阻塞自己或者继续执行，放弃接收过程。

最后两个问题涉及命名。一个进程可以不加选择地将消息发送给接收进程组中的任何一个进程，这种方式称为数据广播，也可以不明确指定接收进程，因为在系统中可能存在许多潜在的接收进程，它们都没有被明确地命名。数据广播的一种常见形式是多路广播，即把消息发送给一组进程中的所有进程。类似的，一个接收进程也可以按照消息到达的顺序接收一组可能的发送者发送来的消息，没有明确命名发送进程的接收原语就用来解决此类问题。

结合上面的分析，各种 send/receive 原语的语义如表 4-1 所示。

表 4-1　send/receive 原语的语义

send 原语	阻　塞	非　阻　塞
显式命名	发送消息后，发送进程阻塞直到消息被接收	发送消息后，发送进程不阻塞，继续执行
隐含命名	广播信息后，发送进程阻塞直到消息被接收	广播信息后，发送进程不阻塞，继续执行

receive 原语	阻　塞	非　阻　塞
显式命名	等待接收来自指定发送进程的消息	如果有来自指定发送进程的消息，则接收，否则继续执行
隐含命名	等待接收来自任何发送进程的消息	如果有来自任何发送进程的消息，则接收，否则继续执行

以上的 send/receive 原语可以采用多种不同的组合方式，其中阻塞的 send/receive 原语是一种可靠的进程通信机制，因为发送进程和接收进程能够在通信点上实现完全同步。接收进程知道发送进程只有在消息被接收的情况下才能继续执行，而发送进程也能知道消息已被接收进程安全接收。对于发送原语来说，没有明确命名的阻塞方式是不实际的，因为要与所有可能的接收进程同步是非常复杂的，几乎是不可能的，因此，数据广播通常采用非阻塞模式。另外，阻塞模式的 receive 原语比非阻塞模式更实用、更常见。例如，考虑一个服务器进程，如打印机或文件服务器，它接收来自客户端的请求。在这种情况下，receive 原语应该采用隐含命名的阻塞方式，因为服务器应该接收来自任何客户的请求，而不是事先指定的客户的请求。

当然，没有明确命名的非阻塞操作也是非常重要的，它有许多应用领域。但是，同阻塞操作相比，它们是一种更高级别的操作，因为它们需要内置的缓冲区来保存所有的发送消息，这些缓冲区对接收进程来说并不是必要的。对于非阻塞的 send/receive 原语来说，它们提供了一种方便的消息发送方式，因为它们不需要同步。而在通常的计算程序中，同步和异步交换消息是很重要的，因此，许多操作系统提供了多种不同模式的 send/receive 原语，以满足不同用户的应用要求。

在前面介绍的通信方式中，消息是直接发送给接收进程的，是一种直接的通信方式。目前还存在许多间接通信方式。在间接通信方式中，消息不是直接由发送方发送到接收方的，而通过一个共享的数据结构，该结构由临时存放消息的队列组成，通常称为邮箱或者端口。邮箱可以抽象成一个对象，进程可以向其中存放消息，也可以从中删除消息。每个邮箱都有一个唯一的标识符。对于这种方案，一个进程能通过不同的邮箱与其他进程进行通信。如果两个进程共享一个邮箱，则它们可以通信。原语 send 和 receive 定义如下。

```
send(mailbox,message)       //发送消息message到邮箱mailbox中
receive(mailbox,message)    //接收来自邮箱mailbox的消息message
```

间接通信方式可用图 4-11 来描述。在图 4-11（a）中多个进程通过邮箱通信，图 4-11（b）描述了进程间通过端口进行通信的方式，它是一种有限制的邮箱通信方式，目前在计算机网络中得到了广泛应用。

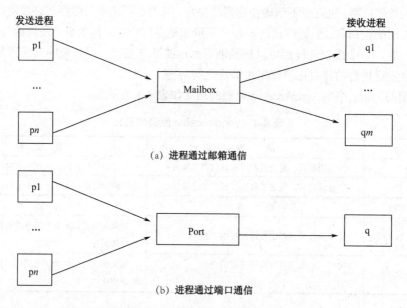

(a) 进程通过邮箱通信

(b) 进程通过端口通信

图 4-11　间接端口通信通信

邮箱可以为进程或操作系统拥有。如果邮箱为进程所有（即邮箱是进程地址空间的一部分），则要区分拥有者（能通过邮箱接收消息）和使用者（只能向邮箱发送消息）。由于每个邮箱都有唯一的拥有者，所以谁能够接收到邮箱的消息是不会混淆的。当拥有邮箱的进程终止时，该邮箱也就消失了，这种邮箱是一种私有邮箱。

此外，操作系统拥有的邮箱是独立的，并不属于任何特定的进程，这种邮箱属于公用邮箱。因此，操作系统必须提供相应的机制，以允许进程进行如下操作：创建一个新邮箱；通过邮箱发送和接收消息；删除一个邮箱。

创建一个新邮箱的进程为邮箱的拥有者。开始时，拥有者是唯一能通过该邮箱接收消息的进程。

但是，通过适当的系统调用，拥有权和接收权可能传递给其他进程。当然，该规定可能导致每个邮箱有多个接收者。

4.5.3　消息缓冲队列通信机制

消息缓冲队列通信机制由美国的 Hansen 提出，并在 RC4000 系统上实现，后来被广泛应用于本地进程之间的通信中。

1. 概念

在消息缓冲队列通信机制中，在操作系统空间中设置一组缓冲区。当发送进程需要发送消息时，执行 send 系统调用，产生访管中断，进入操作系统。操作系统为发送进程分配一个空缓冲区，并将所发送的消息从发送进程复制到缓冲区中，然后将该载有消息的缓冲区连接到接收进程的消息链链尾，完成发送过程。发送进程返回用户态继续执行。在以后的某个时刻，当接收进程执行到 receive 接收原语时，也产生访管中断并进入操作系统。由操作系统将载有消息的缓冲区从消息链中取出，并把消息内容复制到接收进程空间，之后收回缓冲区，如此即可完成消息的接收，接收进程返回用户态继续进行。因此，为了实现消息缓冲队列通信，需要设置相关的数据结构，其中主要利用的数据结构是消息缓冲区。它可描述如下。

```
type  messageBuffer=record
      sender ;    // 发送消息的进程名或标识符
      size   ;    // 发送的消息长度
      text   ;    // 发送的消息正文
      next   ;    // 指向下一个消息缓冲区的指针
   end
```

除此之外，在设置消息缓冲区队列的同时，还应增加用于对消息队列进行操作和实现同步的信号量，并将它们置入 PCB。在 PCB 中涉及通信的数据结构如下。

mptr：消息队列队首指针。

mutex：消息队列互斥信号量，初值为 1。

sm：表示接收进程消息队列上消息的个数，初值为 0，用于控制收发进程同步。

2. 发送原语 send

发送进程在利用发送原语发送消息之前，应先在自己的内存空间中设置一个发送区，参见图 4-12，把发送的消息的正文、发送进程的标识符、消息的长度等信息写入其中，然后调用发送原语，把消息发送给接收进程。发送原语首先根据发送区中设置的消息长度来申请一个消息缓冲区 t，再把发送区内容复制到这个缓冲区中。为了能将缓冲区 t 挂在接收进程的消息队列 mq 上，应先找到接收进程的 PCB，执行互斥操作 wait(mutex)；把缓冲区挂到接收进程消息队列的尾部，执行 signal(sm)，即消息数加 1；执行 signal(mutex)。发送原语可描述如下。

```
procedure  send（R,M）
   begin
         在OS中分配M.size大小的缓冲区t;
         将M中的内容复制到t中;
         得到进程R的PCB的指针q;
         wait(q.mutex);
```

```
                          将t放到队列q.mq队尾;
                          signal(q.mutex);
                          signal(q.sm);
              end
```

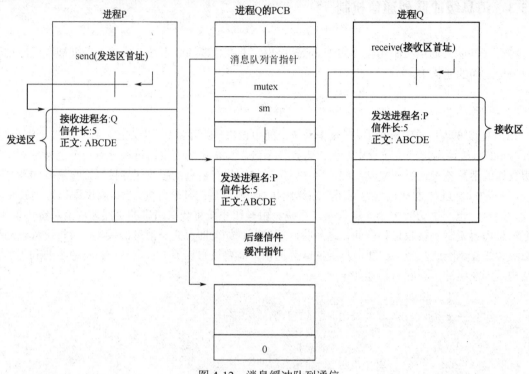

图 4-12 消息缓冲队列通信

3. 接收原语 receive

接收进程调用接收原语 receive(N)。接收原语执行时，首先执行 signal(sm)操作，查看自己的消息队列中是否有消息。如果有消息，则执行互斥操作 wait(mutex)，从消息队列中取第一个消息，执行 signal(mutex)操作，把消息缓冲区内容复制到接收区中，释放消息缓冲区。接收原语描述如下。

```
procedure  Receive(N)
    begin
          得到PCB的指针q;
          wait(q.sm);
          wait(q.mutex);
          从q.mq队首取下一个缓冲区t;
          signal(q.mutex);
          将t的内容复制到N中，并释放t;
    end
```

4.5.4 客户机/服务器系统通信

假设一个用户需要访问位于某个服务器上的数据，例如，一个用户需要知道位于服务器 A 上的一个文件的行、字和字符的总数，这种请求由远程服务器 A 处理，它访问文件，计算所需结果，并将真实数据传送回用户。

在客户机/服务器系统中，进程通信的方式有套接字、远程过程调用和远程方法调用三种。下面一一进行介绍。

1. 套接字

套接字（Socket）可定义为通信的端点。一对通过网络通信的进程需要使用一对套接字，即每个进程一个。套接字由 IP 地址和端口号连接组成。通常，套接字采用客户机/服务器结构，如图 4-13 所示。服务器通过监听指定端口来等待进来的客户机的请求。一旦收到请求，服务器就接收来自客户机套接字的连接，从而完成通信连接。

服务器实现的特定服务（如 Telnet、FTP 和 HTTP）是通过监听熟知端口（Telnet 服务器监听端口是 23，FTP 服务器监听端口是 21，Web 或 HTTP 服务器监听端口是 80）进行的。所有低于 1024 的端口都认为是众所周知的，可用它们来实现标准服务。

当客户机进程发出连接请求时，它被主机赋予

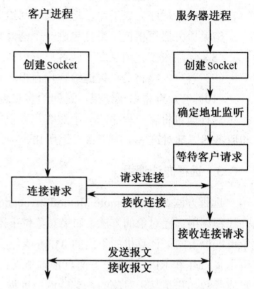

图 4-13　socket 通信流程

一个端口。该端口是大于 1024 的某个任意数。例如，如果 IP 地址为 164.85.5.20 的主机 X 的客户机希望与地址为 161.25.19.8 的网络服务器（监听端口 80）建立连接，则主机 X 可能被赋予端口 1625。该连接由一对套接字组成：主机 X 上的端口（164.85.5.20:1625）和网络服务器上的端口（161.25.19.8:80）。根据目的端口号，在主机间传输的数据包可分送给合适的进程。所有的连接必须是唯一的，因此，如果主机 X 的另一个进程希望与同样的网络服务器建立连接，那么它会被赋予一个大于 1024 但不等于 1625 的端口号，这确保了所有的连接都有唯一的一对套接字。

利用 Socket 在分布式进程之间进行通信是一种公用且有效的方式，但它只允许在通信的线路间交换无结构字节流，数据的加工和改造是由客户机或服务器应用程序完成的。

2. 远程过程调用

远程过程调用（Remote Procedure Call，RPC）是远程服务的一种常见形式。RPC 是网络连接系统之间采用的抽象过程调用机制。远程过程调用的思想很简单：允许程序调用其他机器上的过程。当机器 A 的一个客户进程（或者线程）调用机器 B 上的一个过程时，A 上的调用进程挂起，被调用过程在 B 上开始执行。调用者以参数形式把信息传送给被调用者，被调用者把过程执行结果回送给调用者。对程序员来说，完全看不到消息传送或者 I/O。RPC 如同一个常规过程，需要进行同步。调用者发出命令后一直等待，直到它得到结果。RPC 把在网络环境下过程调用产生的各种复杂情况都隐藏起来。在其内部，RPC 的超时重传软件收集参数值，构成消息，且把这个消息发往远程服务器。服务器接收请求后，打开参数调用过程，并将回答返还给客户。RPC 通信所交换的消息有很好的结构，不再是简单的数据包。远程过程调用的具体步骤如下。

（1）客户程序按照通常的调用方式，调用客户存根。

（2）客户存根创建一个消息，并陷入内核。

（3）内核发送该消息给远端的内核。

（4）远端内核将该消息传递给服务器存根。

（5）服务器存根从消息中获得参数，并调用服务器进程。

（6）服务程序完成工作，将结果返回给服务器存根。

（7）服务器存根把结果打包进一个消息。

（8）远端内核将消息发送回客户方内核。

（9）客户内核将消息传送给客户存根。

（10）客户存根取出结果，返回给客户进程。

这样即可将客户程序的一个对客户存根的本地调用，转换成对服务程序的本地调用，而客户方和服务器方都对这些中间步骤一无所知。

3．远程方法调用

远程方法调用（Remote Method Invocation，RMI）是 Java 的一个类似于 RPC 的功能。RMI 允许线程调用远程对象的方法。如果对象位于不同 Java 虚拟机上，则被认为是远程的。因此，远程对象可能位于同一计算机的不同的 JVM 或位于通过网络连接的主机的 JVM 上。这种情况如图 4-14 所示。RMI 和 RPC 在两个方面有根本不同：RPC 支持子程序编程，即只能调用远程的子程序的参数或函数，它是基于对象的，支持调用远程对象的方法；在 RPC 中，远程过程的参数是普通的数据结构，而 RMI 可以将对象参数传递给远程方法。RMI 通过允许 Java 程序调用远程对象的方法，使得用户能够开发分布在网络上的 Java 应用程序。

图 4-14　远程方法调用

案例研究：Windows 和 Linux 系统进程通信机制

1．Windows Server 2003 进程通信机制

1）信号通信机制

信号是进程与外界通信的一种低级方式，相当于进程的"软中断"。进程可发送信号，每个进程都有指定的信号处理例程。信号通信是单向和异步的。Windows Server 2003 有两组与信号相关的系统调用，分别处理不同的信号。

（1）**SetConsoleCtrlHandler** 和 **GenerateConsoleCrtlEvent**：SetConsoleCtrlHandler 可定义或取消本进程的信号处理例程（HandlerRoutine）列表中的用户定义例程。例如，默认时，每个进程都有一个信号 Ctrl+C 的处理例程，可以利用 SetConsoleCtrlHandler 调用来忽略或恢复对 Ctrl+C 的处

理；GenerateConsoleCrtlEvent 可发送信号到与本进程共享同一控制台及控制台进程组中。这一组系统调用处理的信号包括表 4-2 中的五种。

表 4-2 五种信号及说明

信 号 名	说 明
TRL_C_EVENT	收到 Ctrl+C 信号
CTRL_BREAK_EVENT	收到 Ctrl+Break 信号
CTRL_CLOSE_EVENT	当用户关闭控制台时，系统向该控制台的所有进程发送控制台关闭信号
CTRL_LOGOFF_EVENT	当用户退出系统时，系统向所有控制台进程发送的退出信号
CTRL_SHUTDOWNS_EVENT	系统关闭时，系统向所有控制台进程发送的关机信号

（2）**signal 和 raise**：signal 用于设置中断信号处理例程，raise 用于发送信号。这一组系统调用处理的信号包括表 4-3 列出的六种信号。这六种信号与传统的 UNIX 系统是相同的，而前面一组系统调用处理的五种信号是 Windows Server 2003 系统中特有的。

表 4-3 六种信号及说明

信 号 名	说 明
SINABRT	非正常终止
SIGFPE	浮点计算错误
SIGILL	非法指令
SIGINT	Ctrl+C 信号（对 Win32 无效）
SIGSEGV	非法存储请求
SIGTERM	终止请求

2）共享存储区通信机制

共享存储区可用于进程间的大数据量通信。进行通信的各进程可以任意读写共享存储区，也可在共享存储区上使用任意数据结构。进程在使用共享存储区时，需要互斥和同步机制来确保数据的一致性。Windows Server 2003 采用文件映射机制来实现共享存储区，用户进程可把整个文件映射为进程虚拟地址空间的一部分并加以访问。

与共享存储区相关的系统调用如下：CreateFileMapping，为指定文件创建一个文件映射对象，并返回对象指针；OpenFileMapping，打开一个命名的文件映射对象，返回对象指针；MapViewOfFile，把文件映射到本进程的地址空间中，返回映射地址空间的首地址；FlushViewOfFile，把映射地址空间的内容写到物理文件中；UnmapViewOfFile，拆除文件与本进程地址空间的映射关系；CloseHandle，关闭文件映射对象。当文件到进程地址空间的映射完成后，即可利用首地址进行读写。在信号量等机制的辅助下，通过一个进程向共享存储区写入数据，而另一个进程从存储区中读出数据，这样可以在两个进程间实现大量数据的交流。

3）管道通信机制

Windows Server 2003 提供了无名管道和有名管道两种机制。Windows Server 2003 的无名管道类似于 UNIX 系统提供的管道，但安全机制更为完善。利用 CreatePipe 创建无名管道，并得到两个读写句柄；利用 ReadFile 和 WriteFile 进行无名管道读写。下面给出了 CreatePipe 的调用格式。

```
BOOL  CreatePipe(PHANDLE hReadPipe,                    //读句柄
          PHANDLE hWritePipe,                    //写句柄
          LPSECURITY_ATTRIBUTES lpPipeAttributes, //安全属性指针
```

```
        DWORD  nSize                                    //管道缓冲区的字节数
     );
```

Windows Server 2003 的命名管道是服务器进程与客户进程间的一条通信通道，可实现不同机器上的进程通信。它通常采用客户机/服务器模式连接本机或网络中的两个进程。在建立命名管道时，它存在一定的限制。服务器方（创建命名管道的一方）只能在本机上创建命名管道，只能以 \\.\pipe\PipeName 的形式命名，不能在其他机器上创建管道。但客户方（连接到一个命名管道实例的一方）可以连接其他机器上的命名管道，可采用 \\Server\pipe\pipename 的形式命名。服务器进程为每个管道实例建立了单独的线程或进程。与命名管道相关的系统调用如下：CreateNamePipe，在服务器端创建命名管道，并返回一个命名管道句柄；ConnectNamePipe，用在服务器端，等待客户进程的请求；CallNamePipe，从管道客户进程建立与服务器的管道连接；ReadFile、WriteFile（阻塞方式）、ReadFileEx 和 WriteFileEx（非阻塞方式），用于命名管道读写。

4）邮件槽通信机制

Windows Server 2003 提供的邮件槽是一种不定长、不可靠的单向消息通信机制。消息的发送不需接收方准备好，可随时发送。邮件槽也采用客户机/服务器模式，只能从客户进程发往服务器进程。服务器进程负责创建邮件槽，它可从邮件槽中读消息，而客户进程可利用邮件槽的名称向它发消息。在建立邮件槽的时候，也存在一定的限制，即服务器进程（接收方）只能在本机上创建邮件槽，只能以 "\\.\mialslot\[path]name]" 的形式命名；但客户方（发送方）可以打开其他机器上的邮件槽，命名方式为 "\\range\mialslot\[path]name"。这里 range 可以是本机名、其他机器名或域名。与邮件槽相关的系统调用如下：CreateMailslot，用于服务器创建邮件槽，返回其句柄；GetMailSlotInfo，用于服务器查询邮件槽的信息，如消息长度、消息数目、读操作时限等；SetMailslotInfo，用于服务器设置读操作等待时限；ReadFile，用于服务器读邮件槽；CreateFile，用于客户方打开邮件槽；WriteFile，用于客户方发送消息。由于邮件槽不提供可靠的传输机制，因此在邮件槽关闭过程中可能出现信息丢失的情况。在邮件槽的所有服务器句柄关闭后，邮件槽关闭，如果此时还有未读出的消息，则消息将会被丢失，所有客户句柄都被关闭。

5）套接字通信机制

套接字是一种网络通信机制，它通过网络在不同计算机上的进程间进行双向通信。套接字采用的数据格式可为可靠的字节流或不可靠的报文，通信模式可为 C/S 或对等模式。为了实现不同操作系统上的进程通信，需约定网络通信时不同层次的通信过程和信息格式，以及 TCP/IP 广泛使用的网络通信协议。

Windows Server 2003 中的套接字规范称为"Winsock"，除了支持标准的 BSD 套接字以外，还实现了一个真正与协议独立的 API，可支持多种网络通信协议。

2．Linux 系统进程通信机制

Linux 支持多种进程通信机制，包括信号、管道、共享内存、信号量、消息队列及用于网络通信的套接字机制。

1）信号机制

Linux 中所有的信号定义在/include/asm/signal.h 头文件中，在 32 位的 Linux 中，字长为 32 位，可以定义 32 种信号；在 64 位的 Linux 中，字长为 64 位，可以定义 64 种信号；有关信号的信息存放在进程 task_struct 中。Linux 信号分成以下几类。

（1）与进程终止相关的信号 SIGCLD、SIGHUP、SIGKILL、SIGCHLD 等，如进程结束、进程杀死子进程。

（2）与进程例外事件相关的信号 SIGBUS、SIGSEGV、SIGPWR、SIGFPE 等，如进程执行特权指令、写只读区、地址越界、总线超时、硬件故障。

（3）与进程执行系统调用相关的信号 SIGPIPE、SIGSYS、SIGILL 等，如进程执行非法系统调用、管道存取出错。

（4）与进程终端交互相关的信号 SIGINT、SIGQUT 等，如进程挂断终端、用户按 Delete 键或 Break 健。

（5）用户进程发信号 SIGTERM、SIGALRM、SIGUSR1、SIGUS2 等，如进程向另一个进程发一个信号、要求报警。

（6）跟踪进程执行的信号 SIGTRAP 等。

下面通过一个例子来说明信号通信的基本工作原理。

```c
/* sigdemo.c——show how a signal handler works.
 *  run this and press Ctrl+C a few times
 */
#include <stdio.h>
#include <signal.h>
char * id="SIGINT come from key interruption.\n";
int count=0;
static void catch_signal(int sig) {  //信号处理函数
    count++;
    write(1,id,strlen(id));            //输出提示字符
 }
int main () {
    signal(SIGINT, catch_signal );   //注册信号处理程序
    puts("Can you give me a signal ?\n");
    puts("Please press ctrl+c!");
    do {
        sleep(2);                      //睡眠2s
        }
    while(count<1);
    puts("Ended.");
    return 0;
}
```

编译和运行该程序，观察结果：

```
$ gcc -o catch_signal catch_signal.c
$./ catch_signal
Can you give me a signal ?
Please press ctrl+c!
SIGINT come from key interruption.
Ended.
```

2）管道机制

在 Linux 系统中，管道是一种单向的、先入先出的、无结构的、大小固定的通信信道，可分为无名管道和有名管道两种。这两种管道主要在创建、访问形式及性质上有所不同。表 4-4 给出了管道和 FIFO 的差别。

表 4-4　管道与 FIFO 的区别

管　　道	FIFO
调用 pipe()创建	用 mknod 命令创建
不允许家族以外的进程使用管道	在任何进程上都允许访问 FIFO
没有磁盘映像，利用内存高速缓冲区	有一个磁盘索引节点
I/O 完成后清除	I/O 完成后显式删除

为了说明进程之间如何利用管道来进行通信，下面给出了一个小程序。该程序演示了如何利用管道实现父子进程间的通信。

```
/* pipe.c is an unamed_pipe example*/
#include <unistd.h>
#include <stdio.h>
int  main(){
   int fd[2];
   char buf[256]="Hello,everybody:do you understand ?";
int  n,  count = 0;

if(pipe(fd)== -1){
    perror("pipe! ");
    exit(1);
}
switch(fork()){
    case  0:      /* 子进程 */
      close(fd[0]);
      while((count<4096)&&((n = write(fd[1],buf,strlen(buf)))>0))
        count +=n;
      exit(0);
    case  -1:
       perror("fork");
       exit(1);
default:        /* 父进程 */
      close(fd[1]);
      while((count<4096)&&((n = read(fd[0],buf,strlen(buf)))>0))
       count +=n;
      printf("%d bytes of data received from child process:%s\n",count,buf);
   exit(0);
  }
return 0;
}
```

编译并运行 pipe.c 程序，结果如下。

```
$ gcc -o pipe pipe.c
$ ./pipe
4125 bytes of data received from child process: Hello,everybody:do you
understand ?
```

3）信号量

信号量是实现进程同步的机制。在 Linux 中，信号量是由内核提供的一系列数据结构实现的。这些数据结构的定义在 include/linux/sem.h 中，主要是由信号量集组成的 semque 数组，该数组描述如下。

```
static struct semid_ds *smeary[SEMMNI];
#define SEMMNI  128
```

semid_ds 数据结构跟踪所有关于单独信号量及在它上面执行的一系列操作的信息。semid_ds 定义如下。

```
struct semid_ds {
  struct  ipc_perm sem_perm;
  _kernel_time_t sem_otime;              /*最后一次操作信号量集合的时间*/
  _kernel_time_t sem_ctime;              /*最后一次更改信号量集合的时间*/
  struct sem *sem_base;                  /*指向一个信号量数组*/
  struct sem_queue *sem_pending;         /*待处理的挂起操作*/
  struct sem_queuq *sem_pending_last;    /*最后一个挂起操作*/
  struct sem_undo *undo;                 /*该数组上的undo请求*/
  unsigned short sem_nsems;              /*信号量集合中的信号量个数*/
};
```

信号量的定义如下。

```
struct sem {
  int semval;
  int sempid;
  };
```

阻塞等待信号量的进程队列描述如下。

```
struct sem.queue {                      /*每个信号量集合占用一个sem.queue结构*/
  struct sem.queue *next;               /*队列下一个节点指针*/
  struct sem.queue *prev;               /*队列前一个节点指针*/
  struct wait.queue *sleeper;           /*进程等待信号量队列*/
  struct sem.undo *undo;                /*sops暗示的撤销数组*/
  int pid;                              /*当前操作的进程*/
  int status;                           /*记录一个阻塞进程被唤醒的过程*/
  struct semid.ds *sma;                 /*一个指向struct sem.ds的指针*/
  struct sembuf *sops;                  /*信号量操作队列*/
  int nsops;                            /*信号量操作队列的操作个数*/
  int alter;                            /*说明操作会否影响集合中的信号量*/
};
```

Linux 使用 sem_undo 结构，防止进程错误使用信号量而可能产生的死锁。这发生在当一个进程进入一个临界区而改变了信号量的值，但因进程崩溃或被撤销而没有离开临界区。该结构定义如下。

```
struct sem.undo {                       /*每个undo操作占用一个sem.undo结构*/
  struct sem.undo *proc.next;           /*指向进程的下一个undo操作*/
  struct sem.undo *id.next;             /*指向信号量集的下一个undo操作*/
  int semid;                            /*信号量集的标识号，代表一个semid.ds*/
  short *semadj;                        /*需调节值的信号量数组，每项表示一个信号量*/
};
```

在信号量集上定义的系统调用主要有 semget、semop 和 semctl。semget 用于获得信号量的 IPC 标识符；semop 用于对信号量资源进行操作，获得或释放一个 IPC 信号量；semctl 用于对信号量资源进行控制。

程序 semaphore.c 在对信号量进行初始化之后将产生一个进程链。新创建的每个进程都输出一个信息到标准输出设备中。由于标准输出设备属于独占资源，一次只能供一个进程使用，所以在程序中有部分代码在临界区，程序使用信号量来保护临界区。

下面的程序 semaphore.c 演示了信号量的使用。

```c
/* semaphore.c -show how the semaphore works. */
#include <stdlib.h>
#include <unistd.h>
#include <stdio.h>
#include <limits.h>
#include <errno.h>
#include <sys/sem.h>
#include <sys/types.h>
#include <sys/ipc.h>
#include <sys/wait.h>
#include <sys/stat.h>
#include <string.h>

#if defined(__GNU_LIBRARY__) && !defined(_SEM_SEMUN_UNDEFINED)
  /* union semun is defined by including <sys/sem.h> */
#else
      /* according to X/OPEN we have to define it ourselves */
  union semun {
        int val;                    /* value for SETVAL */
        struct semid_ds *buf;       /* buffer for IPC_STAT, IPC_SET */
        unsigned short int *array;  /* array for GETALL, SETALL */
        struct seminfo *__buf;      /* buffer for IPC_INFO */
  };
#endif

void main(){
  int semid;
  pid_t pid,rootpid;
  struct sembuf sop_wait;
  struct sembuf sop_notify;
  union semun arg;
  int i,z,status;
  int n = 5;
  char buf[128],*c;

  if((semid = semget(IPC_PRIVATE,2,0600)) == -1)
  {
    fprintf(stderr,"%s:semget()\n",strerror(errno));
    exit(1);
  }

  arg.val = 1;
  if(semctl(semid,0,SETVAL,arg) == -1){
  perror("semctl(SETALL)");
  exit(1);
  }
```

```
    rootpid=getpid();

    sop_wait.sem_num = 0;
    sop_wait.sem_op = -1;
    sop_wait.sem_flg = 0;

    sop_notify.sem_num = 0;
    sop_notify.sem_op = 1;
    sop_notify.sem_flg = 0;

    for(i=1;i<n;++i)
     if(pid = fork())
         break;
    sprintf(buf,"i:%d cPID:%ld pPID:%ld chPID:%ld\n",i,getpid(),getppid(),pid);
    c = buf;
    z = semop(semid,&sop_wait,1);
    if(z ==-1){
     perror("semop(sop_wait)");
     exit(1);
    }
    while(*c !='\0'){
      fputc(*c,stdout);
      c++;
    }
    fputc('\n',stdout);
    z = semop(semid,&sop_notify,1);
    if(z ==-1){
     perror("semop(sop_notify)");
    }
    wait(&status);
    if(rootpid==getpid())
     if(semctl(semid,0,IPC_RMID,arg)==-1)
     {
            perror("semctl(IPC_RMID)");
            exit(1);
     }
    exit(0);
}
```

编译并运行 semaphore.c 程序，执行结果如下。

```
$ gcc -o semaphore semaphore.c
$ ./semaphore
i: 1 cPID:17469 pPID:16671 chPID:17490
i: 2 cPID:17470 pPID: 17469 chPID:17471
i: 3 cPID:17471 pPID:17470 chPID:17472
i: 5 cPID:17473 pPID:17472 chPID:0
i: 4 cPID:17472 pPID:17471 chPID:17473
```

4）共享存储区通信机制

共享内存就是由几个进程共享一段内存区域。这可以说是最快的 IPC 形式，因为它无需任何的中间操作（如管道、消息队列等）。它只是把内存段直接映射到调用进程的地址空间中。这样的内存段可以是由一个进程创建的，其他进程可以读写此内存段。

与共享存储有关的系统调用如下。

（1）shmget(key,size,permflags)：建立共享存储区或返回一个已存在的共享存储区，相应信息记入共享存储区表。

（2）shmat(shm.id,daddr,shmflags)：把共享存储区接入进程的逻辑地址空间。

（3）shmdt(memptr)：把共享存储区从进程的逻辑地址空间中分离出来。

（4）shmctl(shm.id,command,&shm.stat)：实现共享存储区的控制操作。

5）消息传递机制

Linux 中消息传递机制的相关系统调用如下：建立一个消息队列 msgget，向消息队列发送消息 msgsnd，从消息队列接收消息 msgrcv，取或送消息队列控制信息 msgctl。

程序 message.c 演示了如何创建、访问和释放消息队列及消息的发送和接收。

```c
/* message.c -show how the message works. */
#include <stdio.h>
#include <sys/types.h>
#include <sys/msg.h>
#include <sys/ipc.h>

struct msgbuf {
  long mtype;
  char mtext[80];
}  msq_buf;

void main() {
  key_t  key;
  int msgid;
  int i;
  // Open a message queue:
  msgid = msgget(IPC_PRIVATE, IPC_CREAT | 0666);
  printf("message queue msgid=%d\n", msgid);
  if (msgid == -1) {
    perror("msgget(access)");
    exit(1);
  }
  // Send a message:
  printf("Sending a print message...\n");
  msq_buf.mtype = 1;
  sprintf(msq_buf.mtext,"print a message");
  if (msgsnd(msgid, (struct msgbuf *)&msq_buf, sizeof("print a message")
    + 1, 0) == -1) {
    perror("msgsend");
    printf("Error sending message\n");
    exit(1);
  }

  // Receive message:
  msq_buf.mtext[0] = 0;
  i = msgrcv(msgid, (struct msgbuf *)&msq_buf, 80, 1, IPC_NOWAIT);
  if (i == -1) {
    printf("no message is avaliable of type 1\n");
```

```
        } else {
          printf("message of type 1 received with data: %s\n", msq_buf.mtext);
        }

        // Now remove the message queue:
        msgctl(msgid, IPC_RMID, 0);
    }
```

编译并运行 message.c 程序，结果如下。

```
$ gcc -o message message.c
$ ./message
message queue msgid=0
Sending a print message…
message of type 1 received with data:print a message
$
```

4.6 ●●● 死　锁

在多道程序设计环境下，多个进程可能竞争一定数量的资源。一个进程申请资源时，如果资源不可用，那么进程进入等待状态。如果申请的资源被其他进程占有，那么该等待进程有可能无法改变状态，这种现象称为**死锁**。

4.6.1　死锁的概念

死锁问题是并发程序设计中最难处理的问题之一。实际上，死锁问题不仅在计算机系统中存在，在日常生活中也广泛存在。

先看一个生活中的例子：两个小孩在一起玩耍，一个在玩皮球，另一个玩自动步枪，如果这两个小孩都要对方手中的玩具，而又不肯先放掉自己拿着的玩具，就会发生僵持局面。这种僵局在没有外力的作用下有可能一直持续下去，这种现象就是死锁。如果把这两个小孩看做进程，皮球和自动步枪看做资源，那么上述问题可以看做两个进程竞争资源，造成相互等待的僵局状态，结果会导致两个进程都无法继续执行，游戏不能继续。如果不采取其他措施，则会发生死锁。

死锁的例子在计算机系统中也是很常见的。例如，设系统有一台打印机和一台扫描仪，进程 P1、P2 并发执行，在某时刻 T，进程 P1 和 P2 分别占用了打印机和扫描仪。在时刻 $T1$（$T1>T$），P1 又要申请扫描仪，但由于扫描仪被 P2 占用，因此 P1 只能等待。在时刻 $T2$（$T2>T$），P2 又申请打印机，但由于打印机被 P1 占用，因此 P2 只能等待。这样，两个进程均不能执行完成。具体过程可描述如下。

时刻	进程 P1	进程 P2
	…	…
	request(打印机);	request(扫描仪);
T	holding 打印机;	holding 扫描仪;

*T*1	request(扫描仪);	…
*T*2	…	request(打印机);

通过上面的例子可以看出，死锁是指在一个进程集合中的每个进程都在等待只能由该集合中的其他进程才能引发的事件而无限期僵持的局面。

由于所有的进程都在等待，所以没有一个进程能引起那（些）个能唤醒该集合中另一个进程的事件，这样所有的进程都只好永久地等待下去。

在多数情况下，进程是在等待该集合中另一个进程将占用的资源释放。换句话说，每一个进程都期待着另一个进程正占用的资源。但是，由于所有的进程都不能运行，因此无法释放任何资源，于是所有进程都不能唤醒。而进程的个数及占用、申请的资源数量是不重要的。

4.6.2　死锁产生的原因和必要条件

死锁产生的原因可归结为如下两点。

（1）资源有限。当系统中多个进程共享资源时，如打印机、公用队列等，其数目不足以满足诸进程的需要，会引起进程对资源的竞争而产生死锁。

（2）并发进程间的推进顺序不当。进程在运行过程中，请求和释放资源的顺序不当，也会产生进程死锁。

计算机系统有一定数量的资源，分布在若干竞争的进程之间。资源可分成不同的类型，每种类型有不同数量的实例。一般来说，计算机系统的资源可分为可剥夺资源与不可剥夺资源两类。可剥夺资源是指其他进程可以从拥有它的进程那里剥夺过去占为己用，并且不会产生任何不良影响。例如，内存就是可剥夺资源。不可剥夺资源是不能从当前占有它的进程那里强行抢占的资源，必须由拥有者自动释放，否则会引起相关计算的失效。例如，磁带机、打印机等临界资源。

当系统中配置的不可剥夺资源的数量不能满足并发进程运行的要求时，这些进程就会因争夺资源而陷入僵局，从而导致系统有可能出现死锁，也就是说，死锁和不可剥夺资源有关。

系统资源不足，并不一定就会出现死锁。并发进程之间的推进顺序合法时，也可能不出现死锁。例如，假设某系统有两个进程 A、B 竞争资源 R、S，这两个资源都是不可剥夺资源，因此，必须在一段时间内独占使用。进程对资源的使用模式为申请、使用和释放，按照这种使用资源的模式，进程 A、B 可能有如图 4-15 所示的执行路径。

（1）进程 B 获得资源 S，然后又获得资源 R，后来释放 R 和 S。当进程 A 恢复执行时，它能够获得这两个资源，因此，A 和 B 都可以执行下去。

（2）进程 B 获得资源 S，然后又获得资源 R；进程 A 执行，因未获得资源 R 而阻塞。进程 B 释放 R 和 S，当进程 A 恢复执行时，它能够获得这两个资源。

（3）进程 B 获得资源 S，而进程 A 获得资源 R，此时，死锁不可避免，因为向下执行，B 将在 R 上阻塞，A 将在 S 上阻塞。

（4）进程 A 获得资源 R，而进程 B 获得资源 S，此时，死锁不可避免，因为向下执行，B 将在 R 上阻塞，A 将在 S 上阻塞。

（5）进程 A 获得资源 R，然后又获得资源 S；进程 B 执行，因未获得资源 S 而阻塞。进程 A 释放 R 和 S，当进程 B 恢复执行时，它能够获得这两个资源。

（6）进程 A 获得资源 R 和 S，然后释放 R 和 S。当进程 B 恢复执行时，它能够获得这两个资源，因此，A 和 B 都可以执行下去。

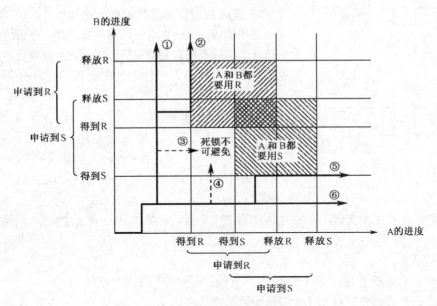

图 4-15　进程推进顺序对引发死锁的影响

由此可见，是否产生死锁既取决于进程的动态执行过程，又取决于应用程序的设计，死锁产生必须具备一定的条件。通过分析，Coffman 等人（1971 年）总结出了出现死锁的四个必要条件。

（1）互斥条件：并发进程所要求和占有的资源是不能同时被两个以上进程的使用或操作的，进程对它所需要的资源进行排他性控制。

（2）不剥夺条件：进程所获得的资源在未使用完毕之前，不能被其他进程强行剥夺，而只能由获得该资源的进程自己释放。

（3）部分分配（请求和保持条件）：进程每次申请它所需要的一部分资源时，在等待新资源的同时继续占用已分配到的资源。

（4）环路条件：存在一种进程循环链，链中每一个进程已获得的资源同时被下一个进程请求。

当计算机系统同时具备上述的四个必要条件时，会发生死锁。也就是说，只要有一个必要条件不满足，死锁就可以排除。另外，这四个条件也不是完全无关的，如环路等待条件就隐含着前三个条件的结果。

4.6.3　死锁的描述

死锁问题可用系统资源分配图进行更为精确的描述。系统资源分配图是一个有向图，该图由一个节点的集合 V 和一个边的集合 E 组成。节点集合 V 分成两种类型的节点 $P=\{p1,p2,...,pn\}$，它由系统中的所有活动进程组成；$R=\{r1, r2, ..., rm\}$，它由系统中的全部资源类型组成。

从进程 pi 到资源类型 rj 的有向边记为 $pi{\rightarrow}rj$，它表示进程 pi 申请了资源类型 rj 的一个实例，并正在等待资源。从资源类型 rj 到进程 pi 的有向边记为 $rj{\rightarrow}pi$，它表示资源类型的一个实例 rj 已经分配给进程 pi。有向边 $pi{\rightarrow}rj$ 称为申请边，而有向边 $rj{\rightarrow}pi$ 称为分配边。

在资源分配图中，通常用圆圈表示每个进程，用方框表示每种资源类型。由于同一资源类型可能有多个实例，所以在矩形中用圆点数表示实例数。注意，申请边只指向表示资源的矩形，而分配

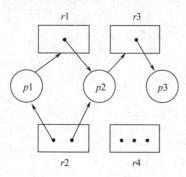

图 4-16　资源分配图

边必须指向矩形内的某个圆点。

当进程 pi 申请资源类型 rj 的一个实例时，在资源分配图中加入一条申请边。当该申请可以得到满足时，申请边马上转换成分配边。当进程不再需要访问资源时，它会释放资源，分配边会被删除。图 4-16 所示为一个资源分配图的实例。该图表示了如下情况。

1）集合 P、R 和 E

$$P=\{p1,p2,p3\}$$
$$R=\{r1,r2,r3,r4\}$$
$$E=\{p1\rightarrow r1, p2\rightarrow r3, r1\rightarrow p2, r2\rightarrow p2, r2\rightarrow p1, r3\rightarrow p3\}$$

2）资源实例

资源类型 $r1$ 有 1 个实例，资源类型 $r2$ 有 2 个实例，资源类型 $r3$ 有 1 个实例，资源类型 $r4$ 有 3 个实例。

3）进程状态

进程 $p1$ 占有资源类型 $r2$ 的 1 个实例，等待资源类型 $r1$ 的一个实例。

进程 $p2$ 占有资源类型 $r1$ 的 1 个实例和资源类型 $r2$ 的 1 个实例，等待资源类型 $r3$ 的一个实例。

进程 $p3$ 等待资源类型 $r3$ 的一个实例。

根据资源分配图的定义，可以证明：**如果资源分配图中没有环，则系统没有死锁；如果图中有环，则可能存在死锁**。

如果每类资源的实体都只有一个，图中出现环路，即说明出现了死锁。在这种情况下，资源分配图中存在环路是死锁存在的充分必要条件；如果每类资源的实体不止一个，那么资源分配图中出现环路并不表明一定出现死锁，在这种情况下，资源分配图中存在环路是死锁存在的必要条件，但不是充分条件。

为了说明这个概念，可观察如图 4-17 所示的资源分配图。在图 4-17 中，系统显然存在两个最小的环：$p1\rightarrow r1\rightarrow p2\rightarrow r3\rightarrow p3\rightarrow r2\rightarrow p1$ 和 $p2\rightarrow r3\rightarrow p3\rightarrow r2\rightarrow p2$。

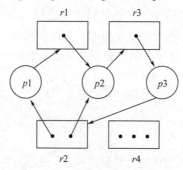

图 4-17　有死锁的资源分配图

因而，进程 $p1$、$p2$ 和 $p3$ 死锁。进程 $p2$ 等待资源 $r3$，而它又被进程 $p3$ 占有。另一方面，进程 $p3$ 等待进程 $p1$ 或进程 $p2$ 释放资源 $r2$。另外，进程 $p1$ 等待进程 $p2$ 释放 $r1$。

现在考虑如图 4-18 所示的资源分配图。在这个图中，也存在一个环路：$p1\rightarrow r1\rightarrow p3\rightarrow r2\rightarrow p1$。然而，系统却没有死锁。因为进程 $p4$ 可能释放资源类型 $r2$ 的实例，这个资源可分配给进程 $p3$，从而打破环路。

总之，如果资源分配图中没有环路，则系统不会陷入死锁状态。如果存在环路，则系统有可能出现死锁，但不确定。在处理死锁问题时，这一点很重要。

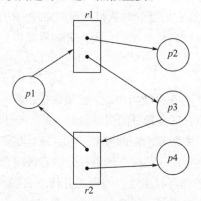

图 4-18 有环路但无死锁的资源分配图

4.6.4 处理死锁的方法

从原理上来说，有如下三种方式可以处理死锁问题。

（1）利用某些协议预防或避免死锁，保证系统不会进入死锁状态。

（2）允许系统进入死锁状态，设法发现并克服它。

（3）完全忽略这个问题，好像系统中从来不会出现死锁一样。这种方法被大多数操作系统使用。

死锁的预防采用了某种策略，限制并发进程对资源的请求，从而使得死锁的必要条件在系统执行的任何时间都不满足。而死锁的避免是指系统在分配资源时，根据资源的使用情况提前做出预测，从而避免死锁的发生。死锁检测与恢复是指系统设有专门的机构，当死锁发生时，该机构能够检测到死锁发生的位置和原因，并能通过外力破坏死锁发生的必要条件，从而使得并发进程从死锁状态中恢复出来。

通过预防和避免的手段达到排除死锁的目的是一件十分困难的事情。死锁的检测和恢复不必花费多少执行时间即可发现死锁和从死锁中恢复出来。因此，在实际操作系统中大都使用检测与恢复方法排除死锁。

4.7 ••• 死锁的预防和避免

4.7.1 死锁的预防

死锁的产生需要一定的条件，因此，只要采取一定的措施来确保死锁产生的必要条件中的一个或多个不成立，就有可能预防死锁。

1. 互斥

对于非共享资源，必须要有互斥条件。例如，一台打印机不能同时为多个进程所共享。此外，共享资源不要求互斥访问，因此不会涉及死锁。共享资源的一个很好的例子是只读文件。如果多个进程试图同时打开只读文件，那么它们能同时获得对只读文件的访问，进程决不需要等待共享资源。然而，通常不能通过否定互斥条件来预防死锁，因为有的资源本身是非共享的。

2. 部分分配（占有并等待）条件

为了确保占有并等待条件不会在系统内出现，必须保证：当一个进程申请一个资源时，它不能占有其他资源。一种可以使用的方法是预分配资源策略，即一个进程开始执行之前，系统要求进程要一次性地申请在整个运行过程中所需的全部资源。若系统有足够资源，则完全分配，从而保证了进程在执行过程中不再申请其他资源。这种方法也称为静态资源分配，另一种方法是允许进程在没有资源时才可申请资源。一个进程可以申请一些资源并使用它们，然而，在它申请更多资源之前，它必须释放当前已分配它的所有资源。

为了说明这两种方法之间的差别，考虑一个进程，它将数据从磁带驱动器复制到磁盘文件中，并对磁盘文件进行排序，再将结果输出到打印机上。如果所有资源必须在进程开始之前申请，那么进程必须一开始就申请磁带驱动器、磁盘文件和打印机。在整个执行过程中，它会一直占用打印机，尽管它只在结束时才需要打印机。

第二种方法允许进程在开始时只申请磁带驱动器和磁盘文件。它将数据从磁带复制到磁盘中，再释放磁带驱动器和磁盘文件，进程必须申请磁盘文件和打印机。在数据从磁盘文件复制到打印机之后，它就释放这两个资源并终止。

这两种方法存在以下几个缺点。

（1）在许多情况下，一个进程在执行之前不可能知道它所需要的全部资源。这是由于进程在执行时是动态的、不可预知的。

（2）资源利用率可能比较低。因为许多资源可能已分配但是很长时间没有使用。

（3）可能发生"饥饿"。一个进程如需要多个资源，则可能会永久等待，因为它所需要的资源中至少有一个已分配给其他进程。

3. 不剥夺条件

第三个必要条件是对已分配的资源不能抢占。为了确保这一条件不成立，可使用如下方法。如果一个进程占有资源并申请另一个不能立即分配的资源，那么其现已分配的资源都被抢占。换句话说，这些资源都被隐式地释放了。抢占资源分配到进程所等待的资源链表上。只有当进程获得其原有资源和所申请的新资源时，进程才可重新执行。

换句话说，如果一个进程申请一些资源，那么首先应检查它们是否可用。如果可用，则分配给它们。如果不可用，则检查这些资源是否已经分配给其他正在等待额外资源的进程。如果是，则从等待进程中抢占资源，并分配给申请进程。如果资源不可用或被其他等待进程占有，则申请进程必须等待。当一个进程处于等待时，其部分资源可以被抢占（但要求其他进程申请它们）。一个进程要重新执行，它必须分配到其他所申请的资源，并恢复其在等待时被抢占的资源。

这个方法通常应用于其状态可以保存和恢复的资源，如主存资源和处理器资源的分配，而不能用于其他资源，如打印机和磁带驱动器。

4. 环路条件

死锁的第四个必要条件是循环等待。一个确保此条件不成立的方法是实行资源有序分配策略，即系统中的所有资源都有一个确定的唯一号码，所有分配请求必须以序号上升的次序进行。

设 $R=\{r_1, r_2, ..., r_m\}$ 为资源类型的集合。为每个资源类型分配一个唯一的整数编号，以允许人们比较两个资源来确定其先后顺序。可定义一个一对一的函数 $F: R \rightarrow N$，式中的 N 是一组自然数。例如，如果资源类型 R 的集合包括磁带驱动器、磁盘驱动器和打印机，那么函数 F 可以按如下来定义：

$$F（磁带机）=1，\quad F（磁盘机）= 5，\quad F（打印机）= 12$$

可采用如下分配策略以预防死锁：所有进程对资源的申请严格按照序号递增的次序进行，即一个进程开始可申请任何数量的资源类型 r_i 的实例，此后，当且仅当 $F(r_j)>F(r_i)$ 时，该进程可以再申请资源类型 r_j 的实例。如果需要同一资源类型的多个实例，那么对它们必须一起申请。例如，对于以上给定函数，一个进程需要同时使用磁带驱动器和打印机，但必须先申请磁带驱动器，再申请打印机。

另一种申请策略也很简单：先放弃编号大的资源类型，再申请编号小的资源类型。也就是说，当一个进程申请资源类型实例 r_j 时，它必须先释放所有满足 $F(r_i) \geq F(r_j)$ 的资源 r_i。

如果使用这两种分配策略，那么环路等待条件不可能成立。可以采用反证法来证明这一点。假定有一循环等待存在，设所涉及循环等待的进程集合为 $\{p_0,p_1,p_2,...,p_n\}$，这里进程 p_i 等待进程 p_{i+1} 占有的资源 r_i（下标索引采用取模运算，p_n 等待由 p_0 所占有的资源）。而且，由于进程 p_{i+1} 占有的资源 r_i 又申请资源 r_{i+1}，所以对所有的 i，必须有 $F(r_i)<F(r_{i+1})$。而这意味着 $F(r_0)<F(r_1)<F(r_2)<...<F(r_n)<F(r_0)$。根据传递规则可以得到：$F(r_0)<F(r_0)$，这显然是不可能的，因此，上述假设不成立，表明不会出现环路等待条件。

注意，函数 F 的定义应该根据系统内资源使用的正常顺序来定义。例如，由于磁带通常在打印机之前使用，所以定义 $F（磁带机）<F（打印机）$ 较为合理。

4.7.2　死锁的避免

死锁可以通过限制资源申请的方法来预防。这种限制确保死锁产生的四个必要条件之一不会发生，因此死锁不成立。然而，通过这种方法预防死锁的副作用是设备利用率低和系统的吞吐率低。而死锁的避免是这样一种处理死锁的办法：系统在运行过程中采取动态的资源分配策略，保证系统不进入可能导致系统陷入死锁状态的所谓不安全状态，以避免死锁发生。

死锁的避免与死锁预防策略不同，它不对进程申请资源加任何限制，而是对进程提出的每一次资源请求进行动态检查，并根据检查结果决定是否分配资源以满足进程的请求。由于采用了动态的资源分配策略，所以资源利用率比死锁的预防策略高。死锁避免的关键是确定资源分配的安全性。

1.　安全状态和不安全状态

如果在某一时刻，系统能按某种进程顺序，如<P1,P2,...,Pn>，来为每个进程分配其所需的资源，直至最大需求，使每个进程均可顺利完成，则称此时系统的状态为安全状态，称进程序列<P1,P2,...,Pn>为安全序列。安全序列的实质是，序列中的每一个进程 Pi（$i=1,2,...,n$）到以后运行完成尚需要的资源量不超过系统当前剩余的资源量与所有在序列中排在它前面的进程当前所占有的资源量之和。在这种情况下，进程 Pi 所需要的资源不能立即可用，Pi 可等待直到所有的 Pj 释放其资源。当所有的 Pj 执行完成时，Pi 可获得其所需要的所有资源，完成其给定的任务，返回其所分配的资源并终止。当 Pi 终止时，P$i+1$ 可得到其所需要的资源，如此进行。如果没有这样的顺序存在，那么系统状态处于不安全状态。

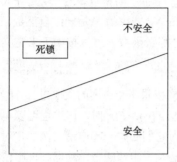

图 4-19　安全、不安全和死锁状态空间

安全状态不是死锁状态，相反，死锁状态是不安全状态。然而，不是所有不安全状态都是死锁状态，如图 4-19 所示。不安全状态可能导致死锁，只要状态为安全，操作系统就能避免不安全和死锁状态。在不安全状态下，操作系统不能预防进程申请资源，这将导致死锁发生；进程行为控制了不安全状态。

下面举一个安全状态的例子，以说明这个问题。假定系统有三个进程 P1、P2、P3，共有 12 台磁带机。进程 P1 总共要求 10 台磁带机，P2 和 P3 分别要求 4 台和 9 台磁带机。设在 T0 时刻，进程 P1、P2 和 P3 已经获得 5 台、2 台和 2 台磁带机，还有 3 台磁带机空闲没有分配，如表 4-5 所示。

表 4-5　T0 时刻资源分配情况

进　　程	最大需求量	已分配资源量
P1	10	5
P2	4	2
P3	9	2

在 T0 时刻，系统处于安全状态。进程请求顺序<P2,P1,P3>满足安全条件，这是因为进程 P2 可立即得到其所需要的磁带机并返回它们（此时系统会有 5 台磁带机）；然后，进程 P1 可得到其所需要的所有磁带机并返回它们（此时系统会有 10 台磁带机）；最后，进程 P3 可得到其所需要的所有磁带机并返回它们（此时系统会有 12 台磁带机）。

系统可以从安全状态变化到不安全状态。假定在时刻 t1 时，进程 P3 申请并获得了 1 台磁带机，此时系统处于不安全状态。因为，系统中只有进程 P2 可得到其所需要的所有磁盘机。当 P2 返回这些资源时，系统中只有 4 台磁带机可用。由于进程 P1 已分配了 5 台磁带机而其最大需求量为 10 台磁带机，所以它还需要 5 台磁带机，因为系统现在可用的磁带机只有 4 台，因此进程 P1 必须等待。类似的，进程 P3 还需要 6 台磁带机，它也必须等待，从而导致系统出现死锁。

这时的错误在于允许进程 P3 再获得 1 台磁带机。如果让 P3 等待直到其他进程完成并释放其所占有的资源，则可以避免死锁的发生。

有了安全状态的概念，就可以定义避免算法以保证系统不会死锁。其实现思想是确保系统始终处于安全状态。开始时，系统是安全的。当进程申请可用资源时，系统必须采用一定算法来检测这次请求能否保证系统处于安全状态。如果按照此资源申请分配，系统是安全的，这时才允许进程申请，否则进程必须等待。

从上面的介绍，可以看出：

（1）系统在某一时刻的安全状态可能不唯一，但这不影响对系统安全性的判断。

（2）安全状态是非死锁状态，而不安全状态并不一定是死锁状态，即系统处于安全状态一定可以避免死锁，而系统处于不安全状态有可能进入死锁状态。

（3）如果一个进程申请的资源当前是可用的，但为了避免死锁，该进程也可能必须等待，则此时资源利用率会下降。

2．银行家算法

银行家算法（Banker's Algorithm）是最有代表性的避免死锁算法，是 Dijkstra 提出的。其模型基于一个小城镇的银行家，他向一群客户分别承诺了一定金额的贷款，而他知道不可能所有客户同时需要最大的贷款额。这里可将客户比做进程，银行家比做操作系统，银行家的周转资金比做操作系统管理的资源。银行家算法就是银行家（操作系统）对每一个客户（进程）的贷款（资源）申请进行检查，以保证银行家的资金不出现坏账。也就是说，检查如果满足该次请求，系统是否会进入不安全状态。若是，则不满足该客户的请求；否则予以满足，将资金贷给请求的客户。

银行家算法的实质如下：要设法保证系统动态分配资源后不进入不安全状态，以避免可能产生的死锁，即每当进程提出资源请求且系统的资源能够满足该请求时，系统将判断如果满足此次资源请求，系统状态是否安全。如果判断结果为安全，则给该进程分配资源，否则不分配资源，申请资源的进程将阻塞，直到其他进程释放出足够资源为止。因此，银行家算法的执行有前提条件，即要求进程必须预先提出自己的最大资源请求数量，这一数量不可能超过系统资源的总量，系统资源的总量是一定的。

为了实现银行家算法，必须要有若干数据结构。这些数据结构对资源分配系统的状态进行了编码。设 n 为系统进程的个数，m 为资源类型的种类。银行家算法中所用的主要的数据结构如下。

（1）可用资源向量（**Available**）：长度为 m 的向量表示系统中各类资源的当前可用实例数。如果 Available[j]=k，则表示系统中现有 Rj 类资源 k 个。

（2）最大需求矩阵（**Max**）：$n \times m$ 矩阵定义每个进程对各类资源的最大需求量。如果 Max[i,j]=k，那么进程 Pi 最多可申请 k 个资源类型 Rj 的实例。

（3）已分配资源矩阵（**Allocation**）：$n \times m$ 矩阵定义了每个进程现在所分配的各种资源类型的实例数。如果 Allocation[i,j]=k，则表示进程 Pi 当前分到 k 个 Rj 类资源。

（4）需求矩阵（**Need**）：$n \times m$ 矩阵表示每个进程还需要的各类资源的数目。如果 Need[i,j]=k，则表示进程 Pi 尚需 k 个 Rj 类资源才能完成其任务。

显然，Need[i,j]=Max[i,j] - Allocation[i,j]，因而，这些数据结构的大小和值会随着时间而改变。

为了简化银行家算法的描述，采用了一些记号。设 X 和 Y 是长度为 n 的向量，可以说：$X \leqslant Y$ 当且仅当对所有 i=1,2,3,…,n，$X[i] \leqslant Y[i]$。例如，如果 X=(1,7,3,2)，而 Y=(0,3,2,1)，那么 $Y \leqslant X$。如果 $Y \leqslant X$ 且 $Y \neq X$，那么 $Y < X$。

可以把矩阵 Allocation 和 Need 中的每一行当做一个向量，并分别写成 Allocation[i]和 Need[i]。Allocation[i]表示当前分给进程 Pi 的资源。向量 Need[i]进程 Pi 为完成任务可能仍然需要申请的额外资源。

1）安全性算法

为了确定计算机系统是否处于安全状态，可采用以下算法。

（1）令 Work 和 Finish 分别表示长度为 m 和 n 的向量。按如下方式进行初始化：Work= Available，Finish[i]=false，i=1, 2,…, n。

（2）搜寻满足下列条件的 i 值：

```
Finish[i] = =false，且Need[i]≤Work。
```

如果没有这样的 i 存在，则转向步骤（4）。

（3）修改如下数据值：

```
        Work=Work + Allocation[i]（Pi释放所占用的全部资源）
        Finish[i]=true
```

并返回步骤（2）。

（4）若 Finish[i] = =true 对所有 i 都成立，则系统处于安全状态；否则，系统处于不安全状态。

2）资源请求算法

设 Request[i]表示进程 Pi 的申请向量。Request[i,j]=k，表示进程 Pi 需要申请 k 个 Rj 类资源。当进程 Pi 申请资源时，执行下列动作。

（1）若 Request[i]＞Need[i]，则产生出错条件，因为进程 Pi 对资源的请求量已超过其说明的最大数量。否则，转到步骤（2）。

（2）如果 Request[i]＞Available，则进程 Pi 必须等待，这是因为系统现在没有可用的资源。否则，转到步骤（3）。

（3）假设系统可以给进程 Pi 分配所请求的资源，则应对有关数据结构进行修改。

```
        Available = Available - Request[i];
        Allocation[i] = Allocation[i] + Request[i];
        Need[i] = Need[i] - Request[i];
```

（4）系统执行安全性算法，查看此时系统状态是否安全。如果是安全的，则实际分配资源，满足进程 Pi 的此次申请；若新状态是不安全的，则 Pi 等待，对所申请资源暂不予分配，并且把资源分配状态恢复成步骤（3）之前的情况。

银行家算法从避免死锁的角度上来说是非常有效的，但是，从某种意义上说，它缺乏实用价值，因为很少有进程能够在运行前就知道其所需资源的最大值，而且进程数也不是固定的，往往在不断地变化（如新用户登录或退出），何况原本可用的资源也可能突然间变成不可用的（如磁带机可能坏了）。因此，在实际中，只有极少的系统使用银行家算法来避免死锁。

3）银行家算法示例

假定系统中有四个进程{P1、P2、P3、P4}和三种类型的资源{R1，R2，R3}，资源的数量分别为9、3、6，T0 时刻的资源分配情况如表 4-6 所示。

表 4-6　T0 时刻的资源分配

资源情况 进程	Allocation			Max			Need			Available		
	R1	R2	R3	R1	R2	R3	R1	R2	R3	R1	R2	R3
P1	1	0	0	3	2	2	2	2	2			
P2	5	1	1	6	1	3	1	0	2	1	1	2
P3	2	1	1	3	1	4	1	0	3			
P4	0	0	2	4	2	2	4	2	0			

（1）T0 时刻是安全的。

此时，系统处于安全状态，因为在 T0 时刻存在一个安全序列{P2,P1,P3,P4}，如表 4-7 所示。

（2）进程 P1 请求资源。

进程 P1 发出请求 Request(1,0,1)，系统按银行家算法进行检查。

① $Request_1(1,0,1) \leqslant Need(2,2,2)$。

② $Request_1(1,0,1) \leqslant Available(1,1,2)$。

表 4-7　*T*0 时刻的安全序列

资源 进程	Work R1　R2　R3			Need R1　R2　R3			Allocation R1　R2　R3			Work+Allocation R1　R2　R3			Finish
P2	1	1	2	1	0	2	5	1	1	6	2	3	true
P1	6	2	3	2	2	2	1	0	0	7	2	3	true
P3	7	2	3	1	0	3	2	1	1	9	3	4	true
P4	9	3	4	4	2	0	0	0	2	9	3	6	true

③ 假设满足进程 P1 的要求，为它分配申请资源，并且修改 Allocation[1]和 Need[1]，得到如表 4-8 所示的资源分配表。

表 4-8　进程 P1 分配资源后的有关数据

资源 进程	Max R1　　R2　　R3			Allocation R1　　R2　　R3			Need R1　　R2　　R3			Available R1　　R2　　R3		
P1	3	2	2	2	0	1	1	2	1			
P2	6	1	3	5	1	1	1	0	2	0	1	1
P3	3	1	4	2	1	1	1	0	3			
P4	4	2	2	0	0	2	4	2	0			

从表 4-8 可以看出，可用资源 Available(0,1,1)已不能满足任何进程的需要，从而系统进入不安全状态。

从上面的分析看出，银行家算法允许存在死锁必要条件的前三个，即互斥条件、占有且申请条件和不可抢占条件。此时，它与死锁预防的几种条件相比较，限制条件少了，资源利用率提高了，但是银行家算法要求进程数目保持固定不变，而且每个进程必须事先知道其最大资源需求量，算法本身比较保守，因为它总是保证系统进入安全状态，但不安全状态并不一定是死锁状态，从而导致系统资源的利用率降低。

4.8 ••• 死锁的检测和解除

一般来说，在操作系统中，通过预防和避免的方式来达到排除死锁的目的是很困难的。这不仅需要较大的系统开销，还不能充分利用资源。一种简单的办法是系统为进程分配资源时，不采取任何限制措施，但是提供检测和解除死锁的手段，即系统能够发现死锁，进而采取一定的措施来解除死锁。

死锁的检测与恢复是指系统设有专门的机构，当死锁发生时，该机构能够检测到死锁发生的位置和原因，且能通过外力破坏死锁发生的必要条件，从而使并发进程从死锁状态中解脱出来。

4.8.1　死锁的检测

资源分配图可以形象直观地描述进程的死锁状态，因此，可以利用资源分配图化简的方法来检测系统处于某一时刻的状态是否为死锁状态。资源分配图的化简方法如下。

（1）在资源分配图中，找出一个既不阻塞又非独立的进程节点 Pi。在顺利的情况下，Pi 可获得所需资源而继续运行，直至运行完毕，再释放其所占用的全部资源，这相当于消去 Pi 所有的请求边和分配边，使其成为孤立节点。例如，在图 4-20（a）中，将 P1 的两个分配边和一个请求边消去，便形成图 4-20（b）所示的情况。

（2）把相应的资源分配给一个等待该资源的进程，即将某进程的申请边变为分配边。在图 4-20中，P1 释放资源后，便可使 P2 获得资源而继续运行，直至 P2 完成后释放出它所占有的全部资源，形成如图 4-20（c）所示的状态。

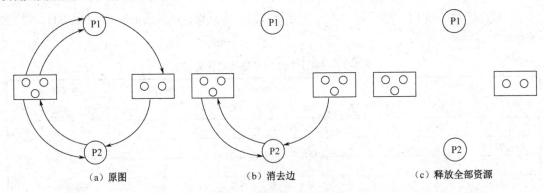

图 4-20 资源分配图的简化

（3）在进行了一系列的简化后，若能消去图中所有的边，使所有进程节点都成为孤立节点，则称该图是可完全简化的；若不能通过任何过程使该图完全简化，则称该图是不可完全简化的。

对于较复杂的资源分配图，可能有多个既未阻塞，又非孤立的进程节点，不同的简化顺序，是否会得到不同的简化图呢？有关文献已经证明，所有的简化顺序都将得到相同的不可化简图。同样可以证明：**S 状态为死锁状态的充分条件是当且仅当 S 状态的资源分配图是不可完全简化的**。该充分条件被称为死锁定理。

死锁检测算法也使用一些随时间而变化的数据结构，与银行家算法类似。

（1）**Available** 是一个长度为 m 的向量，表示各种资源的可用实例。

（2）**Allocation** 是一个 $n×m$ 的矩阵，表示当前各进程的资源分配情况。

（3）**Request** 是一个 $n×m$ 的矩阵，表示当前各进程的资源请求情况。如果 Request[i,j]=k，那么 Pi 需要 k 个资源 Rj。

为了简单起见，将 Allocation 和 Request 的行作为矢量，且分别称为 Allocation[i]和 Request[i]。检测算法只是简单地调查尚待完成的各个进程所有可能的分配序列。读者可以将本算法与银行家算法做比较。

① 令 Work 和 Finish 分别表示长度为 m 和 n 的向量，初始化 Work=Available；对于 i=1, 2,..., n，如果 Allocation[i]≠0，则 Finish[i]=false；否则 Finish[i]=true。

② 寻找一个下标 i，它应满足如下条件：

```
Finish[i] = = false且Request[i]≤Work
```

若找不到这样的 i，则转到步骤④。

③ 修改数据值：

```
Work = Work + Allocation[i]
Finish[i]=true
```

并转向步骤②。

④ 若存在某些 $i(1 \leq i \leq n)$，Finish[i] = =false，则系统处于死锁状态。此外，若 Finish[i] = =false，则进程 Pi 处于死锁环中。

在上面的算法中，一旦找到一个进程——它申请的资源可以被可用资源满足，就假定那个进程可以得到所需要的资源，它一直运行，直到完成，然后释放占有的全部资源，再查找是否有另外的进程也满足这种条件。注意，这种算法并不能保证死锁不再出现。如果以后出现了死锁，那么调用该算法能检测出死锁。

下面举例说明这一算法，考虑这样一个系统：它有 5 个进程 P1、P2、P3、P4 和 P5，有 3 类资源 R1、R2 和 R3，每类资源的个数分别为 7、2、6。假定在 $T0$ 时刻，有如表 4-9 所示的资源分配状态。

表 4-9　死锁检测示例资源分配情况

资源情况 进程	Allocation			Max			Available		
	R1	R2	R3	R1	R2	R3	R1	R2	R3
P1	0	1	0	0	0	0			
P2	2	0	0	2	0	2			
P3	3	0	3	0	0	0	0	0	0
P4	2	1	1	1	0	0			
P5	0	0	2	0	0	2			

可以认为系统现在不处于死锁状态。事实上，如果执行检测算法，则会找到这样一个序列 < P1,P3,P4,P2,P5>，对于所有的 i 都有 Finish[i] = =true。

现在假定进程 P3 又请求了资源类型 R3 的一个实例，则系统资源分配情况如表 4-10 所示。

表 4-10　P3 申请一个单位的 R3 资源后的资源分配数据

资源情况 进程	Allocation			Request			Available		
	R1	R2	R3	R1	R2	R3	R1	R2	R3
P1	0	1	0	0	0	0			
P2	2	0	0	2	0	2			
P3	3	0	3	0	0	1	0	0	0
P4	2	1	1	1	0	0			
P5	0	0	2	0	0	2			

可以认为现在系统是死锁的。虽然可以回收进程 P1 所占有的资源，但是现有资源并不足以满足其他进程的请求，因此，进程 P2、P3 和 P5 会一起死锁。

由于死锁检测算法需要进行很多操作，因而何时调用检测算法成为系统设计的关键。这取决于如下两个因素。

（1）死锁可能发生的频率是多少？

（2）当死锁发生时，有多少进程受影响？

如果死锁经常发生，则应经常调用检测算法。分配给死锁的进程的资源会一直空着，直到死锁被打破。另外，参与死锁循环的进程数量可能会不断增加。

如果只有当某个进程提出请求且得不到满足时，才会出现死锁，则这一请求可能是完成等待进程链的最后请求。在极端的情况下，每次请求分配不能立即允许时，就调用死锁检测算法。在这种情况下，不仅能确定哪些进程死锁，还能确定哪个特定进程造成了死锁。当然，对每个请求都调用检测算法会引起相当的计算开销。另一个不太昂贵的方法只是在一个不频繁的时间间隔离调用检测算法，如每小时一次，或当 CPU 的使用频率低于 40%时。如果在不定的时间点调用检测算法，那么资源分配图会有许多环，通常不能确定死锁进程中哪些引起了死锁。

4.8.2 死锁的解除

当死锁检测算法确定死锁已经发生时，应该采取措施使系统从死锁中解脱出来。解除死锁可有多种方法：一种方式是人工干预，即当死锁发生时，通知操作员，由操作人员人工解决死锁问题；另一种方法是让系统从死锁状态中自动恢复过来。具体来说，解除死锁有两种方式：一种方式是简单地终止一个或多个进程以打破循环等待，另一种方式是从一个或多个死锁进程中抢占一个或多个资源。

1．进程终止

有两个方法通过终止进程以取消死锁。不管采用哪个方法，系统都会收回分配给被终止进程的所有资源。

终止所有死锁进程：这种方法显然终止了死锁循环，但是其代价也大；这些进程可能已计算了很长时间，这些部分的计算结果必须放弃，以后可能还要重新计算。

一次只终止一个进程，直到取消死锁循环为止：这种方法的开销会相当大，这是因为每次终止一个进程，都必须调用死锁检测算法以确定进程是否仍处于死锁。

终止一个进程并不简单。如果进程正在更新文件，那么终止它会使文件处于不一致的状态。类似的，如果进程正在打印文件，那么系统必须将打印机重新设置为正确状态，以便打印下一个文件。

如果采用了部分终止，那么对于给定死锁进程，必须确定终止进程或哪些进程可以打破死锁。这个确定类似于 CPU 调度问题，是一个策略选择。该问题基本上是一个经济问题，应该终止代价最小的进程。然而"代价最小"并不精确。许多因素都影响着应选择哪个进程，包括：

（1）进程的优先级是什么？

（2）进程已计算了多久，进程在完成其指定任务之前还需要多久？

（3）进程使用了多少个、什么类型的资源（例如，这些资源是否容易抢占）？

（4）进程需要多少资源才能完成？

（5）多少进程需要被终止？

（6）进程是交互的还是批处理的？

2．资源抢占

通过抢占资源以取消死锁，逐步从进程中抢占资源给其他进程使用，直到死锁环被打破为止。如果采用抢占资源来处理死锁，那么有如下三个问题需要处理。

（1）**选择一个牺牲品**：抢占哪些资源和哪个进程？与进程取消一样，必须确定抢占顺序以使代价最小化。代价因素包括许多参数，如死锁进程所拥有的资源数量、死锁进程到现在为止在其执行过程中所消耗的时间。

（2）**回滚**：如果从一个进程那里抢占一个资源，那么应该对该进程做些什么安排？显然，该进程不能正常执行，它缺少其所需要的资源，而且必须将进程回滚到某个安全状态，以便从该状态重启进程。

通常，确定一个安全状态并不容易，所以最简单的方法是完全回滚，终止进程并重新执行。然而，更为有效的方法是只将进程回滚到足够解除死锁的地方为止，但是这种方法要求系统必须维护有关全部进程状态的全部信息。

（3）**饥饿**：在某些策略下，系统会出现一种情况，即在可以预计的时间内，某个或某些进程永远得不到完成工作的机会，因为它们所需的资源总是被其他进程占有或抢占。这种状况称为"饥饿"或者"饿死"。因此，采用资源抢占方式时，应该确保饥饿不会发生，也就是说，应该保证资源不会总是从同一个进程中被抢占。

如果一个系统是基于代价来选择牺牲进程的，那么同一进程可能总是被选为牺牲品，结果，这个进程永远不能完成其指定的任务，任何实际系统都需要处理这种饥饿情况。显然，必须确保一个进程只能有限次地被选为牺牲品。最为常用的方法是在代价因素中加上回滚次数。

4.9　总结与提高

在现代操作系统中，多个并发执行进程共享资源，因而，在进程的活动过程中，它们之间存在着相互制约关系，这些制约关系表现为进程的同步和互斥。所谓进程同步就是指进程之间相互合作完成某一任务，在某些关键点上要相互通信和等待，而进程的互斥就是指进程对临界资源的排他性的使用。临界资源是指一次只能被一个进程使用的资源。

为了解决进程同步和互斥的问题，人们提出了许多解决方案，其中最著名的就是信号量机制。信号量机制是解决进程同步和互斥的一种有效机制。信号量是表示系统中某类资源数目的信号量，它的值只能由原子操作 wait 和 signal 原语来改变。wait 操作表示系统请求一个单位的资源，而 signal 操作表示系统释放一个单位的资源。很多经典的同步问题，如生产者—消费者问题、读者—写者问题、哲学家进餐问题和理发师问题等都是进程同步和互斥的一般形式，同样可以用信号量来解决。

管程是功能更强的同步机制，它自动实现进程互斥进入管程。管程中可引入条件变量，利用两个操作原语实现进程同步。进程之间除了同步和互斥外，有时还需要进行通信，进程间通信的方式主要有共享内存、共享文件和消息传递三种方式。而在计算机网络系统中，进程之间可采用套接字和远程过程调用等方式来进行通信。

进程之间竞争资源可能出现死锁。死锁产生的根本原因就是资源数目不足且操作不当。死锁产生必须具备互斥条件、不可剥夺条件、请求和保持条件、环路等待条件四个必要条件。

死锁出现后严重浪费系统资源，因此，必须采取一定的措施来处理死锁。处理死锁的措施主要有：死锁的预防、死锁的避免、死锁的检测和解除。死锁的预防是指通过加入严格限制条件来破坏死锁产生的必要条件的一个或几个，从而保证系统不会进入死锁状态。死锁的避免就是保证系统不进入不安全状态，是一种排除死锁的动态策略。死锁避免的一个著名算法是银行家算法。而死锁的检测和解除是指系统设置专门的机构来检测发生死锁的位置和原因，通过一定的机制来完成死锁的恢复，从而解除死锁。

习 题 4

1．什么是进程的互斥和同步？

2．什么是临界区和临界资源？进程进入临界区的调度原则是什么？

3．简述信号量的定义和作用。

4．进程之间有哪些基本的通信方式？它们分别有什么特点？分别适用于哪些场合？

5．什么是管程？它由哪些部分组成，有何特征？

6．什么是死锁？产生死锁的原因和必要条件是什么？

7．在解决死锁问题的几个方法中，哪种方法最易于实现？哪种方法使资源利用率最高？

8．详细说明可通过哪些途径来预防死锁。

9．考虑由 n 个进程共享的具有 m 个同类资源的系统，如果对于 $i=1,2,3,\dots,n$，则有 Need[i]>0 并且所有进程的最大需求量之和小于 $m+n$，试证明系统不会产生死锁。

10．某车站售票厅，任何时刻最多可容纳 20 名购票者进入，当售票厅中少于 20 名购票者时，厅外的购票者可立即进入，否则需在外面等待。若把一个购票者看做一个进程，请回答下列问题。

（1）用信号量管理这些并发进程时，应怎样定义信号量，写出信号量的初值及信号量各种取值的含义。

（2）根据所定义的信号量，写出相应的程序来保证进程能够正确地并发执行。

（3）若购票者最多为 n 个人，试写出信号量取值的可能范围（最大值和最小值）。

11．在测量控制系统中的数据采集任务时，把所采集的数据送入一个单缓冲区；计算任务从该单缓冲区中取出数据进行计算。试写出利用信号量机制实现两任务共享单缓冲区的同步算法。

12．如何利用管程来解决哲学家进餐问题？

13．在生产者-消费者问题中，如果缺少了 signal(full)或 signal(empty)，则对执行结果将会有何影响？

14．桌上有一个空盘，允许存放一只水果。爸爸可向盘中放苹果，也可向盘中放橘子，儿子专等吃盘中的橘子，女儿专等吃盘中的苹果。规定：当盘空时一次只能放一只水果，请用信号量实现爸爸、儿子和女儿三个并发进程的同步。

15．设某系统中有三个进程 Get、Process 和 Put，共用两个缓冲区 buffer1 和 buffer2。假设 buffer1 中最多可放 11 个信息，现已放入了两个信息；buffer2 最多可放 5 个信息。Get 进程负责不断地将输入信息送入 buffer1 中，Process 进程负责从 buffer1 中取出信息进行处理，并将处理结果送到 buffer2 中，Put 进程负责从 buffer2 中读取结果并输出。试用信号量机制实现它们的同步与互斥。

16．某寺庙有和尚若干，有一个水缸。由小和尚挑水入缸供老和尚、大和尚饮用。水缸可容 10 桶水，水取自同一井。水井很窄，每次只能容一个水桶取水。水桶总数为 3 个。每次入、取缸水仅为 1 桶，且不可同时进行。试给出取水、入水的同步算法。

17．在银行家算法中，若出现如表 4-11 所示的资源分配情况。

表 4-11　资源分配情况

Process	Allocation				Need				Available			
P0	0	0	3	2	0	0	1	2	1	6	2	2
P1	1	0	0	0	1	7	5	0				
P2	1	3	5	4	2	3	5	6				
P3	0	0	3	2	0	6	5	2				
P4	0	0	1	4	0	6	5	6				

试问:

（1）该状态是否安全?

（2）若进程 P2 提出请求 Request（1，2，2，2），则系统能否将资源分配给它?

18. 设系统中仅有一类数量为 M 的独占型资源,系统中 N 个进程竞争该类资源,其中各进程对该类资源的最大需求量为 W。当 M、N、W 分别取下列值时,试判断哪些情形可能会发生死锁?为什么?

（1）$M=2$，$N=2$，$W=1$；

（2）$M=3$，$N=2$，$W=2$；

（3）$M=3$，$N=2$，$W=3$；

（4）$M=5$，$N=3$，$W=2$。

19. 某高校计算机系开设网络课并安排上机实习,假设机房共有 $2m$ 台机器,有 $2n$ 名学生选修该课程,规定:

（1）每两个学生组成一组,各占一台机器,协同完成上机实习。

（2）只有凑够两个学生,并且此时机房有空闲机器,门卫才允许该组学生进入机房。

（3）上机实习由一名教师检查,检查完毕后,一组学生才可以离开机房。

试用信号量操作模拟上机实习过程。

20. 某银行提供 1 个服务窗口和 10 个供顾客等待的座位。顾客到达银行时,若有空座位,则到取号机上领取一个号,等待叫号。取号机每次仅允许一位顾客使用。当营业员空闲时,通过叫号选取一位顾客,并为其服务。顾客和营业员的活动过程描述如下,请添加必要的信号量操作,实现上述过程中的互斥与同步。

```
cobegin                          Process营业员
{                                {
    Process顾客;                      While(TRUE)
    {                                {
        从取号机获取一个号码;              叫号;
        等待叫号;                        为顾客服务;
        获取服务;                      }
    }                            } coend
```

21. 三个进程 P1、P2、P3 互斥使用一个包含 $N(N>0)$ 个单元的缓冲区。P1 每次用 produce() 生成一个正整数并用 put() 送入缓冲区某一空单元中;P2 每次用 getodd() 从该缓冲区中取出一个奇数并用 countodd() 统计奇数的个数;P3 每次用 geteven() 从该缓冲区中取出一个偶数并用 counteven() 统计偶数的个数。请用信号量机制实现这三个进程的同步与互斥活动,并说明所定义的信号量的含义,要求用伪代码描述。

实验 4　有限缓冲区问题

1．实验目的

通过本实验了解并掌握进程同步的机制，进而熟练掌握经典的进程同步问题——有限缓冲区问题。

2．实验环境

本实验可在 Windows 9x、Windows NT，或者 Windows 2000/XP 下完成。

3．问题描述

生产者-消费者问题是由 Dijkstra 提出的经典进程同步问题，该问题描述了两类进程之间如何通过共享有限缓冲区来实现同步。在本实验中，要设计出两个线程——生产者线程和消费者线程。生产者线程生产出某种产品，然后将该产品放到一个空缓冲区中供消费者线程消费。消费者线程从缓冲区中取出产品，并释放缓冲区到相应的缓冲池中。如果没有装满产品的缓冲区，则消费者线程阻塞直到新产品被生产并放入缓冲区。相应的，当一个生产者生产出一个产品，但系统没有空的缓冲区时，生产者线程也必须等待，直到消费者线程释放出一个空缓冲区。生产者和消费者线程在同一个地址空间内执行。

本实验用来实现进程，该进程由生产者进程和消费者线程组成，它们共享 N 个不同的缓冲区（N 的大小固定为 25）。根据 4.2.1 小节中提出的生产者——消费者问题解决方案，需要设置三个信号量：一个互斥信号量来防止生产者进程和消费者线程同时操作同一缓冲区，一个信号量用来通知消费者线程有装满产品的缓冲区，而另一个信号量用来通知生产者有空的缓冲区，可以放入产品。

4．背景知识

在一个 Windows 进程中，所有线程在相同的地址空间执行，使用相同的资源来解决某一个计算任务。也就是说，所有的线程相互合作来完成预期的全部计算，因此，必须采用相应的同步机制来协调多个独立线程的执行。

在 Windows 系统中，线程之间采用内核同步对象来实现同步和互斥。此外，有多种内核对象被明确地指定来实现各种同步，这些对象包括 Mutexes 和 Semaphores。每个用来实现同步的内核对象包含一个状态变量，它用来表明对象处于有信号的状态还是无信号的状态。例如，当一个进程或线程终止时，它转变为有信号状态。当某些操作引起对象状态的改变时，其他的软件使用 WIN32 API 的 wait 函数（WaitForSingleObject 和 WaitForMultipleObject）可以检测到对象的状态。wait 函数使用句柄来引用内核对象，检测对象的状态。如果对象处于有信号的状态，则 wait 函数返回调用者。如果对象处于无信号的状态，则 wait 函数阻塞调用线程直到某个条件满足（例如，对象改变为有信号状态，或者计时器超时）。一旦线程从调用函数返回，线程会再一次变为可执行状态，也就是说，它可以竞争处理器。因此，将同步机制和调度机制结合起来决定线程是否被调度。

引起对象状态变化的原因很多。在有些情况下，对象状态的变化可能由对象的某些活动引起，而有些时候，这种变化必须通过明确的行为来实现。那些除了同步之外还有其他活动的对象（如进程、线程和文件对象）也有隐式的状态转化。那些明确用来实现同步的对象有一组引起对象状态变化的方法，这就是为什么 Windows 提供了多种同步对象。

进程和线程在建立时处于无信号的状态，并且在整个生命周期内都处于那种状态。当一个进程或线程通过执行系统调用 ExitProcess 或 ExitThread 来终止执行时，它的状态从无信号状态转换为有信号状态。一个控制线程通常有如下模式。

```
thrdHandle = CreateThread(…);
…
WaitForSingleObject(thrdHandle,INFINITE);
CloseHandle(thrdHandle);
```

如果控制线程创建了一个新线程，则这个新线程会保持为无信号状态。当子线程终止时，它的状态变为有信号状态，同时控制线程自己阻塞在 WaitForSingleObject 函数调用处，直到子线程终止。

多个线程（在多个进程中）可以等待同一个同步对象吗？答案是肯定的。这里有两种情况：一种情况是，在同一个进程中的每个线程都使用自己的对象句柄，当计时器超时，每个线程执行 WaitSingleObject；另一种情况与访问同一对象的多个进程有关，在这种情况下，每个被访问的对象必须有一个确定的名称，而且这个名称对所有使用这个对象的进程是可知的。这样，第二个进程可以使用 open 函数来引用第一个进程创建的对象，只是在 open 函数中要指定访问对象的名称。

如果多个线程（在同一个进程或不同进程中）在一个对象上等待，那么它应该什么时间从有信号状态转变到无信号状态呢？当某个进程检测到它处于有信号状态时，它自动返回为无信号状态，那么，多个线程怎样发现计时器的通知呢？这个问题的答案依赖于 Create<对象>（例如，CreateMutex 和 CreateSemaphore）函数的 bManualReset 参数。有些同步对象采用自动复位来管理状态的转换，有些需要人工复位，有些允许程序员根据对象的特点来选择策略。同步对象通常支持人工复位或自动复位，取决于在建立对象时使用的 bManualReset 参数的值。如果对象使用人工复位策略，它将保持为有信号状态，直到程序员使用 Set<对象>将它复位为无信号状态。但是，如果使用的是自动复位策略，每当 wait 函数检测到对象转变为有信号状态，它的状态会自动返回为无信号状态。

1）wait 函数

wait 函数和同步对象结合可以实现 Dijkstra 的 p 操作的功能。当一个线程调用 wait 函数时，它将阻塞到某个特定的对象给它发送一个通知为止。一个线程可以创建一个同步对象，然后设置它的属性，并等待它响应函数调用 WaitForSingleObject。下面给出函数 WaitForSingleObject 的原型。

```
DWORD  WaitForSingleObject(
    HANDLE hHandle;              //等待对象的句柄（指针）
    DWORD  dwMilliseconds;       //计时器的间隔时间（ms）
);
```

参数 hHandle 是同步对象的句柄，参数 dwMilloseconds 用来指定线程等待同步对象变成有信号状态的最大时间（单位为 ms）。由于等待计时器（WAIT_OBJECT_O）可以发送一个通知或者最长等待时间会到达（WAIT_TIMEOUT），因此，程序员可以使用 GetLastError 来查看该函数调用是否返回。当然，也可以指定参数 dwMilliseconds 的值为 INFINETE。如果参数 dwMilliseconds 的值为 INFINITE，那么调用线程将一直阻塞直到收到同步对象发来的通知为止，计时器永远不可能超时。

WaitForSingleObject 可用于 Event、Mutex 和 Semaphore 对象（WaitForSingleObject 能够从对象的句柄推出它所等待对象的类型）。

当一个线程等待一个或一组对象变为有信号状态时，它可以调用 WaitForMultipleObject 函数来阻塞自己。WaitForMultipleObject 函数原型如下。

```
DWORD  WaitForMultipleObject(
```

```
        DWORD  nCount;                    //对象数组中对象的数量
        CONST HANDLE  *lpHandle;          //对象句柄数组的指针
        BOOL  bWaitAll,                   //等待标志
        DWORD  dwMilliseconds             //计时器的时间间隔
    );
```

其中，参数 nCount 用来指定该函数调用被阻塞时等待对象集合中对象句柄的数目。参数 lpHandle 是等待对象句柄数组的指针。bWaitAll 参数用来指定该函数是否等待所有的等待对象发送通知（bWait=TRUE），或者仅仅等待一个等待对象发送一个通知（bWait=FALSE）。参数 dwMilliseconds 用于设置计时器的间隔时间，以便函数调用能在有限的时间内返回。当然，dwMilliseconds 可以设为 INFINITE。下面的程序代码演示了函数 WaitForMultipleObject 和对象句柄数组的用法。

```
    #define N …
    …
    HANDLE  thrdHnandle[N];
    …
    for (i=0; i<N; i++)  {
      thrdHandle[i] = CreateThread(…);
    }
    …
    WaitForMultipleObject(N, thrdHandle, TRUE, INFINITE);
```

如果在调用函数 WaitForMultipleObject 或者 WaitForSingleObject 时，将参数 dwMilliseconds 的值设为 0，那么会出现什么后果呢？显然，这时的原语同步行为变得与轮询原语的行为类似，因为函数调用一结束，计时器马上超时。一旦函数调用返回，调用进程通过检查函数返回值来决定查询对象的状态。

2）Metux

Mutex 对象只能用来实现进程的同步——专门用来解决临界区问题。Metux 可以有一个主人线程，也可以有无主线程。一个线程对 Mutex 对象具有所有权意味着这个线程正在使用该对象，也就是说，该 Mutex 对象处于无信号状态，使用该对象的线程正在该对象保护的临界区内执行。当一个 Mutex 对象建立时，或者采用 open 命令打开一个 Mutex 对象时，一个线程可以变成该 Mutex 对象的主人。该线程可以使用 ReleaseMutex 来释放 Mutex 对象（将 Mutex 对象的状态改为有信号状态）。为了更好地理解，可以考察一下 CreateMutex 函数，即

```
    HANDLE  CreateMutex(
        LPSECURITY_ATTRIBUTES  lpMutexAttributes,
                            //安全属性指针
        BOOL  bInitialOwner;    //初始化所有权标志
        LPCTSTR lpName;         //Mutex对象的名称指针
    );
```

bInitialOwner 属性用来确定调用线程是否成为 Mutex 对象的主人。如果创建 Mutex 的函数调用成功，并且 bInitialOwner 的值为 TRUE，那么新建的 Mutex 对象将处于无信号状态，调用线程是该对象的主人。像其他对象创建函数一样，在使用 CreateMutex 创建 Mutex 对象时，如果选择一个已经存在的对象名作为参数，则该函数调用会失败。GetLastError 将返回值 ERROR_ALREADY_EXISTS。

一旦 Mutex 对象被建立，则在调用线程所在进程内的任何线程都可以使用它。如果在其他进程内的线程想使用 Mutex 对象，那么它们必须知道 Mutex 对象的名称，并采用 OpenMutex 来打开它。

如果一个线程不是 Mutex 对象的主人，但打算变成它的主人，则它可以使用 wait 函数来请求所有权。像其他对象一样，当 Mutex 对象处于有信号的状态时，对该对象执行的 wait 函数调用将返回。在 Mutex 对象上的 wait 函数调用成功后，调用线程将成为 Mutex 对象的主人，Mutex 对象的状态变为无信号状态。ReleaseMutex 函数调用可以解除对象所有权，并将对象的状态恢复为有信号状态。

Mutex 对象可以用来解决临界区问题。假设线程 X 和 Y 共享资源 R——两个线程计算，访问资源 R，然后继续执行计算任务。由于 R 是一个共享资源，所以对它必须互斥访问。下面给出采用 Mutex 来解决有限缓冲区问题的程序框架。

```
int main() {
 //这是一个控制线程
 …
 //打开资源R
 //创建一个无主Mutex对象（有信号）
 mutex=CreateMutex(NULL,FALSE,NULL);
 ...CreateThread(…,workerThrd,..) …;        //建立线程X
 ...CreateThread(…,workerThrd,..) …;        //建立线程Y
 …
}

DWORD  WINAPI  workerThrd(LPVOID)  {
    …
    while(1){
       //完成计算
       …
       //获得Nutex对象
       while(WaitForSingleObject(mutexR) != WAIT_OBJECT_O);
       //访问资源R
       ReleaseMutex(mutexR);
       }
       …
    }
```

3）Semaphore

Semaphore 对象实现了 Dijkstra 通常的信号量语义，也就是说，Semaphore 对象是一个计数信号量（它的值是一个整数），而不是像 Events 和 Mutexes 那样的二进制信号量。采用 CreateSemaphore 函数来建立 Semaphore 对象。Semaphore 函数原型如下。

```
HANDLE  CreateSemaphore(
    LPSECURITY_ATTRIBUTES    lpSemaphoreAttributes,
                             //安全属性指针
    LONG  lInitialCount,        //初始值
    LONG  lMaximmCount,         //最大值
    LPCTSTR  lpName             //信号量对象指针
);
```

Semaphore 对象保存了一个内部变量，它的值为 0～maximumCount。当创建一个信号量对象时，

内部变量的初始值可以被设置为有效范围内的任意值，该值由参数 lInitialCount 指定。Semaphore 对象的状态由内部变量的值来决定：如果它的值为 0，则对象的状态为有信号；如果它的值为[1, lMaximumCount]，那么对象的状态为无信号。

程序员可以通过系统调用间接修改 Semaphore 对象的内部值。wait 函数只递减内部变量的值而不阻塞线程，ReleaseSemaphore 函数递增内部变量的值。

```
BOOL   ReleaseSemaphore(
  HANDLE hSemaphore,            //信号量对象的句柄
  LONG   lReleaseCount,         //增加当前计数器的值
  LPLONG lPreviousCount         //以前计数器的地址
);
```

lReleaseCount 参数增加了信号量的数量（对象状态的改变），lPreviousCount 参数是一个变量指针，它用来显示 ReleaseSemaphore 函数调用前计数器的值。如果程序员不关心对象以前的值，则这个参数的值也可以设为 NULL。

Semaphore 对象适用于程序员需要使用同步机制来实现计数的场合。假设线程 X 和 Y 都使用资源 R 的实例——任何一个线程都可以申请 k 个 R 资源，使用它们一段时间后释放。下面是使用 Semaphore 来解决有限缓冲区问题的程序框架。

```
#define N  …

int  main() {
  //这是一个控制线程
  …
  //建立Semaphore对象
  SemaphoreR = CreateSemaphore(NULL,0,N,NULL);
    …CreateThread(…,workerThrd,…)…;      //建立线程X
    …CreateThread(…,workerThrd,…)…;      //建立线程Y

     …
     }

    DWORD  WINAPI  workerThrd(LPVOID) {
      while(…) {
        //完成一些计算

       …
        //请求k个资源实例
        for (i=0; i<k; i++)
         while(WaitForSingleObject(semaphoreR) != WAI_OBJECT_O);
        //完成一些计算任务
        ...
        //释放资源
        ReleaseSemaphore(semaphoreR,K,NULL);
        …
         }
          }
```

第5章

存储管理

目标和要求

◆ 理解内存在现代计算机系统中的地位和操作系统存储管理的基本功能。

◆ 了解分区分配的概念，掌握动态分区的分配算法和特点。

◆ 理解和掌握分页存储管理的基本原理、地址映射，了解联想寄存器的概念和多级页表的引入。

◆ 理解和掌握分段存储管理的基本原理、地址映射、分段和分页的区别，了解段的共享、保护问题以及段页式存储管理技术。

◆ 理解并掌握虚拟内存的概念和特征。

◆ 掌握请求分页存储管理的概念和页面置换技术。

◆ 了解请求分段存储管理的概念和相关技术。

学习建议

本章内容是操作系统课程的核心内容之一，应该加强学习。在学习时，应加强对概念的理解，多看书多做题。在有条件的情况下，可编写程序来模拟相关算法。

计算机系统的主要用途是执行程序，但在执行时，这些程序及其访问的数据必须在内存中。为了改善 CPU 的利用率和对用户的响应速度，计算机必须在内存中保留多个进程，即内存是共享资源。

近年来，随着硬件技术和生产水平的发展，内存的成本迅速下降，容量一直不断扩大，但仍然不能满足各种软件对存储空间急剧增长的需要，因此，对内存进行有效的管理仍然是现代操作系统的一个重要功能。存储管理目前仍是人们研究操作系统的中心问题之一。内存管理的方案有很多，可适应不同的需求，每个算法的有效性与特定情况有关。对系统内存管理方案的选择依赖于很多因素，特别是系统的硬件设计。每个算法都需要有自己的硬件支持。

本章将介绍操作系统中有关存储管理的基本概念、常见的存储管理方法，并分别介绍各种内存管理技术的实现思想、算法和硬件支持，探讨各种算法的优缺点。

5.1 ••• 存储管理的功能

内存是现代计算机系统的中心，是指 CPU 能直接存取指令和数据的存储器，CPU 和 I/O 设备都要和内存交互，如图 5-1 所示。内存由很大的一组字或字节组成，每个字或字节都有它们自己的编号，称为内存地址。对内存的访问是通过一系列对指定地址单元进行读写来实现的。CPU 根据程序计数器的值从内存中提取指令，这些指令可能会引起进一步的对特定内存地址的读取和写入。例如，一个典型指令执行周期如下：首先从内存中读取指令，然后该指令被解码，且可能需要从内存中读取操作数。在指令对操作数执行后，其结果可能被存回到内存中。内存单元只能看到地址流，而不知道这些地址是如何产生的（如指令计数器、索引、间接寻址等）或它们是什么地址（指令和数据）。

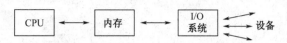

图 5-1　内存在计算机系统中的地位

5.1.1　用户程序的处理过程

用户要解决某个特定的任务，通常先对该问题进行数学抽象，确定相应的数据结构，然后用某种高级程序设计语言（如 C/C++、Java 等）编写源程序代码，然后在计算机上运行。简单来说，从用户源程序进入系统到程序的最终执行，要经过编辑、编译、链接、装入和运行等几个阶段，如图 5-2 所示。

1. 编辑阶段

编辑阶段：用户通过某种编辑软件把程序代码输入到计算机中，并以文件的形式把程序代码保存在指定的磁盘上，形成用户的源程序文件，即源文件。

2. 编译阶段

源程序文件不能直接在计算机上运行，因为 CPU 不能识别它。CPU 仅仅认识由规定范围内的一系列二进制代码组成的指令和数据，并按预定的含义执行一系列动作。因此，用户的源程序文件必须经过编译软件的编译，形成对应的二进制目标代码才有可能被 CPU 识别。也就是说，通常用户程序的执行需要经过编译阶段。

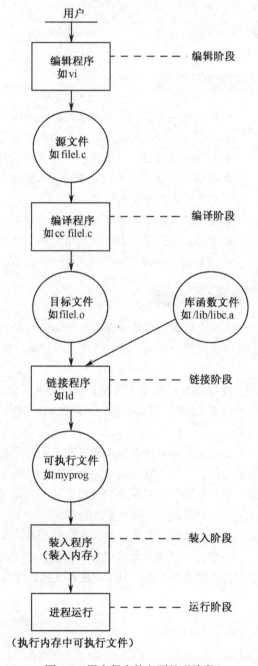

图 5-2　用户程序的主要处理阶段

3．链接阶段

用户程序经过编译后，形成相应的目标代码。在这些目标代码中，有些代码可能要调用系统程序或函数库，而这些程序和函数库是事先编译好，并保存在不同的地址空间内的，用户程序并不知道这些系统函数或程序的具体位置，仅知道它们的名称，因此，这时的用户程序是分散的、无法寻址的、模块的集合，CPU 不能执行这些模块，必须把它们装配成一个统一的整体，以确定程序的外部访问地址。将编译或汇编后得到的一组目标模块及它们所需的库函数装配成一个完整的装入模块的过程就是程序的链接阶段。

实际上，许多编译程序对用户源程序完成编译后，会自动调用链接程序进行目标文件的链接，产生一个可执行文件。

4．装入阶段

用户程序必须装入内存中才能运行，也就是说，用户程序执行的第一步就是根据系统内存的使用状态，采取一定的策略把用户程序装入内存的合适位置，建立相应的进程映像。在适当的时候，进程调度程序选中用户程序，为其分配 CPU 使之执行。用户程序在执行期间要访问内存中的指令和数据，通常情况下，用户程序经编译之后的每个目标模块都以 0 为基地址顺序编址，这种地址称为**相对地址**或**逻辑地址**；内存中各物理存储单元的地址是从统一的基地址开始顺序编址的，这种地址称为**绝对地址**或**物理地址**。因此，为了保证程序的正确执行，程序在装入内存时要进行重新定位，即将程序和数据捆绑到内存地址中，以便 CPU 能正确寻址。

通常，程序装入内存的方式有以下三种。

1）绝对装入方式

如果在编译时就知道进程在内存中的驻留地址，则可以生成绝对地址。装入模块可以把用户程序装入到指定的位置，这时程序中出现的所有地址都是内存中的绝对地址。

2）可重定位装入方式

装入程序根据内存当时的使用情况来决定将用户程序装入到内存的什么地方。用户程序中使用的地址是相对地址，地址的定位在装入程序装入时完成。

3）动态运行时装入方式

为了提高内存的利用率，在有些系统中，系统可以根据内存的使用状态把用户程序从一个地址段移动到另外一个地址段，即用户程序在整个执行周期内可能处于不同位置，因此，此时的地址重定位被推迟到程序执行时完成。

在这三种装入方式中，绝对方式最简单，但性能最差。动态运行时装入方式的内存使用性能最佳，目前绝大多数计算机采用了这种方式，但是这种方式需要特定硬件的支持。

5．运行阶段

系统创建进程，执行相应的代码，完成用户提交的任务。最后，进程终止，释放出其占有的地址空间。

5.1.2　存储管理的功能

存储器是计算机系统的重要资源之一，因为任何程序和数据及各种控制用的数据结构都必须占用一定的存储空间，因此，存储管理直接影响整个系统的性能。存储管理的主要任务是方便用户，使用户减少甚至摆脱对存储器使用的管理，进而提高内存资源的利用率，实现资源共享。为了实现存储管理的任务，现代操作系统的存储管理应具有以下功能。

1．存储空间的分配和回收

内存的分配与回收是内存管理的主要功能之一。用户程序通常以文件的形式保存在计算机外存上，为了执行用户程序，用户程序必须全部或部分装入内存，因此，在内外存之间必须不断交换数据。能否把外存中的数据和程序调入内存，取决于能否在内存中为它们安排合适的位置。因此，存储管理模块要为每一个并发执行的进程分配内存空间。另外，当进程执行结束之后，存储管理模块又要及时回收该进程所占用的内存资源，以便给其他进程分配空间。

为了有效且合理地利用内存，设计内存的分配和回收方法时，必须考虑和确定以下几种策略和数据结构。

（1）分配结构：登记内存使用情况，供分配程序使用的表格与链表，如内存空闲区表、空闲区队列等。

（2）放置策略：确定调入内存的程序和数据在内存中的位置。这是一种选择内存空闲区的策略。

（3）交换策略：在需要将某个程序段和数据调入内存时，如果内存中没有足够的空闲区，则由交换策略来确定把内存中的哪些程序段和数据段调出内存，以便腾出足够的空间。

（4）调入策略：外存中的程序段和数据段在什么时间、按怎样的控制方式进入内存，以保证用户程序的正确执行。

（5）回收策略：当用户程序执行结束，完成自己的任务后，如何回收分配给用户程序的存储空间。回收策略包括两点：一是回收的时机，二是对所回收的内存空闲区和已存在的内存空闲区的调整。

2．地址转换

由程序中逻辑地址组成的地址范围称为**逻辑地址空间**，简称为**地址空间**；由内存中一系列存储单元所限定的地址范围称为**内存空间**，也称**物理空间或绝对空间**。内存中，每一个存储单元都与相应的称为内存地址的编号相对应。显然，内存空间是一维线性空间。

怎样把用户程序空间的一维线性逻辑地址或多维线性逻辑地址变换到内存中的唯一的一维物理线性空间呢？这涉及两个问题：第一个问题是用户程序空间的划分问题，如进程的正文段和数据段应该放置在用户程序空间的什么地方，用户程序空间的划分使得编译、链接程序可以把不同的程序模块（它们可能是用不同的高级语言编写的）链接到一个统一的程序空间中用户程序空间的划分与计算机系统结构有关；第二个问题是把用户程序空间中已链接和划分好的内容装入内存，并将逻辑地址映射为内存地址。这种把逻辑地址转变为内存物理地址的过程称为重定位或地址映射。地址映射就是要建立逻辑地址与内存地址的关系。实现地址重定位或地址映射的方法有两种：静态地址重定位和动态地址重定位。

1）静态地址重定位

静态地址重定位是在用户程序执行之前由装配程序完成地址映射工作，即把程序的逻辑地址都改成实际的内存地址。对每个程序来说，这种地址变换只是在装入时一次完成的，在程序运行期间不再重定位。例如，假定分配程序已分配了一块首地址为 BA 的内存区给用户程序，某条指令或数据的逻辑地址为 VA，则该指令或数据对应的内存地址为 MA，从而完成程序中所有地址部分的修改，以保证 CPU 的正确执行。显然，对于用户空间内的指令或数据来说，静态地址重定位只完成一个首地址不同的连续地址变换。它要求所有待执行的程序必须在执行之前完成它们之间的链接，否则将无法得到正确的内存地址和内存空间。

静态重定位的优点是不需要硬件支持。但是，使用静态重定位方法进行地址变换无法实现虚拟存储器。这是因为：虚拟存储器呈现在用户面前的是一个在物理上只受内存和外存总容量限制的存储系统，这要求存储管理系统只把进程执行时频繁使用和立即需要的指令与数据等存放在内存中，而把那些暂时不需要的部分存放在外存中，待需要时自动调入，以提高内存的利用率和并行执行的作业数。显然，这是与静态重定位方法矛盾的，静态重定位方法将程序一旦装入内存之后就不能再移动，并且必须在程序执行之前将有关部分全部装入。

静态重定位的另一个缺点是必须占用连续的内存空间，这样难以做到程序和数据的共享。

2）动态地址重定位

动态地址重定位是在程序执行过程中，在 CPU 访问内存之前，将要访问的程序或数据地址转换成内存地址。动态重定位依靠硬件地址变换机构完成。地址重定位机构需要一个（或多个）基地址寄存器 BR 和一个（或多个）程序虚拟地址寄存器 VR。指令或数据的内存地址 MA 与逻辑地址的关系如下。

$$MA=(BR)+(VR)$$

其中，(BR) 与 (VR) 分别表示寄存器 BR 与 VR 中的内容。动态重定位过程可参看图 5-3。

其具体过程如下。

（1）设置基地址寄存器 BR，逻辑地址寄存器 VR。

（2）将程序段装入内存，且将其占用的内存区首地址送入 BR。例如，在图 5-3 中，(BR)=5000。

（3）在程序执行过程中，将所要访问的逻辑地址送入 VR，如在图 5-3 中执行 LOAD A 500 语句时，将所要访问的逻辑地址 500 放入 VR。

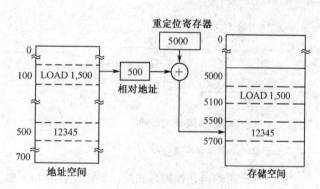

图 5-3　动态重定位示意图

（4）地址变换机构把 VR 和 BR 的内容相加，得到实际访问的物理地址。

动态重定位的主要优点如下。

（1）可以对内存进行非连续分配。显然，对于同一进程的各分散程序段，只要把各程序段在内存中的首地址统一存放在不同的 BR 中，则可以由地址变换机构变换得到正确的内存地址。

（2）动态重定位提供了实现虚拟存储器的基础。因为动态重定位不要求在作业执行前为所有程序分配内存，也就是说，可以部分地、动态地分配内存，从而可以在动态重定位的基础上，在执行期间采用请求方式为那些不在内存中的程序段分配内存，以达到内存扩充的目的。

（3）有利于程序段的共享。

3．主存空间的共享和保护

内存信息的共享与保护也是内存管理的重要功能之一。 在多道程序设计环境下，内存中的许多用户或系统程序和数据段可供不同的用户进程共享。这种资源共享将会提高内存的利用率。但是，除了被允许共享的部分之外，又要限制各进程只在自己的存储区活动，各进程不能对其他进程的程序和数据段产生干扰和破坏，因此必须对内存中的程序和数据段采取保护措施。常用的内存信息保护方法有硬件法、软件法和软硬件结合三种。

上下界保护法是一种常用的硬件保护法。上下界存储保护技术要求为每个进程设置一对上下界寄存器。上下界寄存器中装有被保护程序和数据段的起始地址和终止地址。在程序执行过程中，在对内存进行访问操作时首先进行访址合法性检查，即检查经过重定位后的内存地址是否在上、下界寄存器所规定的范围之内。若在规定的范围之内，则访问是合法的；否则访问是非法的，并产生地址越界中断。上、下界寄存器保护法的保护原理如图 5-4 所示。

另外，保护键法也是一种常用的存储保护法。保护键法为每一个被保护存储块分配一个单独的保护键。在程序状态字中则设置相应的保护键开关字段，对不同的进程赋予不同的开关代码并与被保护的存储块中的保护键匹配。保护键可设置为对读写同时保护的或对读写进行单项保护的。例如，图 5-5 中的保护键 0 就是对 2K～4K 的存储区进行读写同时保护的，而保护键 2 只对 4K～6K 的存储区进行写保护。如果开关字与保护键匹配或存储块未受到保护，则访问该存储块是允许的，否则将产生访问出错中断。

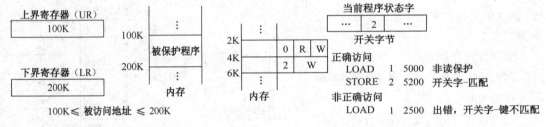

图 5-4　上、下界寄存器保护法的保护原理　　　　图 5-5　保护键保护法

另一种常用的内存保护方式是，界限寄存器与 CPU 的用户态或核心态工作方式相结合。在这种保护模式下，用户态进程只能访问那些在界限寄存器规定范围内的内存部分，而核心态进程可以访问整个内存地址空间。UNIX 系统就采用了这种内存保护方式。

4．主存储空间的扩充

现代计算机系统的物理存储器分为内存和外存，内存价格昂贵，不可能用大容量的内存存储所有被访问的或不被访问的程序与数据段。而外存尽管访问速度较慢，但价格便宜，适用于存放大量信息。这样，存储管理系统把进程中那些不经常被访问的程序段和数据放入外存，待需要访问它们时再将它们调入内存。那么，对于那些一部分数据和程序段在内存中而另一部分在外存中的进程，怎样安排它们的地址呢？通常由用户编写的源程序解决此问题，首先要由编译程序编译成 CPU 可执行的目标代码；然后，链接程序把一个进程的不同程序段链接起来以完成所要求的功能。

显然，对于不同的程序段，应具有不同的地址。有两种方法安排这些编译后的目标代码的地址。一种方法是按照物理存储器中的位置赋予实际物理地址。这种方法的好处是 CPU 执行目标代码时的执行速度高。但是，由于物理存储器容量限制，能装入内存并发执行的进程数将会大大减少，对于某些较大的进程来说，当其所要求的总内存容量超过内存容量时将会无法执行。另外，由于编译程序必须知道内存的当前空闲部分及其地址，并且把一个进程的不同程序段连续地存放起来，因此编译程序将非常复杂。

另一种方法是编译链接程序把用户源程序编译后链接到一个以 0 地址为始地址的线性或多维虚拟地址空间。这里，链接既可以是在程序执行以前由链接程序完成的静态链接，又可以是在程序执行过程中由于需要而进行的动态链接。此外，每一个进程都拥有这样一个空间（这个空间是一维的还是多维的由存储管理方式决定）。每个指令或数据单元都在这个虚拟空间中拥有确定的地址，这个地址称为**虚拟地址**（Virtual Address）。显然，进程在该空间的地址排列可以是非连续的，其实际物理地址由虚拟地址到实际物理地址的地址变换机构通过变换得到。由源程序到实际存放该程序指令或数据的内存物理位置的变换如图 5-6 所示。

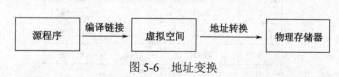

图 5-6　地址变换

由进程中的目标代码、数据等的虚拟地址组成的虚拟空间称为**虚拟存储器**。虚拟存储器是存储管理的核心概念，虚拟存储器不考虑物理存储器的大小和信息存放的实际位置，只规定每个进程中互相关联的信息的相对位置。与实际物理存储器只有一个（单机系统中），且被所有进程共享不同，每个进程都拥有自己的虚拟存储器，且虚拟存储器的容量是由计算机的地址结构和寻址方式确定的。例如，直接寻址时，如果 CPU 的有效地址长度为 16 位，则其寻址为 0～64K。

图 5-6 中的编译和链接主要是语言系统的设计问题。但是，由虚拟存储器到物理存储器的变换是操作系统必须解决的问题。要实现这个变换，必须要有相应的硬件支持，并使这些硬件能够完成统一管理内存和外存之间数据和程序段自动交换的虚拟存储器功能。也就是说，由于每个进程都拥有自己的虚存，且每个虚存的大小不受实际物理存储器的限制，因此，系统不可能提供足够大的内存来存放所有进程的内容。内存中只能存放那些经常被访问的程序和数据段等，此时需要有相当大的外部存储器，以存储那些不经常被访问或在某一段时间内不会被访问的信息，等到进程执行过程中需要这些信息时，再从外存中自动调入主存。

5.2　连续内存分配技术

内存必须容纳操作系统和各种用户进程，因此应该尽可能有效地分配内存的各个部分。一种常用的方法是连续内存分配。连续内存分配又称分区分配，是把内存划分成若干个大小不等的区域，除操作系统占用一个区域之外，其余由多道环境下的各并发进程共享。分区管理是满足多道程序设计的一种最简单的存储管理方法。

下面结合分区原理来讨论分区存储管理时的虚存实现、地址变换、内存的分配与释放，以及内存信息的共享与保护等问题。

5.2.1　分区管理基本原理

分区管理的基本原理是给每一个内存中的进程划分一块适当大小的存储区，以连续存储各进程的程序和数据，使各进程得以并发执行。按分区的时机，分区管理可以分为固定分区和动态分区。

1. 固定分区法

固定分区：把内存区固定地划分为若干个大小不等的区域。划分的原则由系统操作员或操作系统决定。分区一旦划分结束，在整个执行过程中每个分区的长度和内存的总分区个数将保持不变，如图 5-7 所示。

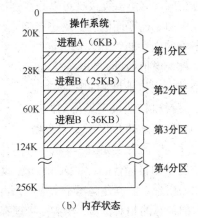

区号	分区长度	起始地址	状态
1	8KB	20K	已分配
2	32KB	28K	已分配
3	64KB	60K	已分配
4	132KB	124K	已分配

（a）分区说明表　　　　　　　　（b）内存状态

图 5-7　固定分区法

系统对内存的管理和控制通过数据结构——分区说明表进行，分区说明表说明了各分区号、分区大小、起始地址和是否为空闲区（分区状态）。内存的分配释放、存储保护及地址变换等都通过分区说明表进行，图 5-7 给出了固定分区时分区说明表和对应内存状态的例子。在图 5-7 中，操作系统占用低地址部分的 20K，其余空间被划分为 4 个分区，其中 1～3 号分区已分配，4 号分区未分配。

2. 动态分区法

动态分区法在作业执行前并不建立分区，分区的建立是在作业的处理过程中进行的，且其大小可随作业或进程对内存的要求而改变。这就改变了固定分区法中即使是小作业也要占据大分区的浪费现象，从而提高了内存的利用率。

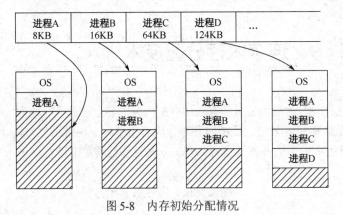

图 5-8　内存初始分配情况

采用动态分区法，在系统初启时，除了操作系统中常驻内存部分之外，只有一个空闲分区。随后，分配程序将该区依次划分给调度选中的作业或进程。图 5-8 给出了 FIFO 调度方式时的内存初始分配情况。

随着进程的执行，会出现一系列的分配和释放。如在某一时刻，进程 C 执行结束并释放内存之后，管理程序又要为另两个进程 E（设需内存 50KB）和 F（设需内存 16KB）分配内存。如果分配的空闲区比所要求的大，则管理程序将该空闲区分成两个部分，其中一部分成为已分配区，而另一部分成为一个新的小空闲区。图 5-9 给出了采用最先适应算法分配内存时进程 E 和进程 F 得到内存，以及进程 B 和进程 D 释放内存的内存分配变化过程。如图 5-9 所示，在管理程序回收内存时，如果被回收分区有和它邻接的空闲分区存在，则要进行合并。

　　与固定分区法相同,动态分区法也要使用分区说明表等数据结构对内存进行管理。除了分区说明表之外,动态分区法还把内存中的可用分区单独构成可用分区表或可用分区自由链,以描述系统内的内存资源。与此相对应,请求内存资源的作业或进程也构成一个内存资源请求表。图 5-10 给出了可用表、自由链和请求表的例子。可用表的每个表目记录一个空闲区,主要参数包括区号、长度和起始地址。采用表格结构,管理过程比较简单,但表的大小难以确定,可用表要占用一部分内存。

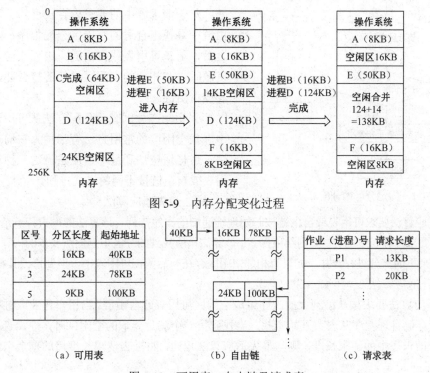

图 5-9　内存分配变化过程

区号	分区长度	起始地址
1	16KB	40KB
3	24KB	78KB
5	9KB	100KB

（a）可用表

（b）自由链

作业（进程）号	请求长度
P1	13KB
P2	20KB
⋮	⋮

（c）请求表

图 5-10　可用表、自由链及请求表

　　自由链则利用每个内存空闲区的头几个单元存放本空闲区的大小及下个空闲区的起始地址,从而把所有的空闲区链接起来。系统再设置一个自由链首指针使其指向第一个空闲区,这样,管理程序可通过链首指针查到所有的空闲区。采用自由链法管理空闲区,查找时比可用表困难,但由于自由链指针利用的是空闲区自身的单元,所以不必占用额外的内存区。请求表的每个表目描述请求内存资源的作业或进程号以及所请求的内存大小。无论是采用可用表方式还是自由链方式,可用表或自由链中的各个项都要按照一定的规则排列以利于查找和回收。下面讨论分区法的分区分配与回收问题。

5.2.2　分区的分配与回收

1. 固定分区时的分配与回收

　　固定分区时的内存分配与回收较为简单,当用户程序要装入执行时,通过请求表提出内存分配要求和所要求的内存空间大小。存储管理程序根据请求表查询分区说明表,从中找出一个满足要求的空闲分区,并将其分配给申请者。固定分区的分配算法如图 5-11 所示。

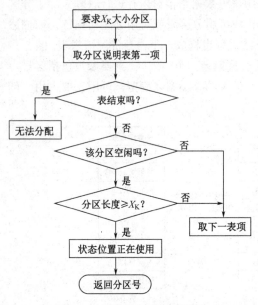

图 5-11　固定分区的分配算法

固定分区的回收更加简单。当进程执行完毕，不再需要内存资源时，管理程序将对应的分区状态置为未使用即可。

2. 动态分区时的分配与回收

动态分区时的分配与回收主要解决如下三个问题：对于请求表中的要求内存长度，从可用表或自由链中寻找出合适的空闲区分配程序；分配空闲区之后，更新可用表或自由链；进程或作业释放内存资源时，和相邻的空闲区进行链接合并，更新可用表或自由链。

采用动态分区时，分配方法从可用表或自由链中寻找空闲区的常用方法有三种。它们是最先适应法、最佳适应法和最坏适应法。这三种算法要求可用表或自由链按不同的方式排列。

1）最先适应算法

最先适应算法要求可用表或自由链按起始地址递增的次序排列。该算法的最大特点是一旦找到大于或等于所要求内存长度的分区，则结束探索。该算法从所找到的分区中划出所要求的内存长度分配给用户，并把余下的部分进行合并（如果有相邻空闲区存在）后留在可用表中，但要修改其相应的表项。

2）最佳适应算法

最佳适应算法要求按从小到大的次序组成空闲区可用表或自由链。当用户作业或进程申请一个空闲区时，存储管理程序从表头开始查找，当找到第一个满足要求的空闲区时，停止查找。如果该空闲区大于请求表中的请求长度，则与最先适应算法相同，将减去请求长度后的剩余空闲区部分留在可用表中。

3）最坏适应算法

最坏适应算法要求空闲区按其大小递减的顺序组成空闲区可用表或自由链。当用户作业或进程申请一个空闲区时，先检查空闲区可用表或自由链的第一个空闲可用区的大小是否大于或等于所要求的内存长度，若可用表或自由链的第一个项长度小于所要求的长度，则分配失败，否则从空闲区可用表或自由链中分配相应的存储空间给用户，然后修改和调整空闲区可用表或自由链。

由于回收后的空闲区要插入可用表或自由链，而且可用表或自由链是按照一定顺序排列的，所以，除了搜索查找速度与所找到的空闲区是否最佳之外，释放空闲区的速度也对系统开销产生了影响。下面从查找速度、释放速度及空闲区的利用等三个方面对上述三种算法进行比较。首先，从搜索速度上看，最先适应算法具有最佳性能，尽管最佳适应算法或最坏适应算法能很快地找到一个最适合的或最大的空闲区。其次，从回收过程来看，最先适应算法也是最佳的。因为使用最先适应算法回收某一空闲区时，无论被释放区是否与空闲区相邻，都不用改变该区在可用表或自由链中的位置，只需修改其大小或起始地址即可。最先适应算法的另一个优点就是尽可能地利用了低地址空间，从而保证高地址有较大的空闲区来放置要求内存较多的进程或作业。最佳适应算法找到的空闲区是最佳的。但是，在某些情况下并不一定提高内存的利用率。最坏适应算法正是基于不留下碎片空闲区这一出发点的。它选择最大的空闲区来满足用户要求，以期分配后的剩余部分仍能进行再分配。

总之，上述三种算法各有特长，针对不同的请求队列，效率和功能是不一样的。

3．动态分区时的回收与拼接

当用户作业或进程执行结束时，存储管理程序要收回已使用完毕的空闲区，并将其插入空闲区可用表或自由链。在将回收的空闲区插入可用表或自由链时，和分配空闲区时一样，也要遇到剩余空闲区拼接问题。解决这个问题的办法之一就是在空闲区回收时或在内存分配时进行空闲区拼接，以把不连续的零散空闲区集中起来。

在将一个新可用区插入可用表或队列时，该空闲区和上下相邻区的关系是下述四种关系之一：该空闲区的上下两相邻分区都是空闲区；该空闲区的上相邻区是空闲区；该空闲区的下相邻区是空闲区；两相邻区都不是空闲区，如图 5-12 所示。

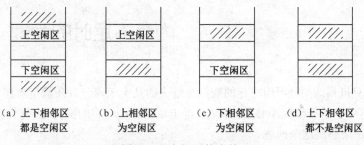

(a) 上下相邻区　　(b) 上相邻区　　(c) 下相邻区　　(d) 上下相邻区
　都是空闲区　　　　为空闲区　　　　为空闲区　　　　都不是空闲区

图 5-12　空闲区的合并

对上述四种情况，如果释放区与上下两空闲区相邻，则将三个空闲区合并为一个空闲区。新空闲区的起始地址为上空闲区的起始地址，大小为三个空闲区之和。空闲区合并后，取消可用表或自由链中下空闲区的表目项或链指针，修改上空闲区的对应项。如果释放区只与上空闲区相邻，则将释放区与上空闲区合并为一个空闲区，其起始地址为上空闲区的起始地址，大小为上空闲区与释放区之和。合并后，修改上空闲区对应的可用表的表目项或自由链指针。如果释放区与下空闲区相邻，则释放区与下空闲区合并，并将释放区的起始地址作为合并区的起始地址。合并区的长度为释放区与下空闲区之和。合并后修改可用表或自由链中相应的表目项或链指针。如果释放区不与任何空闲区相邻，则释放区作为一个新可用区插入可用表或自由链。

5.2.3　碎片问题

在连续内存分配中，必须把一个系统程序或用户程序装入一个连续的内存空间。虽然动态分区比固定分区的内存利用率高，但由于各个进程申请和释放内存，因此内存中经常出现大量的、分散的小空闲区。内存中这种容量太小、无法利用的小分区称做"碎片"或"零头"。根据碎片出现的位置，可以分为内部碎片和外部碎片两种。在一个分区内部出现的碎片（即被浪费的空间）称为内部碎片，如固定分区法会产生内部碎片。在所有分区之外新增的碎片称为外部碎片，如在动态分区法实施过程中出现的越来越多的小空闲块，由于它们太小，无法装入一个进程，因此会被浪费。

大量碎片的出现不仅限制了内存中进程的个数，还造成了内存空间的浪费。怎样使这些分散的、较小的空闲区得到合理使用呢？最简单的方法是定时或在分配内存时把所有碎片合并为一个连续区。实现的方法是移动某些已分配区的内容，使所有进程的分区紧挨在一起，而把空闲区留在另一端，这种技术称为紧缩（或拼凑）。紧凑是有一定条件的，如果重定位是静态的，并且是在汇编时或装入时进行的，则不能紧凑。如果重定位是动态的，是在运行时进行的，则能紧凑。对于动态重定位，可以首先移动程序和数据，然后根据新基地址的值来改变基地址寄存器。另外，采用紧凑技术，还需要评估其开销。最简单的合并算法是简单地将所有进程移到内存的一端，而将所有的小空闲区移动到内存的另一端，以生成一个大的空闲块。

采用紧凑技术虽然可以消除碎片，能够分配更多的分区，有助于多道程序设计，提高内存的利用率，但这种方案的代价是非常大的，因为紧缩花费了大量 CPU 时间。因而，目前解决外部碎片问题很少采用紧凑技术，而是采用内存的非连续分配技术，即允许物理空间为非连续的，只要有物理内存即可为进程分配。这种方案有两种实现技术：分页和分段。这两种技术也可以合并起来使用。

5.3 ··· 内存不足时的管理

在确定的计算机系统中，可用内存的数量在过去的几十年内一直在稳定增加。然而，无论一个系统有多大的内存，它总会出现不够用的情况。当出现内存不够用的情况时，操作系统可采取交换、覆盖、紧凑的方法来解决这个问题。

5.3.1 覆盖

为了能让进程比它分配到的内存空间大，可以使用覆盖技术。覆盖技术是基于如下思想提出来的：一个程序并不需要一开始就把它的全部指令和数据都装入内存并执行。在单 CPU 系统中，每一时刻事实上只能执行一条指令。因此，不妨把程序划分为若干个功能上相对独立的程序段，按照程序的逻辑结构让那些不会同时执行的程序段共享同一块内存区。通常，这些程序段都被保存在外存中，当有关程序段的程序段已经执行结束后，再把后续程序段调入内存并覆盖前面的程序段。这使得用户看来好像是内存扩大了，从而达到了内存扩充的目的。

例如，设某进程的程序正文段由 A、B、C、D、E 和 F 等六个程序段组成。它们之间的调用关系如图 5-13（a）所示，程序段 A 调用程序段 B 和 C，程序段 B 调用程序段 F，程序段 C 调用程序段 D 和 E。

由图 5-13（a）可以看出，程序段 B 不会调用程序段 C，程序段 C 也不会调用程序段 B。因此，程序段 B 和 C 无需同时驻留在内存，它们可以共享同一内存区。同理，程序段 D、E、F 也可共享同一内存区，其覆盖结构如图 5-13（b）所示。在图 5-13（b）中，整个程序正文段被分为两个部分。一部分是常驻内存部分，该部分与所有的被调用程序段有关，因而不能被覆盖。这一部分称为根程序。在图 5-13（b）中，程序段 A 是根程序。另一部分是覆盖部分，图中被分为两个覆盖区。其中，一个覆盖区由程序段 B、C 共享，其大小为 B、C 中所要求容量大者，另一个覆盖区为程序段 F、D、E 共享。两个覆盖区的大小分别为 50 KB 与 40 KB。这样，虽然该进程正文段所要求的内存空间是 A(20KB)+B(50KB)+F(30KB)+C(30KB)+D(20KB)+E(40KB)=190KB，但由于采用了覆盖技术，故只需 110KB 的内存空间即可开始执行。

但是，覆盖技术要求程序员提供一个清楚的覆盖结构，即程序员必须完成把一个程序划分成不同的程序段，并规定好它们的执行和覆盖顺序的工作。操作系统根据程序员提供的覆盖结构来完成程序段之间的覆盖。一般来说，一个程序究竟可以划分为多少段，以及让其中的哪些程序共享哪一内存区只有程序员清楚。这要求程序员既要清楚地了解程序所属进程的虚拟空间及各程序段所在虚拟空间的位置，又要求程序员懂得系统和内存的内部结构与地址划分，因此程序员负担较重。所以，对操作系统的虚空间和内部结构很熟悉的程序员才会使用覆盖技术。

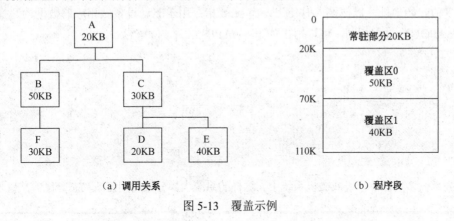

(a) 调用关系　　　　　　　　　　　　　(b) 程序段

图 5-13　覆盖示例

5.3.2　交换

在多道程序环境或分时系统中，同时执行几个作业或进程。如果让这些等待中的进程继续驻留内存，将会造成存储空间的浪费。因此，应该把处于等待状态的进程换出内存。实现上述目标比较常用的方法之一就是交换。交换是指先将内存某部分的程序或数据写入外存交换区，再从外存交换区中调入指定的程序或数据到内存中，并使其执行的一种内存扩充技术，如图 5-14 所示。与覆盖技术相比，交换不要求程序员给出程序段之间的覆盖结构。交换主要是在进程或作业之间进行的，而覆盖则主要在同一个作业或进程内进行。另外，覆盖只能覆盖那些与覆盖程序段无关的程序段。

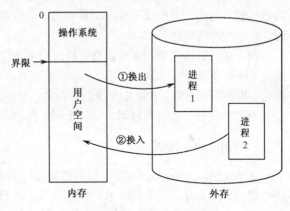

图 5-14　对换两个进程

交换进程由换出和换入两个过程组成。其中，换出过程把内存中的数据和程序换到外存交换区中，而换入过程把外存交换区中的数据和程序换到内存分区中。换出过程和换入过程都要完成与外存设备管理进程通信的任务。由交换进程发送给设备进程的消息 m 中应包含分区的分区号 i、该分区的基址 basei、长度 sizei 和方向，以及外存交换区中分区的起始地址。交换进程和设备管理进程通过设备缓冲队列进行通信。换出过程 SWAPOUT 可描述如下。

```
SWAPOUT(i):
begin local m
    m.base← basei;
    m.ceiling ←basei + sizei;
```

```
      m.direction ← "out";
      m.destination ← base of free area on swap area;
      backupstorebasei ← m.destination;
      send( (m, i), device queue);
   end
```

在 SWAPOUT(i)中，除了前 5 行描述所需要的控制信息之外，backupstorbasei 用来记录被换出数据和程序的起始地址，以便换入时使用；而 send 指令用于驱动设备做相应的数据读写操作。

与 SWAPOUT 过程相同，可以写出如下 SWAPIN 过程。

```
SWAPIN(i):
  begin local m
    m.base ← basei;
    m.ceiling ← basei + sizei;
    m.direction ← "in";
    m.source ← backupstorebasei;
    send( (m,i), device queue);
  end
```

交换技术大多用在小型机或微机系统中。这样的系统大部分采用固定或动态分区方式管理内存。

案例研究：UNIX 和 Windows 2000 中的交换技术

1. UNIX

Berkeley 3BD 之前的大多数 UNIX 版本使用交换来管理内存中适当的进程负载。交换是通过交换器进程实现的。它在以下情况下被调用：创建新进程时；现有进程要求增加内存时；每隔 4ms 进行周期性的调用时。

在上述所有情况中，系统都会交换出一个或者多个当前驻留在内存中的进程。在进行交换时，系统首先选择阻塞的进程。如果没有进程被阻塞，则系统会从就绪进程队列中挑选一个或多个进程将它们置换到外存中。在决定交换的进程时，交换器需要考虑进程的各种属性，例如，已经使用的 CPU 时间片及进程驻留的时间，以防止出现抖动现象，从而导致系统性能降低。

2. Windows 2000

在 Windows 2000 中，交换气线程每隔 4s 会被唤醒，它查找那些空闲了一段时间（在小内存系统中是 3s，在大内存系统中是 7s）的线程。所有这样的线程都被交换出去。当一个给定进程的所有线程都被交换出去以后，进程的剩余部分（包括线程共享的代码和数据）也会被从内存中移出。也就是说，整个进程都被交换出去了。

5.4 基本分页存储管理技术

分区存储管理方式尽管实现较为简单，但要求把一个进程放置在一片连续的内存区域中，从而造成了严重的碎片问题，导致内存的利用率较低。为解决分区存储管理存在的问题，人们提出了分页存储管理方式。分页存储管理技术允许进程的物理地址空间是非连续的，这样，可把一个程序分散地存放在各个空闲的物理块中，它既不需要移动内存中原有的信息，又解决了外部碎片的问题，从而提高了内存的利用率，因此，分页技术通常为绝大多数操作系统所采用。

5.4.1　分页存储管理的基本原理

在分页存储管理方式中，把用户程序的地址空间划分成若干大小相等的区域，每个区域称为页面或页。每个页都有一个编号，称为页号。页号一般从 0 开始编号，如 0，1，2，…。把内存空间划分成若干和页大小相同的物理块，这些物理块称为"帧"或内存块。同样，每个物理块也有一个编号，块号从 0 开始依次排列。

在分页系统中，页面的大小是由硬件的地址结构所决定的。只要机器确定了，页面大小即可确定。一般来说，页面的大小选择为 2 的若干次幂，根据计算机结构的不同，其大小从 512B 到 16MB不等。例如，IBM AS/400 规定的页面大小为 512B，而 Intel 80386 的页面为 4KB（即 4096B）。所以，不同机器中页面大小是有区别的。

在分页系统中，由 CPU 生成的每个地址被硬件分成两个部分：页号（p）和页内偏移（w）。通常，如果逻辑地址空间为 2^m，且页的大小为 2^n 单元（字节或词），那么逻辑地址的高 $m-n$ 位表示页号，而低 n 位表示页偏移。这样，一个地址长度为 20 位的计算机系统，如果每页的大小为 $1KB(2^{10})$，则其地址结构如图 5-15 所示。

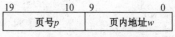

图 5-15　分页系统的地址结构

对于某台具体机器来说，其地址结构是一定的。如果给定的逻辑地址是 A，页面的大小为 L，则页号 p 和页内地址 w 可按下式求出。

$$p=\text{INT}[A/L], \quad w=[A] \text{ MOD } L$$

其中，INT 是向下整除的函数，MOD 是取余函数。例如，设系统的页面大小为 1KB，$A=3456$，则 $p=\text{INT}(3456/1024)=3$，$w=3456 \text{ MOD } 1024=384$。

在分页存储管理方式中，系统以块为单位把内存分给各个进程，进程的每个页面对应一个内存块，并且一个进程的若干页可以分别装入物理上不连续的内存块，如图 5-16 所示。当把一个进程装入内存时，首先检查它有多少页。如果它有 n 页，则至少应有 n 个空闲块才能装入该进程。如果满足要求，则分配 n 个空闲块，将其装入，且在该进程的页表中记录各页面对应的内存块号。从图 5-16 可以看出，进程 1 的页面是连续的，而装入内存后，被放在不相邻的块中，如 0 页放在3#块，1 页放在 5#块，等等。

在分页系统中，允许将进程的各页离散地装入内存的任何空闲块，这样就出现了进程页号连续，而块号不连续的情况。为了找到每个页面在内存中对应的物理块，系统为每个进程设立了一张页面映射表，简称**页表**。进程的所有页依次在页表中有一个页表项，其中记载了相应页面在内存中对应的物理块号。当进程执行时，按照逻辑地址中的页号查找页表中对应的项，找到该页在内存中的物理块号。页表的作用就是实现页号到物理块号的地址映射。

采用分页技术不会产生外部碎片：每个帧都可以分配给需要它的进程。但是，分页可能产生内部碎片。由于分页系统的内存分配是以帧（物理块）为单位进行的，如果进程所要求的内存不是页的整数倍，那么最后一个帧可能用不完，从而导致页内碎片的出现。例如，如果页的大小为 2048B，一个大小为 72766B 的进程需要 35 个页和 1086B。为了使该进程能够执行，系统给该进程分配 36

个帧，因此会产生 962B 的内部碎片。在最坏的情况下，一个需要 n 页再加上 1B 的进程，需要给它分配 $n+1$ 个帧，即几乎产生了一个帧的内部碎片。

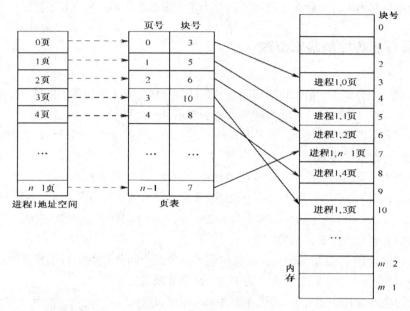

图 5-16 分页存储管理系统

分页系统的一个重要特点是用户观点的内存和实际的物理内存的分离。用户程序将内存作为一个整体来处理，而且它只包含一个进程。实际上，一个用户程序和其他程序一起分布在物理内存上。用户观点的内存和实际的物理内存的差异是通过地址转换硬件来调和的，逻辑地址必须转化成物理地址，用户程序才能执行，而这种转化是由操作系统控制的，对用户是透明的。另外，进程不能访问其非占用的内存，它无法访问其页表规定之外的内存，页表只包括进程所拥有的那些页。由于操作系统管理内存，它必须知道内存的分配细节：哪些帧已分配，哪些帧空闲，总共有多少帧，等等。这些信息通常保存在称为帧表的数据结构中。在帧表中，每个条目对应一个帧，以表示该帧的状态是空闲还是被占用。如果被占用，则显示被哪个进程的哪个页占用。

5.4.2　地址映射

在分页系统中，利用页表来实现用户程序地址和实际物理地址的转换。每个进程有一个页表，页表通常存放在内存中。在系统只设置一个页表寄存器（Page Table Register，PTR），在其中存放页表在内存的始址和页表的长度。进程未执行时，页表的的起始地址和页表的长度存放在本进程的 PCB 中。当调度程序调度到某进程时，才将这两个数据装入页表寄存器。当进程要访问某个逻辑地址中的指令或数据时，分页系统的地址变换机构自动将有效地址分为页号和页内地址两部分，再以页号为索引检索页表。整个查找过程由硬件执行。在执行检索之前，先将页号和页表长度进行比较，如果页号大于或等于页表长度，则表示本次访问的地址已超出进程的地址空间。因此，系统捕获这一错误并产生一个地址越界中断。如果没有出现地址越界错误，则从页表中得到该页的物理块号，把它装入物理地址寄存器。同时，将页内地址直接送入物理寄存器的块内地址字段中。这样，物理地址寄存器中的内容就是由二者拼接成的实际内存地址，从而完成从逻辑地址到物理地址的转换。

整个转换过程如图 5-17 所示。

另外，由于页表驻留在内存的某个固定区域中，而取数据或指令又必须经过页表变换才能得到实际物理地址。因此，取一个数据或指令至少要访问内存两次以上。一次访问页表以确定所取数据或指令的物理地址，另一次是根据地址取数据或指令，这比平常执行指令的速度慢了一半。提高查找速度最直观的办法就是把页表放在寄存器中而不是内存中，但由于寄存器价格太贵，这样做是不可取的。另一种办法是在地址变换机构中加入一个高速联想存储器，构成一张快表。在快表中，存入那些当前执行进程中最常用的页号与所对应的帧号。当把一个页号交给快表时，它同时和所有的页号进行比较。如果找到该页号，则该项中对应的值就是物理块号，从而迅速形成物理地址。因而，这种查找方式非常快，但硬件的成本也很高，因此，快表中的条目很少，一般为 64～1024。

如果页号不在快表中，则需要访问页表。当得到帧号后，可以用它来访问内存，如图 5-18 所示。同时，将页号和帧号增加到快表中，这样下次再用时可以快速查到。如果快表中的条目已

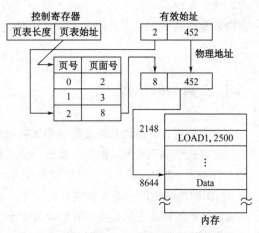

图 5-17 分页系统的地址转换机构

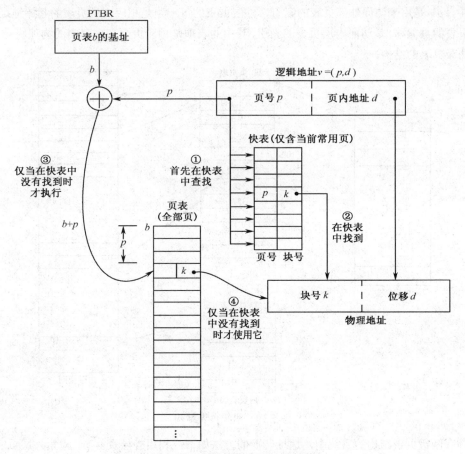

图 5-18 利用快表实现地址转换

满，那么操作系统会选择一些进行替换，而替换的策略有很多种，如最近最少使用等。另外，有些快表允许某些条目保持固定不变，也就是说，它们不会从快表中被替换，通常内核的条目是固定不变的。

5.4.3　页表的结构

大多数现代计算机系统支持非常大的逻辑地址空间，如 $2^{32}\sim 2^{64}$。在这种情况下，只用一级页表会使页表变得非常大。例如，假设一个具有 32 位逻辑地址空间的计算机系统，如果系统的页面大小为 4KB（2^{12}），那么页表可以拥有一百万条目（$2^{32}/2^{12}$）。假设每个条目有 4B，那么每个进程需要 4MB 的物理地址空间来存放页表本身。显然，人们并不愿意在内存中连续地分配此页表。这个问题最简单的解决方法是将页表划分成更小的部分。完成这种划分有多种方法。其中一种方法是利用两级页表，即把页表本身再分页。在一个 32 位系统中，如果页面的大小为 4KB，一个逻辑地址被分成 20 位的页号和 12 位的页内偏移。因为要对一个页表在进行分页，所以该页号可分为 10 位的页号和 10 位的页内偏移。这样，一个逻辑地址可为如下形式。

页号		页偏移
$p1$	$p2$	d
10	10	12

其中，$p1$ 是用来访问外部页表的索引，外层页表的每一项是相应内层页表的起始地址；而 $p2$ 是外部页表的页偏移，是访问内层页表的索引，其中的表项是相应页面在内存中的物理块号。图 5-19 所示为两级页表的结构。

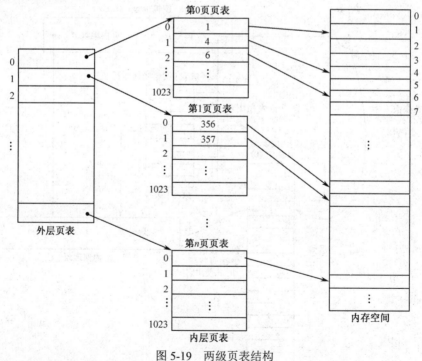

图 5-19　两级页表结构

在具有两级页表结构的系统中，地址转换的方法如下：利用外层页号 $p1$ 检索外层页表，从中找到相应内层页表的基址，再利用 $p2$ 作为该内层页表的索引，找到该页面在内存中的块号，用该

块号和页内地址 d 拼接起来形成访问物块内存的物理地址。整个地址转换方法如图 5-20 所示。Pentium II 就采用了这种方法。

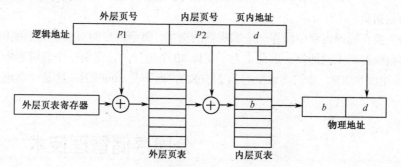

图 5-20　两级页表结构的地址转换

对于 64 位的逻辑地址，两层分页方案就不再适合了。为了说明这个问题，假设系统的页面大小为 4KB(2^{12})，这时页表可由 2^{52} 条目组成。如果采用两级页表，则内部页表可方便地定为一页长，或包括 2^{10} 个 4B 的条目，而外部页表有 2^{42} 条目，或 2^{44}B。避免这样一个大页表的方法是将外部页表进一步细分，从而得到三级或多级页表结构。实际上，对于 64 位计算机来说，采用三级页表结构也无法满足要求，因此，需要更多级的页表形式。

5.4.4　页面的共享

分页系统的另一个优点是可以共享共同代码。这一点对分时系统特别重要。设想如下系统：该系统有 40 个用户，每个用户都执行一个文本编辑器。文本编辑器有 150KB 代码段和 50KB 数据段，需要 8000KB 来支持 40 个用户。然而，如果代码是可重入代码，则可以共享，如图 5-21 所示。

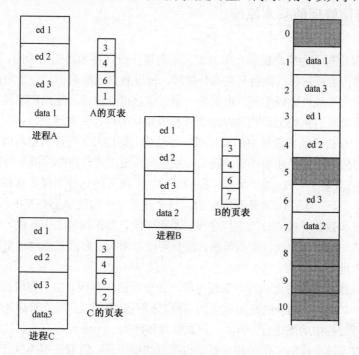

图 5-21　在分页系统中的代码共享

可重入代码(或纯代码)是在其执行过程中本身不做任何修改的代码,通常由指令和常数组成。编辑器有三页,每页的大小为 50KB,这些页只是为了说明问题而已,可为三个进程共享。每个进程都有自己的数据页。

此时,只需要在物理内存中保存一个编辑器的副本。每个用户的页表映射到编辑器的同一物理副本,而数据页映射到不同的帧。因此,为了支持 40 个用户,只需要一个编辑副本(150KB),再加上 40 个用户空间 50KB,总的需求空间为 2150KB,而不是 8000KB,这是一个重要的节省。

5.5 分段存储管理技术

分区式管理和页式管理时的进程地址空间结构都是线性的,这要求对源程序进行编译、链接时,把源程序中的主程序、子程序、数据区等按线性空间的一维地址顺序排列起来。这使得不同作业或进程之间共享公用子程序和数据变得非常困难。如果系统不能把用户给定的程序名和数据块名与这些被共享程序和数据在某个进程中的虚页对应起来,则不可能共享这些存放在内存页面中的程序和数据。另外,由于在页式管理时,一个页面中可能装有两个不同子程序段的指令代码,因此,通过页面共享来达到共享一个逻辑上完整的子程序或数据块是不可能的。另外,用户程序通常由若干个不同的功能模块和数据模块组成,各有自己的名称,实现不同的功能,它们的大小各不相同。如果将这些不同的程序段分别装入内存的一个连续的区域中,从而使程序在内存的位置和用户程序的逻辑结构相对应,有利于程序员进行编程。为了满足用户的需要,更好地实现共享和保护,在现代操作系统中引入了分段存储技术。

5.5.1 分段存储管理的基本原理

段式存储管理是基于为用户提供一个方便灵活的程序设计环境而提出来的。段式管理的基本思想如下:把程序按内容或过程(函数)关系分成段,每段有自己的名称。一个用户作业或进程所包含的段对应于一个二维线性虚拟空间,也就是一个二维虚拟存储器。段式管理程序以段为单位分配内存,然后通过地址映射机构把段式虚拟地址转换成实际的内存物理地址。

段式管理把一个进程的虚地址空间设计成二维结构,即段号 s 与段内相对地址 w。在页式管理中,被划分的页号按顺序编号递增排列,属于一维空间,而段式管理中的段号与段号之间无顺序关

段号s	段内地址d
31 16	15 0

系。另外,段的划分也不像页的划分那样具有相同的页长,段的长度是不固定的。每个段定义一组逻辑上完整的程序或数据。例如,一个进程中的程序和数据可被划分为主程序段、子程序段、数据段与工作区段。每个段是一个首地址为零的、连续的一维线性空间。根据需要,段长可动态增长。对段式虚地址空间的访问包括两个部分:段名和段内地址。

段式管理中以段为单位分配内存,每段分配一个连续的内存区。由于各段长度不等,所以这些存储区的大小不一。此外,同一进程所包含的各段之间不要求连续。段式管理的内存分配与释放在作业或进程的执行过程中动态进行。首先,段式管理程序为一个进入内存准备执行的进程或作业分配部分内存,以作为该进程的工作区和放置即将执行的程序段。随着进程的执行,进程根据需要随

时申请调入新段和释放旧段。进程对内存区的申请和释放可分为两种情况：一种是当进程要求调入某一段时，内存中有足够的空闲区满足该段的内存要求；另一种是内存中没有足够的空闲区满足该段的内存要求。对于第一种情况，系统要用相应的表格或数据结构来管理内存空闲区，以便对用户进程或作业的有关程序段进行内存分配和回收。事实上，可以采用和动态分区式管理相同的空闲区管理方法，即把内存各空闲区按物理地址从低到高排列或按空闲区从小到大或从大到小排列。与这几种空闲区自由链相对应，最先适应算法、最佳适应算法、最坏适应算法都可用来进行空闲区分配。当然，分区式管理时用到的内存回收方法也可以在段式管理中使用。另一种内存空闲区的分配与回收方法是在内存中没有足够的空闲区满足调入段的内存要求时使用的。这时，段式管理程序根据给定的置换算法淘汰内存中在今后一段时间内不再被 CPU 访问的段，即淘汰那些访问概率最低的段。

通过前面的介绍，可以发现分段和分页有许多相似之处，如二者在内存中都不是整体连续的，但二者在概念上完全不同，具体表现在如下方面。

（1）页是信息的物理单位，而段是信息的逻辑单位。分页时为了实现离散分配方式，以减少内存碎片，提高内存利用率。或者说，分页仅仅是由于系统管理的需要，而不是用户的需要。段则是信息的逻辑单位，它含有一组意义相对完整的信息。分段的目的是更好地满足用户的需要。

（2）页的大小是由系统确定的，由系统把逻辑地址划分成页号和页内地址两部分，整个系统只能有一种大小的页面；而段的长度不固定，取决于用户的程序。通常由编译程序在对源码进行编译时，根据信息的性质来划分。

（3）分页的进程地址空间是一维的，即单一的线性空间；而分段的进程地址空间是二维的，由段号和段内地址两部分组成。

5.5.2　地址转换

在分段存储管理系统中，虽然用户能够通过二维地址来引用程序中的对象，但是实际物理内存仍然是一维序列的字节，因此，必须定义一个实现方式，以便将二维的用户定义地址映射为一维物理地址。这个映射是通过段表来实现的。**段表**的每个条目都有段基地址和段界限。段基地址包含该段在内存中的开始物理地址，而段界限指定该段的长度。一个进程的全部段都应该在该进程的段表中登记，每个段占据段表中的一个条目。通常，段表存放在内存中，属于进程的现场信息。为了方便地找到运行进程的段表，系统还需要建立一个段表寄存器。它由两部分组成：一部分指出该段表在内存中的起始地址；另一部分指出该段表的长度。

段地址的转换过程如图 5-22 所示。一个逻辑地址由两部分组成：段号 s 和段内地址 d。系统根据段表地址寄存器的内容（表示段表的起始地址）找到进程的段表，以段号为索引查找相应的表项，得出该段的长度 limit 及该段在内存中的起始地址 base。然后，将段内地址 d 与段长 limit 进行比较。如果 d 不小于 limit，则表示地址越界，系统发出地址越界中断，终止程序的执行；如果 d 小于 limit，则表示地址合法，将段内地址 d 与该段的内存始址 base 相加，得到所要访问单元的内存地址。

5.5.3　段的共享和保护

段式存储管理可以方便地实现内存信息共享和进行有效的内存保护。这是因为段是按逻辑意义来划分的，可以按段名来访问。

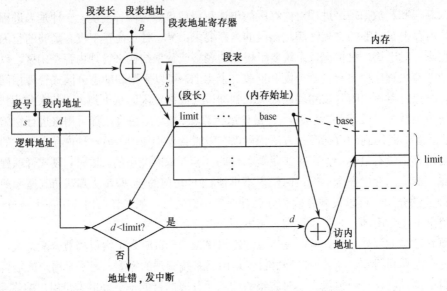

图 5-22 分段地址转换机构

1. 段的共享

在多道环境下，常常有许多子程序和应用程序是被多个用户使用的。特别是在多窗口系统、支持工具等广泛流行的今天，被共享的程序和数据的个数和体积都在急剧增加，有时会超过用户程序长度的许多倍。这种情况下，如果每个用户进程或作业都在内存中保留它们共享程序和数据的副本，则会极大地浪费内存空间。最好的办法是内存中只保留一个副本，供多个用户使用，称为共享。图 5-23 给出了一个段式系统中共享的例子。

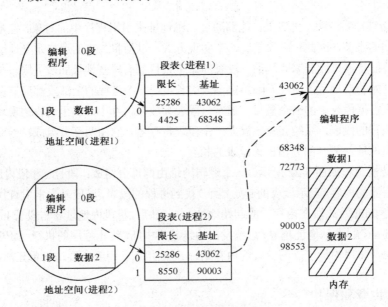

图 5-23 分段系统中段的共享

如图 5-23 所示，如果用户进程或作业需要共享内存中的某段程序或数据，只要用户使用相同的段名，就可在新的段表中填入已存在于内存之中的段的起始地址，并置以适当的读写控制权，即可做到共享一个逻辑上完整的内存段信息。另外，在多道环境下，由于进程的并发执行，一段程序为多个进程共享时，有可能出现多次同时重复执行该段程序的情况（即某个进程在未执行完该段程序之前，其他并发进程已开始执行该段程序）。这就要求它在执行过程中，该段程序的指令和数据不能被修改。与一个进程中的其他程序段一样，共享段有时也要被换出内存。此时，应在段表中设立相应的共享位来判断该段是否正被某个进程调用。显然，一个正在被某个进程使用或即将被某个进程使用的共享段是不应该调出内存的。

2．段的保护

段式管理的保护主要有两种：一种是地址越界保护法，另一种是存取方式控制保护法。地址越界保护是利用段表中的段长项与虚拟地址中的段内相对地址比较进行的。若段内相对地址大于段长，系统会产生保护中断。但在允许段动态增长的系统中，段内相对地址大于段长是允许的。为此，段表中设置相应的增补位以指示该段是否允许该段动态增长。而存取控制保护是通过在段表中增加相应的访问权限位，来记录对本段的存取控制方式的，如可读、可写、可执行等。在程序执行时，存储映射硬件对段表中的保护信息进行检验，防止对信息进行非法存取。如对只读段进行写操作，或把只能执行的代码当做数据加工。当出现非法存取时，产生段保护中断。

5.5.4　段页式存储管理

段式管理为用户提供了一个二维的虚地址空间，反映了程序的逻辑结构，有利于段的动态增长及共享和内存保护等，这大大地方便了用户，但存在碎片问题。而分页系统有效地克服了碎片，提高了存储器的利用率。从存储管理的目的来讲，主要是方便用户的程序设计和提高内存的利用率。那么，把段式管理和页式管理结合起来使其互相取长补短不是更好吗？因此，段页式管理方式被提了出来。但段页式管理的开销会更大。因此，段页式管理方式一般只用于大型机系统中。近年来，由于硬件发展很快，段页式管理的开销在工作站等机型上已变得可以容忍了。

1．段页式存储管理的基本原理

段页式管理时，一个进程仍然拥有一个自己的二维地址空间，这与段式管理时相同。首先，一个进程中所包含的具有独立逻辑功能的程序或数据仍被划分为段，并有各自的段号 s。这反映和继承了段式管理的特征。其次，对于段 s 中的程序或数据，按照一定的大小将其划分为不同的页。和页式系统一样，最后不足一页的部分仍占一页。这反映了段页式管理中的页式特征。因而，段页式管理时的进程的虚拟地址空间中的虚拟地址由三部分组成：段号 s、页号 p 和页内相对地址 d，即：

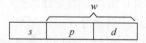

对于这个由三部分组成的虚拟地址来说，程序员可见的仍是段号 s 和段内相对地址 w。p 和 d 是由地址变换机构把 w 的高几位解释成页号 p，以及把剩余的低位解释为页内地址 d 而得到的。

由于虚拟空间的最小单位是页而不是段，从而内存可用区被划分为若干个大小相等的页面，且每段所拥有的程序和数据在内存中可以分开存放。分段的大小也不再受内存可用区的限制。

2. 段表和页表

为了实现段页式管理，系统必须为每个作业或进程建立一张段表，管理内存分配与释放、缺段处理、存储保护和地址变换等。另外，由于一个段又被划分为若干页，每个段又必须建立一张页表，把段中的虚页变换为内存中的实际页面。显然，与页式管理时相同，页表中也要有实现缺页中断处理和页面保护等功能的表项。由于在段页式管理中，页表不再属于进程而属于某个段，因此，段表中应有专项指出该段对应页表的页表始址和页表长度。段页式管理中段表、页表与内存的关系如图5-24 所示。图中各表中其他栏可参考段式或页式管理中的相应栏目。

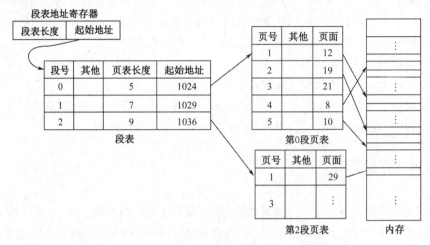

图 5-24　段页式存储管理中段表、页表与内存的关系

3. 动态地址变换过程

在一般使用段页式存储管理的计算机系统中，都在内存中开辟出一块固定的区域存放进程的段表和页表。因此，在段页式管理系统中，要对内存中的指令或数据进行一次存取，至少需要访问三次以上的内存。第一次是由段表地址寄存器得到段表始址以访问段表，由此取出对应段的页表地址。第二次访问页表得到所要访问的物理地址。只有在访问了段表和页表之后，第三次才能访问真正需要访问的物理单元。显然，这将使 CPU 的执行指令速度大大降低。

为了提高地址转换速度，设置快速联想寄存器就显得比段式管理或页式管理时更加需要。在快速联想寄存器中，存放当前最常用的段号 s、页号 p 和对应的内存页面与其他控制用栏目。当要访问内存空间某一单元时，可在通过段表、页表进行内存地址查找的同时，根据快速联想寄存器查找其段号和页号。如果所要访问的段或页在快速联想寄存器中，则系统不再访问内存中的段表、页表而直接把快速联想寄存器中的值与页内相对地址 d 拼接起来，以得到物理地址。经验表明，一个在快速联想寄存器中装有 1/10 左右的段号、页号及页面的段页式管理系统，可以通过快速联想寄存器找到 90%以上的所要访问的内存地址。

段页式管理的地址变换机构如图5-25 所示。

总之，因为段页式管理是段式管理和页式管理方案结合而成的，所以具有它们的优点。反之，由于管理软件的增加，复杂性和开销也就随之增加了。另外，需要的硬件及占用的内存也有所增加。更重要的是，如果不采用联想寄存器的方式提高 CPU 的访问速度，则会使执行速度大大下降。

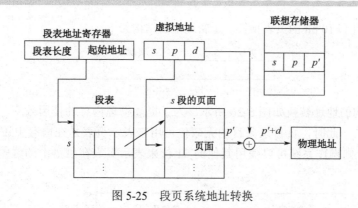

图 5-25　段页系统地址转换

案例研究：Intel Pentium 处理器

Pentium 处理器采用了段页式存储管理技术。每个进程段数的最大值为 16KB，每个段的最大长度为 4GB，页的大小为 4KB。

进程逻辑地址空间分成两个部分。第一个部分最多可以由 8KB 段组成，这部分为私有。第二部分最多可以由 8KB 组成，这部分为所有进程共享。关于第一部分的信息保存在本地描述表（Local Descriptor Table，LDT）中，而关于第二部分的信息保存在全局描述表（Global Descriptor Table，GDT）中。LDT 描述的段局限于每个进程，包括它的代码段、数据段、栈段等；GDT 描述系统段，包括操作系统本身。LDT 和 GDT 中的每个表项都由 8 个字节组成，其中详细记载具体段的信息，包括该段的基址、段长度及其他信息。

逻辑地址是一对<选择器，偏移量>，选择器是一个 16 位的数，其构成格式如下。

s	g	p
13	1	2

其中，s 表示段号，占 13 位，可表示 8K 个段；g 表示段是在 GDT 还是 LDT 中，如果 g 的值为 0，则表示该段在 GDT 中，如果 g 的值为 1，则表示该段在 LDT 中；p 表示保护信息，偏移为 32 位的数，它指出在该段的位移。

Intel 386 机器有 6 个段寄存器，允许一个进程一次寻址 6 个段，还有 6 个 8B 的微程序寄存器，存放来自 LDT 或者 GDT 的相应描述符。利用高速缓存，使得 386 不必每次引用内存时都从内存中读取描述符。

386 的物理地址为 32 bit。段寄存器指向 LDT 和 GDT 中的适当条目，段的 0 基址和界限信息用来产生线性地址。首先，界限用来检查地址的合法性。如果地址无效，则产生内存错误，导致陷入操作系统。如果有效，偏移值就与基地址的值相加，产生 32 bit 的线性地址，该地址再转换成物理地址。

如上面所指出的那样，每个段是分页的，每页的长度为 4 KB，因此页表可以有多达一百万（2^{20}）个条目，因为每个条目需要 4 B，所以每个进程可能需要多达 4MB 的物理地址空间来保存页表。显然，无法为这么大的内存页表分配连续的存储空间。为了解决大页表的存放问题，386 采用了两级页表结构。整个线性地址由 20 bit 的页号和 12 bit 的页偏移组成，其中的页号部分进一步地被分为

10 bit 的页目录指针和 10 bit 的页表指针。逻辑地址的结构如下。

页号		页偏移
$p1$	$p2$	d
10	10	12

这种体系结构的地址转换如图 5-26 所示。为了提高物理内存的使用效率，Intel 386 的页表可以交换到磁盘上。此时，页目录条目的无效位可用来表示页表是在内存中还是在磁盘上。如果页表在磁盘上，则操作系统可以使用其他的 31 位来表示页表在磁盘上的位置，该页表可以根据需要调入。

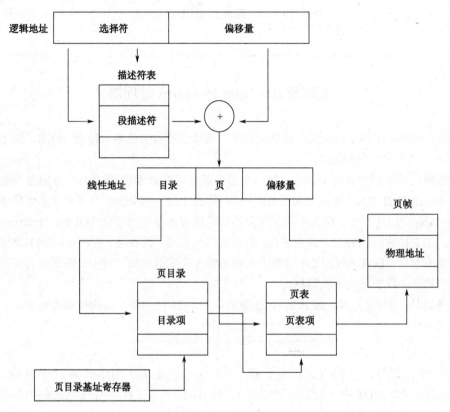

图 5-26 Intel 386 的地址转换过程

5.6 ••• 虚拟存储器

前面所介绍的各种存储管理方式有一个共同的特点，即它们都要求将一个作业全部装入内存后才能运行，则可能出现以下情况。

（1）有的作业很大，其所要求的内存空间超过了内存容量，从而导致作业不能全部被装入内存，以致于该作业无法运行。

（2）有多个作业要求运行，但可用的内存空间不足以容纳所有的作业，只能将少数的作业装入内存使它们先运行，而将其他的作业留在外存中等待。

出现上述两种情况的原因都是内存容量不够大。一个显而易见的解决方法是从物理上增加内存容量，但这往往受到机器自身的限制，还会增加系统成本，因而采用这种方法扩充内存是有限的。另一种方法是从逻辑上扩充内存容量，这正是虚拟存储技术所要解决的主要问题。

5.6.1　虚拟内存

早期的存储管理技术要求把作业全部装入内存才能运行，从而导致系统的内存紧张，限制了系统的并发能力，降低了内存的利用率。但事实上，通过对程序的研究，人们发现程序执行表现出局部性的特征，即程序在执行过程中的一个较短时间内，所执行的指令地址或操作数地址分别局限于一定的存储区域中，主要原因如下。

（1）程序中只有少量分支和过程调用，大都是顺序执行的指令。

（2）程序包含若干循环，是由相对较少的指令组成的，在循环过程中，计算被限制在程序中很小的相邻部分中。

（3）很少出现连续的过程调用，相反，程序中过程调用的深度限制在小范围内，一段时间内，指令引用被局限在很少的几个过程中。

（4）对于连续访问数组之类的数据结构，往往是对存储区域中相邻位置的数据的操作。

（5）程序中有些部分是彼此互斥的，不是每次运行时都用到的，如出错处理程序。

显然，根据程序的局部性定理，应用程序在执行之前，没有必要全部装入内存，仅需要将那些当前要运行的部分页面或段先装入内存即可运行，其余部分仍然留在外存磁盘上。程序在执行时，如果它所访问的页或段已调入内存，则可继续执行下去；但如果程序所要访问的页或段不在内存中，则此时程序利用操作系统提供的请求调入功能，将它们调入内存，以使程序能够继续执行下去。如果内存已满，无法装入新调入的内容，则必须利用一定的页面置换算法，将内存中暂时不用的内容换到外存中存放，以腾出足够的空间来存放新调入的内容，从而保证了程序的顺利执行。这样，一个大的程序就可以在较小的内存空间中执行。从用户的角度来看，该系统所具有的内存容量比实际内存容量大得多。但实际上，用户所看到的大容量的存储器是不存在的，是虚拟的，故人们把这样的存储器称为虚拟存储器。

通过前面的分析得知，所谓**虚拟内存**是指在具有层次结构存储器的计算机系统中，采用自动实现部分装入和部分对换功能，为用户提供一个比物理主存容量大得多的、可寻址的一种"主存储器"。它使用户逻辑存储器与物理存储器分离，是操作系统给用户提供的一个比真实内存空间大得多的地址空间，如图 5-27 所示。

实现虚拟存储器的物质基础是二级存储器结构和动态地址转换机构。经过操作系统的改造，把计算机的内存与外存有机地结合起来使用，从而得到一个容量很大的"内存"，这就是虚存。

虚拟存储器实质上是把用户地址空间和实际的存储空间区分开来，当做两个不同的概念。它的容量主要受到如下两方面的限制。

（1）指令中表示地址的字长。一个虚拟存储器的最大容量是由计算机的地址结构确定的。例如，若 CPU 的有效地址长度为 32 位，则程序可以寻址的范围是 $0 \sim 2^{32}-1$，即虚存容量为 4GB。

（2）外存的容量。虚拟存储器的容量与主存的实际大小没有直接的关系，而是由内存与外存的容量之和确定的。

虚拟存储器根据地址空间的结构不同，可以分为分页虚拟存储器和分段虚拟存储器，也可以把两者结合起来，构成段页式虚拟存储器。

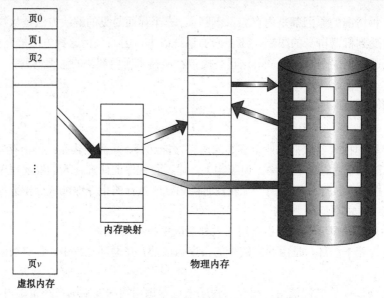

图 5-27   虚拟内存与物理内存关系图

5.6.2   虚拟内存的特征

通过前面的介绍,大家知道虚拟存储器是为扩大主存而采用的一种设计技巧,它具有以下特征。

(1)虚拟性。虚拟内存不是扩大实际的物理内存,而是扩充逻辑内存的容量,即通过一定的软件技术给程序员提供一个远远大于计算机物理内存的编程空间,方便了程序员的编程。

(2)部分装入。每个进程不是全部装入内存的,而是分成若干个部分。当进程需要执行时,才将当前运行所需要的程序和数据装入内存,以后在执行过程中用到其他部分时,再分别把那些部分从外存装入内存。

(3)对换性。在一个进程运行期间,它所需要的程序和数据可以分多次调入。每次仅仅调入一部分,以满足当前程序执行的需要。此外,在内存中那些暂时不使用的程序和数据可以换到外存的交换区中存放,以腾出尽量多的内存空间供可运行进程使用。

值得说明的是,虚拟性是以多次性和交换性为基础的,或者说,只有系统允许作业分多次调入内存,并能将内存中暂时不运行的程序和数据交换到外存中,系统才可能实现虚拟存储器,而多次性和对换性又必须建立在离散分配的基础上。

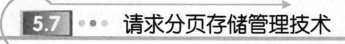

5.7 ••• 请求分页存储管理技术

5.7.1   请求分页存储管理基本原理

请求分页也称为虚拟页式存储管理,是在单纯分页技术基础上发展起来的,二者的根本区别在于请求分页提供虚拟内存。它的基本思想如下：在进程开始运行之前，不是装入全部页面，而是装入一个或零个页面，之后根据进程运行的需要，动态装入其他页面；当内存空间已满，而又需要装入新的页面时，根据某种算法淘汰某个页面，以便装入新的页面。因此，为了实现页式虚存，系统需要解决下面三个问题。

（1）系统如何获知进程当前所需页面不在主存中。

（2）当发现缺页时，如何把所缺页面调入主存。

（3）当主存中没有空闲的页框时，为了接收一个新页，需要把旧页淘汰出去，根据什么策略选择要淘汰的页面。

第一个问题可通过扩充页表的页描述来解决。扩充后的页表结构如下。

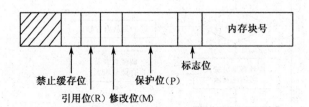

① 内存块号。这是最重要的数据，页面映射的目的就是找到这个值。

② 标志位。这一位用来标示对应的页面是否已装入内存。如果该位是 1，则表示该表项是有效的，可以使用，即该页在内存中；如果该位是 0，则表示该表项对应的页面目前不在内存中，访问该页会引起缺页中断。

③ 保护位。此位用来规定该页的访问。

④ 修改位和引用位。这两位用来记录该页的使用状况。当写入一页时，硬件自动置该页的修改位。如果某页在内存中修改过，那么该页在内存块和在磁盘块中的内容会不一致，当进行页面置换时，若选中该内存块，则必须将该页写回外存，以保证外存中保存的内容是最新的。如果修改位未设置，则表明该页的内容没有修改，在置换时不必把它写入外存，以减少写引起的系统开销。引用位用来表示该页最近被访问过，在发生缺页时，系统根据引用位来决定淘汰哪页。

⑤ 禁止缓存位。此位用于禁止该页被缓存。

对于上面所说的第二个问题，可采用缺页中断来解决。程序在执行时，首先检查页表，当存在位指示该页不在主存时，引起一个缺页中断发生，相应的中断处理程序把控制转向缺页中断子程序。执行此子程序，即可把所缺页面装入主存，然后处理器重新执行缺页时打断的指令。此时，将顺利形成物理地址。缺页中断的处理过程是由硬件和软件共同实现的。其相互关系如图 5-28 所示。

可以看出，上半部是硬件指令处理周期，由硬件自动实现，它是最经常执行的部分。下半部是由操作系统中的中断处理程序实现的，处理之后再转入硬件周期。硬件和软件的关系如此密切，以致于在有些实验性系统中用硬件机构来实现上述软件功能。例如，MITRE 公司在 Interdata3 上实现的 Venus 操作系统，已将它的缺页中断处理用微程序代码实现了，并且成为该机器的重要组成部分。显然，这大大加快了指令执行的速度。

缺页中断是一种特殊的中断，也就是说，缺页中断作为中断，同样需要经历诸如保护 CPU 环境、分析中断原因、转入缺页中断处理程序进行处理、恢复 CPU 环境等几个步骤，但与一般中断相比，又具有以下不同点。

（1）一般中断是一条指令完成后中断，而缺页中断是一条指令执行时中断。通常，CPU 在一条指令执行完成后，才检查是否有中断请求到达。如有，则响应，否则继续执行下一条指令。然而，缺页中断是在指令执行期间，发现所访问的指令或数据不在内存时产生和处理的。

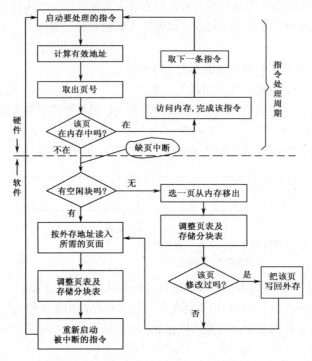

图 5-28　指令执行步骤与缺页中断处理过程

（2）一条指令执行时可能产生多个缺页中断。例如，指令可能访问多个内存地址，这些地址在不同的页中。例如，CPU 执行指令 Copy A To B（其中指令本身跨两个页面，A 和 B 分别是一个数据块，也跨了两个页面）时，系统可能产生六次中断。

5.7.2　页面置换算法

在请求分页存储管理中，如果被访问的页不在内存中，则会产生缺页中断，操作系统进行中断处理，把该页从外存调入内存。那么调入后的新页面应放在哪里呢？显然，如果内存有足够的空闲块，则可把该页装入任何空闲块，如果当前内存已没有空闲的空间，则如何放置新调入的页呢？此时，操作系统必须采取一定的策略，从内存中已存在的页面中挑选出一个或多个页面淘汰，以腾出足够的空间装入新的页面。整个工作流程如图 5-29 所示。它主要包括如下四个步骤。

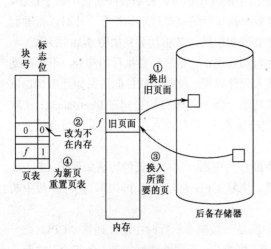

图 5-29　页面置换

（1）找出所需页面在磁盘上的位置。

（2）找出可用空闲内存块。如果有，则立即使用，否则进行页面置换，选择一个旧的页面置换到外存磁盘中。

（3）将所需页面装入内存，修改相应的数据结构。

（4）继续执行用户进程。

可见，如果内存中没有空闲块可用，则要发生两次页面传送（一个换进，一个换出），这样会使缺页处理时间加倍，增加了相应的有效存取时间。为了降低额外开销，可以利用页表中的修改位，如果在进行页面置换时，它的修改位没有设置，则说明它的内容没有改变，不必将其写回。采用这种方法可以显著地降低用于处理缺页所需的时间，减少磁盘 I/O 的次数。

页面置换是请求页面调度的基础，它分开了逻辑内存和物理内存。采用这种机制，小的物理内存能给程序员提供巨大的虚拟内存。尽管进程的所有页面必须在内存中，但请求分页系统的逻辑地址空间不再受物理内存限制。例如，有一个 20 页的用户进程，通过请求分页调度可以只用 10 个内存块来执行，这时要采用页面置换算法来查找空闲物理块。

为实现请求分页虚拟内存，系统必须解决内存分配算法和页面置换算法两个主要问题。如果有多个进程在内存，则必须决定为每个进程分配多少内存块。另外，当需要置换页面时，必须确定淘汰哪个物理块。由于磁盘 I/O 操作非常费时，因此，如何选择一个合适页面置换算法是请求分页系统设计的关键。

为了评价一个算法的优劣，可将该算法应用到一个特定的内存访问序列（引用串），并计算缺页次数。可以人工生成内存引用串（如通过随机数生成器生成）或者通过跟踪一个给定的系统并记录每个内存引用的地址。后一种方法会产生大量的数据，为减少数据量，可采用以下方式进行化简。

第一，对给定页大小（页的大小通常由硬件或系统决定），只需要考虑页码，而不需要完整地址。第二，如果有一个对页面 p 的引用，那么任何紧随其后的对页面 p 的引用都不会产生缺页。

例如，如果跟踪一个特定的进程，记录下如下地址顺序（用十进制表示）：

0100，0432，0101，0612，0102，0103，0104，0101，0611，0102，0103，
0104，0101，0610，0102，0103，0104，0101，0609，0102，0105

如果页的大小为 100 B，则可得到如下引用串：

$$1，4，1，6，1，6，1，6，1，6，1$$

针对某一特定引用串和页面置换算法，为了确定缺页数量，还需要知道可用内存块的数量。显然，随着可用内存块数量的增加，缺页的次数会相应的减少。例如，对于上面的引用串，如果有三个或更多的可用内存块，那么只会产生三次缺页。各次缺页分别对应对每个页面的第一次引用。相应的，如果只有一个可用内存块，那么每次引用都要进行置换，共产生 11 次缺页。通常，人们期望随着可用内存块数量的增加，缺页的数量降低到最小值，如图 5-30 所示。当然，增加物理内存会增加可用内存块的数量。

目前，比较常用的置换算法有以下几种：最佳置换算法、先进先出置换算法、最近最久未用置换算法、近似的 LRU 算法（NRU 算法）等。下面分别对其做介绍。

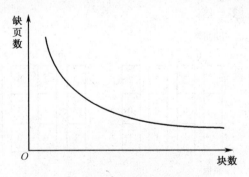

图 5-30　缺页量与内存块数关系图

1. 最佳置换算法

最佳置换算法是由 Belady 于 1966 年提出的一种理论上的算法。其所选择的被淘汰页面，将是

以后永不使用的，或许是在最长（未来）时间内不再被访问的页面。采用最佳置换算法，通常可保证获得最低的缺页率。

假定系统为某进程分配了三个物理块，并考虑有以下页面号引用串：

7，0，1，2，0，3，0，4，2，3，0，3，2，1，2，0，1，7，0，1

进程运行时，先将 7、0、1 三个页面装入内存。当进程要访问页面 2 时，将会产生缺页中断。此时 OS 根据最佳置换算法，将选择页面 7 并予以淘汰。这是因为页面 0 将作为第 5 个被访问的页面，页面 1 是第 14 个被访问的页面，而页面 7 要在第 18 次页面访问时调入。下次访问页面 0 时，因为它已在内存中而不必产生缺页中断。当进程访问页面 3 时，又将引起页面 1 被淘汰，因为它在现有的 1、2、0 三个页面中，将是最晚被访问的。图 5-31 给出了采用最佳置换算法时的置换图。从图中可以看出，系统总共发生了 6 次页面置换。

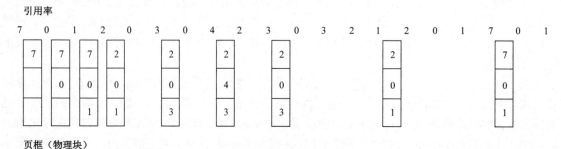

图 5-31　利用最佳置换算法时的置换图

2. 先进先出置换算法

先进先出算法是最早出现的页面置换算法。该算法总是淘汰最先进入内存的页面，即选择在内存中停留时间最长（年龄最老）的一页予以淘汰。仍然以上面的例子为例，图 5-32 给出了采用先进先出算法的页面置换过程。当进程第一次访问页面 2 时，将把页面 7 置换出去，因为它是最先被调入内存的。在第一次访问页面 3 时，先进先出将页面 0 换出，因为它在现有的 2、0、1 三个页面中是最老的页。从图 5-32 可以看出，利用先进先出算法时进行了 12 次页面置换，比最佳置换算法多一倍。

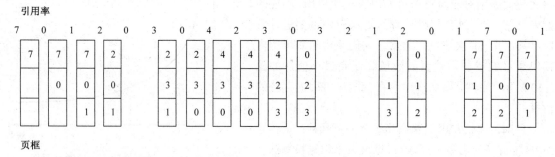

图 5-32　利用先进先出置换算法时的置换图

先进先出置换算法的优点是容易理解且方便程序设计。然而，它的性能并不很好。仅当按线性顺序访问地址空间时，这种算法才是理想的，否则，该算法效率不高，因为那些经常被访问的页往往在内存中停留的时间最久，而它们却因为变"老"而不得不被淘汰出去。

为了说明先进先出置换算法相关的可能问题，考虑以下引用串：1，2，3，4，1，2，5，1，2，

3，4，5。图 5-33 显示了缺页数和可用内存块的曲线。注意，4 个可用内存块的缺页次数（10）比 3 个内存块的缺页次数（9）大。这种结果称为 Belady 异常现象，即缺页次数随内存块的增加而增加。当然，导致这种异常的页面引用串实际上是很罕见的。

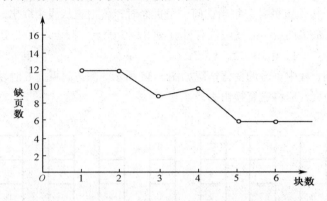

图 5-33　一个采用先进先出算法置换引用串的缺页曲线

3. 最近最久未使用置换算法

最近最久未使用置换算法以"最近的过去"作为"不久的将来"的近似，选择最近一段时间内最久没有使用的页面淘汰。它的实质是，当需要置换一页时，选择在最近一段时间里最久没有使用过的页面予以淘汰。图 5-34 给出了采用该算法页面置换的过程。从图上可以看出应用此算法产生 12 次缺页，其中前 5 次缺页情况和 OPT 算法一样。然而，当访问到第 4 块时，此算法查看内存的三个页：从当前时刻向后看过去，而第 0 页刚使用过，而第 2 页很久未使用，所以第 2 页被淘汰，而不管将来是否要使用它。

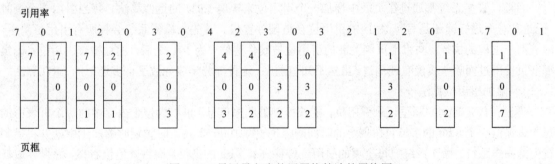

图 5-34　最近最久未使用置换算法的置换图

此算法与每个页面最后使用的时间有关。该算法赋予每个页面一个访问字段，用来记录一个页面自上次被访问以来所经历的时间 t，当必须淘汰一个页面时，此算法选择现有页面中 t 值最大的那个页面。

此算法是经常采用的页面置换算法，且被认为是一个很好的算法，主要问题是如何实现此算法。此算法可能需要实际的硬件支持，以便确定最后访问以来所经历时间的顺序。在具体的实现中，常采用以下方法。

（1）计时器。最简单的方法是使每个页表项对应一个使用时间字段，并给 CPU 增加一个逻辑时钟或计时器，每进行一次存储访问，该时钟都加 1。每当访问一个页面时，时钟寄存器的内容就被复制到相应页表项的使用时间段中。这样，可以始终保留着每个页面最后访问的"时间"。淘汰页面时，选择该时间值最小的页面。可见，为了确定淘汰哪个页面，这种方式要查询页表，而每次存储访问时，都要修改页表的使用时间字段。另外，当页表改变时，必须维护这个页表中的时间，并考虑时钟溢出问题。

（2）栈。用一个栈保留页号。每当访问一个页面时，就把它从栈中取出，放在栈顶上。这样，栈顶总放有目前使用最多的页，而栈底放有目前使用最少的页。假定现有一个进程，其访问的页面号序列为：4、7、0、7、1、0、1、2、1、2、6。

随着进程的访问，栈中页号的变化情况如图 5-35 所示。在访问页面 6 时发生缺页，此时页面 4 是最近最久未访问的页，应将它置换出去。

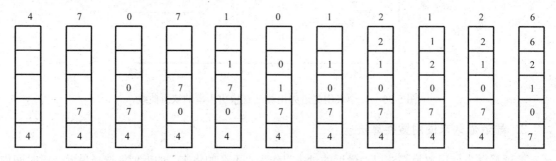

图 5-35　用栈保存当前使用页面时栈的变化情况

从上面的分析可以看出，实现最近最久未访问算法必须有大量硬件支持，同时需要一定的软件开销，所以实际实现的都是一种简单有效的最近最久未访问算法的近似算法。

4．LRU 的近似算法

目前，许多系统都通过在页表中增加一个引用位来实现 LRU 的近似算法。每当引用一个页时（无论是对页进行读还是写），相应的引用位会被硬件置位。首先，操作系统会将所有引用位清零。随着用户进程的执行，与引用页相关联的引用位被硬件置位（为 1）。之后，通过检查引用位，确定哪些页使用过而哪些页没有使用过，虽然不知道顺序。这种部分排序导致了许多近似的 LRU 算法。

1）附加引用位算法

通过在规定时间间隔里记录引用位，能获得额外顺序信息。可以为位于内存中的每个页表中的每一页保留一个 8 bit 的字节。在规定的时间间隔（如每 100ms）内，时钟定时器产生中断并将控制权交给操作系统。操作系统把每个页的引用位转移到其 8 bit 的高位，而将其他位右移，并抛弃最低位。这些 8 bit 移位寄存器包含该页在最近 8 个时间周期内的使用情况。如果移位寄存器含有 00000000，那么该页在 8 个时间周期内没有使用；如果移位寄存器的值为 11111111，那么该页在过去每个周期内都至少使用过一次。

值为 11000100 的移位寄存器比值为 01110111 的页使用得更频繁。如果将 8 bit 作为无符号整数，那么具有最小值的页为 LRU 页，可以被置换出去。如果这个数字不唯一，则可以置换所有具有最小值的页或在这些页之间采用 FIFO 算法来选择替换。

当然，历史位的数量可以修改、可以选择（依赖于可用硬件），以尽可能快的更新。在极端的情况下，数量可降为 0，即只有引用位本身。这种算法称为第二次机会页置换算法。

2）第二次机会页置换法

第二次机会页置换法是对 FIFO 算法的改进，以免把经常使用的页面置换出去。当选择某一页面置换时，先检查最老页面的引用位：如果是 0，则立即淘汰该页；如果该引用位是 1，则给它第二次机会，并选择下一个 FIFO 页。当一个页获得第二次机会时，其引用位清零，到达时间设为当前时间。因此，获得第二次机会的页，在所有其他页置换（或获得第二次机会）之前，是不会被置换的。另外，如果一个页经常使用，它的引用位总保持为 1，则它不会被置换。

一种实现二次机会的方法是采用循环队列。用一个指针表示下次要置换的页。当需要一个内存块时，指针向前移动直到找到一个引用位为 0 的页。在向前移动时，清除引用位，如图 5-36 所示。一旦找到淘汰页，就置换该页，新页插入到循环队列这个位置上。在最坏的情况下，所有位均已设置上，指针会遍历整个循环队列，以便给每个页第二次机会，它将清除所有引用位后再选择页并置换。这样，如果所有位均已设置，那么第二次机会置换就变成了 FIFO 置换。

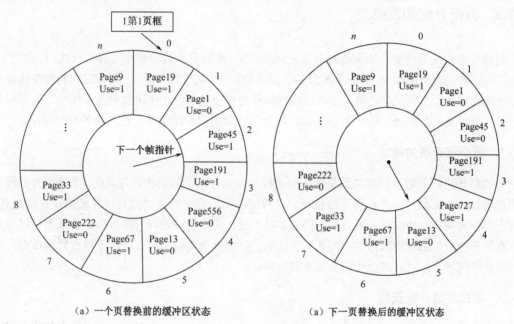

(a) 一个页替换前的缓冲区状态　　　　(a) 下一页替换后的缓冲区状态

图 5-36　时钟算法

3）改进型第二次机会页算法

通过将页表的引用位和修改位结合起来，能增强二次机会，形成改进型二次机会页算法。由访问位 A 和修改位 M 可以组合成下面四种类型的页面。

1 类($A=0$, $M=0$)：表示该页最近既未被访问，又未被修改，是最佳淘汰页。

2 类($A=0$, $M=1$)：表示该页最近未被访问，但已被修改，并不是很好的淘汰页。

3 类($A=1$, $M=0$)：表示最近已被访问，但未被修改，该页有可能再次被访问。

4 类($A=1$, $M=1$)：表示最近已被访问且被修改，该页可能再次被访问。

在内存中的页面必定是这四类页面之一，在进行页面置换时，可采用与第二次机会页算法类似的算法，但需要同时检查访问位和修改位，以确定该页是四类页面中的哪一种。其执行过程可分成以下三步。

（1）从指针所指示的当前位置开始，扫描循环队列，寻找 $A=0$ 且 $M=0$ 的第一类页面，将所遇到的第一个页面作为选中的淘汰页。在第一次扫描期间不改变访问位 A。

（2）如果步骤（1）失败，即查找一轮后未遇到第一类页面，则开始第二轮扫描，寻找 $A=0$ 且 $M=1$ 的第二类页面，将所遇到的第一个这类页面作为淘汰页。在第二轮扫描期间，将所有扫描过的页面的访问位都置 0。

（3）如果步骤（2）也失败，即未找到第二类页面，则将指针返回到开始的位置，并将所有的访问位复位为 0。重复步骤（1），如果仍失败，则必要时再重复步骤（2），此时一定能找到被淘汰的页。

该算法与简单时钟算法相比，可减少磁盘的 I/O 操作次数，但为了找到一个可置换的页，可能必须经过几轮扫描，从而导致实现该算法的开销增加。

当然，还有许多其他的页面置换算法，如最不经常使用页面置换算法、最常使用页面置换算法、页缓冲算法等。由于这些算法都不常用，这里不再介绍。

5.7.3 页面分配和置换

请求分页系统的性能与缺页次数有着密切的关系，而缺页次数受程序本身的特性、页面的大小、分配给程序的内存块的数量、页面置换算法等因素的影响。从直观上看，进程分配到的内存块越多，缺页次数就越少，但这又会影响系统可以同时执行的程序的道数。在请求分页系统中，为进程分配内存时，将涉及三个问题：最小物理块数的确定；物理块的分配策略；物理块的分配算法。

1. 最小物理块的确定

分给每个进程的最少物理块数是指保证进程正常运行所需的最少物理块数。当系统为进程分配的物理块数少于此值时，进程将无法执行。进程应获得的最少物理块数与计算机的硬件结构有关，取决于指令的格式、功能和寻址方式。例如，对于某些简单的机器，若是单指令且采用直接寻址方式，则所需的最少物理块数为 2。其中，一块用于存放指令页面，另一块用于存放数据页面。如果该机器允许间接寻址时，则至少需要三个物理块。

2. 物理块的分配策略

在请求分页系统中，可采用固定分配和可变分配两种物理块分配策略。固定分配策略是指在进程创建时，根据进程类型和程序员的要求，为每个进程分配一定数目的物理块，在整个运行期间都不再改变。而可变分配策略是指允许分给进程的物理块数随进程的活动而改变。进程执行的某阶段缺页率较高，说明目前局部性较差，系统可多分一些物理块以降低缺页率，反之，说明进程目前的局部性较好，可减少分给进程的物理块数。

相应的，在进行页面替换时，可采用全局置换和局部置换策略。如果页面替换算法的作用范围是整个系统，则称为全局页面替换算法，它可以在运行进程间动态地分配内存块。如果页面替换算法的作用范围局限于本进程，则称为局部页面替换算法。因此，可组合出以下三种内存分配策略。

1）固定分配和局部替换策略配合使用

采用该策略时，进程分得的内存块数不变，发生缺页中断时，只能从该进程的页面中选择一页换出，然后调入一页，以保证分配给该进程的内存空间不变。实现这种策略的难点在于：应给每个进程分配多少物理块难以确定。给少了，缺页中断率高；给多了，内存中能同时执行的进程数减少，进而造成处理器和其他设备空闲。

2）可变分配和全局替换策略配合使用

采用该策略时，先为每个进程分配一定数目的内存块，操作系统保留若干空闲内存块。进程发生缺页中断时，从系统空闲内存块中选择一个给进程，这样产生缺页中断进程的内存空间会逐渐增大，有助于减少系统的缺页中断次数。当系统拥有的空闲内存块耗尽时，会从内存中选择一页淘汰，该页可以是内存中任一进程的页面，这样又会使该进程的内存块减少，缺页中断率上升。

3）可变分配和局部替换配合使用

该策略的实现要点如下：新进程装入主存时，根据应用类型、程序要求，分配一定数目的物理块，可采用请页式或预调式完成分配；产生缺页中断时，从该进程驻留集中选一个页面替换；不时重新评价进程的分配，增加或减少分配给进程的内存块，以改善系统性能。

3．分配算法

在采用固定分配策略时，如何将系统中可供分配的所有物理块分配给各个进程，可采用下述几种算法。

1）平均分配算法

这是指将内存中所有可用的物理块平均分配给各个进程。例如，当系统中有 100 个物理块，有 5 个进程在运行时，每个进程可分得 20 个物理块。这种方案貌似公平，但实际上是不公平的，因为它未考虑到各进程本身的大小。如果一个进程大小为 200 页，只分配给它 20 个块，则必然会有很高的缺页率；如果另一个进程只有 10 页，则有 10 个物理块闲置未用。

2）按比例分配算法

这是根据进程的大小按比例分配物理块的算法。设进程 pi 的地址空间大小为 s_i，则总地址空间为

$$S = \sum_i s_i$$

若可用块的总数是 m，则分给进程 pi 的块数为

$$a_i \approx m * S_i / S$$

当然，必须调整 a_i 以使之成为整数且大于指令集合所需的最小物理块数，并使所有物理块数不超过 m。

3）优先级法

在实际应用中，为了使重要的、紧迫的作业尽可能快的完成，应为它分配较多的内存空间。通常采用的方法是把内存中可供分配的所有物理块分成两部分：一部分按比例分配给各进程，而另一部分则根据各进程的优先级，适当增加其相应份额，并分配给各进程。在有些系统中，如重要的实时控制系统中，可能完全按优先级为各进程分配物理块。

4．系统抖动

实现虚拟存储器能给用户提供一个容量很大的存储器，但当主存空间已装满而又要装入新页时，必须按一定的算法把已在内存中的一些页调出，这个工作称为页面替换。所以，页面置换算法就是用来确定应该淘汰哪页的算法，也称淘汰算法。算法的选择是很重要的，若选用了一个不适合的算法，就会出现这样的现象：刚被淘汰的页面又要立即用，因而又要把它调入，而调入不久后再被淘汰，淘汰不久又被调入。如此反复，使得整个系统的页面调度非常频繁，以至于大部时间花在来回调度页面上。这种现象称为"抖动"，又称"颠簸"，一个好的调度算法应减少和避免抖动现象。

5.7.4　工作集模型

工作集的概念是由 Denning 提出并加以推广的，它对于虚拟内存的设计有着深远的影响。一个进程在虚拟时间 t、参数为△的工作集 $W(t,\triangle)$ 中，表示该进程在过去的△个虚拟时间单位中被访问到的页的集合。

虚拟时间按如下方式定义：考虑一系列存储器访问 $r(1)$，$r(2)$，…，其中 $r(i)$ 表示包含某个进程第 i 次产生的虚拟地址的页。时间通过存储器访问来衡量，因此 $t = 1$，2，3，…表示进程的内部虚拟时间。

窗口大小

页面访问序列	2	3	4	5
24	24	24	24	24
15	15 24	15 24	15 24	15 24
18	18 15	18 15 24	18 15 24	18 15 24
23	23 18	23 18 15	23 18 15 24	23 18 15 24
24	24 23	24 23 18	*	*
17	17 24	17 24 23	17 24 23 18	17 24 23 18 15
18	18 17	18 17 24	*	*
24	24 18	*	*	*
18	18 24	*	*	*
17	17 18	*	*	*
17	17	*	*	*
15	15 17	15 17 18	15 17 18　　24	*
24	24 15	24 15 17	*	*
17	17 24	*	*	*
24	24 17	*	*	*
18	18 24	18 24 17	*	*

图 5-37　进程工作集

因为工作集也是时间 t 的函数，如果一个进程的执行超过了△个时间单位，用 $W(t,\triangle)$ 表示从时刻 $t-\triangle$ 到时刻 t 之间所访问的不同页面的集合，t 是进程实际耗用的时间，可以通过执行的指令周期来计算；△是时间窗口尺寸，通过窗口来观察进程的行为。$W(t,\triangle)$ 就是作业在时刻 t 的工作集，表示在最近△个实际时间单位内进程引用过的页面的集合；$|W(t,\triangle)|$ 表示工作集中的页面数目，称为工作集尺寸。如果系统能随 $|W(t,\triangle)|$ 的大小来分配主存块，则既能有效地利用主存，又可以使缺页中断尽量少地发生，即程序要有效运行，其工作集必须在主存中。

这里来考察二元函数 W 的两个变量，首先，W 是 t 的函数，即随时间不同，工作集也不同。其一是不同时间的工作集所包含的页面数可能不同（工作集尺寸不同）；其二是不同时间的工作集所包含的页面可能不同（不同内容的页面）。其次，W 是窗口尺寸△的函数，而且工作集的大小是窗口大小的非递减函数。如图 5-37 所示，其中列出了进程的引用序列，星号（*）表示这个时间单位里工作集没有发生改变。从图中可以看出，工作集越大，产生缺页中断的频率越低，其结果可用如下关系表示：

$$W(t,\triangle+1) \geqslant W(t,\triangle)$$

在工作窗口尺寸允许的情况下，工作集的大小也可能会和进程拥有的总页面数 n 一样大，因此：

$$1 \leqslant |W(t,\triangle)| \leqslant \min(t,n)$$

正确选择工作集窗口尺寸的大小对系统性能有很大影响，如果 $\triangle$ 过大，甚至将作业地址空间都包括在内，则为实存管理；如果 $\triangle$ 过小，则会引起频繁缺页，降低了系统的效率。图 5-38 描述了在固定 $\triangle$ 下，工作集大小随时间变化的情况，对于许多程序来说，工作集大小相对稳定的时期和工作集大小快速改变的时期是交替存在的。当一个进程刚开始执行时，随着进程访问新页面，逐渐构造工作集。根据局部性原理，进程最终会稳定在页面的某个集合上，这就是稳定期，而随后的过渡期表明进程向一个新的局部转移。在过渡期中，仍然会有一些上一个局部中的页保留在窗口中，这些页在新页面访问时，会使工作集大小产生波动，但经过新页面被访问后，工作集大小会减少，直到重新包括这个新的局部中的页面为止。

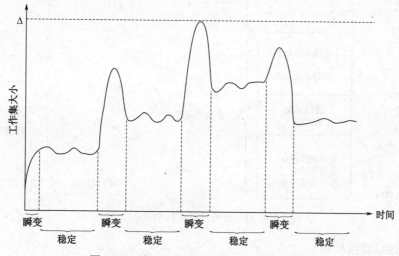

图 5-38　关于工作集大小的一个典型示例图

可以通过工作集概念来确定常驻集的大小：监视每个进程的工作集；定期地从一个进程常驻集中删除那些不在工作集中的页；仅当一个进程的工作集在主存中，即常驻集包含了它的工作集时，进程才能执行。

5.8　存储管理实例

5.8.1　Windows Server 2003 内存管理

内存管理是 Windows Server 2003 执行体的一部分，位于 Ntoskrnl.exe 文件中，是整个操作系统的重要组成部分。硬件抽象层没有内存管理器。

1. 32 位地址空间的布局

默认情况下，32 位 Windows Server 2003 上每个用户进程可以占有 2GB 的私有地址空间，操作系统占有剩余的 2GB 地址空间。Windows Server 2003 高级服务器和 Windows Server 2003 数据中心服务器支持一个引导选项，允许用户拥有 3GB 的地址空间。这两个地址空间的布局如图 5-37 所示。3GB 地址空间选项（在 boot.ini 中通过/3GB 激活）给进程提供了 3GB 的地址空间（剩余的 1GB 作为系统空间）。

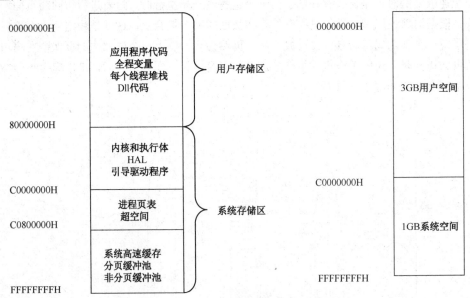

图 5-39　x86 系统虚拟地址空间的布局

2. 32 位地址转换机制

用户应用程序以 32 位虚拟方式编址，CPU 利用内存管理器创建和维护的数据结构将虚拟地址转换为物理地址。

1）虚拟地址转换

Windows Server 2003 在 x86 体系结构上利用二级页表结构来实现虚拟地址向物理地址的转换（运行物理地址扩展内核的系统利用的是三级页表）。一个 32 位的虚拟地址被解释为三个独立的分量，即页目录索引、页表索引和页内偏移，它们用于找出描述页面映射结构的索引。页面的大小及页表项的宽度决定了页目录和页表索引的宽度。例如，在 x86 系统中，因为一页包含 4096 字节，所以页内偏移被确定为 12 位宽（2^{12}=4096）。"页目录索引"用于指出虚拟地址的页目录项在页目录中的位置，页目录项包含的页框号描述了映射虚拟地址所需页表的位置。"页表索引"则用来确定页表项在页表中的具体位置。"页内偏移"使用户能在物理页中寻找某个具体的地址。图 5-40 给出了三者之间的关系。

2）页目录

每个进程都拥有一个单独的页目录，这是由内存管理器创建的特殊页，用于映射进程所有页表的位置。进程页目录的物理地址保存在核心进程(KPROCESS)块中，硬件访问页目录、页表和页都通过 PFN 来完成，而操作系统内核通过虚地址来对它们进行访问。CPU 之所以知道页目录页面的位置，是因为 CPU 内部有一个专用寄存器（x86 系统中的 CR3），而操作系统将页目录的物理地址放在此寄存器中。页目录是由页目录（PDE）组成的，每个页目录的长度为 4 字节，描述了进程所有页表的状态和位置。在 x86 系统中，需要 1024 张页表来描述总共 4GB 的虚拟地址空间，进程的页目录将这些页表映射到 1024 个页目录项上，因此，页目录项索引要有 10 位宽（$2^{10}=1024$）。

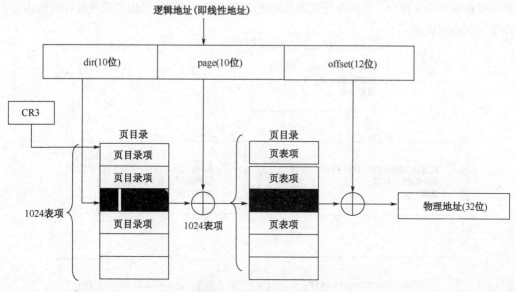

图 5-40　虚拟地址的转换

为了访问页目录和页表，操作系统内核采用了自映射机制。在每个进程的地址空间中，页表占用了从 0xC0000000 开始的 4MB 空间，而每个页表项有 4 个字节，并映射到一个 4KB 的页，这样即可完成 4GB 虚拟地址空间的映射工作。而映射页表所占用的 4MB 空间的页目录也应该包含在从 0xC0000000 开始的 4MB 空间之内，这就是自映射机制。

3．用户空间内存分配方式

系统管理应用程序内存需要两个数据结构：虚址描述符和区域对。可以采用如下三种内存管理方法。

（1）以页为单位的虚拟内存分配方法，适用于大型对象或结构数组。

（2）内存映射文件的方法，适用于大型数据流文件及多个进程之间的数据共享。

（3）内存堆分配，适用于大量的小型内存申请。

1）虚拟地址描述符

内存管理器采用请求页面调度算法将页面装入内存，即直到线程访问一个地址并引起缺页中断时，内存管理器才会执行调页操作。采用这种计算方式时，分配连续的大内存块的操作过程很快，但内存管理器不能确定哪些虚拟地址是空闲的，因为只有线程访问内存时，内存管理器才会建立页表。为了确定虚拟内存的使用状态，内存管理器维持了一个称为虚拟地址描述符（Virtue Address Descriptor，VAD）的数据结构来描述哪些虚拟地址已经在进程的地址空间中被保留，而哪些没被保留。对每个进程，内存管理器都维护一组 VAD，用来描述进程地址空间的状态。虚拟地址描述符被构造成一棵自平衡二叉树以使查找更有效。图 5-41 所示为一棵虚拟地址描述信息树。

当进程保留地址空间，或映射一个内存区域时，内存管理器创建一个 VAD 来保存分配请求提供的信息，如保留地址范围、这个范围是共享的还是私有的、子进程是否能够继承这个地址范围的内容，以及地址范围内应用于页面的保护措施。

线程首次访问一个地址时，内存管理器为此地址的页面创建一个页表项，它找到一个包含被访问地址的 VAD，并利用所得信息填充页表项。如果访问地址在 VAD 覆盖的地址范围外，或所在的地址范围仅被保留而未提交，则内存管理器会知道这个线程在试图使用内存前并没有分配内存，因此会产生一次访问违规。

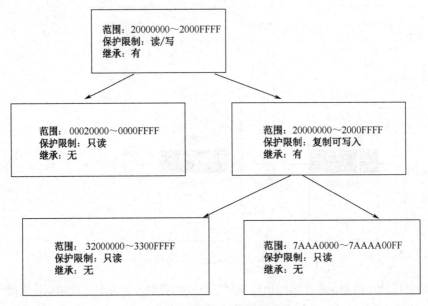

图 5-41　虚拟地址描述信息树

2）区域对象

区域对象在 Win32 子系统中被称为"文件映射对象"，表示可被两个或多个进程共享的内存块。区域对象也可以被映射到页文件或另外一个外存文件上。一个进程的线程可创建区域对象，为它命名，以便其他进程的线程能打开这个区域对象的句柄。区域对象句柄被打开后，线程就能把这个区域对象映射到自己或另一个进程的虚拟地址空间中。这一部分称为视窗。通过每个区域，进程重新定义对象视图，以获得对整个对象的访问。区域对象的主要作用如下。

（1）系统利用区域对象将可执行映像装入内存。

（2）高速缓存管理器利用区域对象访问高速缓存文件中的数据。

（3）使用区域对象将文件映射到进程地址空间，可像访问内存中的数组一样访问此文件，而不是对文件进行读写。当程序访问一个无效的页面（不在内存中的页面）时，引起缺页中断，内存管理器会自动将这个页面从映射文件调入内存。如果应用程序修改了页面，则内存管理器在页面进行常规调度时将修改写回文件。

3）以页为单位的虚拟内存分配方式

在进程的地址空间中页面的状态可以是空闲的、被保留或被提交的。应用程序可以先保留地址空间，然后向此地址空间提交物理页面。它们也可以通过一个函数调用来同时实现保留和提交。这些功能是通过 Win32VirtualAlloc 和 VirtualAllocEx 函数实现的。

保留地址空间是为线程将来使用而保留的一块虚拟地址。试图访问已保留内存会造成访问冲突，因为此时的内存页面还没有映射到一个可以满足这次访问的存储器上。在已保留的区域中，提交页面必须指出将物理存储器提交到何处及提交多少。提交页面在访问时可以转变为物理内存中的有效页面。提交的页面可以是私有的，也可以被映射到一个区域视窗中。可以通过函数 VirtualFree 或 VirtualFreeEx 函数回收页面或释放地址空间。

地址空间被保留，当需要的时候再提交，而不是为全部区域提交页面，这对于需要潜在、大量和连续内存缓冲区的应用程序非常有用。在操作系统中，这项技术被用于线程的用户态堆栈。当创建线程时，就保留一个堆栈（默认值为 1MB)。然而，只有两个页面被提交，一个在堆栈中用于初始化，另一个作为保护页捕获对超过堆栈提交部分的访问，在需要时会自动扩展堆栈。

4）内存映射文件

内存映射文件可以用来保留一个地址区域，并将物理存储器提交给该区域。它允许进程分配一段虚地址空间或某一个盘文件与之相关联，当把盘文件映射到该地址空间后，多个进程可以方便地访问。内存映射文件可用于如下三种场合。

（1）执行体使用内存映射把可执行文件（扩展名为.exe）和动态链接库（扩展名为.dll）文件装入内存，节省应用程序启动时间。

（2）进程使用内存映射文件存取磁盘文件信息，减少文件 I/O 和对文件进行缓存。

（3）多个进程使用内存映射文件来共享主存中的数据和代码。

Win32 子系统向其客户进程提供了文件映射对象服务。实际上，文件映射对象服务就是 Win32 子系统将区域对象服务通过 EinAPI 向客户进程提供的。Win32 映射文件对象等效于一个区域对象。因此，区域对象是实现内存映射文件功能的关键。

内存映射文件的使用步骤如下。

（1）打开文件：进程使用 CreateFile 函数来建立和打开文件，该系统调用指定要建立或打开的文件名，访问文件的方式，与其他进程的共享限制等。

（2）建立文件映射：进程使用 CreateFileMapping 函数建立文件映射对象，实质上是为文件保留虚址而建立一个区域对象。

（3）读写文件视窗：进程通过使用函数 MapViewOfFile 返回的指针来对文件视窗进行读写操作。由于区域对象可以指向地址空间大得多的文件，要访问一个非常大的区域对象时，只能通过此函数映射区域对象的一部分——视窗来实现，并指定映射范围。

（4）打开映射对象：其他进程使用 OpenFileMapping 打开一个已经存在的文件映射对象，以便达到共享或通信的目的。

（5）解除映射：访问结束，进程使用 UnmapViewOfFile 解除映射，释放其地址空间中的视窗，参数指定释放区域的基地址。

5）内存堆分配

堆是保留地址空间中一个或多个页组成的区域，并由堆管理器按更小块划分和分配内存的技术。堆管理函数位于 Ntdll 和 Ntoskrnl.exe 中，分配和回收内存空间时，不必像分页分配一样按页对齐。Win32 API 可以调用 Ntdll 中的函数，执行组件和设备驱动程序可调用 Ntoskrnl 中的函数进行堆管理。

进程启动时带一个默认的进程堆，通常有 1KB 大小。如果需要，它会自动扩大。进程也可以使用 HeapCreate 创建私有堆，使用完可以通过 Heap Destroy 释放私有堆。为了从默认堆中分配内存，线程调用 GetprocessHeap 得到指向堆的句柄，并调用函数 HeapAlloc 和 HeapFree 从堆中分配和回收内存块。

5.8.2　Linux 操作系统的存储管理

在 Linux 操作系统中，每一个用户进程都可访问 4GB 线性虚拟内存地址空间。其中，0～3GB

的虚拟内存地址是用户空间，用户进程独占并可以直接对其进行访问。3～4GB 的虚拟内存地址是内核态空间，由所有核心态进程共享，存放仅供内核态访问的代码和数据。当中断或系统调用发生时，用户进程进行模式切换，即操作系统把用户态切换到核心态。所有进程的 3～4GB 的虚拟地址都一样，对应同样的物理内存段，Linux 以此方式让内核态进程共享代码段和数据段。

Linux 采用请求页式技术管理虚拟存储器，页表分为三层结构：页目录（PGD）、中间页目录（PMD）和页表（PTE）。在 Pentium 计算机上页表被简化成两层，PGD 和 PMD 合二为一。页目录和页表都含有 1024 个项，页面大小为 4KB。每个进程有一个页目录，存储该进程使用的内存页面情况。

1. Linux 进程的虚拟地址空间

Linux 将每个用户进程 4GB 的虚拟地址划分成 2KB 或 4KB（默认方式为 4KB）固定大小的页面，采用分页方式进行管理。系统的管理开销非常大，仅一个进程 4GB 空间的页表将占用 4MB 物理内存。事实上，目前也没有应用程序达到如此规模，因此，有必要显式地表示真正被进程使用的虚拟地址空间。这样，虚拟地址空间由许多个连续虚拟地址区域构成，Linux 采用虚存段 vma 及其链表来表示一个进程实际用到的虚拟地址空间。

一个虚存段是某个进程的一段连续虚存空间，在这段虚存里的所有单元拥有相同特征，如属于同一进程、相同的访问权限、同时被锁定、同时受保护等。但两个虚存段未必连续，且它们的保护模式也可以不同。对于一个给定的进程，两个虚存段绝不会重叠，一个地址最多被一个虚存段覆盖。虚存段由数据结构 vm_area_struct 描述，即：

```
struct  vm_area_struct
{
struct mm.struct *vm_mm;              /*指向虚存段所属进程的mm.struct*/
unsigned long vm_start;               /*虚存段始*/
unsigned long vm_end;                 /*虚存段末址*/
pgprot_t vm_page_prot;
unsigned short vm_flags;              /*虚存段读写权限等标志*/
/*按地址分叉的虚存段的AVL树* /
shrot vm_avl_height;                  /*虚存段的AVL树的高度*/
struct vm_area_struct *vm_avl_left;   /*虚存段的AVL树的左节点*/
struct vm_area_struct *vm_avl_right;  /*虚存段的AVL树的右节点*/
/*按地址分叉的虚存段链接指针* /
struct vm_area_struct *vm_next;
/*或在一个节点区双向环链表中，或在共享内存区映射表中，或未用*/
struct vm_area_struct *vm_next_share;
struct vm_area_struct *vm_prev_share;
/*用于共享内存* /
struct vm_operations_struct vm_ops;   /*封装的操作，如open、close*/
unsigned long vm_offset;              /*相对于文件中共享内存起点的位移*/
struct inode *vm_inode;               /*指向文件inode 或NULL* /
unsigned long vm_pte;
};
```

进程通常占有几个虚存段，分别用于代码段、数据段、堆栈段等。Linux 中对虚存段进行如下管理：每当创建一个进程时，系统便为其建立一个 PCB，称为 task_struct 结构。在这个结构中内嵌了一个包含此进程存储管理有关信息的 mm_struct 结构，它被用来描述一个进程的虚拟内存的情况，其定义如下。

```
struct mm_struct
{
    int count;                    //进程在内存中有映像的虚存段的个数
    pgd-t *pgd;                    //进程一级页表指针
    unsigned long context;        //进程运行的环境
    unsigned long start-code,end-code,start-data,end-data;
                                  //代码和数据段的起始地址及结束地址
    unsigned long start-brk,brk,start-stack,start-mmap;
                                  //与堆栈及可用空间有关的数据
    unsigned long arg-start,arg-end,env-start,env-end;
                                  //参数和环境有关的信息
    unsigned long rss,total-vm,locked-vm;   //进程占用的总页框数
    unsigned long def-flags;       //有关特征位
    struct  vm-area-struct *mmap;           //进程虚存段链头指针
    struct  vm-area-struct  *mmap-avl;      //进程虚存段的AVL树的根节点
    struct  semaphore mmap-sem;   //对进程的mm.struct进行操作时的信号量
};
```

图 5-42 所示为进程的虚存管理数据结构。从每个进程的内嵌 mm_struct 中可以找到内存管理数据结构，从内存管理数据结构的指向虚存段的链接指针 mmap 可以找到按照升序用 vm_next 链接起来的进程的所有虚存段。此外，每个进程都有一个页目录 pgd，存储该进程使用的内存页面情况，Linux 根据缺页调度原则只分配用到的内存页面，从而避免了页表占用过多的物理内存空间。

2．Linux 物理内存空间的管理

在 Linux 操作系统的控制下，物理内存以页框为单位，长度与页面的大小相同，都是 4KB。系统中所有的页框都通过 mem_map 描述，它在系统初始化时通过 free_area_init()函数创建。men-map 是由 men-map-t 组成的数组，每个 men-map-t 描述一个物理页框，用于对空闲页框的管理，其定义如下。

```
typedef struct page
{
    struct  page  *next, *prev;    //下一个和前一个空闲页框
    struct inode *inode;           //页框内存放代码或数据所属文件的inode
    unsigned long offset;          //页框内存放代码或数据所属文件的位移
    struct page *next_hash;        //hash表中链表的后继指针
    atomic_t  count;               //访问此页框的进程计数
    unsigned flags;                //一些标志位
    unsigned dirty;                //页框修改标志
    unsigned age;                  //页框年龄，越小越先换出
    struct wait_queue *wait;
    struct page  *prev_hash;       //hash表中链表的前向指针
    struct buffer_head  *buffers;  //若页框作为缓冲区，则指示该地址
    unsigned long swap_unlock_entry;
    unsigned long map_nr;          //页框在mem_map表中的下标
}mem_map_t;
```

在物理内存的低端，紧靠 mem_map 表的 bitmap 以位示图方式记录了所有物理页框的空闲状态，该表也在系统初始化时由 free_area_init() 函数创建。与一般的位示图不同，bitmap 分割为 NR_MEM_LISTS（默认为 6 组）。第 0 组中的每位表示一个页框的空闲状态，置位表示已被占用。

第 1 组中的每位表示两个页框的空闲状态，置 1 表示其中一个或两个页框已被占用。

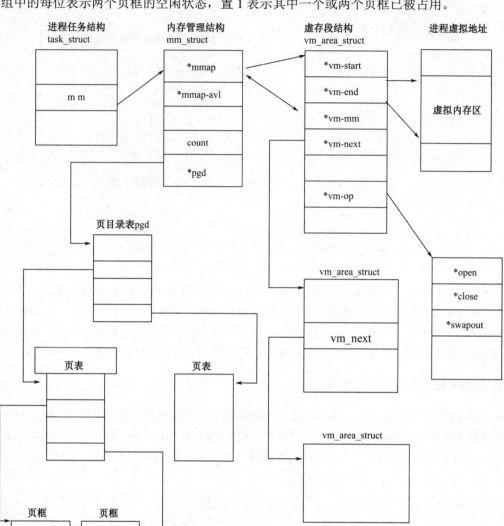

图 5-42 进程的虚存管理数据结构

Linux 用 free_area 数组记录空闲物理页框，该数组由 NR_MEM_LISTS 个 free_area_struct 结构类型的数组元素构成，每个元素均作为一条空闲链表表头使用。

```
struct free_area_struct
{
struct page *next, *prev;   //此结构的next和prev指针与struct page匹配
unsigned int *map;
};
static struct free_area[NR_MEM_LISTS];
```

图 5-43 给出了 bitmap 与 free_area 的关系。

与 bitmap 的分配方法一样，所有单个空闲页框组成的链表链接到 free_area 数组的第 0 项后面，连续的 2^i 个空闲页框被挂到 free_area 数组的第 i 项后面。Linux 系统采用伙伴算法分配空闲块，块

长可以是 2^i 个（$0 \leqslant i <$ NR_MEM_LISTS）页框，页框的分配由 get_free_pages()执行，释放页框可以由 free_page()函数执行。

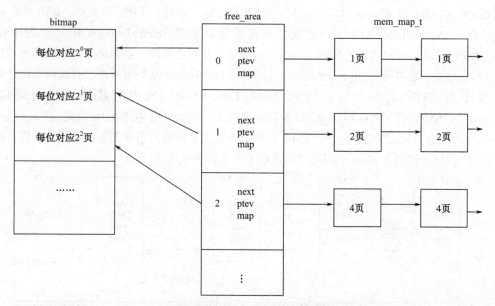

图 5-43　bitmap 与 free-area 的关系

当请求分配长度为 2^i 个页帧的块时，从 free_area 数组的第 i 个链表开始搜索，若找不到，则搜索第 i+1 个链表，以此类推。如果找到的空闲块正好等于需求，则直接把它从 free_area 链表中删除，返回第一个页框的首地址。如果找到的空闲块大于需求，则需要把它一分为二，前半部分插入前一个链表，取后半部分。如果仍然大，则继续对分，取一半留一半，直至相等。同时，bitmap 表页必须相应调整。

回收空闲块时，change_bit()函数根据 bitmap 表中的对应组，判断回收块的前后是否为空闲块。若是则合并，并调整 bitmap 表对应位，并从 free_area 的相应空闲链表中取下该空闲块并归还。这是一个递归过程，直到找不到空闲块邻居时，将最大的空闲块插入 free_area 的相应空闲链表。

3. 用户态内存的申请和释放

用户进程使用 vmalloc()和 vfree()函数申请和释放大块存储空间，分配的存储空间在进程的虚地址空间中是连续的，但它对应的物理页框仍需经缺页中断后，由缺页中断处理例程分配，分配的页框也不是连续的。而非连续内存区的地址空间由 vmlist 链表管理。该链表节点的类型是 struct vm_struct 结构，用于描述这个非连续内存区中每个已分配的内存区的地址和大小等信息。源代码如下。

```
struct vm_struct
{
  unsigned long flags;      //已分配内存块的标志
  void *addr;               //指向该内存块线性地址的起点
  unsignend long size;      //该内存块的大小
  struct vm_struct  *next;  //指向下一个已分配的内存块
};
static struct vm_struct *vmlist=NULL;
```

其中，成员 next 指向 vmlist 链表的下一个元素；成员 addr 指向分配内存区的第一个单元的线性地址；成员 size 表示已分配内存区加 4KB 安全区后的大小。

图 5-44 给出了 vmlist 链表管理下的线性内存空间。vmalloc()可以分配的内存空间为 VMALLOC_START 到 WMALLOC_END。系统初始化时，vmlist 只有一个节点，该节点的 addr 数据成员指向 VMALLOC_START，此地址所在段地址就是 0xc0000000(3GB)，即图中标识的 PAGE_OFFEET 处。从此段地址开始的很少一部分被内核自己使用，被内核自己使用的物理地址对应的线性地址被保存在变量 high_memory 中，同时从 high_memory 到第一个已分配内存区之间插入一个大小为 8MB 的安全区，因此 VMALLOC_START 代表的线性地址的偏移量是 high_memory+8MB,而 VMALLOC_END 指向最大的 32 位地址（即 4GB）的地址处。从 high_memoru 到第一个已分配内存区之间插入一个 8MB 的隔离带是为了捕获对内存的非法访问。同样，在其他已分配的内存区之间插入 4KB 的隔离带也是出于安全性的考虑。

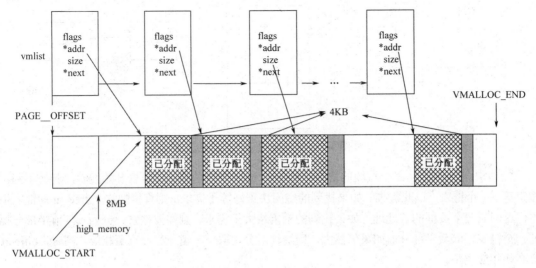

图 5-44　vmlist 维护的虚拟内存空间

从图 5-44 中可以看出 vmlist 链表管理的虚拟内存块按照起始地址从小到大的顺序排列，该链表中的每一个元素代表一块已分配了的虚拟内存块。

用户进程申请和释放连续虚拟内存分别使用 vmalloc()和 vfree()函数，其执行过程大致如下：申请时需给出申请的长度，调用 set_vm_area 内部函数向 vmlist 申请虚存空间。如果申请成功，则会在 vmlist 中插入一个 vm_struct 结构，并返回首地址，当申请到虚地址空间后更改页目录和页表。释放时需给出虚拟空间首地址，沿着 vmlist 搜索要释放的区域，找到表示该虚拟内存块的 vm_struct 结构，并从 vmlist 表中删除，同时清除与释放虚存空间有关的目录项和页表项。如果搜遍链表没有找到匹配项，则发出一个警告信息并结束。

4．内存的共享和保护

Linux 中内存共享是以页共享的方式实现的，共享该页的各个进程的页表项直接指向共享页，这种共享不需建立共享页表，节省内存，但效率较低。当共享页状态发生变化时，共享该页的各进程页表均需修改，要多次访问页表。

Linux 可以对虚拟地址空间中的任一部分加锁或保护，对进程的虚地址加锁，实质上就是对虚存段的 vm_flags 属性与 VM_LOCKED 进行或操作。虚存加锁后，对应的物理页框驻留内存，不再被页面置换程序换出。加锁操作有四种：对指定的一段虚拟空间加锁或解锁（mlock 和 munlock），对进程所有的虚拟空间加锁或解锁（mlockall 和 munlockall）。

对进程的虚拟地址空间实施保护操作，即重新设置虚存段的访问权限，实质虚存就是对 vma 段的 vm_flags 重置 PROT_READ、PROT_WRITE 和 PROT_EXEC 参数，并重新设定 vm_page_prot 属性。与此同时，对虚拟地址范围内所有页表项的访问权限做调整，保护操作系统调用 mprotect 实施。

5．交换空间、页面换出和换入

1）交换空间

Linux 采用两种方式保存换出页面：一种是使用块设备，如硬盘的一个分区，称为交换设备；另一种是使用文件系统的一个文件，称为交换文件。两者统称为交换空间。可以使用系统调用 swapon 向内核注册一个交换设备或交换文件。

交换设备和交换文件的内部格式是一致的。前 4096 个字节是以字符串"SWAP_SPACE"结尾的位图。位图的每位对应一个交换空间的页面，置位表示对应的页面可用于换页操作。第 4096 字节后是存放换出页面的空间。此时，每个交换空间最多可以容纳（4096-10）×8-1=32687 个页面。如果一个交换空间不够用，则 Linux 最多允许管理 MAX_SWAPFILES（默认值为 8）个交换空间。

在交换设备中，属于同一页面的数据总是连续存放的，第一个数据块地址一经确定，后续的数据块可按顺序读出或写入。而在交换文件中，同一页面的数据虽然逻辑上是连续的，但实际的物理存储是零散的，需要交换文件的 inode 检索，这取决于拥有交换文件的文件系统。在大多数文件系统中，交换这样的页面，必须多次访问磁盘扇区，这意味着磁头的反复移动、寻道时间的增加和效率的降低。因此，交换设备的效率远远高于交换文件。

2）页交换进程和页面换出

当物理页面不够用时，Linux 存储管理系统必须释放部分物理页面，把它们的内容写入交换空间。内核态交换线程 kswapd 完成这项功能。kswapd 不仅能够把页面换出到交换空间中，还能保证系统中有足够的空闲页面以保持存储管理系统高效运行。

kswapd 在系统初启时由 init 创建，然后调用 init_swap_timer()函数进行设定时间间隔，并马上转入睡眠状态。当定时器时间到后，kswapd 被激活，它先查看系统中空闲页面 nr_free_pages 是否太少，利用两个变量 free_pages_high 和 free_pages_low 进行判断。如果空闲页面数小于 free_pages_high，则有页面被交换出去；如果空闲页面数小于 free_pages_low，则 kswapd 不仅要换出部分页面，还要把睡眠时间减为平时的一半，以便频繁换出页面；当空闲页面数大于 free_pages_low 时，睡眠时间又恢复原态。

3）缺页中断和页面换入

当进程访问了一个还没有有效页表项的虚拟地址时，处理器将产生缺页中断，通知操作系统，并把缺页的虚拟地址（保存在 CR2 寄存器中）和缺页时访问虚存的模式一并传给缺页中断处理程序。

系统初始化时，先设定缺页中断处理程序为 do_page_fault()，它根据控制寄存器 CR2 传递的缺页地址，找到表示出现缺页的虚拟存储区的 vm_area_struct 结构指针。如果没有找到，则说明进程访问了一个非法存储区，系统发出信号告知进程出错。其次，系统检测缺页时访问模式是否合法，如果进程对该页的访问超越权限，则系统将发出信号，通知进程的存储访问出错。通过以上两步检查，可以确定缺页中断是否合法，进而进程能进一步通过页表项中的位 P 来区分缺页对应的页面是在交换空间

（$P=0$ 且页表项非空）还是磁盘中某一执行文件映像的一部分。最后，进行页面调入操作。

5.9 ••• 总结与提高

存储器是计算机系统的重要组成部分，存储空间是操作系统管理的宝贵资源，虽然其容量在不断扩大，但是仍然不能满足软件发展的需要。对存储资源进行有效管理，不仅关系到存储器的利用率，还对整个操作系统的性能和效率有很大的影响。

操作系统存储管理的基本功能有：存储分配、地址转换、存储保护和共享、存储扩充。存储分配是指为选中的多道运行的程序分配存储空间，地址转换是把用户程序空间的逻辑地址转换和映射到物理地址空间中，以保证用户程序的执行。存储保护是指各道程序只能访问自己的存储区域，而不能互相干扰，以免其他程序受到有意或无意的破坏；存储共享指主存中的某些数据和程序可供不同用户进程使用。而存储扩充是指通过一定的软件技术来扩展计算机的物理内存，以便能够在主存中存放尽量多的进程，使得用户程序不受物理内存大小的限制，从而提高了内存的利用率。

能满足多道程序设计的内存的分配技术有连续分配和离散分配。连续分配方式是把程序装入一个连续的区域。连续分配技术主要采用分区分配技术，把整个内存空间分成大小相等或不等的区，内存分配以区为单位。根据分区是否可变，可分为固定分区和可变分区。采用分区分配技术容易产生内存碎片，内存利用率不高。而离散的内存分配技术可以把用户程序离散地存放在主存的不同区域，提高了内存的利用率。常用的离散分配方式有分页存储管理、分段存储管理和段页式存储技术。分页技术是把用户程序分成大小相等的页，相应的物理内存也分成和页大小相等的物理块，以块为单位进行内存分配。分段技术将用户程序分成若干个逻辑上独立的程序段，然后把不同的段装入内存的不同区域。而段页式存储管理技术结合了分段和分页的优点。

虚拟内存技术是基于程序的局部性原理而提出的一种内存扩充技术，它把计算机的两级存储设备统一起来进行管理，从而给用户提供了远远大于实际物理内存的编程空间，为用户编程提供了极大方便。请求分页技术是一种典型的虚拟存储技术。它在基本分页存储管理的基础上，引入了请求调页功能和页面置换功能来实现内存的逻辑扩展。而请求分段和请求段页式虚存也是实现虚拟内存的技术。

习 题 5

1. 简单叙述存储管理的功能。
2. 指出逻辑地址和物理地址的两个不同点。
3. 什么是地址重定位？静态地址重定位和动态地址重定位有什么区别？
4. 指出内部碎片和外部碎片的区别。
5. 什么是分页和分段存储技术，两者有何区别？
6. 什么是虚拟存储器？列举采用虚拟存储器的必要性和可能性。

7．描述下列算法。

（1）首次适应算法；（2）最佳适应算法；（3）最差适应算法。

8．如果内存划分成 100KB、500KB、200 KB、300 KB 和 600 KB（按顺序划分），首次适应、最佳适应和最差适应算法如何放置大小分别为 212 KB、417 KB、112 KB 和 426 KB（按顺序放置）的进程？哪一种算法的内存利用率高？

9．某操作系统采用分区存储管理技术。操作系统占用了低地址端的 100KB 的空间，用户区从 100KB 处开始共占用 512KB。初始时，用户区全部空闲，分配时截取空闲区的低地址部分作为一个分配区。在执行了如下的申请、释放操作序列后：

作业 1 申请 300KB、作业 2 申请 100KB、作业 1 释放 300KB、作业 3 申请 150KB、作业 4 申请 50KB、作业 5 申请 90KB。

（1）画出采用首次适应算法、最佳适应算法进行内存分配后的内存分配图和空闲区队列。

（2）若随后又申请了 80KB，则针对上述两种情况会产生什么后果？

10．假设有 8 个 1024 字节页面的逻辑地址空间，映射到一个 32 帧的物理内存中：

（1）逻辑地址有多少位？

（2）物理地址有多少位？

11．某虚拟内存的用户编程空间共 32 页，每页的大小为 1 KB，内存为 16 KB，假定某时刻系统为用户的第 0、1、2、3 页分配的物理块为 5、10、4、7，而该用户作业的长度为 6 页，试将十六进制的虚拟地址 0A5C、103C、1A5C 转换成物理地址。

12．覆盖技术和虚拟存储技术有何区别？交换技术和虚拟存储器中使用的调入和调出技术有何区别和联系？

13．在虚拟页式存储系统中引入了缺页中断，说明引入缺页中断的原因，并给出其实现方法。

14．考虑下面的页面走向：

1、2、3、4、2、1、5、6、2、1、2、3、7、6、3、2、1、2、3、6

当内存块的数量分别为 3 和 5 时，试问 LRU、FIFO、OPT 三种置换算法的缺页次数各为多少？（注意：所有内存块最初都是空的，凡第一次用到的页面都产生一次缺页。）

15．假设有如表 5-1 所示段表。

表 5-1　段表

段	基　　址	长　　度
0	219	600
1	2300	14
2	90	100
3	1327	580
4	1952	96

则下面逻辑地址的物理地址是多少？

（1）[0,430]；（2）[1,10]；（3）[2,500]；（4）[3,400]；（5）[4,122]。

16．考虑下面的存储访问序列，该程序的大小为 460 字（以下数字均为十进制数字）：

10、11、104、170、73、309、185、245、246、434、458、364

该页面的大小为 100 字，该程序的基本可用内存为 200 字，计算采用 FIFO、LRU 和 OPT 置换算法的缺页率。

17．有一个矩阵 int a[100][100]按行进行存储。有一个虚拟存储系统，物理内存共有三块，其中一块用来存放程序，其余两块用来存放数据。假设程序已在内存中占一块，其余两块空闲。

程序 A：

```
for (i=0;i<100;i++)
  for (j=0;j<100;j++)
    a[i][j]=0;
```

程序 B：

```
for (j=0;i<100;j++)
  for (i=0;i<100;i++)
    a[i][j]=0;
```

若每页可存放 200 个整数，则程序 A 和程序 B 在执行过程中各会发生多少次缺页？

18．三个函数被链接成一个进程，并被装载到存储器中，每个函数的长度为 600 个字节。考虑下面的存储管理方案。

（1）分页（不分段）：页面大小为 1024 个字节，页表占用一页。

（2）分段（不分页）：段表的大小为 1024 个字节。

（3）段页式（每个函数作为一个单独的段）：页面的大小为 1024 个字节，页表和段表各占一页。

（4）二级页表：页面的大小为 1024 个字节，页表和页目录各占一页。

假设这三个函数和所有表都驻留在存储器中。对这三个系统中的每一个，请确定总共占用的存储空间，即不能被任何其他进程使用的空间。这包括函数占用空间及页表和段表占用的空间。此外，请确定由于内部碎片而浪费的空间。

文件管理

目标和要求

◆ 了解文件和文件系统的基本概念及文件的一般操作。
◆ 了解文件的逻辑结构,熟练掌握文件的物理结构及文件存储空间的管理。
◆ 理解文件目录的概念及目录的结构和管理。
◆ 了解文件的共享和保护技术。

学习建议

对于绝大多数用户而言,文件系统是操作系统中最为可见的部分,也是操作系统中最复杂的部分,因此,在学习本章内容时,读者可以结合具体的操作系统来学习文件管理功能,同时应加强实践操作,动手编写一个简单的文件系统。

在现代计算机系统中,要用到大量的程序和数据,由于计算机内存容量有限,并且内存中保存的信息在断电以后丢失,因此,人们总是把自己的程序和数据以文件的形式存放在大容量的外存上,需要时再把它们装入内存,这样就需要操作系统来对外存中的文件进行管理,以方便用户的使用,为此,现代操作系统都提供了文件管理的功能,以保证文件系统的安全性,提高系统资源的利用率。

本章将介绍文件的基本概念、目录的结构、文件和目录的操作、文件的共享和保护、文件系统及其实现等内容。

6.1 •••• 文件的概念

6.1.1 文件及其分类

1. 文件的定义

文件是计算机系统中信息存放的一种组织形式,目前尚无严格的定义,下面给出了两种有代表性的解释。

(1)文件是具有标识符的相关字符流的集合。

（2）文件是具有标识符的相关记录（一个有意义的信息单位）的集合。

这两种解释定义了两种文件形式。前者说明文件是由字节组成的，这是一种无结构的文件，或称流式文件。目前，UNIX 操作系统、DOS 系统均采用了这种文件形式。无结构文件由于采用了字符流方式，与源程序、目标代码等在形式上是一致的，因此，该方式适用于源程序、目标代码等文件。后者说明文件是由记录组成的。而记录则是由一组相关信息项组成的。例如，每个学生的登记表可视为一个记录，它包括学生姓名、出生年月、性别、籍贯等信息项。所有学生登记表组成一个学生文件。记录式文件主要用于信息管理。

在现代计算机操作系统中，为方便用户使用，把设备也作为文件来统一管理，从某种意义上说已拓宽了文件的含义。

一般情况下，一个文件是一组逻辑上具有完整意义的信息集合，并赋以一个文件名。文件名由用户给定，它是由字母或数字组成的一个字符串，用来标识文件。不同的系统对文件的命名有不同的要求。例如，有些系统规定必须以字母开始且允许其他符号出现在文件头的非开始部分。

2．文件的命名

文件是一个抽象机制，它隐藏了硬件和实现的细节，提供了把文件保存在磁盘上并便于以后读取的手段，使得用户不必了解信息存储的细节便可方便地存取信息。在这一抽象机制中最重要的是文件命名。文件名是文件存在的标识，操作系统根据文件名来对其进行控制和管理。

各个操作系统的文件命名规则略有不同，即文件名的格式和长度因系统而异。例如，有些系统区分文件名中的大小写字母，如 UNIX 和 Linux 系统，而有些系统不区分文件名中的大小写字母，如 MS_DOS。

一般来说，文件名由文件名和扩展名两部分组成，中间用"."隔开，如 program.c。它们都是字母或数字组成的字母数字串。扩展名也称为文件后缀，利用扩展名可以区分文件的属性，因而，尽管一些操作系统的文件名中允许出现多个圆点，如 Windows 和 UNIX，但是文件扩展名的定义依然被大多数用户和应用默认。表 6-1 给出了常见文件扩展名及其含义。

表 6-1　常见文件扩展名及其含义

扩 展 名	文 件 类 型	含　义
exe，com，bin	可执行文件	可以运行的机器语言程序
obj，o	目标文件	编译过的、尚未链接的机器语言程序
c，cc，java，pas，asm，a	程序源文件	用各种语言编写的源代码
bat，sh	批文件	由命令解释程序处理的命令
txt，doc	文本文件	文本数据、文档
wp，tex，rtf，doc	字处理文档文件	各种字处理器格式的文件
lib，a，so，dll	库文件	供程序员使用的例程库
arc，zip，tar	存档文件	相关文件组成一个文件进行存档或存储
ps，pdf，jpg	打印或视图文件	用于打印或视图的 ASCII 码或二进制文件
mpeg，mov，rm	多媒体文件	包含音频或 A/V 信息的二进制文件

3．文件的分类

为了便于管理和控制文件，常把文件分成不同类型。不同的系统对文件的分类方法有很大的差异。下面介绍几种常用的文件分类方法。

1）按文件的用途分类

（1）系统文件：由操作系统及其他系统程序和数据组成的文件。这种文件不对用户开放，仅供系统使用，用户只能通过操作系统提供的系统调用来使用它们。

（2）库文件：系统为用户提供的各种标准函数、标准过程和实用程序等。用户只能使用这些文件，而无权对其进行修改。

（3）用户文件：由用户的信息组成的文件，如源程序文件、数据文件等。这种文件的使用和修改权均属于用户。

2）按文件的操作保护分类

（1）只读文件：只允许进行读操作，不能进行写操作的文件。

（2）读写文件：允许文件主和授权用户对其进行读或写操作的文件。

（3）只执行文件：该类文件只允许授权的用户调用执行，而不允许其修改或读出文件的内容。

3）按文件的性质分类

（1）普通文件：指一般的用户文件和系统文件。普通文件通常分为 ASCII 码文件和二进制文件，通常存放在外存储设备上。

（2）目录文件：管理和实现文件系统的文件目录项组成的系统文件，对目录文件可以进行与普通文件一样的文件操作。

（3）特别文件：有些系统把设备作为文件统一管理和使用，为便于区别，常将设备称为特别文件。

UNIX 操作系统把文件分为普通文件、目录文件和特别文件。

6.1.2　文件属性

为了对文件进行控制和管理，大多数操作系统用一组信息来指定文件的类型、操作特性和存取保护等，这组信息称为文件的属性。文件的属性虽然不是文件的信息内容，但对于文件的管理和控制是十分重要的。其包括如下几个属性。

（1）文件的基本属性：文件的名称、文件的所有者、文件授权者、文件长度等。

（2）文件的类型属性：如普通文件、目录文件、系统文件、隐含文件、设备文件等。也可以按文件信息分为 ASCII 码文件、二进制码文件等。

（3）文件的保护属性：如可读、可写、可执行、可更新、可删除等，可改变保护及档案属性。

（4）文件的管理属性：如文件建立的时间、最后存取时间、最后修改时间等。

（5）文件的控制属性：逻辑记录长、文件的大小、文件的最大长度及允许的存取方式标志、关键字的位置、关键字长度等。

所有文件的信息都保存在目录结构中，而目录结构也保存在外存上。通常，目录条目包括文件名称及其唯一标识符，而这些标识符又定位了其他属性信息。一个文件的这些信息可能需要 1KB 存储空间。

6.1.3　文件组织

通常，用户在使用文件时，只关心文件的逻辑结构。从用户观点观察到的文件组织形式主要有两类：一类是有结构的文件，另一类是无结构的流式文件。

1. 有结构的文件

有结构文件又称记录式文件。它在逻辑上可被看做一组连续记录的集合，即文件是由若干相关记录组成的，且对每个记录编上号码，依次为记录 1、记录 2、…、记录 n。每个记录是一组相关的数据集合，用于描述一个对象某个方面的属性，如年龄、姓名、职务、工资等。

记录式文件按照记录长度是否相同，又可分为定长记录文件和不定长记录文件。

（1）定长记录。如果文件中所有记录的长度相等，则称为定长记录文件，如图 6-1（a）所示。定长记录文件的长度可由记录个数与记录长度的积来表示。定长记录处理方便，开销小，被广泛用于数据处理中。

（2）变长记录文件。如果文件中的记录长度不相等，则称为变长记录文件，如图 6-1（b）所示。由于变长记录文件的每个记录的长度都不同，因此，在处理之前，每个记录的长度是已知的，整个变长记录文件长度为所有记录长度的总和。

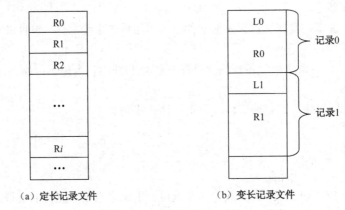

（a）定长记录文件   （b）变长记录文件

图 6-1　有结构文件

2. 无结构的文件

无结构文件是指文件内部不再划分记录，是由一组相关信息组成的有序字符流，即流式文件，如图 6-2 所示。其长度直接按字节来计算。大量的源程序、可执行程序、库函数等均采用无结构的文件形式。在 UNIX 和 Windows 系统中，所有的文件都被看做流式文件。事实上，操作系统不知道或不关心文件中存放的内容是什么，它所见到的都是一个个的字节。文件中任何信息的含义都由用户级程序解释。

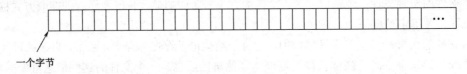

一个字节

图 6-2　字节序列无结构文件

把文件看做字节流，为操作系统带来了很大的灵活性。用户可以根据需要在自己的文件中加入任何内容，不用操作系统提供任何额外帮助。

由于记录式文件的使用不方便，尤其是变长记录文件，而在文件中还要有说明记录长度的信息，这就浪费了一部分存储空间。因此，许多现代计算机操作系统（如 UNIX 操作系统等）都取消了记录式文件。

6.1.4　文件访问方法

文件的基本作用是存储信息。当使用文件时，必须存取这些信息，并把它们读入计算机内存。文件的访问方法是由文件的性质和用户使用文件的方式决定的。按存取的顺序来分，通常有顺序访问和随机访问两类。

1．顺序访问

最为简单的文件访问方式是顺序访问。文件信息按照顺序，一个记录接着一个记录地加以处理。这种访问方式最为常见，例如，编辑器和编译器通常按这种方式访问文件。

大量的文件操作是读和写。读操作读取下一文件部分，并自动前移文件指针，以跟踪 I/O 位置。类似的，写操作会向文件尾部增加内容，相应的文件指针前移到新增加数据之后（新文件结尾）。文件也可以重新设置到开始位置，有的系统允许向前或向后跳过 n 个记录，这里的整数 n 有时只能取 1。顺序访问文件如图 6-3 所示。顺序访问是早期操作系统访问文件的唯一方法，所针对的存储介质是磁带，而不是磁盘。

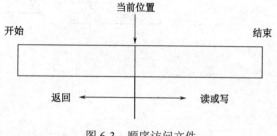

图 6-3　顺序访问文件

2．随机访问

随机访问也称直接存取，每次存取操作时必须先确定存取的位置。直接访问基于文件的磁盘模型，这是因为磁盘允许对任意文件块进行随机读和写。对于直接访问，文件可作为块或记录的编号序列。直接访问文件允许对任意块进行读或写，读写顺序是没有限制的，因此，如果当前正在读取块 14，再读取块 53，最后读写块 7，这是完全可以的。

直接访问文件可立即访问大量的数据信息，因此，随机访问方式主要针对大批信息的立即访问，如大型数据库的访问。当接到访问请求时，系统计算出信息所在块的位置，然后直接读取其中的信息。

对于直接访问方式，文件操作都以块为参数，而不是以字节为参数。而用户提供的操作系统的块号通常是相对块号。相对块号是相对于文件开始的索引，因此，文件的第一块的编号为 0，下一块的编号为 1，以此类推，而该文件的真正的绝对磁盘地址却不是按这样的顺序排列的，它由操作系统根据磁盘空间的具体使用情况动态分配，例如，某一文件的第一块的绝对磁盘地址可能是 14703，而下一块有可能为 3192。使用相对号码允许操作系统决定文件的存放位置，以便阻止用户访问不属于其文件的其他盘块，从而有助于信息的保护。用户对文件的访问是逻辑访问，由操作系统将逻辑块号转换为设备的物理块号，然后驱动设备进行相应的操作。

不是所有操作系统都支持文件的顺序访问和随机访问。有些系统只允许顺序文件访问，而有些系统可能只允许随机访问。有些系统要求在创建文件时确定究竟是随机访问还是顺序访问，这样的文件只能按照声明的方式访问。

3．其他访问方式

其他访问方式可建立在随机访问方式之上。这些方式通常涉及创建文件索引。索引如同书的索引，包括各个块的指针。为了查找文件中的记录，首先搜索索引，再根据指针直接访问文件，以查找需要的记录。

例如，一个零售商品价格文件可能包括每个产品的编号（PCS）和价格。假设每个记录包括 10 位 PCS 和 6 位价格，所以每个记录大小为 16B。如果每个磁盘块的大小为 1024B，那么每块存储 64 个记录。一个具有 120000 个记录的文件可能占有 2000 个块（2MB）。通过将文件按 PCS 排序，可将索引定义为包括每块的第一个 PCS，该索引只有 2000 个条目，每个条目有 10 个数字，共计 20000B，因此可存放在内存中。为了查找某一产品的价格，可以搜索索引，如图 6-4 所示。通过此搜索，可以精确地知道那个包括所要的记录并访问该块。这种结构允许人们通过少量 I/O 即可搜索大文件。

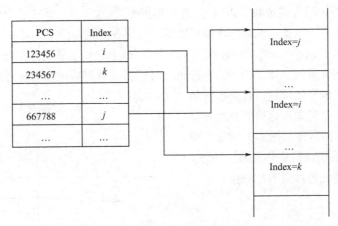

图 6-4　带有查找表的索引顺序文件

对于大文件，索引本身可能太大以致于不能保存在内存中，解决方法之一是为索引文件再创建索引，从而形成二级索引结构。初级索引文件包括二级索引文件的指针，而二级索引又包括真正指向数据项的指针。

6.2　目录结构

通常，在计算机系统中，大量的文件被存储在磁盘上。为了对存储在磁盘上的众多文件进行有效的控制和管理，必须对它们加以组织。这种组织是通过文件目录来实现的，文件目录是一种数据结构，用来标识文件系统中的文件及其物理地址，供检索时使用。

6.2.1　文件控制块和文件目录

1．文件控制块

从文件管理的角度看，一个文件包括两部分：文件体和文件说明。文件体指文件本身的信息，它可能是记录式文件或字符流文件。而文件说明有时也称文件控制块（File Control Block，FCB），它是操作系统为管理文件而设置的数据结构，存放了为管理文件所需的所有相关信息（文件属性）。

文件控制块是文件存在的标志，它通常由下列信息组成。

（1）文件名：符号文件名，如 music、game、file 等。

（2）文件类型：指明文件属性是普通文件、目录文件还是特别文件，是系统文件还是用户文件等。

（3）文件的物理位置：文件在物理设备上的位置，如文件存放在哪台设备的哪些盘块上。

（4）文件的大小：当前文件大小（以字节、字或块为单位）和允许的最大长度。

（5）保护信息：对文件读、写及执行等操作的控制权限标志。

（6）使用计数：表示当前有多少个进程正在使用或打开了该文件。

（7）时间和日期：此信息反映了文件创建、最后修改、最后使用等情况，可用于对文件实施保护和监控等。

操作系统内核利用 FCB 对文件实施各种管理。例如，按名称存取文件时，系统先找到对应的控制块，然后验证访问权限。只有当访问请求合法时，才能取得存放文件信息的盘块地址，进而完成对文件的操作。

2．文件目录

为了对众多的文件进行分门别类的管理，提高文件检索的效率，现代操作系统往往将文件的文件控制块集中在一起进行管理。这种 FCB 的有序集合称为文件目录，文件控制块就是其中的目录项（构成文件目录的项目）。另外，为了实现对文件目录的管理，通常将文件目录以文件的形式保存在外存中，这个文件称为目录文件。

文件目录具有将文件名转换成该文件在外存的物理位置的功能。当用户要求存取某个文件时，系统先查找目录文件，找到对应的文件目录，然后比较文件名，即可找到所查找文件的文件控制块，再通过 FCB 指出的文件信息就能存取文件的内容。

不同的系统，文件目录的组织也不完全相同。在 DOS 系统中，一个目录项有 32 个字节，其中包括文件名、扩展名、属性、时间和日期、首块号和文件的大小。文件控制块的长度为 32 个字节，对于 360KB 的软盘，总共可包含 112 个 FCB，共占用 4KB 的存储空间。图 6-5 所示为 DOS 目录项示意图。

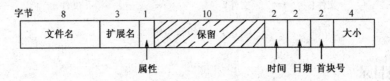

图 6-5　DOS 目录项示意图

为了减少检索文件的时间，UNIX/Linux 采用了一种比较特殊的目录建立方法，它把文件目录项中的文件名和其他管理信息分开，后者单独组成一个定长的数据结构，称为索引节点（in_node），该索引节点的编号称为索引号，记为 i_node。因此，文件目录项中仅剩余 14 个字节的文件名和两个字节的 i_node。因此，一个物理块可存放 32 个文件目录项，系统对由文件目录项组成的目录文件和普通文件一样对待，均存放在文件存储器中。文件存储设备上的每一个文件都有一个外存控制块（又称外存索引节点）inode 与之对应，这些 inode 被集中放在文件存储设备上的 inode 区中。每一个外存的 inode 结构有 32 个字节，包含如下信息：文件长度及其在存储设备上的物理位置、文件主的各种标识、文件类型、存取权限、文件勾连（链接）数、文件访问和修改的时间、inode 节点是否空闲。图 6-6 给出了 UNIX 系统的目录项示意图。

为了方便用户的使用，提高文件系统的效率，也必须对系统内的所有文件目录进行组织。在现代操作系统中，目录的基本组织方式有单级目录、二级目录和树形目录。

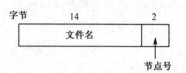

图 6-6　UNIX 系统的目录项示意图

6.2.2　单级目录

单级目录是最简单的目录结构。在这种组织方式下，全部文件都登记在同一个目录中，如图 6-7 所示。其特点是简单、易于理解和实现，但也存在以下缺陷。

（1）查找速度慢。当系统中存在大量文件或众多用户同时使用文件时，由于每个文件占用一个目录项，单级目录中就拥有数量可观的目录项。如果要从目录中查找一个文件，则需要花费相当长的时间才可能找到。平均而言，找一个文件需要扫描半个目录表。

（2）不允许重名。因为所有的文件都在同一目录中，因而每个文件要有不同的文件名，然而，重名问题在现代操作系统中又是难以避免的。另外，即使在单机环境下，随着文件名的增加，用户记住所有文件名也是不可能的。

（3）不便于文件的共享。通常每个用户都有自己的名称空间和命名习惯，应当允许不同用户使用不同的文件名来访问同一文件，然而，单级目录却要求所有用户用同一名称来访问同一文件。

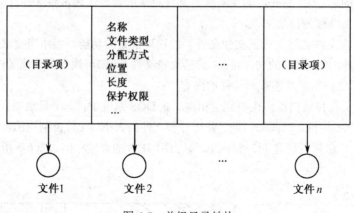

图 6-7　单级目录结构

6.2.3　二级目录

为改变一级目录文件目录命名的冲突，并提高对目录文件的检索速度，可将目录分为两级：一级目录称为主文件目录，给出用户名、用户子目录所在的物理位置；二级目录称为用户文件目录，给出该用户所有文件的 FCB。主文件目录（MFD）的表目按用户来分，每个用户有一个用户文件目录（UFD），如图 6-8 所示。

在二级目录结构中，用户引用特定的文件时，系统只需搜索其 UFD，因此，不同用户可拥有具有相同名称的文件，只要每个 UFD 内的所有文件名唯一即可。当用户创建文件时，操作系统也只搜索该用户的 UFD 以确定具有相同名称的文件是否存在。当删除文件时，操作系统只在局部 UFD 中对其进行搜索，因此，它并不会删除另一个用户的具有相同名称的文件。

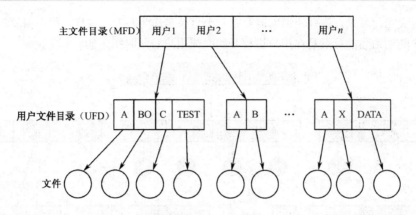

图 6-8 二级目录结构

显然，二级目录解决了名称冲突和文件共享问题，提高了搜索速度，查找时间也降低了。但是，它仍有一定的缺陷。这种结构可以有效地对用户加以隔离。这种隔离在用户需要完全独立时是优点，但是在用户需要在某个任务上进行合作和访问其他文件时却是一个缺点，因为有些系统不允许本地用户文件被其他用户访问。如果允许访问，那么一个用户必须能够指定另一个用户目录内的文件。为了唯一指定位于两层目录内的特定文件，必须给出用户名和文件名。

双层目录可以看做高度为 2 的树或倒置树，树根为 MFD，其直接后代为 UFD，UFD 的后代为文件本身，文件为树的叶子。因此，在双层目录结构中，指定了用户名和文件名也就定义了文件的访问路径。为了访问文件，用户必须知道要访问的文件的路径名。例如，如果用户 A 需要访问自己的文件 TEST，那么用户可以简单地称之为 TEST。但是，为了访问用户 B（其目录名为 userb）的文件 TEST，则用户必须称之为/userB/TEST。每个系统都有特定的语法以指定不属于自己目录内的文件。另外，由于文件可存放在磁盘的不同分区中，有些系统还要求指定文件所在的分区。指定文件分区还需要额外的语法。例如，在 DOS 或 Windows 操作系统中，分区用一个字母名加冒号来指定，因此，如果用户 B 的文件 test 在磁盘的第一个分区，则它的路径名为 C:\userB\test。

6.2.4 树形目录

把两层目录的思想加以推广便可形成多层目录，这种推广允许用户创建自己的子目录来组织文件，从而形成层次文件系统，如图 6-9 所示。多级目录结构通常采用树形结构，它是一棵倒向的有根树，树根是根目录；从根向下，每一个树枝是一个子目录，而树叶是文件。树形目录有许多优点，较好地反映了现实世界中具有层次关系的数据集合和较确切地反映系统内部文件的分支结构，不同的文件可以重名（只要它们不位于同一末端的子目录中），易于规定不同层次或子树中文件的不同存取权限，便于文件的保护、保密和共享等。

在树形目录中，一个文件的全名将包括从根目录开始到文件为止的通路上遇到的所有子目录路径。各子目录名之间用正斜线"/"或反斜线"\"隔开，其中，子目录名组成的部分又称为路径名。系统内的每个文件都有唯一的路径名。路径名是从根经过所有子目录再到指定文件的路径。

通常情况下，每个用户都有一个当前目录。当前目录是用户正在使用的目录，其中包括用户当前感兴趣的绝大多数文件。当需要引用一个文件时，可搜索当前目录。如果所需文件不在当前目录中，用户必须指定路径名或改变当前目录为包括所需文件的目录。为了改变目录，用户可使用系统调用以重新定义当前目录，该系统调用需要有一个目录名作为参数。这样，用户需要时可以改变当前目录。用户的初始当前目录是在用户进程开始时或用户登录时指定的。

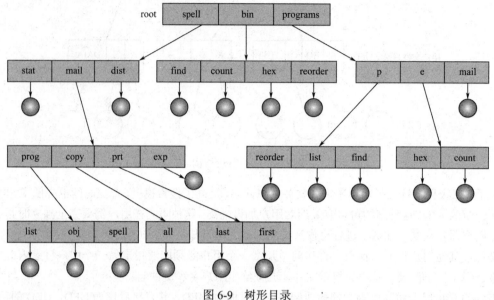

图 6-9　树形目录

　　路径名有两种形式：绝对路径名和相对路径名。**绝对路径名**从根目录开始并给出路径上的目录名直到指定的文件，而**相对路径名**从当前目录开始定义一个路径。例如，在图 6-9 所示的树形目录中，如果当前目录是/root/spell/mail，那么相对路径名 prt/first 和绝对路径名 root/spell/mail/prt/first 指向相同的文件。

　　在树形目录中，允许用户根据需要定义自己的子目录结构，以便使其按照一定的结构来组织文件。这种结构可以按不同的主题来组织文件（例如，可以创建一个目录以包括自己喜欢的游戏），或按照不同信息的类型组织文件（例如，目录 program 可以包含源程序文件，而目录 bin 可用来存储所有二进制文件）。

　　对于树形目录结构，用户除了能访问自己的文件外，还能访问其他用户的文件。例如，用户 B 可通过指定路径名（绝对路径或相对路径）来访问用户 A 的文件。另外，用户 B 也可以改变自己的当前目录为用户 A 的目录，从而可以直接使用文件名来访问 A 的文件。有些系统还允许用户定义自己的搜索路径，以提高文件检索的速度。例如，在 DOS 系统中，用户可以通过修改环境变量 path 的值来指定文件的搜索路径。

　　树形目录的文件路径比两层结构目录的长，为了使用户不必记住长路径即可访问程序，Macintosh 操作系统自动搜索可执行程序。它维护一个文件，称为桌面文件，用以包括它所能搜索到的所有可执行程序的名称和位置。当系统增加了一个新硬盘或软盘或网络访问时，操作系统会遍历目录结构，从而查找设备上的可执行文件并记住相关信息。这种机制支持文件的双击操作。当双击一个文件时，会读入其创建者属性，并搜索桌面文件以匹配查找。一旦找到，就用双击的文件作为输入而启动相应的可执行程序。Windows 操作系统系列支持扩展的两层目录结构，其设备和目录名用驱动器字母表示。

案例研究：DOS 和 UNIX 的目录结构

1．MS_DOS 的目录结构

MS_DOS 系统采用树形目录结构，每个磁盘设备有自己独立的目录结构。磁盘标识符（如 C:、D:等）用来作为文件的根目录，以区分不同的目录结构，如图 6-10 所示。例如，在图 6-10 中，文件 autoexec.bat 可采用 D:\USER\GJN\autoexec.bat 的形式来访问。在 MS-DOS 系统中，用户可以采用相对路径和绝对路径来访问磁盘上的任何文件。最简单的路径可能只包含一个文件名，例如 autoexec.bat。更复杂的路径用来访问某个目录的下一层或下下层的文件。例如，如果当前目录有一子目录 BIN，在目录 BIN 下有文件 patch，则用户可采用相对路径 BIN\patch 来访问文件 patch，其中的字符"\"用来分隔当前目录下的文件和目

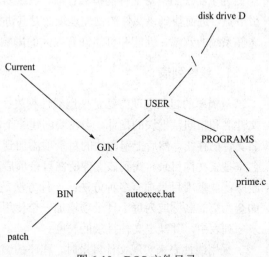

图 6-10　DOS 文件目录

录。特别的，目录名"··"表示当前目录的父目录，因此，通过使用"··"，用户可以访问文件系统的任何文件。例如，如果有一个目录和当前目录有相同的父目录，并且它有一个子目录 PROGRAMS，在 PROGRAMS 中保存了一个程序 prime.c ，那么该程序文件的相对路径可表示为··\PROGRAMS\ prime.c。

绝对路径开始于根目录，如，绝对路径\USER\GJN\BIN\patch 唯一地标识了文件 patch。该文件在目录 BIN 下，而 BIN 又在目录 GJN 下，GJN 是目录 USER 的子目录。类似的，文件 prime.c 的绝对路径可表示为\USER\PROGRAMS\prome.c。绝对路径的另一种表示方式是在路径前面加上文件所在磁盘的标识符，例如，如果文件 patch 在 D 盘上，则它的绝对路径是 D:\USER\GJN\BIN\patch。

MS-DOS 系统提供给用户的目录操作接口是基于字符方式的，它通过 DOS 命令行解释器来与用户交互。例如，命令 DIR 可以列出目录或文件的内容，RENAME 命令可以用来更改文件的名称等。Windows Explorer 的用户接口提供了相应的文件操作功能，而且更加直观和方便。Windows 系统的目录结构与 DOS 的目录结构相同，都是层次结构。

2．UNIX/Linux 的目录结构

UNIX/Linux 的目录结构是树形目录的扩展，是一种无环图结构，它允许同一文件或子目录出现在多个目录中，从而克服了树形目录中不能共享文件和子目录的缺陷。UNIX/Linux 也使用相对路径名和绝对路径名来标识文件或目录，但文件和目录之间采用"/"来分隔，而不是 DOS 中的"\"。因此，在 UNIX/Linux 系统中，以"/"开始的文件名是一个文件的绝对路径表示，例如，绝对路径/usr/gjn/books/opsys/chap6 表示 root 目录下有目录 usr，而 usr 包含子目录 gjn，通过该目录的子目录 books 和其下一级目录 opsys 即可访问文件 chap6。如果工作目录是/usr/gin，则相同的文件可采用相

对路径 books/opsys/chap6 来访问。

6.2.5 目录的实现

为了实现用户对文件的按名存取，系统要对文件目录进行查询，找出该文件的文件控制块或索引节点，进而找到该文件的物理地址，对其进行相应的读写，因此，目录分配和管理算法的选择对文件系统的效率、性能和可靠性有很大的影响。目录的实现方式主要有两种：线性列表和哈希表。

1．线性列表

最简单的目录实现方法是使用线性列表。目录文件由目录项构成一个线性表，每个目录项包括文件名和指向数据块的指针。当需要创建一个新文件时，系统必须先搜索目录文件以确定有没有同名文件的存在，然后把新文件的目录项添加到目录的末尾。删除一个文件时，系统根据给定的文件名来搜索文件目录。找到该文件所在目录项后，释放分配给该文件的磁盘空间，并将相应的目录项删除。要重用目录项有多种方法：一种方法是将目录项标记为不再使用（赋予它一个特定的文件，如全为空的名称或为每个目录项增加一个使用/非使用位）；另一种方法是将该目录项添加到空闲目录项列表中，并减少文件目录的长度。

采用线性表来实现文件目录时，程序的编写很简单，但是运行非常费时。因此，为了改善线性列表的性能，提高线性搜索的效率，必须选择恰当的数据结构来存放线性表。事实上，许多操作系统采用软件缓存来存储最近访问过的目录信息。如果缓存命中，则避免了反复从磁盘上读入目录信息。另外，采用排序列表并使用二分搜索，可以减少平均搜索时间。但是，列表始终需要排序的要求会使文件的创建和删除复杂化，这是因为可能需要不少的目录信息来保持目录的排序。此时可以选择更为复杂的数据结构，如 B-树，使目录表排序更为简单。显然，采用已排序列表不需要排序步骤即可生成降序目录信息，从而提高目录的插入效率。

2．哈希表

用于实现文件目录的另一种数据结构是哈希表。哈希表根据文件名计算出一个哈希值，并返回一个指向线性列表中元素的指针。因此，它大大降低了目录搜索时间，插入和删除也很方便，但需要一些措施来避免冲突（两个不同的文件名哈希到同一位置）。哈希表的最大困难在于其大小通常是固定的，哈希函数也依赖于哈希表的大小。

例如，假设使用线性哈希表来存储 64 个条目，哈希函数可以将文件名转换为 0～63 的整数（如把文件名中各字符的值加起来，其和除以 64 的余数）。如果要从目录中检索一个文件，则利用该文件对应的哈希值查找哈希表，然后根据相应表项中的指针找到对应目录文件中的对应表项。由于不必进行线性检索，从而大大减少了目录查询时间。但是，如果现在要创建第 65 个文件，则必须扩大哈希表，如增加到 128 个条目，这时需要一个新的哈希函数来将文件名映射到 0～127 的整数，而且必须重新组织现有目录条目以反映其新的哈希函数值。

每个哈希表的条目可以是一个链表而不是单个的值，可以向链表中增加一项来解决前面提到的冲突问题。由于查找一个名称可能需要搜索冲突条目组成的链表，因而查找速度可能变慢，但是比线性搜索整个目录可能快很多。

6.3 ●●● 文件和目录操作

6.3.1 文件操作

　　文件属于抽象数据类型。为了合适地定义文件，需要考虑文件的操作。操作系统提供了系统调用，用于对文件进行创建、写、读、定位和截短等操作。不同的操作系统所提供的文件操作是不同的。下面介绍最基本的关于文件操作的系统调用。

　　（1）创建文件：创建文件有两个必要的步骤，即必须在文件系统中为文件找到空间；在目录中为新文件创建一个条目。该目录条目记录了文件名称、在文件系统的位置及其他可能信息。

　　（2）写文件：为了写文件，执行一个系统调用，它指明文件名称和要写入文件的内容。对于给定文件名称，系统会搜索目录以查找文件位置。为了确定写入数据的位置，系统必须为该文件维护一个写位置的指针。每当写操作发生时，系统更新指针的位置，以保证数据写入的正确性。

　　（3）读文件：为了读出文件中的信息，可以使用一个系统调用，并指明文件的名称和要读入文件块在内存的位置。此时，系统会搜索目录以查找相应的文件。找到后，会启动磁盘进行文件的输入操作。因此，为了确定当前的读入数据的位置，系统也需要为该文件维护一个读指针。每完成一次读操作，必须更新指针，以保证下一次从正确的位置读出信息。通常，一个进程只对一个文件读或写，所以当前操作位置可作为每个进程当前文件的指针。由于读和写操作都使用同一指针，因此节省了空间，也降低了系统复杂度。

　　（4）文件定位：对于随机读取文件，需要指定读取数据的位置，通常通过执行一个系统调用来搜索文件目录，将当前文件的位置设定为给定值。文件的定位不需要真正读写文件。该操作也称为文件寻址。

　　（5）删除文件：为了删除文件，系统首先在目录中搜索给定名称的文件。找到相关的条目后，释放该文件所占用的所有磁盘空间，并删除目录文件中相应的条目。

　　（6）截短文件：当用户可能只需要删除文件内容而保留其属性时，系统一般不强制用户删除文件后再创建同名的文件，而是允许用户将文件的长度设置为 0 并释放它所占用的磁盘空间，文件其他的属性保持不变。这个操作称为截短文件。

　　这六个基本操作组成了所需文件操作的最小集合，其他常用操作包括在现有文件之后添加新信息和重命名现有文件。这些基本操作可以组合起来执行其他文件操作，例如，创建一个文件的副本，或复制文件到另一个 I/O 设备（如打印机或显示器），可以这样来完成：创建一个新文件，从旧文件读入并写入到新文件中。另外，人们还希望有文件操作用于获取和设置文件的各种属性。例如，可能需要文件操作以允许用户确定文件属性，如文件的长度、建立和修改的时间等，以便对文件进行控制和管理。

　　大多数文件操作涉及为给定文件搜索相关目录条目的操作。为了避免这种不断的搜索操作，提高文件操作的效率，许多系统要求在首次使用文件时，必须使用系统调用 open 来显式地打开文件。操作系统维护着一个包含所有打开文件的信息表（打开文件表）。当需要进行一个文件操作时，可通过打开文件表的一个索引来指定文件，而不需要搜索整个文件目录。当文件不再使用时，进程可以关闭它，操作系统从打开文件表中删除这一条目。

有的系统在首次使用文件时，会隐式地打开它，在打开文件的作业或程序终止时会自动关闭它。然而，绝大多数操作系统要求程序员在使用文件之前显式地打开它。系统调用 open 会根据文件名搜索目录，并将目录条目复制到打开文件表中。系统调用 open 也可以接收访问模式参数，如创建、只读、读写、添加等。该模式可以根据文件许可位进行检查，如果请求模式获得允许，进程就可以打开文件。系统调用 open 成功，通常会返回一个指向打开文件表中一个条目的指针。通过使用该指针，而不是真实文件名称进行所有 I/O 操作，可以避免进一步搜索和简化系统调用接口。

对于多用户环境，如 UNIX 等，操作 open 和 close 的实现更为复杂。在这些系统中，多个用户可同时打开一个文件。通常，操作系统采用两级内部表：单个进程的文件打开表和整个系统的文件打开表。单个进程文件打开表记录了单个进程打开的所有文件，表内保存的是该进程所使用的所有文件信息。例如，每个文件的当前指针就保存在其中，以便确定下一个文件读或写位置。另外，其中还包括文件访问权限和记账信息等。单个进程文件打开表的每一个条目相应地指向整个系统的文件打开表。整个系统的文件打开表包含与进程无关的信息，如文件在磁盘上的位置、访问日期和文件大小等，一旦一个进程打开一个文件，另一个进程执行 open 操作，其结果是简单地在其进程文件打开表中增加一个条目，并指向整个系统文件打开表的相应条目。通常，系统文件打开表的每个文件还有一个文件打开计数器 count，以记录打开该文件的进程数。每个 close 会递减 count，当打开计数器为 0 时，表示该文件不再被使用，相应的文件条目可从系统表中删除。

案例研究：Linux 和 Windows 系统的文件操作

1. Linux 系统的文件操作

在 Linux 内核中，系统调用 open 的格式如下。

```
int open(char *path,int flags [,int mode])
```

其中，第一个参数用来指定打开文件的参数，flags 参数是一个位示图，它的每一位可以设置对文件的访问方式。例如，值 O_RDONLY、O_RDWR 和 O_RDWR 可以设置 flags 参数的位，以表示文件只能以只读、只写或可读写的方式打开。可选项 mode 用来指定新文件的保护设置，即规定了文件主、同组用户和其他用户的访问权限，是一个可选项。

当文件打开时，文件管理器要根据文件的路径来搜索存储系统，以便逐层查找，最终找到所需的文件，然后在用户文件描述表中添加一个条目，如图 6-11 所示。该条目以 open 调用返回的一个整数作为文件描述符，并作为以后访问该文件的标识。当一个进程建立时，用户文件描述表中的条目标识符 0、1、2 分别用来标识 stdin、stdout 和 stderr。下一个成功的 open 或 pipe 系统调用将会在用户文件描述表的位置 3 处建立一个新的条目。

当文件 close 时，它的文件标识符可以被其他打开文件使用，下一个打开的文件使用最小的可用标识符。因此，采用 close 调用关闭文件后，又用 open 打开一个文件，这样就会引起文件标识符的重用。例如，考虑以下代码序列：

Application Program

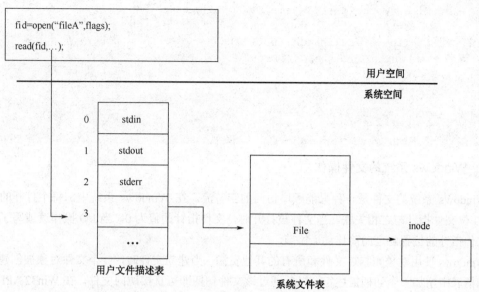

图 6-11　打开一个 Linux 文件

```
close(stdout);
...
fid = open("newOut", flags);
```

此代码段执行后，变量 fid 的值为 1，因为 stdout 使用的文件标识符为 1。其可以用来实现 I/O 重定向。

用户文件描述表的每个条目指向系统文件表的某个条目（称为文件结构）。每个文件结构保存了打开该文件的进程的状态信息，如文件的读写位置。另外，为了提高访问 i 节点的效率，系统在内存中保留了一个外存 i 节点的副本，称为内存 i 节点，系统文件表的每个条目指向内存 i 节点。

当文件管理器发生变动时，内存 i 节点的变化不是立即传送到外存 i 节点，相反的，内存 i 节点是周期性地复制到外存中，因此，当文件打开时，如果系统异常终止，并且内存 i 节点也做了修改，则可能导致内、外存 i 节点的不同，从而导致文件系统的不一致。例如，如果内存 i 节点中的块指针发生了变动，则它指向磁盘块的位置也会随之发生改变，但因为内、外存 i 节点的不一致，会造成磁盘上外存 i 节点的指针与磁盘上实际位置的不符。在 Linux 系统中，利用 fsck 工具来修复这类错误。

下面的程序演示了如何使用 Linux 的相关文件系统调用来完成文件的复制操作。

```c
#include <stdio.h>
#include <fcntl.h>
int main()
{
  int inFile,outFile;
  char  *inFileName="inTest";
  char  *outFileName="outTest";
  int len;
  char c;
```

```
        inFile = open(inFileName,O_RDONLY);
        outFile = open(outFileName,O_WRONLY);
        //文件的输入
        while (len =read(inFile,&c,1)>0)
                write(outFile,&c,1);
        //关闭文件
        close(inFile);

        close(outFile);
    }
```

2．Windows 系统的文件操作

Windows 系统的文件是一种只能顺序访问的字符流。在 Windows 系统中，每个打开的文件有一个 64 位文件指针与之相关联。当文件被打开时，文件指针的值为 0，当 I/O 操作读或写了 k 字节后，文件指针的位置随之向前移动 k 字节。

Windows 使用对象来描述文件和所有的其他资源。当建立文件时，一个文件对象被创建，并在进程句柄表中增加一个句柄描述符，以后通过该文件句柄即可直接访问文件。在 Win32 API 中，当一个文件被打开时，它建立相关数据结构，并返回一个指向该数据结构的句柄（引用），所有对该文件的操作都通过该句柄来引用。Win32 API 中与文件相关的系统调用有：CreateFile（建立文件）、CloseHandle（关闭文件）、ReadFile（读文件）和 WriteFile（写文件）、SetPointer（设置文件读写位置）等。下面介绍系统调用 CreateFile 的函数原型。

```
HANDLE   Createfile (
    LPCTSTR  lpFileName,                              //文件名指针
    DWORD    dwDesiredAccess,                         //访问模式（读或写）
    DWORD    dwShareMode,                             //共享模式
    LPSECURITY_ATTRIBUTES  lpSecurityAttributes,      //安全属性指针
    DWORD    dwCreationDistribution,                  //建立方式
    DWORD    dwFlagsAndAttributes,                    //文件属性
    HANDLE   lTemplateFile,                           //文件句柄
);
```

其中，参数 lpFileName 用来指定建立或打开文件的名称。dwDesiredAccess 参数定义了文件打开的方式，其值可以为 0、GENERIC_READ 和 GENERIC_WRITE。0 表示不需要访问，因此，它仅用于查询文件以便决定文件的当前状态。当然，如果文件是可以读写的，GENERIC_READ 和 GENERIC_WRITE 可以组合起来使用（GENERIC_READ|GENERIC_WRITE）。dwShareMode 参数有值 0（不共享）、FILE_SHARE_DELETE（如果随后的文件打开操作请求删除操作，则可以成功）、FILE_SHARE_READ（随后的操作必须是读操作）或者 FILE_SHARE_WRITE（随后的操作必须是写操作），这些标志也可以结合使用。dwCreationDistribution 参数用来说明当创建的文件已经存在时，该函数调用的处理方式，它的值可以分别用来表示创建失败、覆盖已存在文件或打开已存在的文件（OPEN_ALWAYS）。参数 dwFlagsAndAttributes 向文件管理器传递各种指定文件选项，FILE_ATTRIBUTE_NORMAL 是最常用的值。参数 lTemplateFile 用来传递文件句柄给一个不同的文件，该文件包含了一些扩展的文件属性。

一个打开的文件可以通过使用系统调用 CloseHandle(fileObjectHandle)来关闭，参数为文件的句柄。

下面的程序说明了这些系统调用的用法。

```c
#include <Windows.h>
#include <stdio.h>

#define BUFFER_LEN    …      //每次读写的字节数
/* 从文件in_test中读出信息并写入文件out_test*/
int main(int arg,char *argv[])
{
  //局部变量
   char buffer{BUFFER_LEN+1};

   //设置系统调用CreateFile的参数值
..DWORD dawShareMode=0;    //共享方式
   LPSECURITY_ATTRIBUTES  lpFileSecurityAttributes=NULL;    //安全属性指针
   HANDLE  hTemplateFile=NULL;        //文件指针

   //系统调用ReadFile的参数设置
   HANDLE  sourceFile;    //管道名
   DWORD  numberofBytesRead;    //读取的字节数
   LPOVERLAPPED  lpOverlapped=NULL;

   //系统调用WriteFile的参数设置
   HANDLE   sinkFile;         //管道
   DWORD   numberofBytesWritten;    //写入字节数
   //打开源文件
   souceFile=CreateFile("in_test",GENERIC_READ,dawShareMode,
           lpFileSecurityAttributes,OPEN_ALWAYS,
           FILE_ATTRIBUTE_READONLY,hTemplateFile);
   if ( sourceFile = = INVALID_HANDLE_VALUE) {
           fprintf(stderr,"File open operation failed!\n");
           ExitProcess(1);
   }
   //打开目标文件
   sinkFile = CreateFile("out_test",GENERIC_WRITE,dwShareMode,
        lpSecurityAttributes,OPEN_ALWAYS,
        FILE_ATTRIBUTE_EREADONLY,hTemplateFile);
   if (sinkFile = = INVALID_HANDLE_VALUE) {
           fprintf(stderr,"File open operation failed!\n");
           ExitProcess(1);
   }
   //循环体
   while ( ReadFile(sourceFile,buffer,BUFFER_LEN,&numberofBytesRead,
            lpOverlapped) && numberofBytesRead > 0)
   {
      WriteFile(sinkFile,buffer,BUFFER_LEN,&numberofBytesRead,lpOverlapped);
   }
   //关闭文件
   CloseHandle(sourceFile);
   CloseHandle(sinkFile);
   ExitProcess(0);
}
```

6.3.2　目录操作

与文件操作相似，文件系统也提供了一组系统调用来管理目录。在不同的操作系统中，这组系统调用差别很大，用户可参照该系统提供的用户手册来使用。这里主要介绍相关的目录操作的实现过程。

1．创建目录

被创建的新目录除了目录项"·"（表示该目录本身）和"··"（表示父目录）以外，其内容为空。目录项"·"和"··"是系统自动放在该目录中的。创建目录时，系统首先根据调用者提供的路径名来进行目录检索。如果存在同名的目录文件，则返回出错信息，创建失败；否则，为新目录分配磁盘空间和控制结构，并进行初始化，将新目录文件对应的目录项添加到父目录中。

2．删除目录

删除目录时，系统首先进行目录检索，在父目录中找到该目录的目录项，然后验证用户的操作权限，如果具有删除权限，则可以执行相应的删除操作。在进行目录删除时，不同的系统有不同的限制。有的系统限制只能删除空目录，因此，当删除目录下有子目录或文件时，删除目录操作不能执行，如 DOS 就采用了这种目录删除方式。而有些系统不管目录是否为空都可以执行删除操作，如果目录非空，则系统自动将它其中的文件或子目录一并删除。采用这种方式删除文件目录时，虽然提高了删除的速度，但操作不当可能造成不必要的损失，因为其中的所有信息都被删除。目前的 Windows 系列操作系统、UNIX/Linux 操作系统基本上都采用了这种方式。

3．检索目录

检索目录是指根据用户给定的文件路径名，从高层到低层顺序地查找各级文件目录，寻找指定文件的相关信息。若检索完该目录文件所有盘块仍没有找到匹配的目录项时，则认为无此文件。

当然，目录的操作还有很多，譬如查看用户的工作目录、修改目录名等。这些操作的基础是目录文件的检索，因此，目录操作的关键是目录检索算法的设计和实现。

6.4 ●●● 文件系统实现

大容量直接存取的磁盘存储器及顺序存取的磁带存储器等的出现，为程序和数据等软件资源的透明存取提供了物质基础，这导致了对软件资源管理的质的飞跃——文件系统的出现。文件系统把相应的程序和数据看做文件，并把它们存放在磁盘或磁带等大容量存储介质上，从而做到对程序和数据的透明存取。这里，透明存取是指不必了解文件存放的物理结构和查找方法等与存取介质有关的部分，只需给定一个代表某段程序或数据的文件名，文件系统就会自动地完成与给定文件名相应文件的有关操作。

6.4.1　文件系统结构

1．文件系统的功能

操作系统中与管理文件有关的软件和数据称为文件系统。它负责为用户建立文件，撤销、读写、修改和复制文件，还负责完成对文件的按名存取和存取控制。从用户的角度来看，一个理想的文件系统必须完成下列工作。

（1）为了合理地存放文件，必须对磁盘等辅助存储器空间（或称文件空间）进行统一管理。在用户创建新文件时为其分配空闲区，而在用户删除或修改某个文件时回收和调整存储区。

（2）为了实现按名存取，需要有一个用户可见的文件逻辑结构，用户按照文件逻辑结构所给定的方式进行信息的存取和加工。这种逻辑结构是独立于物理存储设备的。

（3）为了便于存放和加工信息，文件在存储设备上应按一定的顺序存放。这种存放方式被称为文件的物理结构。

（4）完成对存放在存储设备上的文件信息的查找。

（5）完成文件的共享并提供保护功能。

为了实现这些功能，操作系统必须考虑文件目录的建立和维护、存储空间的分配和回收、数据的保密和保护、监督用户存取和修改文件的权限、处理在不同存储介质上信息的表示方式、信息的编码方法、信息的存储次序，以及怎样检索用户信息等问题。

2．文件系统的模型

文件系统是一个复杂的软件，它可以分为许多层。图 6-12 描述了一个层次结构的文件模型（Madnick，1999）。它大致可以分成下列层次：用户接口、符号系统、基本文件系统、存取控制验证、逻辑文件系统、物理文件系统、设备策略模块和 I/O 控制系统。设计中的每层利用底层的功能来创建新的功能，并为更高层提供服务。

（1）用户接口接收用户发来的文件系统调用，进行必要的语法检查，根据用户对文件的存取要求，转换成统一格式的内部系统调用，并进入符号文件系统。

（2）符号文件系统根据文件名或者文件路径名，建立或搜索文件目录，获得文件内部唯一标识并代替这个文件，供后面存取操作使用。

（3）基本文件系统根据文件内部标识把文件说明信息调入内存的活动文件表中，故查找同一表目不用反复读盘。如果文件已经打开，则根据本次存取要求修改活动文件表内容，并把控制传到下一层。

（4）存取控制验证根据活动文件表相应项识别调用者的身份，验证存取权限，判定本次文件操作的合法性，实现文件的存取、共享、保护和保密。如不允许本次访问，则发出一个错误条件，本次文件操作请求失败。

（5）逻辑文件系统根据文件说明中的逻辑结构信息，把指定的逻辑记录转换成相对的块地址。对流式文件，把用户指定的逻辑地址按块长计算出相对块号；对记录式文件，先把记录号转换成逻辑地址，再把其转换成相对块号。如本文件适合使用多种存取方法，则应设多个例程完成不同的转换算法。

（6）物理文件系统根据活动文件表相应目录项中的物理结构信息，将相对块号及块内相对地址转换为文件存储器的物理块号和块内地址。

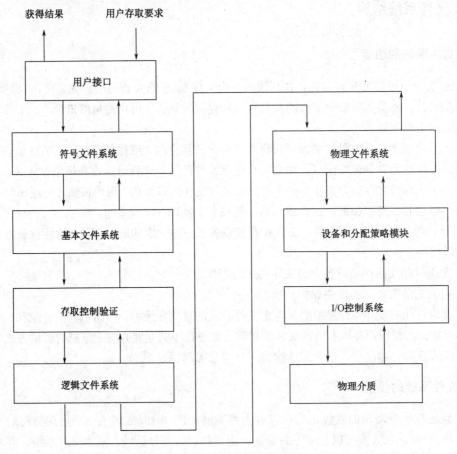

图 6-12　文件系统层次模型

（7）设备和分配策略模块负责文件存储空间的分配，若为写操作，则动态地为调用者申请物理块，实现缓冲区信息管理，根据物理块号生成 I/O 控制系统的地址格式。

（8）I/O 控制系统具体执行 I/O 操作时，实现文件信息的存取。其属于设备管理功能。

6.4.2　文件系统的实现

文件系统以文件的形式保存在计算机的磁盘上，磁盘和内存之间以块为单位进行数据 I/O 转移。每块为一个或多个扇区，扇区的大小通常为 512B。因此，实现文件系统需要使用磁盘和内存结构。尽管这些结构因操作系统和文件系统而异，但也有一些通用规律。在磁盘上，文件系统可能包括如下信息：如何启动所存储的操作系统、磁盘总块数、空闲块的数目和位置、目录结构及具体的文件。而内存信息用于文件系统管理和通过缓存来提高性能，这些结构包括：内存分区表、内存目录结构、系统打开文件表和单个进程打开文件表等。

文件系统在使用之前必须安装。安装通常比较简单，操作系统需要知道磁盘设备的名称及在哪里安装文件系统。通常，一个磁盘设备可以分为不同的分区，每个分区可以安装不同的操作系统（如一个分区安装 Windows 系统，另一个分区安装 Linux 系统）。每个分区的格式在不同的操作系统下有很大的差别，一般由引导块、管理块和数据块三部分组成。

  Windows 操作系统用驱动器字母来表示设备和分区。当系统启动时能够自动地发现所有的设备并安装所有文件系统，因而用户在使用之前不需要运行文件系统的安装。但 UNIX/Linux 与 Windows 不同，每个文件系统需要经过安装后才能使用。因此，它的系统配置文件包括一系列设备和**安装点**，以便在启动时自动安装。当然，用户也可以根据需要手动进行其他安装。通常，安装点为空目录，以便安装文件系统。例如，在 UNIX/Linux 中，包括用户主目录的文件系统可安装在/home 中，即访问该文件系统中的目录结构时，只需要在目录名前加上/home 即可，如/home/jane。

  现代操作系统必须同时支持多个文件系统类型，如何才能把多个文件系统整合成一个目录结构呢？用户如何在访问文件系统空间时，可以无缝地在文件系统类型之间移动呢？实现多个文件系统的方法是为每个类型编写目录和文件程序。现在绝大多数操作系统采用面向对象技术来简化、组织和模块化实现过程。使用这些方法允许不同文件系统类型通过同样的结构来实现，其中包括网络文件类型，如 NFS。用户可以访问本地磁盘上的多个文件系统，甚至访问位于网络中的文件系统。

6.4.3　文件存储空间的分配

  文件的存储分配涉及以下三个问题：当创建新文件时，是否一次性为该文件分配所需的最大空间？为文件分配的空间可以是一个或多个连续的单位，每个连续单位的范围从单一盘块到整个文件，那么分配文件空间时应采用的单位是什么？为了记录分配给各个文件的连续单位的情况，应该使用哪种形式的数据结构或表格？

  目前，常用的文件分配方法有连续分配、链接分配和索引分配三种。每种方法都有其优点和缺点。有些系统对三种方法都支持，但是更为常见的是一个系统只提供对一种方法的支持。

1．连续分配

  连续分配方法要求每个文件在磁盘上占用一组连续的块。文件的连续分配可以用第一块的磁盘地址和连续块的数量来定义。如果文件有 n 块并从位置 b 开始，那么该文件将占有块 b、$b+1$、$b+2$、…、$b+n-1$。一个文件目录项包括开始块的地址和该文件分配区域的长度，参见图 6-13。例如，图 6-13 中文件 FileA 的起始地址为盘块 2，长度为 3，它占用了盘块 2、3 和 4；文件 FileB 的起始地址为盘块 9，长度为 5，其占用的连续块为 9、10、11、12 和 13。

  连续磁盘空间分配问题就是从一个空闲块列表中寻找一个满足请求要求的空闲区域。从一组空闲块中寻找一个空闲块的最为常用的策略是首次适应和最佳适应。这两种算法在空间使用上相差不大，但首次适应通常执行得更快。

  采用连续分配方法可把逻辑文件中的信息顺序地存放到一组邻接的物理盘块中，这样形成的物理文件称为**连续文件**（或顺序文件）。

  连续分配的优点是在顺序存取时速度较快，一次可以存取多个盘块，改进了 I/O 性能。所以，它通常用于存放系统文件，因为这类文件往往被从头到尾一次存取。另外，其也很容易直接存取文件中的任意一块，例如，要访问从 b 块开始的第 i 块，则可以直接从 $b+i$ 块开始读取，因此，连续分配方式支持顺序访问和直接访问。

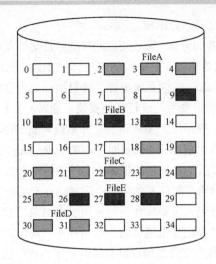

文件分配表

文件名	起始块	长度
FileA	2	3
FileB	9	5
FileC	18	8
FileD	30	2
FileE	26	3

图 6-13　连续文件分配

连续分配也存在如下缺点。

（1）要求建立文件时确定它的长度，以此来分配相应的存储空间，这往往很难实现。

（2）它不便于文件的动态扩充。在实际应用中，文件的内容往往随执行过程而不断增加。当该文件需要扩大空间但文件两端的空间已经使用时，文件无法在原地扩展。此时，可采取两种方法：终止用户程序，并给出错误提示，用户必须分配更多的空间并再次运行程序；找一个足够大的空间，复制文件内容，释放以前的空间，这种文件的搬移是很费时间的。

（3）可能出现外部碎片。随着文件的不断分配和释放，磁盘空间被分成许多不连续的块。当最大的连续块不能满足连续文件的存储要求时，就会出现外部碎片，从而导致磁盘空间的浪费。

为了克服这些缺点，有些操作系统使用了修正的连续分配方案，该方案开始分配一块连续空间，当空间不够时，另一块被称为扩展的连续空间会添加到原来的分配中。这样，文件块的位置就成为开始地址、块数、加上一个指向下一个扩展块的指针。在有些系统中，用户可以自己设置扩展的大小，但设置不当会影响系统的效率。如果设置太大，则可能出现外部碎片，导致磁盘空间的浪费。

2. 链接分配

链接分配克服了连续分配的所有缺点。采用链接分配时，每个文件都是磁盘块的链表。链接分配采用非连续的物理块来存放文件信息，这些非连续的物理块分布在磁盘的任何地方，它们之间没有顺序关系，每个物理块设有一个指针，指向其后续链接的另一个物理块，从而使得存放同一文件的物理块链接成一个串联队列。采用链接分配形成的物理文件称为**链接文件**或**串联文件**。图 6-14 给出了链接分配的示意图。在图 6-14 中，文件 FileB 从块 1 开始，然后是块 8、块 3、块 14，最后是块 28。每块都有一个指向下一块的指针，用户不能使用这些指针。因此，如果每块有 512B，磁盘地址为 4B，那么用户可以使用 508B。

显然，使用链接分配时，不必在文件说明信息中指明文件的长度，只需指明该文件的第一个块号即可。串联文件结构的另一个特点是文件长度可以动态增长，只要调整链接指针，即可在任何一个信息块之间插入或删除一个信息块。用串联文件结构时，逻辑块到物理块的转换由系统沿串联队列查找与逻辑块号对应的物理块号来完成。

由于串联文件结构只能按队列中的串联指针顺序搜索，因此，串联文件结构的搜索效率较低。

串联文件结构一般只适用于逻辑上连续的文件,且存取方法应该是顺序存取的。否则,为了读取某个信息块而造成的磁头大幅度移动将花去较多的时间。因此,串联文件结构不适用于随机存取。

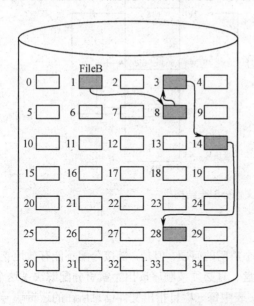

文件分配表

文件名	起始块	最后块
...	...	...
FileB	1	28
...	...	...

图 6-14　链接文件分配

另外,指针也需要空间。如果指针需要 512 字节中的 4 个字节,那么 0.78% 的磁盘空间将会用于存储指针,因而,每个文件需要比实际容量更多的空间。对这个问题的解决方法是将多个块组成簇,并按簇来分配。例如,文件系统可能定义一个簇为 4 块,并以簇为单位来操作。这样,指针所占用的磁盘空间的百分比会更少。这种方法改善了磁盘的访问时间,但增加了内部碎片。

链接分配的另一个问题是可靠性。由于文件是通过指针链接的,而指针分布在整个磁盘上,操作系统软件的漏洞或磁盘硬件的故障会导致错误指针。这种错误可能会牵连到空闲空间列表,或另一文件。一个不彻底的解决方案是使用双向链表或在每个块中存储文件名和相对块数。但是,这些方案为每个文件增加了额外开销。

一个采用链接分配方法的变种是**文件分配表**(File Allocation Table,FAT)的使用。这一简单但有效的磁盘空间分配用于 DOS 和 OS/2 操作系统。每个分区的开始部分用于存储 FAT。磁盘上的每个块都在该表中登记,占用一个表项,该表可以通过块的编号来索引,FAT 的每个表项含有文件的下一块的块号,则 FAT 可以像链表一样使用。系统先根据目录文件中的第一块的块号检索 FAT,从中得出文件的下一个盘块号,以此类推,直到该文件的最后一块,该块对应 FAT 的值为文件结束标志。在 FAT 中,未使用的块用 0 来表示,因此,当一个文件需要分配新的存储空间时,在 FAT 中查找第一个标志为 0 的块,用新分配块的块号来替换该条目的值,把该块链接到文件的尾部。例如,一个由块 217、618 和 339 组成的文件的 FAT 结构如图 6-15 所示。

显然,采用 FAT 分配方案可能导致大量的磁头寻道时间,因为磁头必须移到分区的开始位置以便读入 FAT,寻找所需块的位置,并移到块本身的位置。在最坏的情况下,每块都需要两次移动。但是,通过读入 FAT 的信息,磁头能找到任何块的位置,所以,FAT 分配方案改善了随机访问时间。在审计的系统中,可以把 FAT 装入内存以减少磁头寻道时间,但也减少了可用内存的数量。

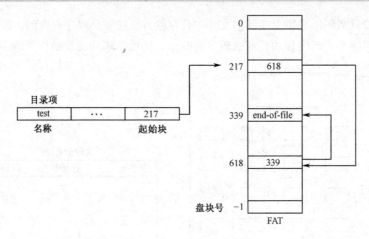

图 6-15　文件分配表结构

3．索引分配

链接分配解决了连续分配的外部碎片和大小声明的问题，但是，链接分配不能有效地支持直接访问，这是因为块指针与块一起分布在整个磁盘，且必须按顺序读出。**索引分配**解决了这个问题。索引分配要求系统为每个文件建立一张索引表，表中每一栏目指出文件信息所在的逻辑块号和与之对应的物理块号。索引表的物理地址由文件目录对应的表项给出，如图 6-16 所示。这种物理结构形式的文件称为索引文件。

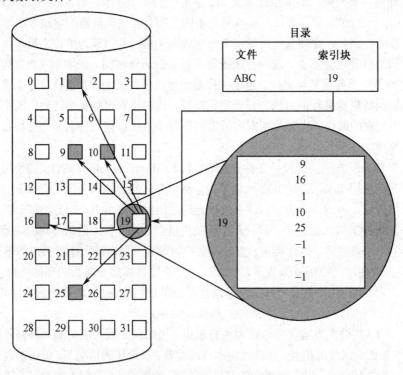

图 6-16　索引文件分配

这种分配方式类似于存储管理中的分页方式。当创建一个文件时，系统为它建立一个索引表，其中所有的盘块号设为 null。当首次写入第 i 块时，先从空闲盘块中取出一块，然后把它的地址（即物理块号）写入到索引表的第 i 项中。如果要读取文件的第 i 块，则检索文件的索引表，从索引表的第 i 项找到所需盘块号，并启动磁盘完成文件 I/O 操作。

　　索引文件既可以满足文件动态增长的要求，又可以较为方便和迅速地实现随机存取。因为有关逻辑块号和物理块号的信息全部放在一个集中的索引表中，而不是像串联文件那样分散在各个物理块中。但是，索引表也需要额外的磁盘空间。在很多情况下，有的文件很大，文件索引表也就较大。如果索引表的大小超过了一个物理块，则必须像处理其他文件的存放那样决定索引表的物理存放方式，但这不利于索引表的动态增加；索引表也可按串联方式存放，但这增加了存放索引表的时间开销。一种较好的解决办法是采用间接索引（多重索引），即在索引表所指的物理块中存放的不是文件信息，而是装有这些信息的物理块地址。这样，如果一个物理块可装下 n 个物理块地址，则经过一级间接索引，可寻址的文件长度将变为 $n \times n$ 块。如果文件长度依然大于 $n \times n$ 块，则可以再次进行类似的扩充，即二级间接索引。其原理如图 6-17 所示。

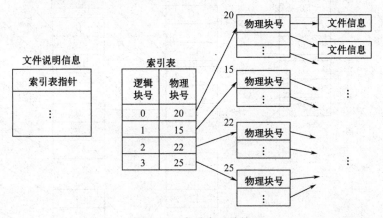

图 6-17　多重索引结构

　　但是，大多数文件不需要进行多重索引，也就是说，这些文件所占用的物理块数的块号可以放在一个物理块内。如果对这些文件采用多重索引，则会降低文件的存取速度。因此，在实际系统中，总是把索引表的前几项设计成直接寻址方式，即这几项所指的物理块中存放的是文件信息；而索引表的后几项设计成多重索引，即间接寻址方式。在文件较短时，可利用直接寻址方式找到物理块号而节省存取时间。UNIX 操作系统就采用了这种索引文件结构，从而使其可以访问数千吉字节的文件。

　　索引结构既适用于顺序存取，又适用于随机存取。索引结构的缺点是由于使用了索引表而增加了存储空间的开销。另外，在存取文件时需要至少访问存储器两次以上。其中，一次是访问索引表，另一次是根据索引表提供的物理块号访问文件信息。由于文件在存储设备中的访问速度较慢，因此，如果把索引表放在存储设备上，势必会降低文件的存取速度。一种改进的方法是，当对某个文件进行操作之前，系统预先把索引表放入内存。这样，文件的存取可直接在内存中通过索引表确定物理地址块号，而访问磁盘的动作只需要一次。

　　Linux 操作系统的多重索引结构稍有不同。如图 6-18 所示，每个文件的索引表规定为 13 个索引项，每项 4 个字节，登记一个存放文件信息的物理块号。由于文件系统仅提供流式文件，无记录的概念，因而，登记项中没有键与之。前面 10 项用于存放文件的物理块号，称为直接寻址，而 0 到 9 可以理解为文件的逻辑块号。如果文件大于 10 块，则利用第 11 项指向一个物理块，该块中最多可放 128 个存放文件信息的物理块的块号，即一次间接寻址，因为每个大型文件可以利用第 12、13 项做二次和三次间接寻址，因为每个物理块存放 512 个字节，所以每个文件最大长度达 11 亿字节。这种方式的优点是与一般索引文件相同，其缺点是多次间接寻址降低了查找速度。使用环境统计表明，长度不超过 10 个物理块的文件占总数的 80%，通过直接寻址便能找到文件的信息。对仅占总数的 20%的超过 10 个物理块的文件才使用间接寻址。

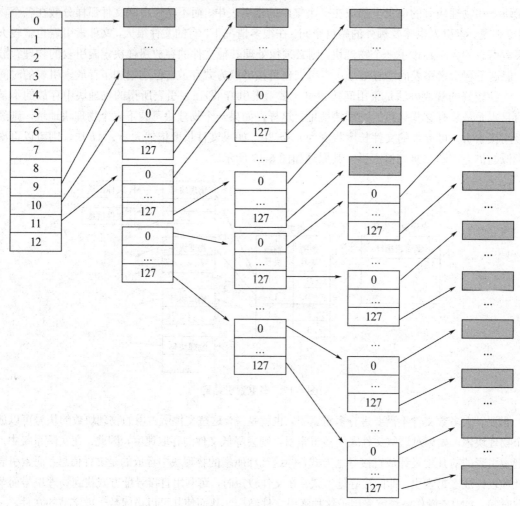

图 6-18　Linux 的多重索引结构

6.4.4　空闲空间的管理

存储空间管理是文件系统的重要任务之一。只有有效地进行存储空间管理，才能保证多个用户共享文件存储设备和文件的按名存取。由于文件存储设备分成若干个大小相等的物理块，并以块为单位来交换信息，因此，文件存储空间的管理实质上是一个空闲块的组织和管理问题，它包括空闲块的组织、空闲块的分配与空闲块的回收等。有三种不同的空闲块管理方法，即空闲文件目录、空闲块链、位示图。下面介绍这几种空闲空间的分配方法。

1．空闲文件目录

最简单的空闲块管理方法就是把文件存储设备中的空闲块的块号统一放在一个称为空闲文件目录的物理块中。其中空闲文件目录的每个表项对应一个由多个空闲块构成的空闲区，它包括空闲块个数，空闲块号和第一个空闲块号等，如表 6-2 所示。

表 6-2　空闲文件目录

序　　号	第 1 个空闲块号	空闲块个数	物　理　块　号
1	2	4	2,3,4,5
2	18	9	18,19,20,21,22,23,24,25,26
3	59	5	59,60,61,62,63
…	…	…	…

在系统为某个文件分配空闲块时，首先扫描空闲文件目录项，如找到合适的空闲区项，则分配给申请者，并把该项从空白文件目录中去掉。如果一个空闲区项不能满足申请者的要求，则把目录中另一项分配给申请者（连续文件结构除外）。如果一个空闲区项所含块数超过申请者的要求，则为申请者分配了所要的物理块之后，再修改该表项。

当一个文件被删除，释放存储物理块时，系统会把被释放的块号、长度及第一块的块号置入空白目录文件的新表项中。

在内存管理时已讨论过有关空闲连续区分配和释放算法，只要稍加修改即可用于空闲文件项的分配和回收。

空闲文件项方法适用于连续文件结构的文件存储区的分配与回收。

2. 空闲块链

空闲块链是一种较常用的空闲块管理方法。空闲块链把文件存储设备上的所有空闲块链接在一起，当申请者需要空闲块时，分配程序从链头开始摘取所需要的空闲块，然后调整链首指针。反之，当回收空闲块时，把释放的空闲块逐个插入链尾。

空闲块链的链接方法因系统而异，常用的链接方法有按空闲区大小顺序链接、按释放先后顺序链接、按成组链接。其中，成组链接法可被看做空闲块链的链接法的扩展。

按空闲区大小顺序链接和按释放先后顺序链接的空闲块管理在增加或移动空闲块时需对空闲块链做较大的调整，因而需耗去一定的系统开销。成组链法在空闲块的分配和回收方面要优于上述两种方法。

成组链法首先把文件存储设备中的所有空闲块按 50 块划分为一组。组的划分为从后向前顺次划分，如图 6-19 所示。其中，每组的第一块用来存放前一组中各块的块号和总块数。由于第一组的前面已无其他组存在，因此，第一组的块数为 49 块。但由于存储设备的空间块不一定正好是 50 的整倍数，因而最后一组将不足 50 块，且由于该组后面已无其他空闲块组，所以该组的物理块号与总块数只能放在管理文件存储设备用的文件资源表中。

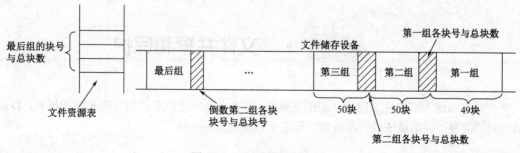

图 6-19　成组链接法的组织

在成组链法对文件设备进行了上述分组之后，系统可根据申请者的要求进行空闲块的分配，并在释放文件时回收空闲块。下面介绍成组链法的分配和释放过程。

首先，系统在初启动时把文件资源表复制到内存中，从而使文件资源表中放有最后一组空闲的块块号与总块数的堆栈进入内存，并使得空闲块的分配与释放可在内存中进行，减少了启动 I/O 设备的压力。

与空闲块块号及总块数相对应，用于空闲块分配与回收的堆栈有栈指针 Ptr，且 Ptr 的初值等于该组空闲块的总块数。当申请者提出空闲块要求 n 时，按照后进先出的原则，分配程序在取走 Ptr 所指的块号之后，再做 Ptr←Ptr-1 的操作。这个过程一直持续到所要求的 n 块都已分配完毕或堆栈中只剩下最后一个空闲块的块号。当堆栈中只剩下最后一个空闲块号时，系统启动设备管理程序，将该块中存放的下一组的块号与总块数读入内存并将该块分配给申请者。系统重新设置 Ptr 指针，并继续为申请者进程分配空闲块。文件存储设备的最后一个空闲块中设置有尾部标识，以指示空闲块分配完毕。

当用户进程不再使用有关文件并删除这些文件时，回收程序回收装有这些文件的物理块。成组链法的回收过程仍利用文件管理堆栈进行回收。在回收时，回收程序先做 Ptr←Ptr+1 操作，然后把回收的物理块号放入当前指针 Ptr 所指的位置。如果 Ptr 等于 50，则表示该组已经回收结束。此时，如果还有新的物理块需要回收，则回收该块并启动 I/O 设备管理程序，把回收的 50 个块号与块数写入新回收的块。然后，将 Ptr 重新置 1 并另起一个新组。显然，对空闲块的分配和释放必须互斥进行，否则将会发生数据混乱。

3. 位示图

空闲文件目录和空闲块链法在分配和回收空闲块时，都需在文件存储设备上查找空闲文件目录项或链接块号，这必须经过设备管理程序启动外设才能完成。为提高空闲块的分配及回收速度，可以用位示图进行管理。

系统首先从内存中划出若干个字节，为每个文件存储设备建立一张位示图。这张位示图反映了每个文件存储设备的使用情况。在位示图中，每个文件存储设备的物理块都对应一个比特位。如果该位为 "1"，则表示所对应的块是空闲块；如果该位为 "0"，则表示所对应的块已被分配出去。例如，假设有一磁盘，其上的块 2、3、4、5、8、9、10、11、12、13、17、18、25、26 和 27 为空闲块，其他块已分配，那么空闲块位示图如下。

001111001111110001100000011100000…

利用位示图来进行空闲块分配时，只需查找图中的 "1" 位，并将其置为 "0" 位；利用位示图回收时只需把相应的比特位由 "0" 改为 "1" 即可。

6.5 ••• 文件共享和保护

现代操作系统大都支持多用户、多任务操作，因此，必须提供文件的共享和保护机制，以减少存储空间的浪费，提高系统的使用效率，保证文件系统的安全性。

6.5.1　文件的共享

文件系统的一个重要任务就是为用户提供共享文件信息的手段。这是因为对于某一个公用文件来说，如果每个用户都在文件系统内保留一份该文件的副本，则将极大地浪费存储空间。如果系统提供了共享文件信息的手段，则在文件存储设备上只需存储一个文件副本，共享该文件的用户以自己的文件名去访问该文件的副本即可。

从系统管理的观点看，有三种方法可以实现文件共享，即绕道法、链接法和基本文件目录表。

绕道法要求每个用户处于当前目录中工作，用户对所有文件的访问都是相对于当前目录进行的。用户文件的固有名（为了访问某个文件而必须访问的各个目录和文件的目录名与文件名的顺序连接）是由当前目录到信息文件通路上所有目录的目录名加上该信息文件的符号名组成的。使用绕道法进行文件共享时，用户从当前目录出发向上返回到共享文件所在路径的交叉点，再顺序下访到共享文件。绕道法需要用户指定所要共享文件的逻辑位置或到达被共享文件的路径。绕道法的原理如图 6-20 所示。

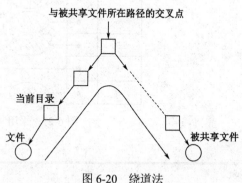

图 6-20　绕道法

绕道法要绕弯路访问多级目录，搜索效率不高。为了提高共享其他目录中文件的速度，另一种共享的办法是在相应目录表之间进行链接，即将一个目录中的链指针直接指向被共享文件所在的目录，**链接**实际上另一个文件或目录的指针。例如，链接可用绝对路径或相对路径的名称来实现。当需要访问一个文件时就搜索目录。如果目录条目标记为链接，则可以获得真正文件（或目录）的名称。链接可以通过使用路径名定位真正的文件来获得解析。链接可以通过目录条目格式或通过特殊类型加以标识，它实际上是具有名称的间接指针。在遍历目录树时，操作系统忽略这些链接以维护系统的无环结构。显然，链接法仍然需要用户指定被共享的文件和被链接的目录。

实现文件共享的一种有效方法是采用基本文件目录表。该方法把所有文件目录的内容分成两部分：一部分包括文件的结构信息、物理块号、存取控制和管理信息等，并由系统赋予唯一的内部标识符；另一部分由用户给出的符号名和系统赋予的文件说明信息的内部标识符组成。这两部分分别称为符号文件目录表（SFD）和基本文件目录表（BFD）。SFD 中存放文件名和文件内部标识符，BFD 中存放除了文件名之外的文件说明信息和文件的内部标识符。这种结构如图 6-21 所示。

在图 6-21 中，为了简单起见，未在 BFD 表项中列出结构信息、存取控制信息和管理控制信息等。另外，在文件系统中，系统通常预先赋予基本文件目录、空白文件目录、主目录的符号文件目录一个固定不变的唯一标识符，在图中它们分别为 0，1，2。

采用基本文件目录方式可较方便地实现文件共享。如果用户要共享某个文件，则只需给出被共享的文件名，系统就会自动在 SDF 的有关文件处生成与被共享文件相同的内部标识符，如在图 6-21 中，用户 Wang 和 Zhang 共享标识符为 6 的文件，对于系统来说，标识符 6 指向同一个文件；而对于 Wang 和 Zhang 用户来说，其对应于不同的文件名 b.c 和 f.c。

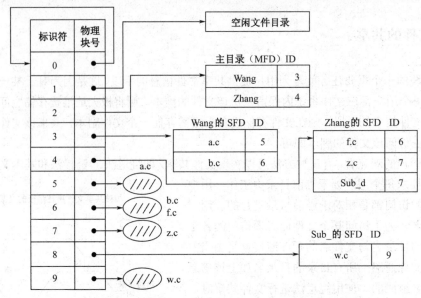

图 6-21　采用基本文件目录表的多级目录结构

案例研究：Linux 中的文件共享

在 Linux 系统中，两个或多个用户可通过文件链接来达到共享文件的目的。Linux 文件的链接可分为基于索引节点的链接（硬链接）和基于符号链的链接（软链接）。

1. 基于索引节点的链接

在 Linux 系统中，文件的物理地址和文件属性等信息放在索引节点中。在文件目录中只设置文件名及指向索引节点的指针，因此，为了实现文件共享，只要把不同目录的索引节点 i-node 指定为同一个文件的索引节点即可，如图 6-22 所示。另外，为了反映共享同一文件的用户数，在每个索引节点中增加了链接计数 count，表示共享的用户数。当文件第一次创建时，count 的值为 1，每增加一个链接就把 count 的值加 1。当用户删除文件（文件主）或解除链接时，将该计数器 count 的值减 1，直到发现其结果为 0 时，才释放文件物理存储空间，从而真正删除这个文件。

2. 利用符号链实现共享

符号链接是一种只有文件名，而不指向 inode 的文件。例如，用户 A 为了共享用户 B 的一个文件 F，可以由系统创建一个 Link 类型的新文件，并把创建的新文件加到用户 A 的目录中，以实现 A 的目录和 B 的文件 F 的链接。该文件仅包含被链接文件 F 的路径名，故称这种链接方法为符号链接。该方式中，只有文件才拥有指向其索引节点的指针，其他共享的用户只有该文件的路径名。当 A 要访问被链接的文件 F 且正要读 Link 类型的文件时，被操作系统截获，操作系统根据新文件的路径名读取文件，于是就实现了用户 A 对用户文件 F 的共享。符号链接的主要优点是能用于链接计算机网络中不同计算机中的文件，此时，仅需提供文件所在机器地址和该机器中文件的路径。这种方法的缺点在于扫描包含的路径开销大，需要额外的空间存储符号链。

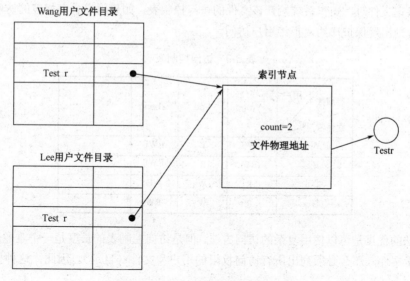

图 6-22　基于索引节点的共享方式

6.5.2　文件的保护

文件的保护是指文件本身不得被未经文件主授权的其他用户存取，而授权用户也只能在允许的存取权限内使用文件。它涉及文件使用权限和对用户权限的验证。所谓存取权限的验证，是指用户存取文件之前，需要检查用户存取权限是否符合规定，符合者允许使用，否则拒绝使用。

为了保证文件系统的安全性，一个文件保护系统应具有四个方面的内容：被保护的目标，如保护一个目标文件；被允许的存取类型；标识谁能独立地存取文件；实现文件保护的过程，即存取权限验证。

1．访问类型

一个文件系统可以定义许多种访问类型，下面介绍几种通用的访问类型。

（1）读（R）：从文件中读。

（2）写（W）：对文件内容进行写或重写。

（3）执行（E）：用户可以将文件装入内存并执行。

（4）添加（A）：将信息添加到文件末尾。

（5）删除（D）：删除文件，释放其占用的空间。

文件主通常拥有所有的访问权限，不具有相应权限的用户是不能访问文件的。如果文件主允许某用户共享该文件，则应为该用户分配相应的访问权限。例如，文件 program.java 的文件主只允许用户具有读的权限，那么用户只能读出该文件的内容，而不能进行其他操作。

2．访问控制

文件保护最常用的方法是根据用户的身份进行控制。不同的用户可能对同一个文件或目录需要不同类型的访问。实现基于身份访问的最为普通的方法是为每个文件和目录增加一个访问控制表

（Access Control List，ACL），以给定每个用户名及其所允许的访问类型，如表 6-3 所示。当用户请求访问一个特定文件时，操作系统检查该文件的访问控制表，如果用户具有相应的访问权限，则允许其访问，否则出现保护违约，拒绝用户访问。

表 6-3　访问控制表

存取数＼用户　文件名	Wang	Lee	Zhang	…	…
A.c	RWE	E	RWE		
B.c	RW	R	RWE		
D.c	R	W	WE		
E.c	R	W	RW		

这种方法的优点是可以使用复杂的访问方法，但是访问控制表的长度是一个难题。如果允许每个用户都能读文件，那么必须列出所有访问权限的用户和文件（目录）。因此，这种技术存在以下问题。

（1）创建这样的列表可能比较麻烦而且可能没有用处，因为事先不知道系统用户的列表。

（2）原来固定大小的目录条目，现在必须随着用户的增加、删除、文件或目录的改变而动态地变动，这会增加磁盘空间管理的复杂性。

为了解决这些问题，可以对访问控制表进行精简。为了精简访问控制表，许多系统中每个文件有三种用户类型。

① 文件主：创建文件的用户。

② 组：一组需要共享文件且具有相似访问的用户。

③ 其他：系统内的其他用户。

这样可以根据用户类型和文件的访问关系，对访问控制表加以分解，形成更小的、更有用的访问控制表。有两种分解访问控制表的方式：一种是按列来分解访问控制表，形成每个文件的存取控制表，其中存放每个用户或组对某一文件或目录的访问权限；另一种方式是按行来划分访问控制表，从而形成每个用户的权限表，用来存取每个用户有访问权限的文件或目录信息。

当然，还有其他文件保护方法，如加密、采用密码和口令等。这些将在操作系统的安全性中做详细介绍。

6.5.3　文件系统的可靠性

在现代计算机系统中，文件及文件系统保存在内存和磁盘中，由于自然或者其他原因可能导致这些信息丢失，从而引起重大的损失，为此，必须采取一定的措施来确保文件系统的可靠性。

为了确保文件系统的安全性，可采取磁盘容错技术和后备系统来保证系统的安全性。磁盘容错技术是通过增加冗余的磁盘驱动器、磁盘控制器等方法，来提高磁盘系统可靠性的一种技术，即当磁盘系统的某部分出现缺陷或故障时，磁盘仍能正常工作，且不致于造成数据的丢失或错误。目前，不论是在中小型机系统，还是在 LAN 中都广泛采用了磁盘容错技术，以改善磁盘系统的可靠性，从而构成了实际上的稳定存储系统。

由于磁盘有时会出错，所以必须注意数据是否会永远丢失。为此，可以利用系统程序将磁盘数据备份到另一存储设备中，如软盘、磁带或光盘。恢复单个文件或整个磁盘时，只需要从备份中加以恢复即可。备份可以采用完全备份和增量备份。完全备份是把磁盘上的所有数据备份到其他介质，而增量备份仅仅备份自上次备份以来改变过的数据。

6.6 Windows 和 Linux 的文件系统

6.6.1 Windows Server 2003 文件管理

Windows Server 2003 的文件系统可以支持多种不同的文件系统，包括传统的 FAT12、FAT16、FAT32 文件系统和只读光盘、通用磁盘格式及新技术文件系统（New Technology File System，NTFS）。

1．Windows Server 2003 文件系统模型

在 Windows Server 2003 中，I/O 管理器负责处理所有设备的 I/O 操作。I/O 管理器通过设备驱动程序、中间驱动程序、过滤驱动程序、文件系统驱动程序（File System Driver，FSD）等完成 I/O 操作，参见图 6-23。下面介绍这些驱动程序。

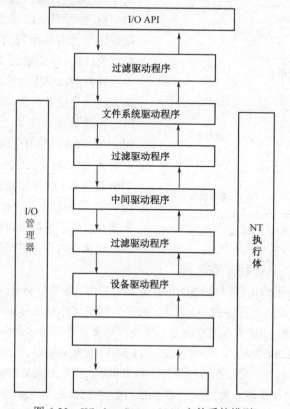

图 6-23　Window Server 2003 文件系统模型

（1）设备驱动程序：位于 I/O 管理器的最底层，直接对设备进行 I/O 操作。

（2）中间驱动程序：与低层设备驱动程序一起提供增强功能，如发现 I/O 失败时，设备驱动程序可能简单地返回出错信息，而中间驱动程序可能在收到出错信息后，向设备驱动程序下达重新执行请求。

（3）文件系统驱动程序：扩展低层驱动程序的功能，以实现特定的文件系统（如 NTFS）。

（4）过滤驱动程序：可位于设备驱动程序与中间驱动程序之间，也可位于中间驱动程序与文件系统驱动程序之间，还可位于文件系统驱动程序与 I/O 管理器之间。

在以上组成的构件中，与文件系统管理最为密切的当属 FSD。FSD 工作在内核模式中，但与其他标准内核驱动程序有所不同。FSD 必须先向 I/O 管理器注册，FSD 还要与内存管理器与高速缓存管理器产生大量交互。因此，FSD 使用了 Ntoskrnl 出口函数的超集。虽然普通内核设备驱动程序可通过设备驱动程序包（Device Driver Kit，DDK）来创建，但是文件系统驱动必须使用可安装文件系统（Installable File System，IFS）来创建。

2．FSD 体系结构

Windows Server 2003 的 FSD 可分为本地 FSD 和远程 FSD。前者允许用户访问本地计算机中的数据，而后者允许用户通过网络访问远程计算机中的数据。

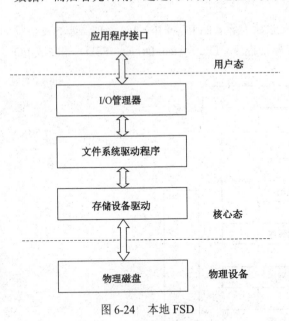

图 6-24　本地 FSD

本地 FSD（图 6-24）包括 Ntfs.sys、Fastfat.sys、Udfs.sys、CDfs.sys 和 Raw FSD 等。它负责向 I/O 管理器注册。当开始访问卷时，I/O 管理器将调用 FSD 来进行卷识别。每个卷的第一个扇区为启动扇区，占用 512 字节。它包含足够多的信息以确定卷上文件系统的类型和定位文件系统元数据的位置。卷识别的过程还包括对文件系统的一致性检查。当完成卷的识别后，本地 FSD 还会创建一个设备对象，以表示所装载的文件系统。I/O 管理器通过卷参数块（Volume Parameter Block，VPB）为由存储管理器所创建的卷设备对象和由 FSD 所创建的设备对象建立连接。该 VPB 连接将 I/O 管理器的有关卷的 I/O 请求转交给 FSD 设备对象。本地 FSD 用高速缓存管理器来缓存文件系统数据以提高性能，它与内存管理器一起实现内存文件映射。本地 FSD 还支持文件系统卸载操作，以便提供对卷的直接访问。

远程 FSD 由两部分组成：客户端 FSD 和服务器端 FSD。前者允许应用程序访问远程文件和目录，客户端 FSD 接收来自应用程序的 I/O 请求，转换为网络文件系统协议命令，再通过网络发送给服务器端 FSD。服务器端 FSD 监听网络命令，接收网络文件系统协议命令，并转交给本地 FSD 执行。对于 Windows Server 2003 而言，客户端 FSD 为 LANMan 重定向器，而服务器端 FSD 为 LANMan 服务器。重定向器通过端口/小端口驱动程序的组合来实现，而重定向器与服务器的通信则通过通用互联网文件系统 CIFS 协议实现。客户端 FSD 和服务器端 FSD 的交互如图 6-25 所示。

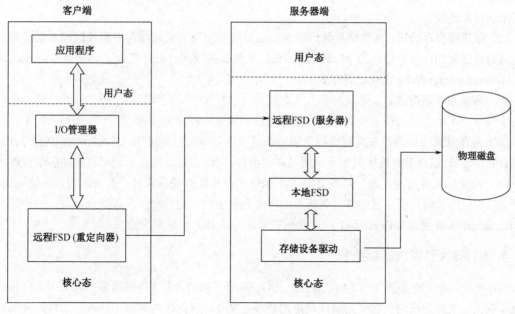

图 6-25　远程 FSD

3. FSD 与文件系统的操作

Windows Server 2003 文件系统的操作都是通过 FSD 来完成的，参见图 6-26。具体来说，有以下几种方式会用到 FSD：显式文件 I/O、高速缓存超前读、内存脏页写与内存缺页处理。

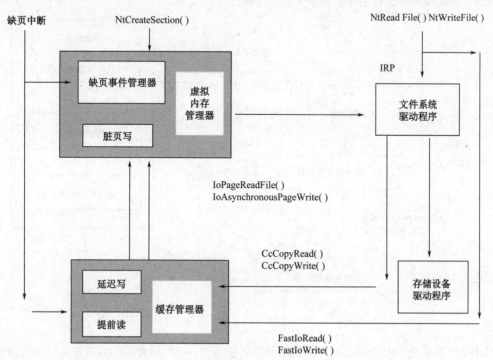

图 6-26　FSD 的作用

（1）**显式文件 I/O**：应用程序通过 Win32 I/O 接口函数（如 CreateFile、ReadFile 及 WriteFile

等）来访问文件。

（2）**高速缓存迟后写**：高速缓存管理器的迟后写线程定期对高速缓存中已修改的页面进行写操作。这是通过调用内存管理器的 MmFlushSection 函数来完成的。具体来说，MmFlushSection 通过 IoAsynchronousPageWrite 将数据送交 FSD。

（3）**高速缓存超前读**：高速缓存管理器的超前读线程负责提前读数据。超前读线程通过分析已做的读操作，来决定提前读多少。提前读线程是通过缺页中断来完成的。

（4）**内存脏页写**：内存脏页写线程定期清洗缓冲区。该线程通过 IoAsynchronousPageWrite 来创建 IRP 写请求，这些 IRP 被标识为不能通过高速缓存，因此它们直接送交到磁盘存储驱动程序中。

（5）**内存缺页处理**：在进行显式文件 I/O 操作和高速缓存超前读时，都会用到内存缺页处理。另外，应用程序访问内存映射文件且所需页面不在内存中时，也会产生内存缺页处理。内存缺页处理 MmAccessFault 通过 IoPageRead 向文件所在系统发送 IRP 请求包来完成。

4．NTFS 文件系统驱动程序

NTFS 及其他文件系统（如 FAT、HPFS、POSIX 等）都结合在 I/O 管理器中，采用文件系统驱动程序实现。文件系统的实现采用面向对象的模型，文件、目录作为对象来管理。文件的命名统一在对象命名空间中，文件对象由 I/O 管理器管理。如图 6-27 所示，在 Windows Server 2003 的 I/O 管理器部分，包括了一组在核心态运行的、可加载的、与 NTFS 相关的设备驱动程序。这些设备驱动程序是分层实现的，它们通过调用 I/O 管理器传递 I/O 请求给另外一个驱动程序，依靠 I/O 管理器作为介质允许每个驱动程序保持独立，以便加载或卸载并不影响其他驱动程序。另外，图中还给出了 NTFS 驱动程序和文件系统紧密相关的三个执行体的关系。

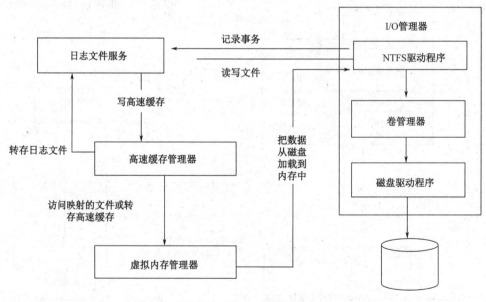

图 6-27　NTFS 及其组件

日志文件服务是为维护磁盘写入的日志而提供服务的、记录所有影响 NTFS 卷结构的操作，如文件创建、改变目录结构等。此文件还适用于在系统失败时恢复 NTFS 的已格式化卷。

高速缓存管理器是执行体组件，为 NTFS 及包括网络文件系统驱动程序的其他文件系统驱动程序提供了高速缓存服务。虚拟内存管理器使所有文件系统通过把高速缓存文件映射到虚拟内存中，然后访问虚拟内存以访问它们。为此，高速缓存管理器提供了一个特定的文件系统接口给虚拟内存管理器。

NTFS 把文件作为对象的实现方法，允许文件被对象管理共享和保护，对象管理器是管理所有执行体级别对象的 Windows Server 2003 组件。应用程序通过文件对象句柄来创建和访问文件。当 I/O 请求到达 NTFS 时，Windows Server 2003 的对象管理器和安全系统已经验证了该调用进程有权以它试图访问的方式来访问文件对象。I/O 管理器将文件句柄转换为指向文件的指针。NTFS 使用文件对象中的信息来访问磁盘上的文件。

5．NTFS 在磁盘上的结构

物理磁盘可以组织成一个或多个卷。卷与磁盘逻辑分区有关，由一个或多个簇组成，随着 NTFS 格式化磁盘或磁盘的一部分而创建，其中镜像卷和容错卷可能跨越多个磁盘。NTFS 的基本分配单位是簇，它包含整数个物理扇区；而扇区是磁盘中最小的物理存储单位。一个扇区通常存放 512 字节，但 NTFS 并不认识扇区的大小。簇的大小可由格式化命令或格式化程序按磁盘容量和应用需求来确定，可以为 512B、1KB、2KB、……、最大可达 64KB 。因而，每个簇中的扇区数可以为 1 个、2 个、……、直到 128 个。

NTFS 使用逻辑簇号（Logical Cluster Number，LCN）和虚拟簇号(Virtual Cluster Number，VLN) 来定位簇。LCN 是对整个卷中的所有簇从头到尾进行编号，而 VCN 则对特定文件的簇从头到尾进行编号，以方便引用文件中的数据。簇的大小乘以 LCN，就可以算出卷上的物理字节偏移量，得到物理盘块地址。VCN 可以映射为 LCN，不要求物理上连续。

NTFS 卷中存放的所有数据都包含在一个 NTFS 元数据文件中，包括定位和恢复文件的数据结构、引导程序数据和记录整个卷分配状态的位图。

主文件表（Master File Table，MFT）是 NTFS 卷结构的中心，是 NTFS 系统中最重要的系统文件，包含卷中所有文件的信息。MFT 是以文件记录数组来实现的。NTFS 忽略簇的大小，每个文件记录的大小被固定为 1KB。从逻辑上讲，卷中的每个文件在 MFT 上都有一行。除了 MFT 以外，每个 NTFS 卷还包括一组"元数据文件"，包含用于实现文件系统结构的信息。每个元数据文件都有一个以 "$" 开头的文件名称，这些名称对普通用户都是隐藏的。MFT 中开始的 16 个数据文件是保留的。在 NTFS 中只有这 16 个元数据文件占有固定的位置。16 个元数据文件之后是普通的用户文件和目录。MFT 的结构如表 6-4 所示。MFT 自己的文件记录是表中的第一项；第二个文件记录指向位于磁盘中间的称为 "MFT 镜像" 的文件，该文件包含 MFT 前面几行的副本。NTFS 把卷的分配状态记录在位图文件中，它们中的每一位代表卷中的一簇，用于标识该簇是空闲的还是已被分配给一个文件。

NTFS 把磁盘分成两大部分，其中大约 12%分配给了 MFT，以满足存储大量文件的需求。为了保持 MFT 原文件的连续性，MFT 对这 12%的空间享有独占权。余下的 88%的空间被用来存储文件。而剩余磁盘空间则包含了所有的物理剩余空间，其中包括 MFT 的剩余空间。

NTFS 是如何通过 MFT 来访问磁盘卷的呢？首先，当 NTFS 访问某个卷时，必须"装配"该卷。NTFS 会查看引导文件，找到 MFT 的物理磁盘地址，然后从文件记录的数据属性中获得 VCN 到 LCN 的映射信息，并存储到内存中。这个映射信息定位了 NFT 运行在磁盘上的位置。MFT 继续打开几个元数据文件的 MFT 记录，并打开这些文件。

表 6-4　MFT 的元数据文件记录

序　号	元数据文件记录
0	MFT($Mft) //记录卷中所有文件的所有属性
1	MFT 副本($MftMirr) //MFT 中前 9 行的副本
2	日志文件($Logfile) //记录影响卷结构操作，系统恢复时使用
3	卷文件($Volume) //卷名，卷的 NTFS 版本等信息
4	属性定义表($AttrDef) //定义卷的属性类型，如可恢复性
5	根目录($\) /*存放根目录内容
6	位图文件($Bitmap) //空间位图，每位一簇
7	引导文件($Boot) //Windows 2000/XP 引导程序
8	坏簇文件($BadClus) //记录磁盘坏道
9	安全文件($Secure) //存储卷的安全性描述数据库
10	大写文件($UpCase) //包含大小写字符转换表
11	扩展元数据目录($Ext. Metadata Directory)
12	预留
13	预留
14	预留
15	预留
>15	用户文件和目录

6．NTFS 的实现机制

1）文件引用号

NTFS 卷上的每个文件都有一个 64 位的唯一标识，称为文件引用号（File Reference Number）。它由两部分组成：文件号和文件顺序号。文件号为 48 位，对应于该文件在 MFT 中的位置。

2）文件命名

NTFS 路径名中的每个文件名/目录名的长度可达 255 个字节，可以包含 Unicode 字符、多个空格及句点。

3）文件属性

NTFS 将文件作为属性/属性值的集合来处理，文件数据是未命名属性的值，其他文件属性包括文件名、文件拥有者、文件时间标记等。每个属性由单个流组成（简单的字符队列）。严格地讲，NTFS 并不对文件进行操作，而只是对属性流的读写。NTFS 提供的属性流的操作包括：创建、删除、读取及写入。读写操作针对的是文件的未命名属性，对已命名的属性则可通过已命名的数据流句法来进行操作。

当一个文件很小时，它的所有属性和属性值都可存放在 MFT 的文件记录中。当属性值能直接存放在 MFT 中时，该属性称为常驻属性。文件的有些属性总是常驻的，这样 NTFS 才可确定其他非常驻属性。例如，标准信息属性和文件名属性就总是常驻属性。标准信息属性包括基本文件属性（如只读、存档），时间标记（如文件创建和修改时间），文件链接数等。每个属性都是以一个标准的头开始的，在头中包含该属性的信息和 NTFS 通常用来管理属性的信息。该头是常驻的，并记录属性值是否常驻。

大文件或大目录的所有属性不可能都常驻在 MFT 中。如果一个属性太大而不能存放在只有

1KB 的 MFT 文件记录中，NTFS 将从 MFT 之外分配区域。这些区域称为一个扩展，它们可用来存储属性值，如文件数据。值存储在扩展中而不是在 MFT 文件记录中的属性称为非常驻属性。NTFS 决定了一个属性是常驻的还是非常驻的，而属性值的位置对访问它的进程而言是透明的。

　　4）文件目录

　　在 NTFS 系统中，文件目录仅仅是文件名的一个索引。NTFS 使用了一种特殊的方式把文件名组织起来，以便快速访问。当创建一个目录时，NTFS 必须对目录中的文件名属性进行索引。图 6-28 显示了一个卷的 MFT 的根目录记录。

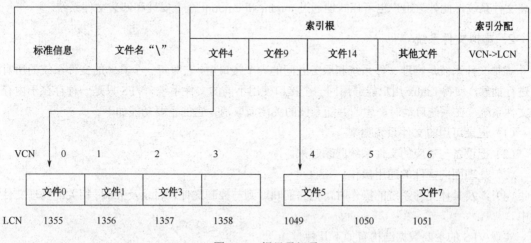

图 6-28　根目录记录

6.6.2　Linux 文件管理

　　Linux 支持多种不同类型的文件系统，包括 EXT、EXT2、MINIX、UMSDOS、NCP、ISO 9660、HPFS、DOS、NTFS、XIA、VFAT、PROC、NFS、SMB、SYSV、AFFS 及 UFS 等。由于每一种文件系统都有自己的组织结构和文件操作函数，并且之间的差别很大，因此 Linux 文件系统的实现有一定的难度。为支持上述各种文件系统，Linux 在实现文件系统时采用了两层结构：第一层是虚拟文件系统 VFS，它把各种实际文件系统的公共结构抽象出来，建立统一的、以 i-node 为中心的组织结构，为实际文件提供兼容性，其作用是屏蔽各类文件的差异，给用户、应用程序和 Linux 的其他管理模块提供统一的接口；第二层是 Linux 支持的各种实际的文件系统。

1. Linux 文件系统安装

　　同其他操作系统一样，Linux 支持多个物理磁盘，每个磁盘可以划分成一个或多个分区，在每个磁盘分区上可以建立一个文件系统。一个文件系统在物理数据组织上一般分为引导块、超级块、i-node 区和数据区。引导块位于文件系统的开头，通常为一个扇区，存放引导程序，用于启动操作系统。超级块用于存放管理文件系统的信息。i-node 区用于登记每个文件的目录项，第一个 i-node 是该系统的根节点。数据区用于存放文件数据或一些管理数据。

　　一个安装好的 Linux 系统支持的文件系统的数量是通过文件类型注册链表来描述的。VFS 以链表形式管理已注册的文件系统。数据结构 file_systems 指向文件系统注册表，每个文件系统类型在注册表中有一个登记项，记录了该文件系统的类型名（name）、支持该文件系统的设备（requires_dev）、读出该文件系统在外存超级块的函数（read_super）以及注册表的链表指针（next）。函数 register_filesystem 用于注册一个文件系统类型，函数 unregister_filesystem 用于从注册表中卸载一个文件系统类型。

Linux 不是通过设备标识访问具体文件系统的，而是通过 mount 命令把它安装到文件系统树的某一个目录节点的，该文件系统的所有文件和子目录就是该目录的文件和子目录，直到用 umount 命令显式地卸载该文件系统。

当 Linux 自举时，先装入根文件系统，然后根据/etc/fstab 中的登记项使用 mount 命令自动逐个安装文件系统。此外，用户也可显式地通过 mount 和 umount 命令安装和卸装文件系统。

2．虚拟文件系统

虚拟文件系统是物理文件系统和服务之间的一个接口层，它对每一个具体的文件系统的所有细节进行抽象，使得 Linux 用户能够用同一个接口使用不同的文件系统。VFS 只是一种存在于内存中的文件系统，在系统启动时产生，并随系统的关闭而取消。它的主要功能如下。

（1）记录可用的文件系统类型。

（2）把设备与对应的文件系统联系起来。

（3）处理面向文件的通用操作。

（4）涉及具体文件系统的操作时，把它们映射到与控制文件、目录及 inode 相关的物理文件系统中。

实现 VFS 的主要数据结构有如下几种。

（1）超级块：存储被安装的文件系统信息，对于基于磁盘的文件系统来说，超级块中包含文件系统控制块。

（2）索引节点：存储通用的文件信息，对于基于磁盘的文件系统来说，一般是指磁盘上的文件控制块，每个 inode 中有唯一的 inode 号，并通过 inode 号标识每个文件。

（3）系统打开文件表：存储进程与已打开文件的交互信息，这些信息仅当进程打开文件时才存于内核空间。

（4）目录项：存储对目录的连接信息，包含对应的文件信息。

VFS 描述系统文件使用了超级块和 i-node 的方式。当系统初始启动时，所有被初始化的文件系统类型都要向 VFS 登记。每种文件系统类型的超级块的读超级函数 read_super 必须从磁盘文件系统中读取给定文件系统的数据，识别该文件系统的结构，并且翻译成独立于设备的有用信息，把这些信息存储到 VFS 的 super.block 数据结构中。超级块对象由结构 super_block 来表示，定义在文件 <linux/fs.h>中，下面给出其结构和各个域的描述。

```
struct super_block {
    struct list_head s_list;          /* 指向超级块链表的指针*/
    kdev_t  s_dev;                    /* 该文件系统的主次设备号 */
    unsigned long s_blocksize;        /* 块大小 */
    unsigned char  s_blocksize_bits;  /* 以2的幂次表示块大小 */
    unsigned char  s_lock;            /* 锁定标志，若置位则表示拒绝其他进程访问*/
    unsigned char  s_rd_only;         /* 只读标志 */
    unsigned char  s_dirt;            /* 已修改标志 */
    struct file_system_type* s_type;  /* 指向文件系统类型注册表的相应项 */
    struct super_operations* s_op;    /* 指向一组操作该文件系统的函数 */
    struct dquot_operations* dq_op;
```

```
        unsigned long  s_flags;
        unsigned long  s_magic;
        unsigned long  s_time;
        struct inode*  s_covered;      /* 指向安装点目录的inode */
        struct inode*  s_mounted;       /* 指向被安装文件系统的第一个inode */
        struct wait_queue*  s_wait;   /* 在该超级块上的等待队列 */
        union { 各个物理文件系统超级块的结构类型 } u;
    };
```

超级块中的联合数据成员 super_bloc.u 是支持多种文件系统的关键，它指向 Linux 文件系统支持的各种文件系统的超级块。另外，与超级块相关的操作方法是由 struct super_operations 结构来描述的，由超级块的指针成员 s_op 指向这个结构。

索引节点对象包含了内核在操作文件或目录中需要的全部信息，它由 inode 结构体表示，下面给出其结构体的描述。

```
    struct inode {
        kdev_t  i_dev;                     /* 该文件系统的主次设备号 */
        umode_t  i_mode;                   /* 文件类型及存取权限 */
        ulink_t  i_nlink;                  /* 连接到该文件的link数 */
        uid_t  i_uid;
        gid_t  i_gid;
        kdev_t  i_rdev;                    /* 该文件系统的主次设备号 */
        off_t  i_size;                     /* 文件长度 */
        time_t  i_atime, i_mtime, i_ctime;
        unsigned long  i_blocksize, i_blocks;  /* 以字节/块为单位的文件长度 */
        unsigned long  i_version;
        unsigned long  i_nrpages;          /* 文件所占的内存页数 */
        struct semaphore  i_sem;
        struct inode_operations*  i_op;    /* 指向一组针对该文件的操作函数 */
        struct super_block*  i_sb;         /* 指向内存中的VFS超级块 */
        struct wait_queue*  i_wait;        /* 在该文件上的等待队列 */
        struct file_lock*  i_flock;        /* 操作该文件的文件锁链表的首地址 */
        struct vm_area_struct*  i_mmap;
        struct page*  i_pages;             /* 文件所占页面构成的单向链 */
        struct dquot*  i_dquot[MAXQUOTAS];
        struct inode *i_next, *i_prev, *i_hash_next, *i_hash_prev, *i_bound_to,
          *i_bound_by;
        struct inode *i_mount;             /* 指向下挂文件系统的inode的根目录 */
        unsigned long  i_count;            /* 引用计数，0表示空闲 */
        unsigned short  i_flags;
        unsigned short  i_writecount;
        unsigned char  i_lock;             /* inode的锁定标志 */
        unsigned char  i_dirt;             /* 已修改标志 */
        unsigned char  i_pipe, i_sock, i_seek, i_update, i_condemned;
        union { 各个物理文件系统inode的结构类型 } u;
    };
```

VFS 把目录当做文件对待。为了提高目录检索的效率，VFS 引入了目录项的概念。目录项对象由 dentry 结构表示，定义在文件<linux/dcache.h>中。下面给出该结构体的描述。

```
    struct dentry {
        atomic.t d.count;                      /*当前dentry引用数*/
        unsigned int d.flags;                  /*识别dentry状态的标志*/
        struct inode d.inode;                  /*此dentry对应的inode*/
        struct dentry d.parent;                /*父目录的dentry结构*/
        struct list.head d.hash;               /*链入dentry的哈希表*/
        struct list.head d.lru;                /*引用数为0的dentry构成的双向链表*/
        struct list.head d.child;              /*此dentry的兄弟dentry双向链表*/
        struct list.head d.subdirs;            /*此dentry的子目录双向链表*/
        struct list.head d.alias;              /*硬链接时,指向同一个inode的dentry链表*/
        int d.mounted;                         /*此dentry被安装次数*/
        struct qstr d.name;                    /*此dentry的名称及哈希值*/
        unsigned long d.time;                  /*记录时间*/
        struct dentry.operations *d.op;        /*一组dentry的操作函数*/
        struct super.block *d.sb;              /*此dentry超级块指针*/
        unsigned char d.iname[DNAME.INLINE.LEN];/*文件名前16个字符*/
    };
```

VFS 的超级块对象、VFS 的 inode 节点对象及目录项对象的关系如图 6-39 所示。图 6-29 中的第二个文件系统的安装点是根文件系统的/usr 目录。根文件系统的 VFS 超级块由 ROOT_DEV 全局变量指示。数据成员 d_covers 指向自己的安装点。每一个 i 节点的数据成员 i_sb 均指向自己所属的文件系统的超级块。由于根文件系统不安装在任何地方,因此其不覆盖任何 i 节点。

VFS 的最后一个主要对象是文件对象。文件对象表示进程已打开的文件。系统打开文件表记录系统中已经打开的文件,用于文件的读写操作。系统打开文件表是一张以 file 结构作为节点的双向链表,表头指针为 first_file,每个节点对应一个已打开的文件,包含此文件的 inode、操作函数,对文件的所有操作都离不开它。file 结构的描述如下。

```
    struct file {
      mode_t  f_mode;
      loff_t  f_pos;
      unsigned short  f_flags;
      unsigned short  f_count;
     off_t  f_reada;
      struct file  *f_next, *f_prev;
      int  f_owner;
      struct inode  *f_inode;
      struct file_operations  *f_op;
      unsigned long  f_version;
      void  *private_data;
    };
```

每个 PCB 都包含一个打开文件表,其结构如下。

```
    struct files_struct {
        int  count;                    /* 引用计数器 */
        fd_set  close_on_exec;         /* 系统调用exec时关闭的文件的屏蔽字数组 */
        fd_set  open_fds;              /* 对所有文件描述字fd的屏蔽字数组 */
        struct file  *fd[NR_OPEN];/* 进程打开文件数组 */
    };
```

3. EXT2 文件系统

EXT（扩展文件系统）和 EXT2（第二代扩展文件系统）是专为 Linux 设计的可扩展文件系统。在 EXT2 中，文件系统组织成数据块的序列，这些数据块的长度相同，块大小在创建时被固定下来。如图 6-30 所示，EXT2 把它占用的磁盘逻辑分区划分为块组，每个块组依次包括超级块、组描述符表、块位图、inode 位图、inode 表及数据块。

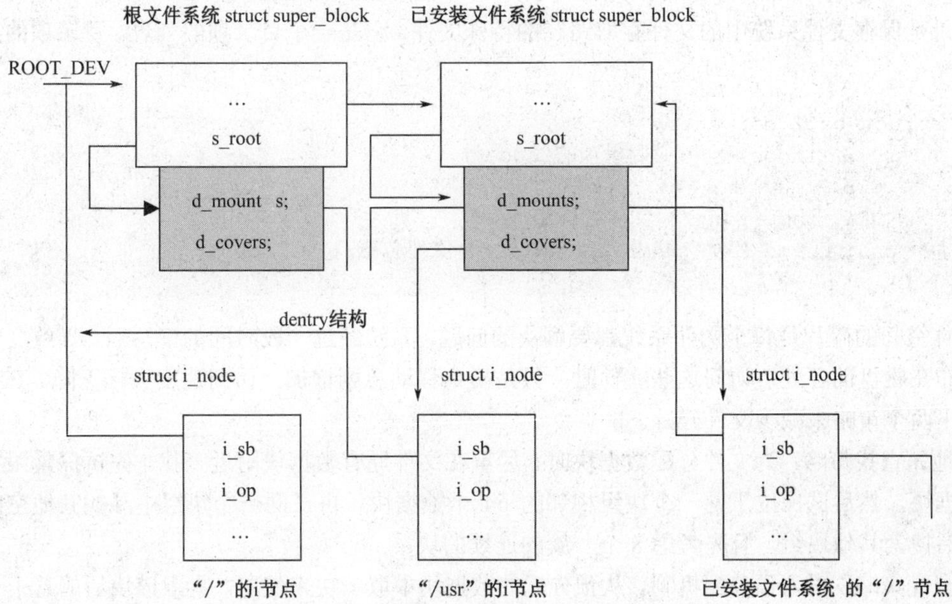

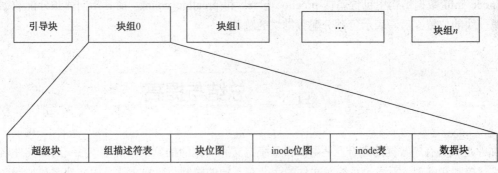

图 6-29　超级块、inode 及目录项对象的关系

图 6-30　EXT2 文件系统结构

块位图集中了本组各数据块的使用情况，inode 位图记录了 inode 表中 inode 的使用情况。inode 表保存了本组所有的 inode，inode 用于描述文件，一个 inode 对应一个文件和子目录，有一个唯一的 inode 号，并记录了文件在外存中的位置、存取权限、修改时间、类型等信息。

EXT2 的超级块用来描述目录和文件在磁盘上的静态分布，包括尺寸和结构。每个块组都有一个超级块，一般来说，只有组 0 的超级块才能被读入内存超级块，其他块组的超级块仅能作为备份。EXT2 文件系统的超级块包括 inode 数量、块数量、保留块数量、空闲块数量、空闲 inode 数量、第一个数据块位置、块长度、片长度、每个块组的块数、每个块组的片数、每个块组的 inode 数，以及安装时间、最后一次写时间、安装信息、文件系统状态信息等内容。

每个块组都有一个组描述符,用于记录该块组的块位图位置、inode 位图位置、inode 节点位置、空闲块数、inode 数、目录数等。所有组描述符构成了组描述附表。同超级块一样,组描述符表在每个块组中都有备份,当文件系统崩溃时,可以用来恢复文件系统。

在 EXT2 文件系统中,每个文件或目录都由一个 inode 来描述。一个 inode 对应一个文件和子目录,有一个唯一的 inode 号,并记录了文件的类型及存取权限、用户和组标识、修改/访问/创建/删除时间、Link 数、文件长度和占用块数、在外存中的位置及其他控制信息。

目录是保存文件系统中的文件存取路径的特殊文件,它是一个目录项的列表。目录项的数据结构如下。

```
struct ext2_dir_entry {
    _u32  inode;  /* 该目录项的inode号 */
    _u16  rec_len;    /* 目录项长度 */
    _u16  name_len;/* 文件名长度 */
    char  name[EXT2_NAME_LEN];   /* 文件名 */
};
```

文件空间的碎片是每个文件系统都要解决的问题,系统经过一段时间的读写后,导致文件的数据块散布在磁盘的各处,访问这些文件时,只是磁头移动急剧增加,访问速度大幅下降。EXT2 采用了以下两个策略来减少文件碎片。

原地先查找策略:为文件分配数据块时,尽量在文件原有数据块附近查找。先试探紧跟文件末尾的数据块,然后试探位于同一个块组相邻的 64 个数据块,再在同一个块组中寻找其他空闲数据块;最后搜索其他块组,且先考虑 8 个一簇的连续的块。

预分配策略:引入预分配机制,从预分配的数据块中取一块来使用,紧跟该块后的若干个数据块若空闲, 则也被保留, 保证尽可能多的数据块被集中为一簇。EXT2 文件系统的 inode 的 ext2_inode_info 数据结构中包含属性 prealloc_block 和 prealloc_count,前者指向可预分配数据块链表中第一块的位置,后者表示可预分配数据块的总数。

6.7 ••• 总结与提高

文件是一组有序数据的集合,是由操作系统定义和实施的抽象数据类型。系统通过文件名来对文件进行控制和管理,不同的系统对文件的命名有不同的限制,通常文件名由文件名和扩展名两部分组成,系统根据扩展名来区分不同类型的文件,选择关联程序。从用户使用文件的角度来看,文件可以分成记录式文件和流式文件。对文件的访问可以采用顺序访问和随机访问。

每个文件由文件控制块和内容两部分组成,所有文件控制块的集合构成了一个新的文件——目录文件。目录文件一般采用层次结构,最典型的目录结构是树形目录。树形目录结构很好地解决了文件的按名存取、文件的共享和保护等。目录的实现方式主要有线性表和哈希表。

文件系统是一个复杂的系统,它保存在磁盘上。为了提高文件系统的效率,必须在磁盘和内存中保存相关的数据结构。文件系统一般采用了层次结构。磁盘空间的分配以物理块为单位,因此,在为文件分配存储空间时,可采用连续分配、链接分配和索引分配三种方式,从而形成三种不同物理结构的文件:连续文件、链接文件和索引文件。这三种结构的文件各有优缺点,不同的系统可能支持其中一种或多种结构。为了建立文件，系统必须找到相应空闲块，因此，系统必须采用一定的数据结构来保存磁盘空闲块。常用的方法有空闲文件目录法、空闲链表法和位示图法。

现代计算机系统必须提供文件共享和保护技术来提高存储空间的利用率、保证系统的安全性和可靠性。文件共享可采用绕道法、链接法和基于基本目录表的多级目录。文件的保护可采用访问控制技术，而采用磁盘容错技术和备份可以保证文件系统的可靠性，从而形成一个可靠的文件系统。

Windows Server 2003 和 Linux 采用了不同的文件系统实现机制。

习　题　6

1. 什么是文件？它包含哪些内容，具有什么特点？

2. 文件系统要解决哪些问题？

3. 文件的物理组织方式有哪些？各有什么优缺点？

4. 什么是文件目录？常用的文件目录结构有哪些？各有什么特点？

5. 使用文件系统时，为什么要显式地使用 open 和 close 命令来打开和关闭文件？

6. 文件系统提供系统调用 rename 来实现文件重命名，也可以通过把文件复制并删除原文件来实现文件的命名，这两种方法有什么不同？

7. 为了快速访问、易于更新，当数据以下列方式存放时，应选择何种文件组织方式？

（1）不经常更新，经常随机访问。

（2）经常更新，经常随机访问。

（3）经常更新，经常按顺序访问。

8. 什么是文件的共享？实现文件共享的方式有哪些？

9. 有些系统允许用户同时访问文件的一个负值来实现共享，而有些系统为每个用户提供了一个共享文件副本，试讨论它们的优缺点。

10. 某操作系统的磁盘文件空间共有 500 块，若用字长为 32 位的位示图管理磁盘空间，试问：

（1）位示图占用多少磁盘空间？

（2）第 i 字第 j 位对应的磁盘块号是多少？

（3）给出申请和释放磁盘块的算法。

11. 若两个用户共享一个文件系统，用户甲使用文件 A、B、C、D、E，用户乙使用文件 A、D、E、F。已知用户甲的文件 A 与用户乙的文件 A 不是同一文件，而两用户的文件 D 和 E 是同一文件，设计一个文件组织方案，使两用户能共享该文件系统而又不会导致混乱。

12. 在 UNIX 系统中，假定一个盘块的大小为 1KB，每个盘块号占 4 个字节。请将下列文件的字节偏移量转换为物理地址：9999；18000；420000。

13. 如果一个索引节点为 128 字节，磁盘块指针长度占 4 个字节，状态信息占 8 个字节，每块的大小为 8KB，则使用直接、一次间接、两次间接和三次间接指针分别可以表示多大的文件？

14. 假设某分时系统采用树形目录结构，USERA 目录的路径名是/usr/home/usera，USERB 目录的路径名是/usr/home/userb。USERA 在其目录下创建了目录文件 asdf 和普通文件 my.c，并在 asdf 目录下创建了两个普通文件 file1 和 file2；USERB 在其目录下创建了目录文件 asdf 和普通文件 lust1，并在 asdf 目录下创建了两个普通文件 file1 和 file2；其中，USERA 的 file1 文件与 USERB 的文件 lust1 是同一文件。

（1）画出上述文件系统的树形目录结构。

（2）分别写出用户 USERA、USERB 的文件 file1 的文件路径。

（3）用户 USERB 要将文件 file2 更名为 newfile，系统应如何处理？

实验 5　简单文件系统的实现

1．实验环境

本实验可在任何 Windows、UNIX 和 Linux 操作系统中实现。

2．问题描述

文件管理是操作系统中最大的部分。由于文件管理软件体积庞大，并执行在核心态，因此，编写真正的文件管理器是很困难的。本实验通过编写一个简单的、执行在用户态的文件管理器来使读者了解文件管理的相关技术。由于文件管理器的设计非常复杂，因此，在设计和实现文件管理器时，必须做相应的简化。

（1）磁盘文件描述符仅仅适合一个磁盘块的要求。文件描述符包含最少的信息：六个字符或者更少字符的文件名、每个文件最多占用四个盘块（可以使用两个字节的块地址）。

（2）磁盘块很小，每个盘块 50 个字节（可以根据自己设计的文件描述符来选择最终的盘块大小）。

（3）目录包含最小的信息，这些信息能够保证文件管理器正常工作。

因此，文件管理器不提供文件共享和保护，也不提供访问控制模式，如读、写操作等。其具体要求如下。

（1）文件管理器要实现以下 API。

```
void ls();                                    //显示文件信息
int fopen(char *name);                        //打开文件
void fclose(fileID);                          //关闭文件
int  fread(int fileID,char *buffer,int length); //读取文件内容
int lseek(int fileID,int position);    //文件定位
void mkdir(char *name);                       //建立指定目录
int cd(char *name);                           //设置当前目录
int fWrite(int fileID,char *buffer,int length);
```

在设计中可使用如下磁盘接口。

```
#define NUM_BLOCKS  100
#define BLOCK_SIZE   50

void initDisk();
int dRead(int addr,char *buf);
```

（2）编写一个驱动程序来检测每个功能和特征。

3．背景知识

为了实现简单的文件管理器，下面介绍一些相关的背景知识。这些知识能为实现文件管理器提供一些有价值的信息。

1）磁盘的组织

存储设备——磁盘是一种常用的文件存储设备。磁盘在使用之前必须格式化，以便在磁盘的固定位置建立文件管理所需的数据结构。不同的文件系统有不同的文件格式，因此，必须为模拟盘建立相应的磁盘组织形式，以便实现文件管理器。

2）文件描述符

文件描述符是实现文件管理的重要数据结构，它描述了文件的许多特征。为了深入了解文件描述符的结构，可以参考 Linux 源代码/usr/src/linux/include/linux/fs.h 中的结构体 inode 的定义。

文件描述符通常和文件一起存放在磁盘上，为了提高文件系统的效率，系统在启动时会将文件描述符装入内存，并加入一些管理文件的信息，形成内存文件描述符。例如，在 Linux 操作系统中，内存中有系统打开文件表和进程打开文件表，这些数据结构的使用提高了文件管理的效率。

3）目录

当代操作系统广泛地采用了层次文件系统。在这种层次目录结构中，每个目录的目录项由文件名或目录名及其他相关信息组成，目录的管理可以采用与文件完全相同的方式，例如，对文件的读、打开等操作仍然可以用于目录中。

目录的目录项应包含足够的信息，以便文件系统实现"按名存取"操作，也就是说，目录项应该包含一个文件名域。例如，在 Linux/UNIX 系统中，目录项由文件名和索引节点号组成，而其他与文件相关的信息保存在索引节点中。为了列出某个文件信息，文件管理器必须遍历文件目录，找到匹配的文件目录项，然后根据该目录项的索引节点号找到文件的其他信息。DOS 的目录项由 32 个字节组成。

Windows FAT 文件系统的目录项也由 32 个字节组成，其中包含文件名、文件的位置和文件的长度等信息。在 FAT12 中，一个扇区（512 字节）可以存储 16 个目录项。根目录有一个固定的最大目录项数（该值存储在引导扇区中），并且存放在磁盘固定位置的一组连续扇区中，而子目录在磁盘的存储空间中并不一定连续，因此，它必须通过 FAT 来访问。

在 DOS 或 Windows FAT 文件系统中，每个目录项中有一个字节的属性字段，该字段的每一位用来表示该文件是否具有某种属性，如果某一位的值为 1，则说明该文件具有该属性，相反的，如果该位的值为 0，则文件不拥有该属性。例如，如果某个文件的属性值为 0x20(=00100000b)，那么该文件是一个档案文件。一个隐藏的、只读的、子目录的属性值为 0x13(=00010011b)。属性字段每一位的含义如表 6-5 所示，位 0 是最低位。在计算机系统中，所有多字节整数都是低优先的，也就是说，最低位最先存储。

4．相关问题

尽管解决此问题的概念并不复杂，但实现一个真正的文件管理器还需要了解许多细节、最主要的设计文件的格式及文件描述符。

1）磁盘接口

此实验中使用的虚拟磁盘是主存中的一块区域。可以使用下面的程序代码来实现虚拟磁盘。

表 6-5 目录项属性

位	掩码	属性
0	0x01	只读（Read_only）
1	0x02	隐藏（Hidden）
2	0x04	系统（System）
3	0x08	卷标（Volume Label）
4	0x10	子目录（Subdirectory）
5	0x20	档案（Archive）
6	0x40	未用
7	0x80	未用

```c
#include <stdio.h>

#define NUM_BLOCKS  100
#define BLOCK_SIZE  50

#define RELTABILITY  0.95
#define PERIOD       2147483647.0
#define ERROR        0
#define NO_ERROR     1
#define NULL         0

static int threshold;
static char *bList{NUM_BLOCK};

void initDisk(){
  int i;
  for (i=0;i<NUM_BLOCKS;i++)  bList[i]=NULL;
  threshold=(int)(RELIABLITY*PERIOD);
  sleep(3);
}

int dRead(int addr,char *buf){
  int i;
  char *bufPtr;

  if (add >= NUM_BLOCKS)  return ERROR;
  if(rand() > threshold ) return ERROR;
  if (bList[addr] !=NULL) {
    buffPtr=bList[addr];
    for (i=0;i<BLOCK_SIZE;i++)  buf[i]=*bufPtr++;
  }
  else
    for(i=0; i<BLOCK_SIZE; i++) buf[i]=0;
  return NO_ERROR;
}

int dWrite(int addr,char *buf){
  int i;
```

```
        char *bufPtr;

        if (add >= NUM_BLOCKS)   return ERROR;
        if(rand() > threshold ) return ERROR;
        if (bList[addr]= = NULL)
          bList[addr] = (char *) malloc(BLOCK_SIZE);
        bufPtr = blist[addr];
      for (i=0; I < BLOCK_SIZE; i++)
      *bufPtr++ = buf[i];;
        return NO_ERROR;
      }
```

这个虚拟磁盘很简单，它静态地分配了 100 块内存区，每块的大小为 50 字节，在该内存区进行读写操作，并处理可能出现的 I/O 错误。使用此代码段实现虚拟磁盘，当然，也可以根据需要更改每块的大小。

2）设计解决方案

（1）由于磁盘模拟程序仅仅初始化了一些内存块，但没有格式化"磁盘"，因此，解决方案的第一步应该是设计"磁盘"的格式。当然，不必提供启动区，但是必须提供磁盘的组织信息及根目录信息。如果使用索引节点，则需要决定索引节点在磁盘中的组织。

（2）第二步是设计文件目录。目录的目录项不应该太复杂，它提供了足够的信息以便将文件名和文件描述符联系起来。设计好目录项的结构后，即可实现磁盘根目录。可以将增加子目录的工作推迟，直到已设计出能够正确运行的最佳解决方案。此时，可以建立一个工具来建立一个文件系统（该文件系统由根目录和文件组成）。另外，也可以建立一个工具来转存虚拟磁盘的内容，在设计和调试系统的其余部分时，可以分析虚拟磁盘。

（3）设计好目录结构并实现根目录以后，可以实现 ls 命令的第一个版本，这个版本仅仅工作在文件系统的根目录。实现子目录后即可，可以编写完整的 ls 命令。

（4）设计和实现文件描述符，并打开文件的数据结构。采用 FAT 格式或者 inode 格式——使用指针直接指向数据块，是非常容易的。

（5）实现各种 API 命令。如果先设计和实现了目录操作命令，则使文件系统正常工作是很容易的。

（6）完成上面的工作后，可以实现文件操作命令，如 open/close 和 read/write。注意，首先实现不能修改目录项或文件描述符的命令（如 fread）。

（7）调试程序，使它正常运行；实现 fwrite 命令，此时必须进行磁盘块的分配。

（8）实现子目录。尽管在实际中可能发现原始代码中存在错误，但是理论上，前面的所有代码同样适用于子目录；最后，要实现 mkdir 和 cd 命令。

在进行设计时，每实现一个部分，可以设计一个驱动程序来检测自己的设计效果，并开始下一部分的设计。

第 7 章
设备管理

目标和要求

◆ 了解 I/O 系统的概念和结构，熟悉设备管理的目标和功能。

◆ 理解和掌握 I/O 控制的方式。

◆ 理解和掌握缓冲技术的概念、实现方式。

◆ 了解设备分配的概念，掌握 SPOOLing 系统的原理和应用。

◆ 理解 I/O 软件的原理。

◆ 理解和掌握磁盘驱动调度算法。

学习建议

设备管理是现代操作系统的一个重要功能，它管理和协调计算机的各种设备并为用户提供服务，涉及硬件和软件的结合，因此，透彻地理解操作系统的 I/O 系统的原理有一定的难度，在学习时，应加强对 I/O 系统基本原理的理解，在有条件的情况下，可以编写设备驱动程序来加深对概念的理解。

设备管理是操作系统的重要组成部分之一，也是操作系统中最庞杂和琐碎的部分。设备管理的主要对象是设备，但各种设备之间差异很大。如何屏蔽设备之间的差异，为用户提供一个透明地使用设备的接口，提高设备的利用率，是操作系统设备管理应该解决的问题。为此，操作系统采取了多种技术来解决设备管理存在的问题，如终端、缓冲等。

本章主要讨论设备管理的基本概念、I/O 控制方式、缓冲技术、设备分配和 I/O 软件的原理。

7.1 ●●● 设备管理的概念

在计算机系统中，除了 CPU 和内存之外，其他大部分硬件设备称为外部设备。它包括常用的输入/输出设备、外存设备及终端设备、网络设备等。本节先从系统管理的角度将各种设备进行简单的分类，然后介绍设备管理的主要功能、任务及 I/O 系统的结构。

7.1.1 设备的分类

早期的计算机系统由于速度慢、应用面窄，外部设备主要以纸带、卡片等作为输入/输出介质，相应的设备管理程序也比较简单。进入 20 世纪 80 年代以来，由于个人计算机、工作站及计算机网络系统等的发展，外部设备开始走向多样化、复杂化和智能化。例如，有的网卡中装有自己的 CPU，以处理网络上数据的输入和输出。除了硬件设备之外，以某种硬件设备为基础的虚拟设备和仿真设备技术也得到了广泛应用，如虚拟终端技术和仿真终端技术等。实际上，近年来最为流行的窗口系统中的 X-Window 等都是作为一种设备和操作系统相连的。这使得设备管理越来越复杂。

在现代计算机系统中，外部设备的种类繁多，特性各异。为了便于管理，可以把这些设备进行分类。可以从不同的角度对外部设备进行分类。按设备的使用特性，可把设备分为存储设备、输入/输出设备、终端设备及脱机设备等，如图 7-1 所示。

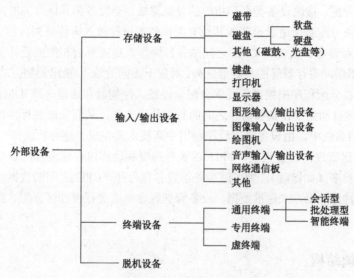

图 7-1　按使用特性对外部设备进行分类

另外，按设备的从属关系，可把设备划分为系统设备和用户设备。系统设备是指那些在操作系统生成时就已配置好的各种标准设备。例如，键盘、打印机及文件存储设备等。而用户设备则是那些在系统生成时没有配置，而在用户自己安装配置后由操作系统统一管理的设备。例如，网络系统中的各种网板、实时系统中的 A/D 及 D/A 转换器、图像处理系统的图像设备等。

对设备分类的目的在于简化设备管理程序。由于设备管理程序是和硬件交互的，因此，不同的设备硬件对应于不同的管理程序。但对于同类设备来说，由于设备的硬件特性十分相似，因此，可以利用相同的管理程序或做少许修改。

除了上述分类方法之外，在有些系统中还按信息组织方式来划分设备。例如，UNIX 系统就把外部设备划分为字符设备和块设备。键盘、终端、打印机等以字符为单位组织和处理信息的设备被称为字符设备；而磁盘、磁带等以字符块为单位组织和处理信息的设备被称为块设备。

7.1.2　设备管理的功能和任务

设备管理是指对计算机输入/输出系统的管理，是操作系统中最具多样性和复杂性的部分。其主要任务如下。

（1）选择和分配输入/输出设备以进行数据传输操作。

（2）控制输入/输出设备和 CPU（或内存）之间的数据交换。

（3）为用户提供友好的透明接口，把用户和设备硬件特性分开，使用户在编制应用程序时不必涉及具体设备，系统按用户要求控制设备工作。另外，此接口还为新增加的用户设备提供了一个和系统核心相连接的入口，以便用户开发新的设备管理程序。

（4）提高设备和设备之间、CPU 和设备之间，以及进程和进程之间的并行操作度，以使操作系统获得最佳效率。

为了完成上述主要任务，设备管理程序一般要提供下述功能。

（1）提供和进程管理系统的接口。当进程要求设备资源时，该接口将进程要求转送给设备管理程序。

（2）进行设备分配。按照设备类型和相应的分配算法，把设备和其他有关的硬件分配给请求该设备的进程，并把未分配到所请求设备或其他有关硬件的进程放入等待队列。

（3）实现设备和设备、设备和 CPU 之间的并行操作。这需要有相应的硬件支持。除了装有控制状态寄存器、数据缓冲寄存器等的控制器之外，对应于不同的输入/输出控制方式，还需要有 DMA 通道等硬件。在设备分配程序根据进程要求分配了设备、控制器和通道（或 DMA）等硬件之后，通道（或 DMA）将自动完成设备和内存之间的数据传送工作，从而完成并行操作的任务。在没有通道（或 DMA）的系统中，由设备管理程序利用中断技术来完成上述并行操作。

（4）进行缓冲区管理。一般来说，CPU 的执行速度和访问内存速度都比较高，而外部设备的数据流通速度则低得多（如键盘），为了减少外部设备和内存、CPU 之间的数据速度不匹配问题，系统中一般设有缓冲区（器）来暂放数据。设备管理程序负责进行缓冲区分配、释放及有关的管理工作。

7.1.3 I/O 系统结构

通常，把 I/O 设备及其接口线路、控制部件、通道和管理软件称为 I/O 系统，把计算机的主存和外部设置的介质之间的信息传送操作称为输入/输出操作。不同的计算机系统，其 I/O 系统差别很大，大多数计算机系统采用了基于总线的 I/O 结构。一个典型的 PC 总线结构如图 7-2 所示。

总线是组成计算机的各个部件之间进行信息传送的一组公共通路，其传送的信息都遵循严格定义的协议。从图 7-2 可以看出，计算机系统的各个部件只与总线连接，它们的信息发送和接收也通过总线实现。目前，PC 上常用的公共系统总线是外部设备互连（Peripheral Component Interconnect，PCI）总线结构，它把处理器、内存与高速设备连接起来。而扩展总线用于连接串行、并行端口和相对较慢的设备，如键盘。在图 7-2 中，四块硬盘一起连接到与 SCSI 控制器相连的 SCSI 总线上。

7.1.4 设备控制器

I/O 设备一般由机械和电子两部分组成。为了达到模块化和通用性要求，设计时往往将这两部分分开处理。电子部分称为**设备控制器**或**适配器**。在小型和微型机中，控制器常以印制电路板的形式插入主机主板插槽。它可以管理端口、总线或设备，实现设备主体（机械部分）与主机间的连接与通信。通常，一台控制器可以控制多台同一类型的设备。因此，操作系统总是通过设备控制器实施对设备的控制和操作。

设备控制器是一个可编址的设备，当它仅控制一个设备时，其只有一个唯一的设备地址；当设备控制器可连接多个设备时，应含有多个设备地址，并使每一个设备地址对应一个设备。设备控制器有两个方向的接口：一个是与主机之间的系统接口；另一个是与设备驱动电路之间的低层次接口，用于根据主机发来的命令控制设备动作。控制器和设备之间的接口是一个标准接口，它符合 ANSI、IEEE 或 ISO 等国际标准。

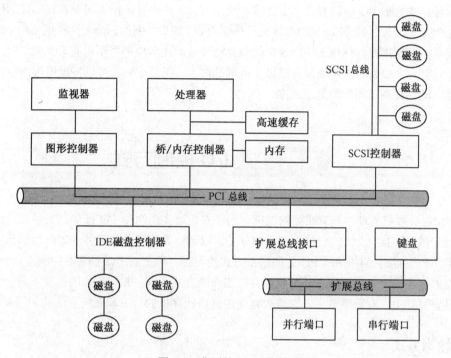

图 7-2　典型的 PC 总线结构

设备控制器具有以下基本功能。

（1）实现主机和设备之间的通信控制，进行端口地址译码。

（2）把计算机的数字信号转换成机械部分能够识别的模拟信号，或者相反。

（3）实现数据的缓冲。例如，磁盘控制器把来自磁盘驱动器的串位流进行组装，存入控制器内部的缓冲区，形成以字节为单位的块，并进行错误验证。如果没有错误，则把该块复制到内存中。通常，在接口电路中设置一个或几个数据缓冲寄存器，传送数据时先送入缓冲寄存器，然后送入相应设备（输出时）或主机（输入时）。

（4）接收主机发来的控制命令。当控制器接收一条命令后，可独立于 CPU 完成指定操作，CPU 可以转去执行其他运算。命令完成时，控制器产生一个中断，CPU 响应中断，控制转给操作系统。

（5）将设备和控制器当前所处的状态提供给主机。CPU 通过读控制器寄存器中的信息，获得操作结果和设备状态。

为了实现与 CPU 的通信，每个控制器都有几个寄存器，即控制寄存器、状态寄存器和数据寄存器。控制寄存器可以被主机用来向设备发送命令或改变设备状态。例如，串口控制寄存器中的第一位选择全双工通信还是半双工通信，第二位控制是否奇偶校验检查，第三位设置字长为 7 位或 8 位，其他位选择串口通信所支持的速度。状态寄存器包含一些主机可以读取的位信息。这些位信息指示各种状态，如当前任务是否完成、数据输入寄存器是否有数据可读、是否出现设备故障等。数据寄存器保存当前输入或输出的数据。

CPU 与控制寄存器的通信方式有两种：一种方式是为每个控制寄存器分配一个 I/O 端口号（8 位或 16 位整数），使用专门的 I/O 指令，CPU 可以读/写控制寄存器，分配给系统中所有端口的地址空间是完全独立的，与内存的地址空间没有关系；另一种方式是把所有控制寄存器映像到存储器空间，这种模式称为**存储器映像 I/O**。在该方式中，分配给系统中所有端口的地址空间与内存的地址空间统一编址，主机把 I/O 端口看做一个存储单元，对 I/O 的读写操作等同于对存储器的操作。此外，还有混合方式，既有存储器映像 I/O，又有单独的 I/O 端口。例如，个人计算机使用 I/O 指令来控制一些设备，而使用内存映像 I/O 指令来控制其他设备。图形控制器不但有 I/O 端口以完成基本的操作，而且有一个较大的内存映射区域以支持屏幕内容。图形控制器可以根据图形内存内容来生成屏幕图像，从而提高了图形的处理速度。

7.2 ··· I/O 控制方式

I/O 控制在计算机处理中具有重要的地位，为了有效地实现物理 I/O 操作，必须通过硬件、软件技术，对 CPU 和 I/O 设备的职能进行合理分工，以调解系统性能和硬件成本之间的矛盾。按照 I/O 控制器功能的强弱，以及和 CPU 之间联系方式的不同，可把对 I/O 设备的控制方式分为四类，它们的主要差别在于中央处理器和外部设置并行工作的方式不同，并行工作的程度不同。中央处理器和外部设置并行工作有重要意义，它能大幅度地提高计算机的效率和系统资源的利用率。

7.2.1 轮询方式

轮询方式又称程序直接控制方式，即由用户进程来直接控制内存或 CPU 和外部设置之间的信息传送。这种方式的控制者是用户进程。当用户进程需要数据时，它通过 CPU 发出启动设备准备数据的启动命令"Start"，用户进程进入测试等待状态。在等待时间内，CPU 不断地用一条测试指令检查描述外部设置的工作状态的控制状态寄存器。而外部设置只有将数据传送的准备工作做好之后，才将该寄存器置为完成状态。当 CPU 检测到控制状态寄存器为完成状态，即该寄存器发出"Done"信号之后，设备开始向内存或 CPU 传送数据。反之，当用户进程需要向设备输出数据时，也必须同样发出启动命令启动设备并等待设备准备好之后才能输出数据。除了控制状态寄存器之外，在 I/O 控制器中还有一种称为数据缓冲寄存器的寄存器。在 CPU 与外部设置之间传送数据时，输入设备每进行一次操作，先把所输入的数据送入该寄存器，CPU 再把其中的数据取走。反之，当 CPU 输出数据时，先把数据输出到该寄存器中，再由输出设备将其取走。只有数据装入该寄存器之后，控制状态寄存器的值才会发生变化。程序直接控制方式的控制流程如图 7-3 所示。

程序直接控制方式虽然控制简单，不需要太多硬件支持，但是它明显存在下述缺点。

（1）CPU 和外部设置只能串行工作。由于 CPU 的处理速度要远远高于外部设置的数据传送和处理速度，所以，CPU 的大量时间处于等待和空闲状态。这使得 CPU 的利用率大大降低了。

（2）CPU 在一段时间内只能和一台外部设置交换数据信息，从而不能实现设备之间的并行工作。

（3）由于程序直接控制方式依靠测试设备标志触发器的状态位来控制数据传送，因此无法发现和处理由于设备或其他硬件产生的错误。所以，程序直接控制方式只适用于那些 CPU 执行速度较慢，而且外部设置较少的系统。

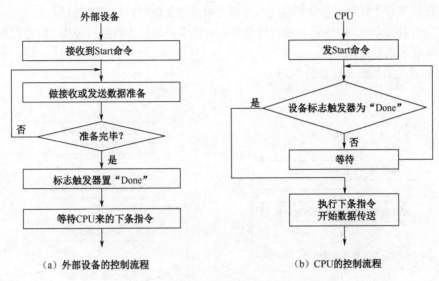

（a）外部设备的控制流程　　　　　　　　（b）CPU 的控制流程

图 7-3　程序直接控制方式的控制流程

7.2.2　中断方式

为了减少程序直接控制方式中对 CPU 等待时间及提高系统的并行工作程度，中断方式被用来控制外部设置和内存、CPU 之间的数据传送。这种方式要求 CPU 与设备（或控制器）之间有相应的中断请求线，且在设备控制器的控制状态寄存器的相应中断允许位上进行设置。中断方式的传送结构如图 7-4 所示。因而，数据的输入可按如下步骤操作。

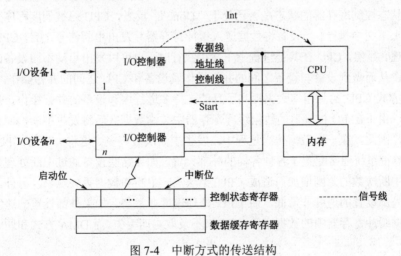

图 7-4　中断方式的传送结构

（1）进程需要数据时，通过 CPU 发出"Start"指令，启动外部设置准备数据。该指令同时将控制状态寄存器中的中断允许位打开，以便在需要时调用中断程序。

（2）在进程发出指令启动设备之后，该进程放弃处理器，等待输入完成。进程调度程序调用其他就绪进程占用处理器。

（3）当输入完成时，I/O 控制器通过中断请求线向 CPU 发出中断信号。CPU 在接收到中断信号之后，转向预先设计好的中断处理程序，并对数据传送工作进行相应的处理。

（4）在以后的某个时刻，进程调度程序选中提出请求并得到了数据的进程，该进程从约定的内存特定单元中取出数据继续工作。

中断控制方式的处理过程如图 7-5 所示。

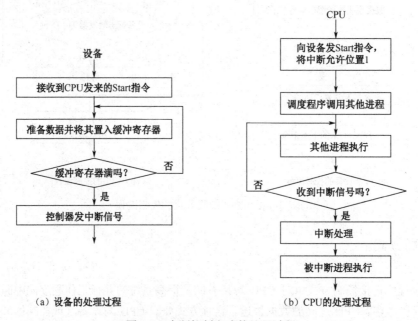

图 7-5　中断控制方式的处理过程

由图 7-5 可以看出，当 CPU 发出启动设备和允许中断指令之后，它没有像程序直接控制方式那样循环测试状态控制寄存器的状态是否已处于"Done"。反之，CPU 已被调度程序分配给其他进程在其他进程上下文中执行。当设备将数据送入缓冲寄存器并发出中断信号之后，CPU 接收中断信号进行中断处理。显然，CPU 在其他进程上下文中执行时，也可以发出启动不同设备的启动指令和允许中断指令，从而做到设备与设备之间的并行操作及设备和 CPU 之间的并行操作。

尽管中断方式 CPU 的利用率大大提高了且能支持多道程序和设备的并行操作，但仍然存在许多问题。首先，由于在 I/O 控制器的数据缓冲寄存器中装满数据之后将发生中断，而且数据缓冲寄存器通常较小，因此，在一次数据传送过程中，发生中断次数较多。这将大量的 CPU 处理时间。另外，现代计算机系统通常配置了各种各样的外部设置。如果这些设备通过中断处理方式进行并行操作，则由于中断次数的急剧增加而造成 CPU 无法响应中断和数据丢失现象。另外，在中断控制方式中都假定外部设置的速度非常低，而 CPU 处理速度非常高。如果外部设置的速度也非常高，则可能造成数据缓冲寄存器中的数据由于 CPU 来不及取走而丢失。而 DMA 方式和通道方式不会造成上述问题。

7.2.3　DMA 方式

DMA 方式即为直接内存存取方式。其基本思想是在外部设置和内存之间开辟直接的数据交换通路。在 DMA 方式中，I/O 控制器具有比中断方式和程序直接控制方式更强的功能。除了控制状态寄存器和数据缓冲寄存器之外，DMA 控制器中还包括传送字节计数器、内存地址寄存器等。这是因为 DMA 方式窃取或挪用了 CPU 的一个工作周期，并把数据缓冲寄存器中的数据直接送到内存地址寄存器所指向的内存区域。DMA 控制器可用来代替 CPU，控制内存和设备之间成批的数据交换。批量数据（数据块）的传送由计数器逐个计数，并由内存地址寄存器确定内存地址。除了在数据块传送开始时需要 CPU 的启动指令和在整个数据块传送结束时需发出中断通知 CPU 进行中断处理之外，不再像中断控制方式那样需要 CPU 的频繁干涉。DMA 方式的传送结构如图 7-6 所示。

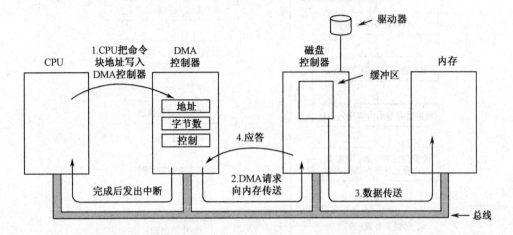

图 7-6　DMA 方式的传送结构

DMA 方式的数据输入处理过程如下。

（1）当进程要求设备输入数据时，CPU 把准备存放输入数据的内存始址及要传送的字节数分别送入 DMA 控制器中的内存地址寄存器和传送字节计数器。另外，把控制状态寄存器中的中断允许位和启动位置 1，从而启动设备进行数据输入。

（2）发出数据要求的进程进入等待状态，进程调度程序调用其他进程占用 CPU。

（3）输入设备不断地挪用 CPU 工作周期，将数据缓冲寄存器中的数据源源不断地写入内存，直到所要求的字节全部传送完毕为止。

（4）DMA 控制器在传送字节数完成时通过中断请求线发出中断信号，CPU 在接收到中断信号后转到中断处理程序进行善后处理。

（5）中断处理结束时，CPU 返回被中断进程处执行或被调度到新的进程上下文中执行。

DMA 方式的数据传送处理过程如图 7-7 所示。

由图 7-7 可以看出，DMA 方式与中断方式的一个主要区别是，中断方式在数据缓冲寄存器满之后发出中断，要求 CPU 进行中断处理，而 DMA 方式在所要求转送的数据块全部传送结束时要求 CPU 进行中断处理。这就大大减少了 CPU 进行中断处理的次数。另一个主要区别是，中断方式的数据传送是在中断处理时由 CPU 控制完成的，而 DMA 方式是在 DMA 控制器的控制下不经过 CPU 控制完成的。这就排除了因并行操作设备过多而使 CPU 来不及处理或因速度不匹配而造成数据丢失等现象的发生。

但 DMA 方式仍存在一定的局限性。DMA 方式对外部设置的管理和某些操作仍由 CPU 控制。在大中型计算机中，系统所配置的外设种类越来越多，数量也越来越大，因而，对外部设置的管理控制就越来越复杂。多个 DMA 控制器的同时使用显然会引起内存地址的冲突并使控制过程进一步复杂化。同时，多个 DMA 控制器的同时使用也是不经济的。因此，在大中型计算机系统中，除了设置 DMA 器件之外，还要设置专门的硬件装置——通道。7.2.4 小节将介绍通道控制方式。

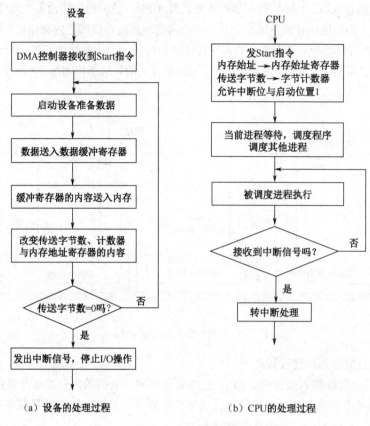

（a）设备的处理过程　　　　　　　　（b）CPU的处理过程

图 7-7　DMA 方式的数据传送处理过程

7.2.4　通道控制方式

通道控制方式与 DMA 方式类似，也是一种以内存为中心，实现设备和内存直接交换数据的控制方式。与 DMA 方式不同的是，在 DMA 方式中，数据的传送方向、存放数据的内存始址及传送的数据块长度等都由 CPU 控制，而在通道方式中，这些都由通道来进行控制。另外，与使用 DMA 方式中每台设备至少需要一个 DMA 控制器相比，通道控制方式可以做到一个通道控制多台设备与内存进行数据交换，因而，通道方式进一步减轻了 CPU 的工作负担并增加了计算机系统的并行工作程度。

由于通道是一个专管输入/输出操作控制的硬件，有必要进一步地描述一下通道的定义：**通道**是一个独立于 CPU 的专管输入/输出控制的处理器，它控制设备与内存直接进行数据交换。它有自己的通道指令，这些通道指令被 CPU 启动，并在操作结束时向 CPU 发出中断信号。

通道的定义给出了通道控制方式的基本思想。在通道控制方式中，I/O 控制器中没有传送字节计数器和内存地址寄存器；但多了通道设备控制器和指令执行机构。在通道方式下，CPU 只需发出启动指令，指出通道相应的操作和 I/O 设备，该指令即可启动通道并使该通道从内存中调用相应的通道指令执行。

通道指令一般包含被交换数据在内存中应占用的位置、传送方向、数据块长度，以及被控制的 I/O 设备的地址信息、特征信息等，通道指令在通道中没有存储部件时存放在内存中。

通道指令的格式一般由操作码、读、写或控制、计数段（数据块长度）、内存地址段和结束标志等组成。通道指令在进程要求数据时由系统自动生成。例如：

```
write 0 0 250 1850
write 1 1 250 720
```

这两条指令把一个记录的 500 个字符分别写入从内存地址 1850 开始的 250 个单元和从内存地址 720 开始的 250 个单元中。其中，假定 write 操作码后的"1"是通道指令结束标志，而另一个"1"是记录结束标志。该指令中省略了设备号和设备特征。

另外，一个通道可以分时方式同时执行几个通道指令程序。按照信息交换方式的不同，一个系统中可设立三种类型的通道，即字节多路通道、数组多路通道和选择通道。由这三种通道组成的数据传送结构如图 7-8 所示。

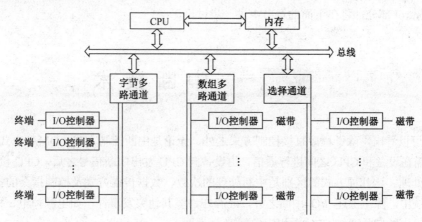

图 7-8　通道方式的数据传送结构

字节多路通道：以字节为单位传送数据，它主要用来连接大量的低速设备，如终端、打印机等。

数组多路通道：以块为单位传送数据，它具有传送速率高和能分时操作不同的设备等优点。数组多路通道主要用来连接中速块设备，如磁带机等。

数组多路通道和字节多路通道都可以分时执行不同的通道指令程序。但是，选择通道一次只能执行一个通道指令程序。所以，选择通道一次只能控制一台设备进行 I/O 操作。但选择通道具有传送速率高的特点，因而它被用来连接高速外部设备，并以块为单位成批传送数据。受选择通道控制的外设有磁盘机等。

通道控制方式的数据输入处理过程可描述如下。

（1）当进程要求设备输入数据时，CPU 发出 Start 指令，指明 I/O 操作、设备号和对应通道。

（2）对应通道接收到 CPU 发来的启动指令 Start 之后，把存放在内存中的通道指令程序读出，设置对应设备的 I/O 控制器中的控制状态寄存器。

（3）设备根据通道指令的要求，把数据送往内存中的指定区域。

（4）若数据传送结束，则 I/O 控制器通过中断请求线发出中断信号，请求 CPU 做中断处理。

（5）与 DMA 方式相同，即中断处理结束后 CPU 返回被中断进程处继续执行。

在步骤（1）中要求数据的进程只有在调度程序选中之后，才能对得到的数据进行加工处理。

另外，在许多情况下，人们可从 CPU 执行的角度描述中断控制方式、DMA 方式或通道控制方式的处理过程。下面给出通道控制方式的描述过程。

```
Channel control procedure:
  repeat
  IR←M[pc]
  pc ← pc+1
  execute(IR)
  if require accessing with I/O Device
  then Command(I/O operation,Address of I/O device,channel) fi
  if I/O Done Interrupt then Call Interrupt processing control fi
until machine halt
Interrupt processing control procedure
    …
```

其中，IR 代表指令寄存器，pc 代表程序计数器，而 fi 表示 if...then 条件语句的结束。关于 interrupt processing control 部分，将在下面的章节中进一步讨论。

7.3 ···· 中 断 技 术

从上节可以看出，除了程序直接控制方式之外，无论是中断控制方式、DMA 方式还是通道控制方式，都需在设备和 CPU 之间进行通信，由设备向 CPU 发出中断信号之后，CPU 接收相应的中断信号进行处理。这几种方式的区别是中断处理的次数、数据传送方式及控制指令的执行方式等。在计算机系统中，除了上述 I/O 中断之外，还存在许多其他突发事件，如电源掉电、程序出错等，这些也会发出中断信号通知 CPU 做相应的处理。

7.3.1 中断的基本概念

中断是指计算机在执行期间，系统内发生任何非寻常的或非预期的急需处理的事件，使得 CPU 暂时中断当前正在执行的程序，而转去执行相应的事件处理程序，待处理完毕后又返回原来被中断处继续执行或调度新的进程并执行的过程。引起中断发生的事件被称为中断源。中断源向 CPU 发出的请求中断处理信号称为中断请求，而 CPU 收到中断请求后转到相应的事件处理程序，这被称为中断响应。

在有些情况下，尽管产生了中断源和发出了中断请求，但 CPU 内部的处理器状态字（PSW）的中断允许位已被清除，从而不允许 CPU 响应中断。这种情况称为禁止中断。CPU 禁止中断后只有等到 PSW 的中断允许位被重新设置后才能接收中断。禁止中断也称为关中断，PSW 的中断允许位的设置也被称为开中断。中断请求、关中断、开中断等都由硬件实现。开中断和关中断是为了保证某些程序执行的原子性。

除了禁止中断的概念之外，还有一个比较常用的概念是中断屏蔽。中断屏蔽是指在中断请求产生之后，系统用软件方式有选择地封锁部分中断而允许其余部分的中断得到响应。中断屏蔽是通过每一类中断源设置一个中断屏蔽触发器来屏蔽它们的中断请求而实现的。但是，有些中断请求是不能屏蔽甚至不能禁止的，也就是说，这些中断具有最高优先级。不管 CPU 是否为关中断的，只要这些中断请求一旦提出，CPU 必须立即响应。例如，电源掉电事件所引起的中断就是不可禁止和屏蔽中断。

7.3.2　中断的分类与优先级

根据系统对中断处理的需要，操作系统一般会对中断进行分类并对不同的中断赋予不同的处理优先级，以便在不同的中断同时发生时，按轻重缓急进行处理。

根据中断源产生的条件，可把中断分为**外中断**和**内中断**。外中断是指来自处理器和内存外部的中断，包括 I/O 设备发出的 I/O 中断、外部信号中断（如用户按 Esc 键）、各种定时器引起的时钟中断，以及调试程序中设置的断点等引起的调试中断等。外中断在狭义上一般被称为中断。内中断主要指在处理器和内存内部产生的中断。内中断一般称为陷阱。它包括程序运算引起的各种错误，如地址非法、校验错、页面失效、存取访问控制错、算术操作溢出、数据格式非法、除数为零、非法指令、用户程序执行特权指令、分时系统中的时间片中断，以及从用户态到核心态的切换等。

为了按中断源的轻重缓急处理响应中断，操作系统对不同的中断赋予不同的优先级。为了禁止中断或屏蔽中断，CPU 的处理器状态字中也设置了相应的优先级。如果中断源的优先级高于 PSW 的优先级，则 CPU 响应该中断源的中断请求，反之，CPU 屏蔽该中断源的中断请求。

各中断源的优先级在系统设计时给定，在系统运行时是固定的。而处理器的优先级应根据执行情况由系统程序动态设定。中断和陷阱具有如下主要区别。

（1）陷阱通常由处理器正在执行的现行指令引起，而中断则是由与现行指令无关的中断源引起的。

（2）陷阱处理程序提供的服务为当前进程所用，而中断处理程序提供的服务不是为当前进程所用的。

（3）CPU 在执行完一条指令之后，下一条指令开始之前响应中断，而在一条指令执行中也可以响应陷阱。例如，当执行指令非法时，尽管被执行的非法指令不能执行结束，但 CPU 仍可对其进行处理。

另外，在有些系统中，陷阱处理程序被规定在各自的进程上下文中执行，而中断处理程序则在系统上下文中执行。

7.3.3　软中断

上述中断和陷阱都可以看做硬中断，因为这些中断和陷阱要通过硬件产生相应的中断请求。而软中断则不然，它是通信进程之间用来模拟硬中断的一种信号通信方式。软中断与硬中断相同的地方是，其中断源发出中断请求或软中断信号后，CPU 或接收进程在适当的时机自动进行中断处理或完成软中断信号所对应的功能。这里"适当的时机"表示接收软中断信号的进程不一定正好在接收时占有处理器，而相应的处理必须等到该接收进程得到处理器之后才能进行。如果该接收进程是占据处理器的，则与中断处理相同，该接收进程在接收到软中断信号后将立即转去执行该软中断信号所对应的功能。

需要说明的一点是，在有些系统中，大部分的陷阱是转化为软中断处理的。由于陷阱主要与当前执行进程有关，因此，如果当前执行指令产生了陷阱，则向当前执行进程自身发出一个软中断信号从而立即进入陷阱处理程序。

7.3.4 中断处理过程

一旦 CPU 响应中断，转入中断处理程序，系统就会开始进行中断处理。下面说明中断处理的过程。

（1）CPU 检查响应中断的条件是否满足。CPU 响应中断的条件是有来自于中断源的中断请求、CPU 允许中断。

（2）如果 CPU 响应中断，则 CPU 关中断，使其进入不可再次响应中断的状态。

（3）保存被中断进程现场。为了在中断处理结束后能使进程正确地返回到中断点，系统必须保存当前处理器状态字和程序计数器等的值。这些值一般保存在特定堆栈或硬件寄存器中。

（4）分析中断原因，调用中断处理子程序。在多个中断请求同时发生时，处理优先级最高的中断。

在系统中，为了处理上的方便，通常是针对不同的中断源编制不同的中断处理子程序（陷阱处理子程序）。这些子程序的入口地址（或陷阱指令的入口地址）存放在内存的特定单元中。再者，不同的中断源也对应着不同的处理器状态字。这些不同的 PSW 被放在相应的内存单元中。存放的 PSW 与中断处理子程序入口地址一起构成**中断向量**。显然，根据中断或陷阱的种类，系统可由中断向量表迅速地找到该中断响应的优先级、中断处理子程序（或陷阱指令）的入口地址和对应的 PSW。

（5）执行中断处理子程序。对陷阱来说，在有些系统中是通过陷阱指令向当前执行进程发出软中断信号后调用对应的处理子程序并执行的。

（6）退出中断，恢复被中断进程的现场或调度新进程占据处理器。

（7）开中断，CPU 继续执行。

中断处理过程如图 7-9 所示。

有些系统中只在保存和恢复现场时禁止中断，而在执行中断处理子程序时屏蔽中断。上面描述了中断处理过程的各个步骤。下面从 CPU 处理的角度出发，以形式化地描述 I/O 中断处理的控制过程，以期读者对中断处理过程有更深的了解。

图 7-9 中断处理过程

```
I/O Interrupt processing control:
  begin
     unusable I/O Interrupt flag
     save status of interrupt program
     if Input Device i Ready
     then    Call Input Device i Control fi
     if      Output Device i Ready
     then    Call Output Device i Control fi
     if      Data Deliver Done
     then    Call Data Deliver Done Control fi
```

```
        restore CPU status
        reset I/O Interrupt flag
    end
Input Device i Control:……
Output Device i Control: ……
Data Deliver Done Control: ……
```

7.4 ● ● ● 缓 冲 技 术

7.4.1　缓冲的引入

　　虽然中断、DMA 和通道控制技术使得系统中设备和设备、设备和 CPU 等得以并行工作，但是外部设置和 CPU 的处理速度不匹配的问题是客观存在的。这限制了和处理器连接的外设台数，且在中断方式中造成数据丢失。外部设置和 CPU 处理速度不匹配的问题极大地制约了计算机系统性能的进一步提高，也限制了系统的应用范围。例如，当计算进程阵发性地把大批量数据输出到打印机上打印时，由于 CPU 输出数据的速度大大高于打印机的打印速度，因此，CPU 只好停下来等待。反之，在计算进程中进行计算时，打印机又因无数据输出而空闲无事。外部设置与处理器速度不匹配的问题可以采用设置缓冲区（器）的方法来解决。

　　再者，从减少中断的次数看，也存在着引入缓冲区的必要性。在使用中断方式时，如果在 I/O 控制器中增加一个 100 个字符缓冲器，则由前面各字对中断方式的描述可知，I/O 控制器对处理器的中断次数将降低 100 倍，即等到能存放 100 个字符的字符缓冲区装满之后才向处理器发出一次中断，这将大大减少处理器的中断处理时间。即使是使用 DMA 方式或通道方式控制数据传送时，如果不划分专用的内存区或专用缓冲器来存放数据，也会因为要求数据的进程所拥有的内存区不够或存放数据的内存始址计算困难等原因，而造成某个进程长期占有通道或 DMA 控制器及设备，从而产生所谓的瓶颈问题。

　　因此，为了匹配外设与 CPU 之间的处理速度，为了减少中断次数和 CPU 的中断处理时间，也为了解决 DMA 或通道方式时的瓶颈问题，在设备管理中引入了用来暂存数据的缓冲技术。

　　根据 I/O 控制方式，缓冲的实现方法有两种：一种是采用专用硬件缓冲器，如 I/O 控制器中的数据缓冲寄存器；另一种方法是在内存中划出一个具有 n 个单元的专用缓冲区，以便存放输入/输出的数据。内存缓冲区又称软件缓冲。

7.4.2　缓冲的种类

　　根据系统设置的缓冲器的个数，可把缓冲技术分为单缓冲、双缓冲、多缓冲及缓冲池等。

　　单缓冲是在设备和处理器之间设置一个缓冲器。设备和处理器交换数据时，先把被交换数据写入缓冲器，需要数据的设备或处理器再从缓冲器中取走数据。由于缓冲器属于临界资源，即不允许多个进程同时对一个缓冲器进行操作，因此，设备和设备之间不能通过单缓冲达到并行操作。

解决两台外设、打印机和终端之间的并行操作问题的办法是设置**双缓冲**。有了两个缓冲器之后，CPU 可把输出到打印机的数据放入其中一个缓冲器（区），使打印机慢慢打印，此时，它又可以从另一个为终端设置的缓冲器（区）中读取需要的输入数据。显然，双缓冲只是一种说明设备和设备、CPU 和设备并行操作的简单模型，并不能用于实际系统中的并行操作。这是因为计算机系统中的外部设置较多，且双缓冲也很难匹配设备和处理器的处理速度。因此，现代计算机系统中一般使用多缓冲或缓冲池结构。

多缓冲把多个缓冲区连接起来组成两部分：一部分专门用于输入，另一部分专门用于输出。**缓冲池**是把多个缓冲区连接起来统一管理，既可用于输入又可用于输出的缓冲结构。

显然，无论是多缓冲，还是缓冲池，由于缓冲器是临界资源，因此，在使用缓冲区时都有一个申请、释放和互斥的问题。下面以缓冲池为例，介绍缓冲的管理。

7.4.3 缓冲池的管理

1．缓冲池的结构

缓冲池由多个缓冲区组成。而一个缓冲区由两部分组成：一部分是用来标识该缓冲器和用于管理的缓冲首部，另一部分是用于存放数据的缓冲体。这两部分有一一对应的映射关系。对缓冲池的管理是通过对每一个缓冲器的缓冲首部进行操作来实现的。

缓冲首部如图 7-10 所示，它包括设备号、设备上的数据块号（块设备时）、互斥标识位、缓冲队列的连接指针和缓冲器号等。

系统把各缓冲区按其使用状况连成如下三种队列。

（1）空白缓冲队列 em，其队首指针为 F(em)，队尾指针为 L(em)。

（2）装满输入数据的输入缓冲队列 in，其队首指针为 F(in)，队尾指针为 L(in)。

（3）装满输出数据的输出缓冲队列 out，其队首指针为 F(out)，队尾指针为 L(out)。

其队列构成如图 7-11 所示。

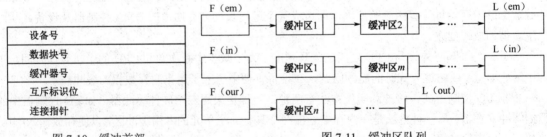

图 7-10　缓冲首部　　　　　　　　　　　图 7-11　缓冲区队列

除了三种缓冲队列之外，系统（或用户进程）从这三种队列中申请和取出缓冲区，并用得到的缓冲区进行存数、取数操作，在存数、取数操作结束后，再将缓冲区放入相应的队列。这些缓冲区被称为工作缓冲区。在缓冲池中，有以下四种工作缓冲区。

（1）用于收容设备输入数据的收容输入缓冲区 hin。

（2）用于提取设备输入数据的提取输入缓冲区 sin。

（3）用于收容 CPU 输出数据的收容输出缓冲区 hout。

（4）用于提取 CPU 输出数据的提取输出缓冲区 sout。

缓冲池的工作缓冲区如图 7-12 所示。

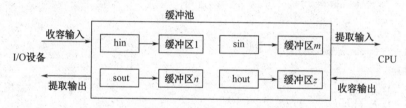

图 7-12　缓冲池的工作缓冲区

2. 缓冲池管理

对缓冲池的管理由如下几个操作组成。

（1）从三种缓冲区队列中按一定的选取规则取出一个缓冲区的过程 take_buf(type)。

（2）把缓冲区按一定的选取规则插入相应的缓冲区队列的过程 add_buf(type, number)。

（3）供进程申请缓冲区用的过程 get_buf(type,number)。

（4）供进程将缓冲区放入相应缓冲区队列的过程 put_buf(type,work_buf)。

其中，参数 type 表示缓冲队列类型，number 为缓冲区号，而 work_buf 表示工作缓冲区类型。

使用这几个操作，缓冲池的工作过程可描述如下：输入进程调用 get_buf(em,number)过程，从空白缓冲区队列中取出一个缓冲号为 number 的空白缓冲区，将其作为收容输入缓冲区 hin，当 hin 中装满了由输入设备输入的数据之后，系统调用过程 put_buf(in,hin)将该缓冲区插入输入缓冲区队列 in 中。另外，当进程需要输出数据时，输出进程经过缓冲管理程序调用过程 get_buf(em,number)，并从空白缓冲区队列中取出一个空白缓冲区 number 作为收容输出缓冲区 hout，待 hout 中装满输出数据之后，系统再调用过程 put_buf(out,hout)，并将该缓冲区插入输出缓冲区队列 out。

对缓冲区的输入数据和输出数据的提取也是由过程 get_buf 和 put_buf 实现的。get_buf(out,number)从输出缓冲队列中取出装满输出数据的缓冲区 number，将其作为 sout。当 sout 中数据输出完毕时，系统调用过程 put_buf(em,sout)将该缓冲区插入空白缓冲队列。而 get_buf(in,number)从输入缓冲队列中取出一个装满输入数据的缓冲区 number 作为输入缓冲区 sin，当 CPU 从中提取完所需数据之后，系统调用过程 put_buf(em,sin)将该缓冲区释放，并插入空白缓冲队列 em 中。

显然，对于各缓冲队列中缓冲区的排列，以及每次取出和插入缓冲队列区的顺序都应有一定的规则。最简单的方法是 FIFO，即先来先出的排列方法。采用 FIFO 方法，过程 put_buf 每次把缓冲区插入相应缓冲队列的队尾，而过程 get_buf 取出相应缓冲队列的第一个缓冲区，从而使 get_buf 中的第二个参数 number 省略。此外，采用 FIFO 方法也省略了对缓冲队列的搜索时间。

过程 add_buf(type,number)和 take_buf(type,number)分别用来把缓冲区 number 插入 type 队列、从 type 队列中取出缓冲区 number。它们分别被过程 get_buf 和 put_buf 调用，其中，take_buf 返回所取缓冲区 number 的指针，而 add_buf 将给定缓冲区 number 的指针送入队列。

下面给出过程 get_buf 和 put_buf 的描述。设互斥信号量为 S(type)，其初值为 1。设描述资源数目的信号量为 RS(type)，其初值为 n(n 为 type 队列长度)。

```
get_buf(type,number):
    begin
        P(RS(type))
        P(S(type))
```

```
                Pointer of buffer(number) = take_buf(type,number)
                V(S(type))
        end

put_buf(type,number):
    begin
        P(S(type))
        add_buf(type,number)
        V(S(type))
        V(RS(type))
    end
```

7.5 ••• 设 备 分 配

在多道程序环境下，系统中的设备供所有进程共享。但是，由于设备资源的有限性，不是每一个进程都能随时随地地得到这些资源。进程必须先向设备管理程序提出资源申请，再由设备分配程序根据相应的分配算法为进程分配资源。当申请进程得不到它所申请的资源时，将被放入资源等待队列中等待，直到所需要的资源被释放。

下面将讨论设备分配和管理的数据结构、分配策略原则及分配算法等。

7.5.1 设备分配的数据结构

在进行设备分配时，系统必须了解整个系统的设备信息，因此，系统提供了一些表格来记录设备的信息，以利于设备的分配和管理。在进行设备的分配时需要的数据结构有：设备控制表（Device Control Table，DCT）、控制器控制表（COntroler Control Table，COCT）、通道控制表（CHannel Control Table，CHCT）和系统设备表（System Device Table，SDT）。

1. 设备控制表

设备控制表反映了设备的特性、设备和 I/O 控制器的连接情况，包括设备标识、使用状态和等待使用该设备的进程队列等。系统中每个设备都必须有一张 DCT，且在系统生成时或在该设备和系统连接时创建，但表中的内容根据系统执行情况被动态地修改。DCT 中包括以下内容。

（1）设备标识符：设备标识符用来区别设备。

（2）设备类型：反映设备的特性，如终端设备、块设备或字符设备等。

（3）设备地址或设备号：由计算机原理可知，每个设备都有相应的地址或设备号。此地址既可以是和内存统一编址的，又可以是单独编址的。

（4）设备状态：设备是处理工作还是空闲。

（5）等待队列指针：等待使用该设备的进程组成等待队列，其队首和队尾指针存放在 DCT 中。

（6）I/O 控制器指针：该指针指向与该设备相连接的 I/O 控制器。

2．系统设备表

系统设备表在整个系统中只有一张，它记录了已被连接到系统中的所有物理设备的情况，并为每个物理设备设一表项。SDT 的每个表项包括的内容如下。

（1）DCT 指针，该指针指向有关设备的设备控制表。

（2）正在使用设备的进程标识。

（3）设备类型和设备标识符，该项的意义与 DCT 中的相同。

SDT 的主要意义在于反映系统中设备资源的状态，即系统中有多少设备是空闲的，有多少已分配给了哪些进程。

3．控制器控制表

COCT 也是每个控制器一张，它反映了 I/O 控制器的使用状态及和通道的连接情况等（在使用 DMA 方式时，该项是没有的）。

4．通道控制表

该表只在通道控制方式的系统中存在，也是每个通道只有一张。CHCT 包括通道标识符、通道忙/闲标识、等待获得该通道的进程等待队列的队首指针与队尾指针等。

SDT、DCT、COCT 及 CHCT 如图 7-13 所示。显然，一个进程只有获得了通道、控制器和所需设备之后，才具备进行 I/O 操作的物理条件。

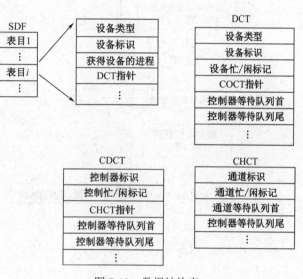

图 7-13　数据结构表

7.5.2　设备分配的原则和策略

1．设备分配原则

设备分配的原则是根据设备特性、用户要求和系统配置情况决定的。设备分配的总原则是既要充分发挥设备的使用效率，尽可能地使设备忙，又要避免由于不合理的分配方法造成进程死锁。另外，还要把用户程序和具体物理设备隔离开来，即用户程序面对的是逻辑设备，而分配程序将在系统把逻辑设备转换成物理设备之后，再根据要求的物理设备号进行分配，如图 7-14 所示。

设备分配方式有两种：静态分配和动态分配。静态分配方式在用户作业开始执行之前，由系统一次性分配该作业要求的全部设备、控制器和通道。一旦分配这些设备、控制器和通道就一直为该作业占用，直到该作业被撤销。静态分配方式不会出现死锁情况，但设备的使用效率低。因此，静态分配方式并不符合设备分配的总原则。

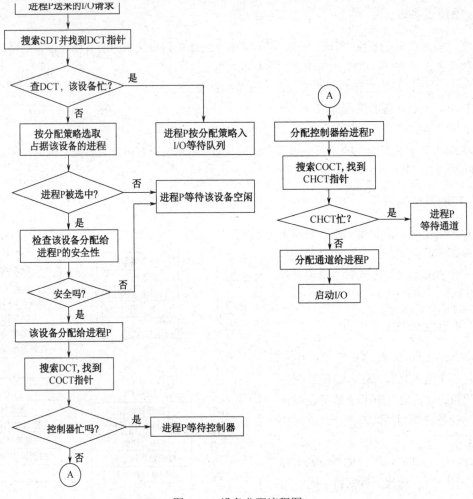

图 7-14　设备分配流程图

动态分配在进程执行过程中根据执行需要进行。当进程需要设备时,通过系统调用命令向系统提出设备请求,由系统按照事先规定的策略为进程分配需要的设备、I/O 控制器和通道,一旦用完就立即释放。动态分配方式有利于提高设备的利用率,如果分配算法使用不当,则有可能造成进程死锁。

2．设备分配策略

与进程调度相似,动态设备分配也是基于一定的分配策略的。常用的分配策略有先请求先分配、优先级高者先分配等。

1）先请求先分配

当有多个进程对某一设备提出 I/O 请求时,或者在同一设备上进行多次 I/O 操作时,系统按提出 I/O 请求的先后顺序,将进程发出的 I/O 请求命令排成队列,其队首指向被请求设备的 DCT。当该设备空闲时,系统从该设备的请求队列的队首取下一个 I/O 请求消息,将设备分配给发出这个请求消息的进程。

2）优先级高者先分配

优先级高者指发出 I/O 请求命令的进程。这种策略和进程调度的优先数法是一致的,即进程的优先级高,其 I/O 请求也优先予以满足。对于相同优先级的进程来说,应按先请求先分配策略分配。因此,优先级高者先分配策略把请求某设备的 I/O 请求命令按进程的优先级组成队列,从而保证在该设备空闲时,系统能从 I/O 请求队列队首取下一个具有最高优先级进程发来的 I/O 请求命令,并将设备分配给发出该命令的进程。

根据设备分配策略和原则,使用系统提供的 SDT、DCT、COCT 及 CHCT 等数据结构,当某个进程提出 I/O 设备请求之后,可按图 7-14 所示的流程进行设备分配。

7.5.3　设备分配技术

根据设备的特性把设备分成独占设备、共享设备和虚拟设备三种。针对这三种设备采用了三种分配技术:独享分配、共享分配和虚拟分配。独占型设备是不能同时共用的设备,即在一段时间内,该设备只允许一个进程独占,如行式打印机、键盘、显示器等。磁带机可作为独占设备,也可作为共享设备。若对这些设备不采用独享分配,则会造成混乱。因此,对独占设备一般采用独享分配,即当进程申请独占设备时,系统把设备分配给这个进程,直到进程释放设备。共享设备是可由若干个进程同时共用的设备,包括磁盘、磁带和磁鼓。对这类设备的分配是采用动态分配的方式进行的,当一个进程要请求某个设备时,系统按照某种算法立即分配相应的设备给请求者,请求者使用完后立即释放。

系统中独占设备的数量总是有限的,这些独占设备一旦分配给某个进程往往只有很少时间在工作,许多时间一直处于空闲状态,而其他进程又因得不到相应的设备而无法运行,因此会严重地影响整个计算机系统的效率。从另一个角度来说,独占设备一般是低速的,若采用联机操作,则会增加进程的运行时间,影响计算机系统的效率。为提高计算机系统的效率,可在高速共享设备上模拟低速设备的功能,这种技术称为虚拟设备技术。虚拟分配是针对虚拟设备而言的,而虚拟设备是通过软件技术把独占设备改造成可以被多个用户共享的设备,其实现的过程如下。

当用户(或进程)申请独占设备时,系统为它分配共享设备的一部分存储空间。当程序要与设备交换信息时,系统把要交换的信息存放在这部分存储空间中,在适当的时候再将存储空间的信息传输到相应的设备上并处理。例如,系统打印信息时,将要打印的信息送到某个存储空间中,然后由系统在适当时机把存储空间上的信息送到打印机上打印出来。这个时机可能是打印机空闲或打印机完成了某个用户的信息输出之后。通常,人们把共享设备中代替独占设备的那部分存储空间和相应的控制结构称为虚拟设备,并把对这类设备的分配称为虚拟分配。

7.5.4　SPOOLing 系统

在单道批处理时期,用脱机 I/O 可以提高 CPU 的利用率。多道程序出现后,可以利用一道程序来模拟脱机 I/O 中的卫星机,这样可实现在主机控制下的脱机 I/O 功能。人们把这种在联机情况下实现的操作称为联机外部同时操作(Simultaneous Peripheral Operation On_Line,SPOOLing),也称为**假脱机操作**。

SPOOLing 技术是对脱机输入、输出系统的模拟,因此,它必须建立在具有多道程序功能的操作系统上,还应有高速随机外存的支持。SPOOLing 通常由以下三部分组成。

(1)输入井和输出井。这是在磁盘上开辟的两个大存储空间。输入井是模拟脱机输入时的磁盘设备,用于暂存 I/O 设备输入的数据;输出井是模拟脱机输出的磁盘,用于暂存用户程序的输出数据。

（2）输入缓冲区和输出缓冲区。为了缓和 CPU 和磁盘之间速度不匹配的矛盾,在内存中要开辟两个缓冲区:输入缓冲区和输出缓冲区。输入缓冲区用于暂存由输入设备送来的数据,以后再传送到输入井中。输出缓冲区用于暂存从输出井送来的数据,以后再送给输出设备。

（3）输入进程和输出进程。这里利用两个进程模拟脱机 I/O 时的外部控制机。其中,输入进程模拟脱机输入时的外部控制机,将用户要求的数据从输入机通过输入缓冲区送到输入井中,当 CPU 需要输入数据时,直接从输入井中读到内存中;输出进程模拟脱机输出时的外部控制机,把用户要求输出的数据从内存送到输出井中,待输出设备空闲时,再将输出井中的数据经过输出缓冲区送到输出设备上。图 7-15 所示为 SPOOLing 系统的结构。

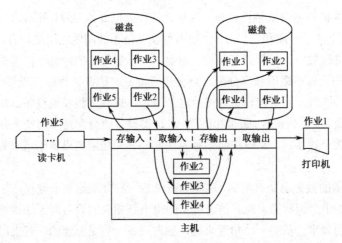

图 7-15 SPOOLing 系统的结构

SPOOLing 系统实现了对作业输入、组织调度和输出的统一管理,使外设在 CPU 直接控制下,与 CPU 并行工作(假脱机)。它具有以下特点。

（1）提高了 I/O 速度。SPOOLing 技术引入了输入井和输出井,可以使输入进程、用户进程和输出进程同时工作,提高了 I/O 速度。

（2）将独占设备改造为共享设备。由于 SPOOLing 技术把所有用户进程的输出都送入输出井,再由输出进程完成打印工作,而输出井在磁盘上,为共享设备。这样,SPOOLing 技术即可把打印机等独占设备改造为共享设备。

（3）实现了虚拟设备功能。由于 SPOOLing 技术实现了多个用户进程共同使用打印机等独占设备的情况,从而实现了把一个设备当做多个设备来使用的情况,即虚拟设备的功能。

7.6 ••• I/O 软件原理

操作系统的设备管理涉及对硬件设备和软件的管理。前面讨论了 I/O 硬件,现在来介绍 I/O 软件的基本原理。I/O 软件的基本思想是将软件分层,较低层的软件要使较高层软件独立于硬件,较高层的软件要向用户提供一个友好、清晰、规范的界面。

7.6.1　I/O 软件的设计目标和原则

I/O 软件总体设计目标是高效率和通用性。为了达到这一目标，通常把软件组织成一种层次结构，底层软件用来屏蔽硬件的具体细节，高层软件主要向用户提供一个简洁、规范的界面。I/O 软件设计时要考虑以下问题。

（1）设备无关性。程序员写出的软件在访问不同的外部设置时，应该尽可能地与设备的具体类型无关，如访问文件时不必考虑它是存储在硬盘、软盘上，还是存储在 CD-ROM 上。

（2）出错处理。总的来说，错误应该在尽可能靠近硬件的地方处理，在底层软件能够解决的错误不会使高层软件感知，只有底层软件解决不了的错误才通知高层软件解决。

（3）同步（阻塞）—异步（中断驱动）传输。多数物理 I/O 是异步传输，即 CPU 在启动传输操作后便转向其他工作，直到中断到达。当然，I/O 操作也可以采用阻塞语义，即发出一条 READ 命令后，程序自动被挂起，直到数据被送到主存缓冲区中。

（4）独占性外部设置和共享性外部设置。某些设备可以同时为几个用户服务，如磁盘；而某些设备在某一段时间内只能供一个用户使用，如键盘。独占性外部设置和共享性外部设置带来了许多问题，操作系统必须同时解决。

为了合理、高效地解决 I/O 系统中存在的问题，操作系统通常把 I/O 软件组织为以下四个层次。

① I/O 中断处理程序。

② 设备驱动程序。

③ 与设备无关的操作系统 I/O 软件。

④ 用户层 I/O 软件。

注意，不同系统中上述各层的功能和接口是有差异的。

7.6.2　I/O 中断处理程序

中断是应该尽量屏蔽的概念，应该放在操作系统的底层进行处理，系统的其他部分应尽可能少地与之发生联系。当一个进程请求 I/O 操作时，该进程将被挂起，直到 I/O 操作完成，并向 CPU 发出中断信号。当 CPU 接收到 I/O 设备发来的中断信号后，响应中断，将控制权交给中断处理程序。中断处理程序分析中断产生的原因，调用相应的中断处理程序进行处理，并解除相应进程的阻塞状态。有关中断处理的详细内容，可参考 7.3 节中的内容。

7.6.3　设备驱动程序

设备驱动程序包括所有与设备相关的代码，其工作是把用户提交的逻辑 I/O 请求转换为物理 I/O 操作的启动和执行，如设备名转换为端口地址、逻辑记录转换为物理记录、逻辑操作转换为物理操作等。

1．设备驱动程序的功能

设备驱动程序是用来控制设备上数据传输的核心模块，通常应具有以下功能。

（1）接收由 I/O 进程发来的命令和参数，并将命令中的抽象要求转换为具体要求，如将磁盘块号转换为磁盘的盘面、磁道号及扇区号。

（2）检查用户 I/O 请求的合法性，了解 I/O 设备的状态，传递有关参数，设置设备的工作方式。

（3）发出 I/O 命令，如果设备空闲，则立即启动 I/O 设备完成指定的 I/O 操作；如果设备处于忙碌状态，则将请求者的请求块挂在设备队列上等待。

（4）及时响应由控制器或通道发来的中断请求，并根据其中断类型调用相应的中断处理程序进行处理。

（5）对于设置有通道的计算机系统，驱动程序还应能够根据用户的 I/O 请求，自动地构成通道程序。

2. 设备驱动程序的特点

设备驱动程序属于低层的系统例程，它与一般应用程序及系统程序相比，有下述明显区别。

（1）驱动程序主要指在请求 I/O 的进程与设备控制器之间的通信和转换程序。它将进程的 I/O 请求经过转换后，传送给控制器，又把控制器中所记录的设备状态和 I/O 操作完成情况及时地反映给请求 I/O 进程。

（2）驱动程序与设备控制器、I/O 设备的硬件特性紧密相关，因而对不同类型的设备应配置不同的驱动程序。例如，可以为相同的多个终端设置一个终端驱动程序，但有时即使是同一类型的设备，由于生产厂家不同，它们也可能并不完全兼容，此时必须为它们配置不同的驱动程序。

（3）驱动程序与 I/O 设备采用的 I/O 控制方式紧密相关。常用的 I/O 控制方式是中断驱动和 DMA 方式，这两种方式的驱动程序明显不同。

（4）由于驱动程序与硬件紧密相关，因而其中的一部分必须用汇编语言编写。目前，有许多驱动程序的基本部分已经固化在 ROM 中。

3. 设备驱动程序在系统中的位置及结构

通常，设备驱动程序与设备类型是一一对应的。例如，系统可用一个磁盘驱动程序来控制所有的磁盘机，利用一个终端驱动程序控制所有的终端等。但是，如果设备来自于不同的生产厂商，则应该把它们当做不同的设备来处理，为它们配置不同的设备驱动程序，以保证设备的正常工作。

一个设备驱动程序可以控制同一类型的多个物理设备，为了能够区分不同的设备，方便设备管理，现代操作系统通常采用主、次设备号来标识某一设备。主设备号表示设备类型，而次设备号表示该类型的一个设备。利用这种设备命名方式可以很容易地将同一类型设备中的多台设备区分开。系统中所有设备的信息都保存在设备文件中，在系统启动时创建设备文件。当系统的配置发生改变时，如添加了新设备时，设备文件要随之更新。

设备驱动程序是 I/O 进程和设备控制器之间的通信程序，操作系统通过设备控制程序来控制设备的操作，因此，设备驱动程序要向外界提供接口，以便 I/O 设备能够与操作系统的其他部分很好地交互。通常，设备驱动程序放在操作系统的内核空间，用户只能通过其提供的接口来使用它，而不能随意修改。设备驱动程序在整个系统中的位置及与其他部分的关系可用图 7-16 来描述。

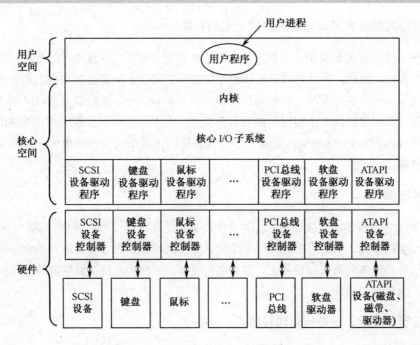

图 7-16　设备驱动程序在系统中的逻辑位置

7.6.4　与硬件无关的 I/O 软件

尽管某些 I/O 软件是与设备相关的，但大部分 I/O 软件独立于设备。设备无关软件和设备驱动程序之间的精确界限在各个系统中不尽相同。对于一些以设备无关方式完成的功能，在实际工作中由于考虑到执行效率等因素，也可以考虑由驱动程序完成。

通常，设备无关软件应完成以下功能：对设备驱动程序提供统一接口、设备命名、设备保护、提供独立于设备的块大小、缓冲区管理、块设备的存储分配、独占性外部设置的分配和释放、错误报告。

设备无关软件的基本功能是执行适用于所有设备的常用 I/O 功能，并向用户层软件提供一个一致的接口。

1．文件和 I/O 设备的命名方式

设备无关软件负责将设备名映射到相应的驱动程序中。例如，在 UNIX/Linux 中，一个设备名（如/dev/tty00）唯一地确定了一个 i-node，其中包含了主设备号，通过主设备号即可找到相应的设备驱动程序。i-node 也包含了次设备号，它作为传给驱动程序的参数以指定具体的物理设备。类似的，IDE 硬盘为/dev/hda、/dev/hdb，分别为第一块和第二块硬盘，hd 为主设备号，而 a 和 b 为次设备号。

与命名相关的是设备保护，检查用户是否有权访问申请的设备。多数个人计算机系统不提供任何保护；在多数大型主机系统中，用户进程绝对不能直接访问 I/O 设备。UNIX/Linux 系统中使用了一种更为灵活的方法，对应于 I/O 设备的文件的保护，采用了通常的 rwx 权限机制，所以系统管理员可以为每一台设备设置合理的访问权限。

2. 文件空间管理和逻辑记录到物理记录的转换

当创建了一个文件并向其输入数据后,该文件必须被分配新的磁盘块,但分配一个空闲块的算法是独立于设备的,因此,可以在高于驱动程序的层次处理。不同磁盘的扇区大小可能不同,设备无关软件屏蔽了这一事实并向高层软件提供了统一的数据块大小,如将若干个扇区作为一个逻辑块。这样,高层软件只和逻辑块大小相同的抽象设备交互,而不管物理扇区的大小。类似的,有些字符设备对字节进行操作,如 Modem,而有些字符设备使用比字节大一些的单位,如网卡,这些差别也可以进行屏蔽。

3. 缓冲技术

块设备和字符设备都需要缓冲技术。对于块设备,硬件每次读写均以块为单位,而用户程序可以读写任意大小的单元。如果用户进程写半个块,操作系统将在内部保留这些数据,直到其余数据到齐后才一次性将这些数据写到设备上。对于字符设备,用户向系统写数据的速度可能比向设备的输出速度快,所以需要缓冲。

4. 设备状态跟踪、设备挂起和释放

一些设备(如 CD-ROM)在同一时刻只能由一个进程使用。这要求操作系统检查对该设备的使用请求,并根据设备的忙闲状况来决定是接受还是拒绝此请求。一种简单的处理方法是通过直接使用 open 打开相应的设备文件以进行申请。若设备不可用,则 open 失败。关闭独占设备的同时释放该设备。

5. 错误处理

错误处理多数由驱动程序完成,错误是与设备紧密相关的,因此,只有驱动程序知道应如何处理,如重试、忽略、严重错误。一种典型的错误是磁盘块受损而导致不能读写。驱动程序在尝试若干次读操作不成功后将放弃,并向设备无关软件报告错误,此后错误处理与设备无关。如果在读一个用户文件时出错,则向调用者报告错误即可。但如果在读一些关键系统数据结构时出错,如磁盘使用状态位图,则操作系统只能打印出错信息,并终止运行。

7.6.5 用户空间的 I/O 软件

尽管大多数 I/O 软件属于操作系统,但是有一小部分是与用户链接在一起的库例程(库函数)。系统调用包括 I/O 系统调用,通常通过库例程间接地提供给用户。例如,有下面的 C 语言语句:

```
count = write(fd,buffer,nbytes);
```

其中,调用的库函数 write 将与用户程序链接在一起,并包含在运行时的二进制程序代码中,这一类库例程显然也是 I/O 系统的一部分。其主要工作是提供参数给相应的系统调用,并执行它。但也有一些例程,它们去做非常实际的工作。例如,C 语言的格式化输入和输出就是使用库例程实现的。标准 I/O 库包含相当多的涉及 I/O 的库例程,它们都作为用户程序的一部分运行。并非所有的用户层 I/O 软件都由库例程构成,前面介绍的 SPOOLing 系统就是在核心态外运行的用户级 I/O 软件。

图 7-17 总结了 I/O 系统的每一层软件及其功能。从底层开始分别是硬件、中断处理程序、设备

驱动程序、设备无关软件、用户进程。

从图 7-17 可以看出，当用户程序试图从文件中读一数据块时，需要通过操作系统来执行此操作。设备无关软件先在数据块缓冲区中查找此块，如果没有找到，则调用设备驱动程序向硬件发出相应的请求，用户进程随即阻塞直到数据块被读出。当磁盘操作结束时，硬件发出一个中断，它将激活中断处理程序。中断处理程序从设备获取返回状态值，唤醒睡眠的进程来结束此次 I/O 请求，并使用户进程继续执行。

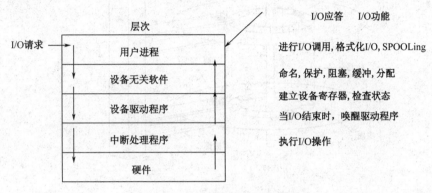

图 7-17　I/O 软件的层次及其功能

<h2>7.7 ●●● 磁盘调度和管理</h2>

目前，几乎所有的计算机都会用磁盘来存储信息，因为磁盘相对于内存有如下优点：可用的存储空间大；每位的价格非常低；断电后存储的信息不会丢失。磁盘 I/O 速度的高低将直接影响文件系统的性能。

本节先简单介绍磁盘的硬件特性，然后介绍磁盘调度的常用算法，最后介绍操作系统对磁盘管理的其他方面。

7.7.1　磁盘的结构

磁盘是一种直接（随机）存取存储设备。它的每个物理记录有确定的位置和唯一的地址，存取任何一个物理块所需的时间几乎不依赖于此信息的位置。磁盘的结构如图 7-18 所示，它包括多个盘面，盘面用于存储数据。每个盘面有一个读写磁头，所有的读写磁头都固定在唯一的移动臂上同时移动。在一个盘面上的读写磁头的轨迹称为**磁道**，在磁头位置下的所有磁道组成的圆柱体称为**柱面**，一个磁道又可划分为一个或多个物理块，通常被称为**扇区**。通常，一个硬盘扇区的大小为 512～2048B。

文件的信息通常不是记录在同一盘面的各个磁道上，而是记录在同一柱面的不同磁道上，这样可使移动臂的移动次数减少，缩短访问信息的时间。为了访问磁盘上的一个物理记录，必须给出三个参数：柱面号、磁头号和块号。但在实际的应用中，磁盘的逻辑地址是由逻辑块构成的一维数组，逻辑块是传送数据的最小单位。当文件系统读写某个文件时，要由逻辑块号映像为物理块号，由磁盘驱动程序把它转换为磁盘地址，再由磁盘控制器把它映射为具体的磁盘地址。

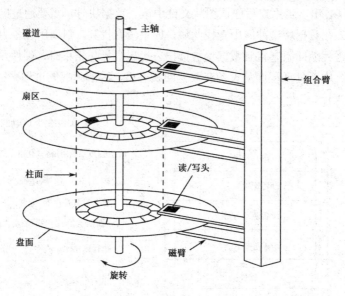

图 7-18　磁盘的结构示意图

7.7.2　磁盘调度

为了读取磁盘上的信息，磁头必须能移动到所要求的磁道上，并等待所要求的扇区的开始位置旋转到磁头下，再开始读或写数据，故整个磁盘的访问时间可分为三个部分：寻道时间、旋转延迟时间和数据传输时间。

寻道时间是磁臂将磁头移动到包含目标扇区的柱面时间，**旋转延迟时间**是磁盘需要将目标扇区转动到磁头下的时间，而**数据传输时间**是指从磁盘读出数据或向磁盘写入数据的时间，它的大小与每次所读写的字节数和旋转速度有关。在磁盘的整个访问过程中，寻道时间和旋转延迟时间基本上与读写的数据的多少无关，但是，它们往往占据了整个磁盘访问时间的绝大部分时间，因此，可以通过优化访问顺序来调整磁盘的 I/O 请求，进而提高访问速度。

磁盘是可供多个进程共享的设备，当有多个进程要求访问磁盘时，应选择一种调度算法，以使各进程对磁盘的平均访问时间最小。常用的磁盘调度有先来先服务、最短寻道时间优先（Shortest Seek Time First，SSFF）和扫描算法。

1．先来先服务

最简单的磁盘调度形式是先来先服务算法。它根据进程请求访问磁盘的先后次序进行调度，算法本身比较公平、简单，且每个进程的请求都能依次得到处理，不会出现某一进程的请求长期得不到满足的情况。但此算法未对寻道时间进行优化，通常不提供最快的服务。例如，有一个磁盘队列，其 I/O 对各个柱面上块的请求顺序如下：

98，183，37，122，14，124，65，67

如果磁头开始位于 53，那么它将从 53 移到 98，再移到 183、37、122、14、124、65，最后到 67，总的磁头移动为 640 柱面。图 7-19 显示了这种调度。

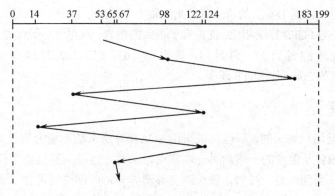

图 7-19　先来先服务调度算法示例

　　显然，这种调度算法产生的磁头移动幅度特别大。从 122 到 14 再到 24 的大摆动显示了这种调度的问题。如果对柱面 37 和 14 请求处理，则不管是在 122 和 124 之前还是之后，总的磁头移动会大大减少，性能也会因此得以改善。

2．最短寻道时间优先

　　在将磁头移到远处以处理其他请求之前，先处理靠近当前磁头位置的请求可能更加合理。这个假设是最短寻道时间优先调度算法的基础。SSTF 算法选择与当前磁头位置最近的请求作为下一个服务对象，即寻道时间最短的请求。例如，对于上面提到的磁盘请求队列，如果当前磁头位于 53，那么与 53 最近的请求位于柱面 65。当磁头位于柱面 65 时，下一个最近的请求位于柱面 67。从柱面 67 开始，由于柱面 37 比 98 近，所以处理 37，如此，会处理位于柱面 14 的请求，再处理 98、122、124 上的请求，最后处理柱面 183 上的请求，如图 7-20 所示。这种调度算法产生的磁头移动为 236 柱面，约为 FCFS 调度算法产生的磁头移动数量的 1/3。显然，这种算法大大提高了磁盘的服务效率。

　　队列=98、183、37、122、14、124、65、67，磁头开始于 53。

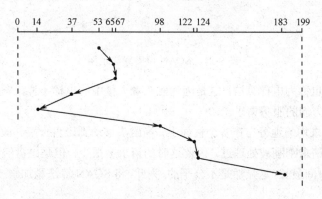

图 7-20　最短寻道时间优先调度

　　SSTF 调度基本上是一种最短作业优先（SJF）调度，与 SJF 调度一样，它可能会导致一些请求得不到服务。例如，假设一个调度队列中有两个请求，它们分别是请求柱面 14 和 186。由于请求可能随时到达，因此，在处理来自柱面 14 的请求时，另一个靠近柱面 14 的请求可能到达。这样，此新的请求会在下次处理，而位于柱面 186 上的请求必须等待。当处理此新请求时，有可能靠近它的请求不断来到，则位于柱面 186 上的请求可能永远得不到服务，出现了"饿死"现象。

虽然 SSTF 算法与 FCFS 算法相比，性能有了很大的改善，但并不是最佳的。对于上面的例子，这样做可能更好：先从 53 移到 37，再到 14，再到 65、67、98、122、124 和 183。采用这种策略，磁头移动的总柱面数为 208，比 SSTF 还少。

3. SCAN 调度

由于磁盘请求是随机到达的，所以可以采用 SCAN 算法来动态地为新到达的请求服务。对于 SCAN 算法来说，磁臂从磁盘的一端向另一端移动，同时，当磁头移过每个柱面时，处理位于该柱面上的服务请求。当到达另一端时，磁头改变移动方向，处理继续进行。磁头在整个磁盘上来回扫描。

在应用 SCAN 算法时，不仅需要知道磁头的当前位置，还需要知道磁头的移动方向。对于上面的例子，如果磁头向柱面 0 方向移动，那么会先处理位于柱面 37 上的服务，再处理柱面 14 上的请求，在柱面 0 上磁头会改变方向，向磁盘的另一端移动，并依次处理位于柱面 65、67、98、122、124 和 183 上的请求，如图 7-21 所示。如果一个请求刚好在磁头移到它所在柱面之前加入请求队列，则它将马上得到处理；如果一个请求刚好在磁头移过它所在柱面之后加入磁盘请求队列，则它必须等待磁头到达磁盘的另一端，调转方向并返回到它所在的柱面。

队列=98、183、37、122、14、124、65、67，磁头开始于 53。

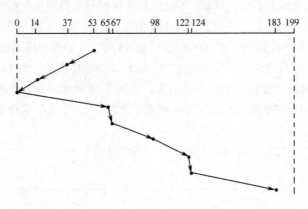

图 7-21　SCAN 调度算法示例

SCAN 算法有时也称为电梯算法，这是因为磁头像大楼中的电梯一样，先处理所有向上的服务请求，再处理另一个方向的服务请求。

假设磁盘服务请求均匀地分布在各个柱面上，当磁头移动到磁盘一端并改变扫描方向时，由于靠近磁头的柱面上的请求刚刚被处理过，因此这时的请求会很少，但是磁盘的另一端的请求密度很大，这些请求的等待时间最长，这显然是不公平的，为此，将 SCAN 算法稍加修改后，形成了 C-SCAN 算法。

4. C-SCAN 算法

C-SCAN 算法是 SCAN 算法的变种，主要提供了一个更为均匀的等待时间。与 SCAN 一样，C-SCAN 将磁头从磁盘一端移到磁盘的另一端，随着移动而不断地请求处理。但是，当磁头移到另一端时，它会马上返回到磁盘开始处，返回时并不处理任何请求，如图 7-22 所示。C-SCAN 调度算法基本上将柱面当做一个环链，将最后一个柱面和第一个柱面相连。

队列=98、183、37、122、14、124、65、67，磁头开始于 53。

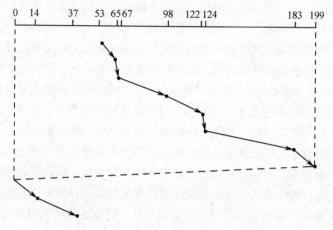

图 7-22　C-SCAN 调度算法示例

5. LOOK 算法

SCAN 和 C-SCAN 算法将磁头在整个磁盘宽度内进行移动，在实际的应用中，这两种算法并不是这样实现的。更通常的做法是，磁头只移动到一个方向上最远的请求为止。然后，它会马上回头，而不是继续移动到磁盘的尽头。这种形式的 SCAN 和 C-SCAN 称为 LOOK 和 C-LOOK 调度算法，这是因为它们在向一个给定方向移动前会查询在这个方向上是否有磁盘 I/O 请求，如图 7-23 所示。

队列=98、183、37、122、14、124、65、67，磁头开始于 53。

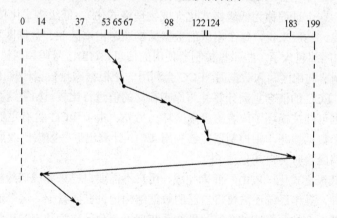

图 7-23　C-LOOK 调度算法示例

6. 磁盘调度算法的选择

有很多磁盘调度算法，如何选择一个最佳的调度算法呢？SSTF 较为普通且有吸引力，因为它比 FCFS 的性能好。SCAN 和 C-SCAN 应用于磁盘负荷较大的系统会更好，这是因为它们避免了"饿死"现象的发生。对于一个特定请求队列，能定义一个最佳的执行顺序，但是查找最佳调度所需的时间有可能不能抵消其相对于 SSTF 或 SCAN 的节省时间。

对于任何调度算法，其性能主要依赖于 I/O 请求的数量和类型。例如，假设队列通常只有一个待处理请求，那么所有调度算法几乎一样，因为它们移动磁头时只有一种选择。

磁盘服务请求在很大程度上受文件分配方式的影响。程序在读一个连续文件时会产生许多在磁盘上相近的请求，因而产生有限的磁头移动。此外，链接文件或索引文件可能会有很多块，这些块分散在磁盘的不同柱面上，因而会产生大量的磁头移动。

目录和索引块的位置对磁盘 I/O 请求也有重要的影响。由于文件必须打开后才能使用，打开文件要求搜索目录结构，目录会被经常访问。如果目录条目位于第一个柱面而文件数据位于最后一个柱面，则磁头必须移过整个磁盘宽度。如果目录条目位于中央柱面，则磁头只需移过半个磁盘宽度。

上面所描述的调度算法只考虑了寻道距离。对于现代的磁盘来说，旋转延迟几乎与平均寻道时间一样。由于现代磁盘并没有对外公布逻辑块的物理位置，所以操作系统难以通过调度来改善旋转延迟。通常，磁盘制造商通过在磁盘驱动器的控制器中加上磁盘调度程序来缓解此问题。如果操作系统向控制器发送一批请求，控制器对这些请求进行排队和调度，以改善寻道时间和旋转时间。如果仅仅考虑 I/O 的性能，操作系统会将磁盘调度的任务交给磁盘。但是，操作系统对请求服务顺序还有其他限制，以便系统能够根据需要灵活地处理文件，避免系统经常出现崩溃。

7.7.3 磁盘管理

操作系统在磁盘管理方面还有许多其他功能。下面简单介绍磁盘的初始化、磁盘引导及坏块恢复的问题。

1. 磁盘格式化

一个新的磁盘只是一些含有磁性记录材料的盒子。在存储数据之前，它必须分成扇区以便磁盘控制器能够读和写。这个过程称为**低级格式化**（或**物理格式化**）。低级格式化按照规定的格式为每个扇区填充控制信息。一般来说，每个扇区的数据结构通常由扇区头、数据区域（通常为 512B）和尾部组成。头部和尾部包含了一些磁盘控制器使用的信息，如扇区号码和纠错码（Error Correcting Code，ECC）。当控制器向扇区写入数据时，ECC 会利用一个根据磁盘数据计算出来的值进行更新，当读出一个扇区时，ECC 的值会重新计算并与原来存储的值进行比较。如果这两个值不一样，则表明该扇区存储的数据可能被损坏了或者磁盘扇区坏。另外，由于 ECC 含有足够多的信息，所以，如果只有少数的几个数据损坏，则控制器能够利用 ECC 计算出哪些数据已改变并计算出它们的正确值。控制器在读写磁盘时会自动处理 ECC。

对硬盘来说，低级格式化一般由厂商来完成，用户不需要自己来完成低级格式化，但是，为了使用磁盘来存储文件，操作系统还需要将自己的数据结构记录在磁盘上。这个过程分为两步。第一步是将磁盘分为由若干个柱面组成的分区，操作系统把每个分区作为独立的磁盘来使用。例如，在 Windows 操作系统中，用户可以把一个硬盘分成 C、D、E、F 四个分区，每个分区可以用来存储不同内容。第二步是进行逻辑格式化（创建文件系统），即操作系统将初始的文件系统数据结构存储到磁盘上。这些数据结构包括空闲和已分配的空间，以及一个初始化的空目录。

2. 引导块

为了使计算机运行，必须运行一个初始化程序。该初始化程序初始化系统的各个方面，然后启动操作系统，因此，初始化自举程序应找到磁盘上的操作系统内核，装入内存，并跳转到该内核在内存中的起始地址处，开始操作系统的执行。

对于绝大多数计算机来说，自举程序保存在只读存储器中，这样，在机器加电以后，处理器就能读取相关的指令，完成操作系统的启动。通常，由于 ROM 的存储容量有限，且只能读取其中的信息，因此，绝大多数系统只在启动 ROM 中保留一个很小的启动装入程序，而更为完整的启动程序保存在磁盘的启动块上。启动块位于磁盘的固定位置，通常是该分区的 0 磁道 0 扇区。

3. 坏块处理

磁盘本身的物理特性决定了磁盘在使用过程中难免出现问题。如果问题非常严重，则只能更换磁盘，并将备份数据恢复到新磁盘中。更为常见的问题是磁盘的一个或多个扇区出现问题。根据所使用的磁盘和控制器不同，对这些坏的扇区有多种不同的处理方式。

对于简单的磁盘，如使用 IDE 控制器的磁盘，坏扇区可以手工处理。例如，Windows/DOS 的磁盘逻辑格式化命令在执行时，将扫描磁盘以查找坏扇区。如果找到坏扇区，则它在相应的 FAT 条目中写上特殊值，以通知分配程序不要使用该块。如果在使用过程中出现坏扇区，则可运行磁盘扫描程序来搜索磁盘坏扇区，并把它们锁定在一边。坏扇区中的数据通常会丢失。

对于更为复杂的磁盘，如高端计算机、绝大多数工作站和服务器上的 SCSI 磁盘，对坏块的处理更加方便。它的控制器维护一个磁盘坏块链表。该链表在出厂前进行低级格式化时就已初始化了，并在磁盘的整个使用过程中不断更新。低级格式化将一些块放在一边作为备用，对此操作系统并不知道。控制器可以用备用块替代坏块。这种方案称为**扇区备用**或**转寄**。

7.8　Windows I/O 系统和 Linux 的设备管理

7.8.1　Windows Server 2003 的 I/O 系统

Windows Server 2003 I/O 系统是执行体的组件，主要存在于 NTOSKRNL.exe 文件中。它接收来自用户态和核心态的 I/O 请求，并以不同形式把它们传送到 I/O 设备中。在用户态下，I/O 函数和实际的 I/O 硬件之间有几个分立的系统组件，包括文件系统驱动程序、过滤器驱动程序和低层设备驱动程序。

Windows Server 2003 I/O 系统的设计目标如下：高效快速地进行 I/O 处理；使用标准安全机制保护共享资源；满足 Win32、OS/2 和 POSIX 子系统指定的 I/O 服务的需要；允许用高级语言编写驱动程序，使设备驱动程序的开发尽可能简单；根据用户的配置或者系统中硬件设备的添加和删除，在系统中动态地添加或删除相应的设备驱动程序；支持多种文件系统，包括 FAT、CD-ROM 文件系统、UDF 文件系统和 NTFS；允许整个系统或者单个硬件设备进入和离开低功耗状态，这样可以节约能源。

Windows Server 2003 I/O 系统由一些执行体组件和设备驱动程序组成，如图 7-24 所示。

（1）I/O 管理器把应用程序和系统组件连接到各种虚拟的、逻辑的和物理的设备上，并且定义了支持设备驱动程序的基本构架，负责驱动 I/O 请求的处理，为设备驱动程序提供了核心服务，把用户态的读写转化为 I/O 请求包。

（2）设备驱动程序为某种类型设备提供一个 I/O 接口。设备驱动程序从 I/O 管理器接收处理命令，当处理完毕后通知 I/O 管理器。设备驱动程序之间的协同工作也通过 I/O 管理器进行。

（3）即插即用管理器（Plug and Play，PnP）通过与 I/O 管理器和总线驱动程序的协同工作来检测硬件资源的分配、添加和删除。

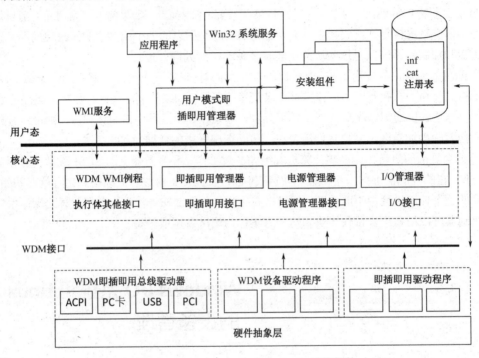

图 7-24　Windows Server 2003 I/O 系统组件

（4）电源管理器通过与 I/O 管理器的协同工作来检测系统和单个硬件设备，完成不同电源状态的转换。

（5）WMI（Windows Management Instrumentation）支持例程，也称 Windows 驱动程序模型。WDM（Windows Driver Model）即为 WMI 提供者，允许驱动程序使用这些支持例程作为介质，与用户态运行的 WMI 服务通信。

（6）即插即用 WDM 接口完成驱动程序对核心态功能的支持和转换。I/O 系统为驱动程序提供了分层结构，包括 WDM 驱动程序、驱动程序层和设备对象。WDM 驱动程序可以分为三类：总线驱动程序、驱动程序和过滤器驱动程序。

（7）注册表是存储基本硬件设备的描述信息，以及驱动程序的初始化和配置信息的数据库。

（8）硬件抽象层（Hardware Abstraction Layer，HAL）把设备驱动程序与多种硬件平台隔离开，使它们在给定的体系结构中是二进制可移植的，在 Windows Server 2003 支持的硬件体系结构中是源代码可移植的。

大部分 I/O 操作并不会涉及所有的 I/O 组件，一个典型的 I/O 操作从应用程序调用一个与 I/O 操作有关的函数开始，通常会涉及 I/O 管理器、一个或多个设备驱动程序及硬件抽象层。

在 Windows Server 2003 中，所有的 I/O 操作都通过虚拟文件执行，隐藏了 I/O 操作目标的实现细节，为应用程序提供了一个统一的、到设备的接口界面。虚拟文件是指用于 I/O 的所有源或目标，它们都被当做文件来处理（如文件、目录、管道和邮箱）。所有被读取或写入的数据都可以被看做直接读写到这些虚拟文件中的流。用户态应用程序调用文档化的函数，这些函数再依次调用内部 I/O 子系统函数来从文件中读取、对文件写入和执行其他操作。I/O 管理器动态地把这些虚拟文件请求指向适当的设备驱动程序。一个典型的 I/O 请求流的结构如图 7-25 所示。

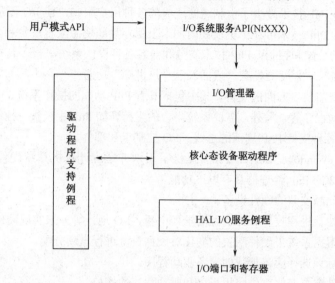

图 7-25　一个典型的 I/O 请求流

　　I/O 子系统 API 是内部的执行体系统服务，子系统 DLL 调用它们来实现子系统 I/O 函数。I/O 管理器负责驱动 I/O 请求的处理。核心态设备驱动程序把 I/O 请求转换为对硬件设备的特定控制请求。驱动程序支持例程被设备驱动程序调用来完成它们的 I/O 请求。

1. I/O 管理器

　　I/O 管理器定义有序的工作框架（或模型），在该框架里，I/O 请求被提交给设备驱动程序。在 Windows Server 2003 中，整个 I/O 系统是由"包"驱动的。大多数 I/O 请求用 I/O 请求包（I/O Request Packet，IRP）来表示，它从一个 I/O 系统组件移到另一个 I/O 系统组件。

　　I/O 管理器创建代表每个 I/O 操作的 IRP，传递 IRP 给正确的驱动程序，当此 I/O 操作完成后，处理此数据包。相反，驱动程序接收 IRP，执行 IRP 指定的操作，在执行完操作后将 IRP 送回 I/O 管理器，或为下一步处理而通过 I/O 管理器把它送到另一个驱动程序中。

　　I/O 管理器还为不同驱动程序提供了公共代码，驱动程序调用这些代码来执行它们的 I/O 处理。通过在 I/O 管理器中合并公共任务，单个的驱动程序将变得更加简洁、更加紧凑。例如，I/O 管理器提供了一个允许某个驱动程序调用其他驱动程序的函数。它还管理用于 I/O 请求的缓冲区，为驱动程序提供超时支持，并记录操作系统中加载了哪些可安装的文件系统。

　　I/O 管理器也提供了灵活的 I/O 服务，允许环境子系统执行各自的 I/O 函数。这些服务包括用于异步 I/O 的高级服务，它们允许开发者建立可升级的、高性能的服务应用程序。

2. PnP 管理器

　　PnP 管理器是计算机系统 I/O 设备与部件配置的应用程序。PnP 指插入即可使用，不需要进行任何设置操作。由于一个系统可以配置多种外设，设备也经常变动和更换，它们都占用一定的系统资源，彼此在硬件和软件上可能会产生冲突，因此，在系统中要对它们进行正确地配置和资源匹配；当撤销、添置设备和进行系统升级时，配置过程往往是一个困难的过程。为了改变这种状况，出现了 PnP 技术。

PnP 技术主要有以下特点：PnP 技术支持 I/O 设备及部件的自动配置，使用户能够简单方便地使用系统扩充设备；PnP 技术减少了由制造商造成的各种用户限制，使 I/O 附加卡和部件不再具有人工跳线设置；利用 PnP 技术可在主机板和附加卡上保存系统资源配置参数和分配状态，有利于系统对整个 I/O 资源的分配和控制；PnP 技术支持和兼容各种操作系统平台，具有很强的扩展性和可移植性；PnP 技术在一定程度上具有"热插入"、"热拼接"功能。

PnP 技术的实现需要多方面的支持，其中包括具有 PnP 功能的操作系统、配置管理软件、软件安装程序和设备驱动程序等。另外，需要系统平台的支持（如 PnP 主机板、控制芯片组和支持 PnP 的 BIOS 等），以及各种支持 PnP 规范的总线、I/O 控制卡和部件。

PnP 管理器为 Windows Server 2003 提供了识别并适应计算机系统硬件配置变化的功能。Windows Server 2003 的 PnP 管理器具有以下功能。

（1）自动识别已经安装的硬件设备。

（2）通过资源仲裁进程收集硬件资源需求（中断、I/O 地址等）来实现硬件资源的优化分配。

（3）在启动后根据系统中硬件配置的变化对硬件资源进行重新分配。

（4）通过硬件标识选择应该加载的设备驱动程序。

（5）为检测硬件配置变化提供应用程序和驱动程序的接口。

3．电源管理器

在 Windows Server 2003 中，电源管理也需要底层硬件的支持，底层硬件要符合 ACPI 标准。因此，支持电源管理的计算机系统的 BIOS 必须符合 ACPI 标准。

ACPI 为系统和设备定义了不同的六种能耗状态，分别是 S0(正常工作)、S1～S3（睡眠）、S4（休眠）和 S5（完全关闭）。每一种状态都有如下指标。

（1）电源消耗：计算机系统消耗的能源。

（2）软件运行恢复：计算机系统恢复到正常工作状态时，软件能否恢复运行。

（3）硬件延迟：计算机系统恢复到正常工作状态的时间延迟。

计算机系统可以在 S1～S5 状态之间互相转换，转换必须先通过状态 S0。S1～S5 的状态转换到 S0 称为唤醒，而从 S0 转换到 S1～S5 称为睡眠。

设备也有相应的能耗状态。设备能耗状态的分类和整个计算机系统是不同的。ACPI 定义的设备能耗分为四种状态：D0～D3。其中，D0 为正常状态，D3 为关闭状态，D1 和 D2 的意义可以由设备和驱动程序自行定义，只要保证 D1 耗能低于 D2，D2 耗能低于 D3 即可。

Windows Server 2003 的电源管理器策略由两部分组成：电源管理器和设备驱动程序。电源管理器是系统电源策略的所有者，因此，整个系统的能耗状态由电源管理器决定，并调用相应设备的驱动程序来完成。电源管理器根据以下因素决定当前能耗状态：系统活动状态；系统电源状态；应用程序的关机、休眠请求；用户操作（如用户按电源按钮）；控制面板的电源设置。

当电源管理器决定要转换能耗状态时，相应的电源管器命令会发给设备驱动程的相应调度例程。一个设备可能需要多个驱动程序，但是负责电源管理的设备驱动程序只有一个，设备驱动程序根据当前系统状态和设备状态决定如何进行下一步操作，例如，当设备状态从 S0 切换到 S1 时，设备的能耗状态也从 D0 切换到 D1。

4．设备驱动程序

Windows Server 2003 支持多种类型的设备驱动程序和编程环境，在同一种驱动程序中也存在不同的编程环境，具体取决于硬件设备。Windows Server 2003 支持的设备驱动程序可以分为用户模式驱动程序和核心模式驱动程序两大类。核心模式驱动程序的种类很多，主要分为以下几种。

（1）文件系统驱动程序，接收访问文件的 I/O 请求，主要是针对大容量设备和网络设备。

（2）PnP 管理器和电源管理器设备驱动程序，包括大容量存储设备、协议栈和网络适配器。

（3）为 Windows NT 设备编写的驱动程序，可以在 Windows Server 2003 中工作，但是一般不具备电源管理和 PnP 支持，会影响整个系统的电源和 PnP 管理的能力。

（4）Win32 子系统显示驱动程序和打印驱动程序，将设备无关的图形请求转换为设备专用请求。

（5）符合 Windows 驱动程序模型的 WDM 驱动程序，包括对 PnP、电源管理和 VMI 的支持。有如下三种类型的 VDM 驱动程序。

① 总线驱动程序管理逻辑的或物理的总线，如 PCM CIA、PCI、USB、IEEE 1394 和 ISA，总线驱动程序需要检测并向 PnP 管理器通知总线上的设备，并且能够管理电源。

② 功能驱动程序管理具体的一种设备，对硬件设备进行的操作都是通过功能驱动程序进行的。

③ 过滤器驱动程序与功能驱动程序协同工作，用于增加或改变功能驱动程序的行为。

除了以上驱动程序类型外，Windows Server 2003 还支持一些用户模式的驱动程序，如虚拟设备驱动程序、Win32 子系统驱动程序、类驱动程序、端口驱动程序和小端口驱动程序等。

7.8.2   Linux 的设备管理

在 Linux 操作系统中，I/O 设备分为字符设备、块设备和网络设备。块设备把信息存储在可寻址的固定大小的数据块中，数据块均可以被独立地读写，建立块缓冲，能随机访问数据块。字符设备可以发送或接收字符流，通常其无法编址，也不存在任何寻址操作。网络设备是一种独立的设备类型，有特殊的处理方法。也有一些设备无法利用上述方法分类，如时钟，它们也需要特殊的处理。

在 Linux 中，所有的硬件设备均当做特殊设备文件处理，使用标准的文件操作。对字符设备和块设备，其设备文件用 mknod 命令创建，用主设备号和次设备号标识，同一个设备驱动程序控制的所有设备具有相同的主设备号，并用不同的次设备号加以区分。网络设备也当做设备文件来处理，不同的是，这类设备由 Linux 创建，并由网络控制器初始化。

Linux 核心负责 I/O 设备的操作，这些管理和控制硬件设备控制器的程序代码称为设备驱动程序，它们是常驻内存的底层硬件处理子程序，控制和管理 I/O 设备的作用。虽然设备驱动程序的类型很多，但是它们具有一些共同特性，如它们都是核心代码中，提供标准的核心接口，使用核心机制和服务，具有可装载性、可配置性和动态性。

Linux 的设备驱动程序可以通过查询、中断和直接内存访问等多种形式来控制设备进行 I/O。

为解决查询方式的低效率，Linux 专门引入了系统定时器，以便每隔一段时间查询一次设备的状态，因此，解决忙式查询会带来效率下降问题。Linux 的软盘驱动程序就是以这样一种方式工作的。即便如此，查询方式依然存在效率问题。

一种高效的 I/O 控制方式是中断。在中断方式下，Linux 核心能够把中断传递到发出 I/O 命令的设备驱动程序。为了做到这一点，设备驱动程序必须在初始化时向 Linux 核心注册使用的中断编号和中断处理子程序入口地址，/proc/interrupts 文件列出了设备驱动程序使用的中断编号。

对于诸如硬盘设备、SCSI 设备等高速设备，Linux 采用 DMA 方式进行 I/O 控制。这类稀有资源一共只有七个。DMA 控制器不能使用虚拟内存，且由于其地址寄存器只有 16 位，因此它只能访问系统最低端的 16MB 内存。DMA 也不能被不同的设备驱动程序共享，因此，一些设备独占专用的 DMA，另一些设备互斥使用 DMA。Linux 使用 dma_chan 数据结构跟踪 DMA 的使用情况，它包括拥有者的名称和分配标志两个字段，可使用 cat/proc/dma 命令列出 dma_chan 的内容。

Linux 核心与设备驱动程序以统一的标准方式交互，因此，设备驱动程序必须提供与核心通信的标准接口，使得 Linux 核心在不知道设备的具体细节的情况下，仍能够用标准方式来控制和管理设备。

字符设备是最简单的设备，Linux 把这些设备当做文件来管理。初始化时，设置驱动程序入口到 device_struct(在 fs/devices.h 文件中定义)数据结构的 chrdev 向量内，并在 Linux 核心注册。设备的主标识符是访问 chrdev 的索引。device_struct 包括两个元素，分别指向设备驱动程序和文件操作块。而文件操作块指向诸如打开、读写、关闭等文件操作例程的地址。

块设备的标准接口及其操作方式类似于字符设备。Linux 采用 blk_devs 向量管理块设备。与 chrdev 一样，blk_devs 用主设备号作为索引，并指向 blk_dev_struct 数据结构。除了文件操作接口之外，块设备还必须提供缓冲区缓存接口，blk_dev_struct 结构包括一个请求子程序和一个指向 request 队列的指针，该队列中的每一个 request 表示一个来自于缓冲区的数据块读写请求。

1．Linux 的硬盘管理

典型的 Linux 系统一般包括一个 DOS 分区、一个 EXT2 分区（Linux 主分区）、一个 Linux 交换分区，以及零个或多个扩展用户分区。

在 Linux 系统中，IDE 系统和 SCSI 系统的管理有所不同。Linux 系统使用的大多数硬盘是 IDE 硬盘，每个 IDE 控制器可挂接两个 IDE 硬盘，一个称为主硬盘，一个称为从硬盘。系统可有多个 IDE 控制器，第一个称为主 IDE 控制器，第二个称为从 IDE 控制器。其最多支持四个 IDE 控制器，每一个控制器用 ide_hwif_t 数据结构描述，这些描述集中存放在 ide_hwifs 向量中。每一个 ide_hwif_t 包括两个 ide_drive_t 数据结构，分别用于描述主 IDE 硬盘和从 IDE 硬盘。

SCSI 总线是一种高效率数据总线，每条最多可以挂接八个 SCSI 设备。每个设备有唯一的标识符。总线上的任意两个设备之间可以同步或异步地传输数据。数据线为 32 位时，数据传输率可以达到 40Mb/s。SCSI 总线可以在设备间同时传输数据与状态信息。Linux SCSI 子系统包括两个基本组成部分，其数据结构分别用 host 和 device 来表示。host 用来描述 SCSI 控制器，每个系统可以支持多个相同类型的 SCSI 控制器，每个 SCSI 控制器均用一个单独的 SCSI host 来表示。device 用来描述各种类型的 SCSI 设备，每个 SCSI 设备都有一个设备号，登记在 device 表中。

2．Linux 的网络设备

网络设备是传送和接收数据的一种硬件设备，如以太网卡。与字符设备和块设备不同，网络设备文件在网络设备被检测到和初始化时由系统动态产生。在系统自举或网络初始化时，网络设备驱动程序向 Linux 内核注册。网络设备用 device 数据结构描述，该数据结构包含一些设备信息及一些操作例程，这些例程用来支持各种网络协议，可用于传送和接收数据包。device 数据结构包括以下几个方面的内容。

（1）名称。网络设备名是标准化的，每一个名称都能表达设备的类型，同类设备从 0 开始编号，如/dev/ethN（以太网设备）、/dev/seN（SLIP 设备）、/dev/ppN(PPP 设备)。

（2）总线信息。总线信息被设备驱动程序用来控制设备，包括设备使用的中断、设备控制和状态寄存器的基地址、设备使用的 DMA 通道编号。

（3）接口标志。接口标志用来描述网络设备的特性和功能。

（4）协议信息。协议信息用于描述网络层如何使用设备。

（5）包队列。等待由该设备发送的数据包队列，所有的网络数据包用特定数据结构描述，可以方便地添加或删除网络协议头。

（6）支持函数。支持函数指向每个设备的一组标准子程序。

3．Linux 设备驱动程序

设备驱动程序是内核的一部分，为了协调设备驱动程序和内核的开发，必须有严格定义和管理的接口。Linux 的设备驱动程序与外界的接口分为三部分：驱动程序与系统内核的接口；驱动程序与系统引导的接口；驱动程序与设备的接口。按照功能，设备驱动程序代码可分为：驱动程序的注册与注销、设备的打开与释放、设备的读写操作、设备的控制操作、设备的中断和轮询处理。

7.9 总结与提高

计算机系统的设备非常庞杂，特性差别很大。为了对这些设备进行控制和管理，可以把这些设备分成不同类型。例如，可以把设备分为存储设备、I/O 设备、终端设备和脱机设备。操作系统设备管理的任务就是对计算机系统设备进行统一管理，以保证设备安全使用。为了达到这个目标，设备管理必须具有相应的功能。

I/O 控制的方式主要有轮询方式、中断方式、DMA 方式和通道方式。其中，轮询方式是程序直接控制方式，是一种最简单的方式，处理器的大部分时间用于检测设备的状态，效率很低。使用中断控制方式时，处理器发出 I/O 指令后，可以重新选择一个新进程来执行，直到 I/O 设备完成一个字或字节的 I/O 并发出中断信号，中止当前进程执行，执行中断处理程序，从而提高 CPU 的利用率。在 DMA 方式中，数据的传输单位是数据块。只有当数据块传送完毕后，才向处理器发出中断信号。通道控制方式是为了提高处理器与设备之间的功能，而专门采用 I/O 处理器来控制 I/O 操作的方式，其可进一步把处理器从繁忙的 I/O 工作中解放出来，进一步提高了 I/O 的效率。后面三种 I/O 控制方式都建立在中断机制的基础上。中断是指程序在执行过程中，出现了某一紧急事件而中止当前程序执行，转去响应该紧急事件的过程，它包括识别中断、中断处理和返回三个阶段。

为了解决 CPU 速度与 I/O 设备不匹配的问题，引入了缓冲技术。缓冲实现可以采用单缓冲、双缓冲、多缓冲及缓冲池。

为了对设备进行分配，需要相应的数据结构和分配策略，常用的分配技术有独占分配、共享分配和虚拟分配。SPOOLing 系统在多道程序设计环境下，利用两道程序来模拟了脱机 I/O 操作，实现了虚拟分配。

I/O 软件采用了层次结构，可分为中断处理、设备驱动程序、与设备无关的操作和用户级 I/O 操作。设备驱动程序是 CPU 与设备之间的通信程序。

磁盘是现在常用的存储设备，可以采取不同的调度算法来优化磁盘的访问。常见的磁盘调度算法有 FCFS、SSTF、SCAN、C-SCAN 和 LOOK。磁盘的管理涉及很多方面，包括磁盘的格式化、引导块及坏块的管理等。

习 题 7

1．简单叙述设备管理的目标和功能。

2．简单比较各种 I/O 控制方式的优缺点。

3．为什么要引入缓冲技术？其基本实现思想是什么？

4．什么是 SPOOLing 系统？如何利用 SPOOLing 系统实现打印机的虚拟分配？

5．简单描述 I/O 软件的设计原则及各层的功能。

6．为什么要引入设备独立性？如何实现设备独立性？

7．设备分配中会出现死锁吗？为什么？

8．外部设备与 CPU 并行工作的基础是什么？

9．什么是中断？简单叙述中断的处理过程。

10．除了 FCFS 调度外，所有的磁盘调度算法都是不公平的，试分析为什么会出现不公平并提出一种公平的调度算法。

11．分析下列工作各由哪一层 I/O 软件完成。

（1）为了读盘，计算磁道、扇区和磁头。

（2）维护最近使用的盘块所对应的缓冲区。

（3）把命令写到设备寄存器中。

（4）检查用户使用设备的权限。

（5）把二进制整数转换成 ASCII 码并打印。

12．假设一个磁盘有 200 个磁道，编号为 0～199。当前磁头正在 143 磁道上服务，并且刚刚完成了 125 磁道的请求。如果磁盘访问请求的顺序如下：

86、147、91、177、94、150、102、175、130

请计算，按照 FCFS、SSTF、SCAN 和 C-SCAN 调度算法来完成上述请求时，磁头移动的总量是多少？

13．假设有 A、B、C 和 D 四个记录存放在磁盘的某个磁道上。该磁道分成四块，每块存放一个记录，其布局如表 7-1 所示。

表 7-1　磁道布局

块号	1	2	3	4
记录号	A	B	C	D

现在要顺序处理这些记录。如果磁盘 20ms 转一周，处理程序每读出一个记录后花 5ms 的时间进行处理。试问处理完这四个记录的总时间是多少？为了缩短时间，应如何优化分布？优化后的处理时间是多少？

14．一个磁盘组有 100 个柱面，每个柱面有 8 个磁道，每个盘面划分为 8 个扇区。现有含 6400 个记录的文件，记录大小与扇区尺寸相同，编号从 0 开始。该文件从 0 柱面、0 磁道、0 扇区顺序存放。试问：

（1）该文件第 3680 个记录存放在磁盘的哪个位置？

（2）第 78 柱面第 6 磁道第 6 扇区中应存放该文件的第几个记录？

15．设计算机系统采用 C-SCAN 磁盘调度策略，使用 2KB 的内存空间记录 16384 个磁盘块的空间状态。

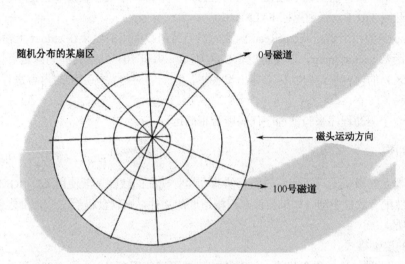

图 7-26　某磁盘

（1）请说明在上述条件下如何进行磁盘块空闲状态管理。

（2）设某单面磁盘旋转速度为 6000 转/min。每个磁道有 100 个扇区，相临磁道间的平均移动时间为 1ms。若在某时刻，磁头位于 100 号磁道处，并沿着磁道号大的方向移动，如图 7-26 所示，磁道号请求队列为 50，90，30，120。对请求队列中的每个磁道需读取一个随机分布的扇区，则读完这个扇区共需要多少时间？要求给出计算过程。（2010 年研究生入学考试试题）

实验 6　软盘驱动程序

1．实验环境

本实验可以在 Windows 9x、Windows NT、Windows 2000 和 Windows XP 等 Windows 操作系统中完成，也可以在 UNIX/Linux 系统中实现。

2．问题描述

在 Windows 和 UNIX/Linux 系统中，程序员可以像使用普通的顺序文件一样打开软盘。本实验要求实现磁盘的 I/O 操作。具体要求如下。

（1）设计并实现一些函数，这些函数能够确定逻辑驱动器 A 中磁盘的基本信息，读出磁盘扇区的内容，并将这些信息输出到标准输出设备中。下面是这些函数的原型。

```
Disk physicalDisk(char driveLetter);
void sectorDump(Disk theDisk, int logicalSectorNumber);
BOOL sectorRead(Disk theDisk, int logicalSectorNumber,char *buffer);
```

函数 physicalDisk 用于初始化磁盘，并为随后进行的操作做准备。其中，driveLetter 参数用来标识磁盘驱动器。该函数代码使用主机操作系统的文件打开系统调用来准备磁盘，以便使用磁盘和确定磁盘的结构。

sectorRead 函数用于从指定磁盘读取给定扇区（扇区号由参数 logicalSectorNumber 标识）的内容到给定缓冲区中；缓冲区的大小应该和磁盘块的大小相同。如果能够读取指定扇区到缓冲区中，则该函数调用返回 TRUE，否则返回 FALSE。

sectorDump 函数用于调用 sectorRead 函数，然后将函数调用的结果在 stdout 上输出。

（2）修改函数 sectorDump，以便将逻辑扇区 0、1～9 和 10～18（这些扇区是启动扇区和 FAT 副本的存储扇区）的内容重定向到标准输出设备中，它能够对这些特别块的内容进行格式化输出，以利于用户理解。

（3）编写一个驱动程序来验证程序代码能否正确运行。

3．背景知识

软盘驱动器是在微机上广泛使用的外存储器。尽管现在的软件逐渐使用 CD-ROM 来发布，但大多数微机仍然配有软盘驱动。如果要保存规模适度的文件，则软盘仍然是一种价格便宜、可移动的通用存储介质。

1）DOS 的磁盘格式

DOS 定义了一种特殊的磁盘格式，这种格式仍然可以使用在 Windows 2000 和 Linux 系统中。DOS 的基本输入/输出系统提供了一组可以读写磁盘块的程序，也提供了逻辑扇区地址（磁盘块物理地址的抽象）。逻辑扇区 0 对应着磁盘（硬盘）的 0 面 0 磁道的 1 扇区（盘面号和磁道号从 0 开始，而扇区号从 1 开始计数）。逻辑扇区 1 在 0 面 0 磁道的 2 扇区，以此类推。

在软盘可以使用之前，必须对它进行格式化，则此时在软盘预定义的位置包含了必要的信息。具体来说，逻辑扇区 0 包含了一个保留区域（也称为引导扇区或引导记录）。DOS 的引导次序和引导扇区与在逻辑扇区 0 中的位置有关，还与图 7-27 中的组织结构有关。

```
0x00    0x02        <跳转到0x1e的一条jump指令〉
0x03    0x0a        计算机厂商名
0x0b    0x0c        每簇扇区数
0x0d    0x0f        为引导记录保留的扇区数
0x10    0x10        FAT的个数
0x11    0x12        根目录的个数
0x13    0x14        逻辑扇区的个数
0x15    0x15        介质描述父字节（只用于早期的DOS）

0x16    0x17        每FAT扇区数
0x18    0x19        每道扇区数
0x1a    0x1b        盘面（头）个数
0x1c    0x1d        隐藏扇区个数
0x1e    …           引导程序
```

图 7-27　引导扇区

从图 7-27 可以看出,启动扇区的第一个位置包含了一个跳转到 0x1e 的机器指令。此时,当系统加电启动以后,处理器直接把启动盘中逻辑扇区 0 的内容装入内存,并开始执行启动扇区第一个位置的程序。尽管在引导扇区的 0x03～0x1d 中保存有描述磁盘几何信息的基本参数,但是由于系统在启动时必须知道这些参数,即这些参数在引导记录执行之前已被 BIOS 读出,因此,当处理器开始执行引导扇区时,先执行跳转指令,而绕过这些磁盘几何信息。

硬盘可以具有一个抽象的附加层,称为磁盘分区。在一个分区的硬盘中,每个分区在访问物理硬盘的抽象机器上被当做一个物理磁盘对待。一个硬盘最多可以划分为四个分区,每个分区都具有自己的一组逻辑分区。如果一个磁盘是一个可引导磁盘分区,那么它的逻辑扇区 0 将是一个引导扇区。在一分区磁盘中,物理磁头 0、磁道 0、扇区 1(第一个逻辑扇区)包含一个分区扇区而不是启动扇区。分区扇区提供信息来描述如何将硬盘划分为逻辑盘。当硬件加电时,它定位于磁头 0、磁道 0、扇区 1,并开始执行代码。一个分区磁盘在此扇区的第一个字节开始存有 446 字节的引导程序。如果一个磁盘未分区,则其中的跳转指令启动存储在扇区中 0x0xx 的引导程序。引导程序之后是一个 64 字节的磁盘分区表。这张表包含了四个分区项的空间,分别描述用于该分区的物理磁盘部分(分区的起始扇区、终止扇区、分区的扇区数等)。分区的最后两个字节包含 0xaa55,用来标识分区扇区。

在 Linux 系统中,Linux 装入器(LILO)通常和某个磁盘分区一起使用,它用一个程序来替换引导记录,该程序提示用户选择某个分区作为启动分区。

图 7-28 给出了软盘的组织结构。当一个软盘被格式化后,此结构被建立在磁盘上。用于磁盘块管理的数据结构文件分配表通常在磁盘上进行复制,因此,引导扇区的 0x10 位置的信息会通知系统在磁盘上有多少 FAT 的副本(通常是两个)。对 FAT 进行复制,当第一个 FAT 损坏时,可以用副本 FAT 来恢复整个磁盘。每个根目录条目占 32 个字节,在引导记录的 0x11 位置上说明一个磁盘中有多少个目录项。

逻辑扇区	内容
0	引导扇区
1	第一个FAT中的第一个扇区
...	
10	第二个FAT中的第一个扇区(如果存在第二个扇区,则参见引导扇区中的0x10)
19	软盘根目录中的第一个扇区
xx	软盘根目录中的最后一个扇区(参见引导扇区中的0x11)
xx+1	软盘数据区的开始

图 7-28 软盘的组织结构

2)使用 Linux 软盘 API

Linux 设备接口和文件管理器的接口是相同的。例如,在用户空间中执行的 Linux 进程可通过执行下面的命令打开磁盘。

```
open("/dev/fd0",O_RDONLY);
```

该进程可以使用普通的内核 read()系统调用来读取整个磁盘目录。这个字节序列是由磁盘布局来决定的,也就是说,这个字节序流中的第一个字节是磁盘上第一个逻辑扇区中的字节,之后的字节块来自于第二个逻辑扇区,以此类推。

根据实习机器的配置不同，A 盘（软盘驱动器）所使用的特殊文件名可能有所不同，最可能的名称是/dev/fd0，但文件名也可能是/dev/fd*n*H1440。其中，*n* 是一个序号，可能是 0。此后即可把软盘的内容作为一个字节流来读取。

为了编写软盘驱动程序，必须使用管态来运行自己的程序。在本实验中，将要使用的设备接口当做一个简化的块设备接口。也就是说，打开文件并使用完整（512 字节）的磁盘分区来读写内容。另外，为了能够读取文件的不同部分或磁盘的不同扇区，在开始读写操作之前，必须使用 lseek 函数来定位磁盘的读写位置。

3）使用 Win32 软盘 API

Windows 也允许使用文件操作函数来读/写设备。CreateFile 函数可以用来打开一个设备，如软盘。例如，如果想打开 A 驱动器中的软盘，并像读取字节流一样来读取它的内容，则可以使用如下函数调用。

```
CreateFile("\\\\.\\A:",GENERIC_READ,FILE_SHARE_READ,NULL,
          OPEN_ALWAYS,0, NULL);
```

如果 A 驱动器中有一个软盘，则 CreateFile 将返回一个句柄，这个句柄可以被 ReadFile 用来读取整个磁盘的内容。为了高效地读写，只能读写有效的扇区。例如，对于 1.44MB 的软盘，可以读取 0 字节、512 字节、1024 字节，等等。

尽管软盘可以像文件一样被打开，但是仍然可以在软盘中执行特殊的磁盘操作。特别的，直接读取一个磁盘驱动器之前，必须知道存储在启动扇区的磁盘的几何信息。在 Windows 中，使用函数 DeviceIoControl 可以获取磁盘的几何信息。函数 DeviceIoControl 的原型如下。

```
BOOL DeviceIoControl(
    HANDLE hDevice,                    //设备句柄
    DWORD  dwIoControlCode,            //完成操作的控制代码
    LPVOID lpInBuffer,                 //输入缓冲区指针
    DWORD  nInBufferSize,              //输入缓冲区的大小
    LPVOID lpOutBuffer,                //接收缓冲区的指针
    DWORD  nOutBufferSize,             //输出缓冲区的大小
    LPDWORD  lpBytesReturned,          //收到输出字节变量的指针
    LPOVERLAPPEND  lpOverlapped        //同步指针
);
```

其中，hDevice 句柄函数用于调用 CreateFile 的返回值；dwIoControlCode 参数应该设置为 IOCTL_DISK_GET_DRIVE_GEOMETRY。当然，也可以分配存储空间来作为参数 nOutBufferSize 的值，返回结果送入 lpBytesReturned。对于 1.44MB 的软盘，函数 DeviceIoControl 的返回值为：每个扇区 512 字节、每个磁道 18 个扇区、两个头（双面）、80 个柱面。

当然，也可以直接从启动扇区来读取这些信息。为了读取文件的不同部分或磁盘的不同扇区，在进行读操作之前，必须使用函数 SetFilePointer 来设置读写磁盘头的位置。

4．相关问题

在完成磁盘 I/O 之前，必须创建磁盘的抽象。函数 physicalDisk 必须能够检测到磁盘的格式信息，并使这些信息在函数 sectorDump 访问的数据结构中可用。每个驱动器中都有一个固定的几何信息。

```
struct   geometry{
```

```
    unsigned  bytesPerSector;
    unsigned  sectorsPerTrack;
    unsigned  heads;
    unsigned  cylinders;
};
```

当一个磁盘被格式化后，磁盘的信息保存在启动扇区中。这里使用的主要数据是结构体中的
bytesPerSector，但可以根据自己的需要，自由地选择其他字段。

在设计文件系统时，使用物理磁盘的抽象来读写逻辑扇区。

```
typedef  struct  disk *Disk;
struct  disk{
    HANDLE  floppyDisk;
    DISK_GEOMETRY  geometry;
};
```

这里定义了 Disk 数据结构，逻辑扇区从 0 开始计数，而每个磁道上的扇区数却是从 1 开始计
数的。T 道 H 头 S 扇区所对应的逻辑扇区 L 的位置如下：

```
L = S – 1+T * (heads * sectorsPerTrack ) + H * sectorsPerTrack;
```

实现的第一个程序是根据物理磁盘的 I/O 操作形成的磁盘抽象。

```
Disk physicalDisk (cha  driveLetter);
```

为了实现这个函数，必须使用主机操作系统提供的 open 函数来打开软盘驱动器。在函数调用
CreateFile 中，将参数 dwCreationDistribution 的值指定为 OPEN_EXISTING，使用
FILE_NO_BUFFERING 和 FILE_FLAG_RANDOM_ACCESS 作为参数 dwFlagsAndAttrinutes 的值。
对于 fdwShareMode 参数，必须使用 GENERIC_READ、GENERIC_WRITE、FILE_SHARE_READ
和 FILE_SHARE_WRITE 标志。一旦打开磁盘，用户就可以使用系统调用 DeviceIoCall 来获取磁盘
的几何信息。

下面给出解决这个问题的头文件。

```
#idndef  DISKMODULE_H
#define  DISKMODULE_H

#define  BOOT  -1
#define  FAT1  -2
#define  FAT2  -3
#define  BOOT_SECTOR   0
#define  FAT1_SECTOR   1
#define  FAT2_SECTOR   10
#define  ROOT_SECTOR   19

#include <Windows.h>
#include <winioctl.h>              //DISK_GEOMETRY

struct  geometry {
    unsigned  bytesPerSector;      //每个扇区的字节数
    unsigned  sectorsPerTrack;     //每个磁道的扇区数
    unsigned  heads;               //每个柱面的磁道数
    unsigned  cylinders;           //磁盘的柱面数
```

```
};

typedef  struct  disk *Disk;
struct disk{
    HANDLE  floppyDisk;
    DISK_GEOMETRY  geometry;
};

/* 磁盘接口的函数原型 */

//物理磁盘的抽象
Disk  physicalDisk (char driveLetter);
void sectorDump(Disk  theDisk, int  logSectorNumber);
BOOL sectorRead (Disk,unsigned, char *);

#endif
```

5. 解决方案

可按下列顺序来开发软盘驱动程序。

（1）编写一个函数 physicalDisk 的实现。

（2）编写一个函数 sectorRead 和 segmentDump 的实现。使用这些函数产生任意扇区的十六进制的内存映像。

（3）使用 segmentDump 例程检测软盘。

下面的程序代码是驱动程序的框架。

```
#include "..\??.h"          //上面介绍的数据结构

int main() {
   Disk   theDisk;
   int firstSector,lastSector;

   firstSector = …;          //希望转存的第一个扇区
   lastSector = …           //希望转存的最后一个扇区

   theDisk = physicalDisk(…);

   //转存扇区
    sectorDump(theDisk,BOOT);
    sectorDump(theDisk,FAT1);
    sectorDump(theDisk,FAT2);
    if (firstSector >= 0) [
      for(i=firstSector; i<=lastSector;i++)
        {
            sectorDump(theDisk,i);
            print("\n");
        }
    }
}
```

可以使用真正的磁盘来驱动此解决方案。使用 Windows 操作系统，准备一个保存有简单文件的磁盘，编写的程序应该能够打开磁盘，转存该磁盘的任意扇区。

第8章

操作系统安全和保护

目标和要求

◆ 了解信息安全的概念及常见的系统安全威胁类型。
◆ 理解操作系统安全的重要性及安全操作系统的功能。
◆ 了解操作系统安全的策略。
◆ 了解操作系统提供的系统保护机制。

学习建议

    信息安全问题是随着信息化的推进、计算机网络的普及而出现的，它关系到整个计算机系统的安全。因此，信息安全问题得到了广泛的关注。操作系统的安全是计算机系统安全的基础，因此，在学习本章内容时，应结合实际的操作系统来了解现代操作系统提出的安全和保护策略。

    随着信息化的到来，计算机信息系统已应用到社会的各个领域，尤其是 Internet 技术及其应用的不断发展，使计算机、通信和信息处理等形成了当前网络时代巨大而复杂的网络信息系统，因此，计算机安全、通信安全、操作系统安全等信息安全问题成为人们普遍关心的问题。

    在构建一个安全的计算机信息系统的时候，不仅要考虑具体的安全产品，包括防火墙、安全路由器、安全网关、虚拟专用网、入侵检测、网络隔离设备和系统漏洞扫描与监控产品等，还应注意操作系统的安全性问题。操作系统的安全是信息安全的基础。

    本章将简单介绍信息安全的概念，以及操作系统的安全策略和保护机制。

8.1 操作系统和计算机系统安全

8.1.1 计算机系统安全

    计算机系统安全性涉及内容非常广泛，既包括物理方面的，如计算机环境、设施、设备、载体和人员，需要采取安全的行政管理上的对策和措施，防止突发性或人为的损害或破坏；又包括逻辑方面的，针对计算机系统，特别是计算机软件系统的安全和保护，严防信息被窃取和破坏。影响计算机系统安全的因素有很多。首先，操作系统是一个共享资源系统，支持多个用户同时共享一套计算机系统的资源，有资源共享就需要资源保护，涉及各种安全性问题；其次，随着计算机网络的迅速发展，除了信息的存储和处理之外，存在大量数据传送操作，客户机要访问服务器，一台计算机要传送数据给另一台计算机，这一过程中安全的威胁极大，需要有网络安全和数据信息的保护，防止入侵者恶意破坏；再次，在应用系统中，主要依赖数据库来存储大量信息，它是各个部门中十分重要的资源，其中的数据会被广泛应用，特别是网络环境中的数据库，于是提出了信息系统——数据库的安全问题；最后，计算机安全中的一个特殊问题是计算机病毒，需要采取措施预防、发现并解除。

计算机系统的安全性和计算机系统的可靠性是两个不同的概念，可靠性指硬件系统正常持续运行的程度，而安全性是指不因人为疏漏或蓄意作案而导致信息资源被泄露、篡改和破坏。可靠性是基础，安全性更为复杂。

8.1.2　操作系统安全

一般来说，计算机系统的安全性涉及管理和实体的安全性、网络通信的安全性、软件系统的安全性和数据库的安全性。软件系统中最重要的是操作系统，它是其他软件的基础，因此，各种应用的安全性必须要求操作系统提供保证，任何脱离操作系统的应用软件有较高的安全性是不可能的。另外，在计算机网络信息系统中，整个系统的安全性依赖于各个主机的系统安全，而各主机系统的安全性是由其操作系统的安全性决定的。没有操作系统的安全性，计算机系统的安全性也就无从谈起。因此，操作系统的安全是计算机系统安全的基础。

一个安全的操作系统应包括以下功能。

（1）进程的管理和控制。在多用户计算机系统中，必须根据不同授权将用户隔离，但同时又要允许用户在受控路径进行信息交换。构造一个安全操作系统的核心问题是具备多道程序的功能，而多道程序功能的实现取决于进程的快速转换。

（2）文件管理和保护。其中包括对普通实体的管理和保护（对实体的一般性访问存取控制），以及特殊实体的管理和保护（包含用户身份鉴定的特定的存取控制）。

（3）运行域的控制。运行域包括系统运行模式、状态和上下文关系。运行域一般由硬件支持，也需要内存管理和多道程序。

（4）输入/输出的访问控制。安全操作系统不允许用户在指定存储区之外进行读写操作。

（5）内存保护和管理：内存的保护是指在单用户系统中，在某一时刻，内存中只运行一个用户进程，要防止它影响操作系统的正常运行；在多用户系统中，多个用户进程并发，要隔离各个进程的内存区，防止它影响操作系统的正常运行。内存管理是指高效地利用内存空间，二者密不可分。

（6）审计日志管理。安全操作系统负责对涉及系统安全的时间和操作做完整记录，以及报警或事后追查，也必须保证能够独立地生成、维护和保护审计过程免遭非法访问、篡改及毁坏。

美国是最早对操作系统安全进行研究并提出测评标准的国家。美国国防部于1983年提出了"计算机可信系统评价准则（TCSEC）"，即对操作系统进行安全评估的标准。TCSEC将计算机系统的安全性分为D、C、B、A四等七级，依照各类、级的安全要求从低到高依次是D、C1、C2、B1、B2、B3和A1级。

（1）D：最低安全性。

（2）C1：自主存取控制。

（3）C2：较完善的自主存取控制、广泛的审计。

（4）B1：强制存取控制，安全标识。

（5）B2：良好的安全体系结构、形式化的安全模型、抗渗透能力。

（6）B3：全面的访问控制（安全内核）、可信恢复、高抗渗透能力。

（7）A1：形式化认证、非形式化代码、一致性证明。

根据 TCSEC 标准，达到 B 级标准的操作系统即可称为安全操作系统。目前流行的操作系统的安全性分别如下：DOS——D 级；Windows NT 和 Solaris——C2 级；OSF/1——B1 级；UNIX Ware 2.1——B2 级。

8.1.3　安全威胁及其分类

为了理解现有的安全威胁（攻击）及其类型，需要对安全要求下一个定义。计算机系统和网络通信的安全要求如下。

（1）机密性：要求计算机系统的信息只能由被授权者进行规定范围内的访问，这种访问可读或可视，如打印、显示及其他形式，包括简单地显示一个对象的存在。

（2）完整性：要求计算机系统中的信息只能被授权用户修改，修改操作包括写、改写、改变状态、删除和创建。

（3）可用性：防止非法独占资源，每当合法用户需要时，总能访问到合适的计算机资源，为其提供所需的服务。

（4）真实性：要求计算机系统能证实用户的身份，防止非法用户入侵系统，以及确认数据来源的真实性。

计算机或网络系统在安全性上受到的威胁可分为如下四种类型。

（1）切断：系统的资源被破坏或变得不可用或不能用。这是对可用性的攻击，如破坏硬盘、切断通信线路或使文件管理失败。

（2）截取：未经授权的用户、程序或计算机系统获得了对资源的访问。这是对机密性的威胁，如在网络中窃取数据及非法复制文件和程序。

（3）篡改：未经授权的用户不仅获得了对资源的访问，还进行了篡改。这是对完整性的攻击，如修改数据文件的值，修改网络中正在传送的消息内容。

（4）伪造：未经授权的用户将伪造的对象插入到系统中。这是对真实性的威胁，如非法用户把伪造的消息加入到网络中或向当前文件加入记录。

计算机系统的资源分为硬件、软件、数据、通信线路和网络等。表 8-1 所示为每种资源类型所面临的威胁。下面详细说明威胁的本质。

表 8-1　安全威胁和资源

安全威胁 资源	可　用　性	机　密　性	完　整　性
硬件	设备被偷或破坏，故拒绝服务		
软件	程序被删除，故拒绝用户访问	非授权的软件副本	工作程序被更改，导致在执行期间出现故障，或执行一些非预期的任务

安全威胁 / 资源	可 用 性	机 密 性	完 整 性
数据	文件被删除，故拒绝用户访问	非授权读数据。通过对统计数据的分析揭示了潜在的数据	现有的文件被修改，或伪造新的文件
通信线路和网络	消息被破坏或删除，通信线路或网络不可用	读消息，观察消息的流向规律	消息被更改、延迟、重排序，伪造假消息

1. 硬件（中央处理器、存储器、磁带、打印机、磁盘等）

对计算机系统硬件的威胁主要表现在可用性方面。硬件最容易受到攻击，也最不容易得到自动控制。威胁包括对设备的有意或无意地破坏或偷窃。对于这类威胁只能采用物理或行政管理的安全措施来加以防范。

2. 软件（操作系统、实用软件、应用程序等）

软件所面临的一个主要威胁是对可用性的威胁。软件，尤其是应用软件，非常容易被删除。软件也可能被修改或破坏，从而失效。较好的软件配置管理可以获得很高的可用性。另一个更难处理的问题是对软件进行了修改，虽软件仍能运行，但其行为却发生了变化。计算机病毒和相关威胁就属于这一类威胁。最后一个问题是软件的保密性，尽管采用了许多措施，但对于软件进行非法复制的问题仍然没能解决。

3. 数据

硬件与软件的安全性一般与计算机系统的管理者有关，尤其是数据安全性，包括存储在计算机系统中的各种文件和数据。与数据有关的安全性涉及很广，包括可用性、机密性和完整性。对于可用性，主要是对数据文件有意或无意地窃取和破坏。对于机密性，最受关注的是对数据或数据库的未授权访问。而数据完整性更加重要，因为对数据文件的更改可能造成灾难性的后果。

4. 通信线路和网络

通信线路是用来传送数据的，与数据相关的可用性、机密性、完整性和真实性对网络安全同样重要。网络安全的威胁有被动和主动两种类型。

被动威胁在本质上是对传输过程进行窃取或截获，攻击者的目的是非法获得正在传输的信息，了解其内容和数据性质。其包括两种威胁：消息内容泄露和消息流量分析。被动威胁很难检测出来，因为它不包含对数据流的更改，不干扰网络中信息的流动。防止它是很方便的，对付被动威胁的关键在于预防，而不是检测。

主动威胁不仅截取数据，还冒充用户对系统中的数据进行修改、删除或生成伪造数据，可分为伪装、修改信息流和服务拒绝。主动威胁很难预防，只能通过检测，并从威胁导致的破坏和延迟中恢复出来。近年来，广泛使用防火墙作为防范网络主动威胁的手段。

8.2 ••• 操作系统安全策略

8.2.1　安全策略和机制

在操作系统中一直强调把策略与机制明确分开。策略规定要达到的特定目标，如安全范围内决定什么时候完成什么样的信息保护任务，哪个用户的数据需要保护及禁止哪个用户访问等；机制是用于强制执行策略，完成任务和特定目标的方法、步骤和工具，即一组实现不同种类保护方案的算法和代码的集合。这样做的优点是能够保证系统的灵活性，当系统的策略发生变化时，整个系统变化很小。例如，除了交换信息外，某种特殊通信策略不允许两个进程共享资源，支持此策略的通信机制需要消息传送，实用的方法可能是把一个进程地址空间内的信息复制到另一进程中。系统的安全策略制定了对本组织人员和非本组织人员资源共享的方式，机制是系统提供用于强制执行安全策略的特定步骤和工具。

为了说明这个问题，这里举一个简单的例子。某学院计算机系可能有这样一条策略：本科生实验室中的计算机只能给已注册的计算机科学班的本科生使用。支持此策略的机制需要用户的学生证和计算机系的班级列表。此机制还必须由其他手段和工具，如授权认证、实验室的设备来补充完成。建立精确的策略很难，因为它既需要制定准确的软件需求，又需要制定无任何漏洞的"法令"以控制系统用户的活动。

根据经验，当机制能确保按照它定义的方式工作时，它将在操作系统中被使用。如果机制不能确保按定义的方式工作，则无法依赖它来实现策略。在现代操作系统中，安全的保护机制可能只在操作系统内实现。一般在操作系统和其保护机制设计及实现后，可由计算机设计者或管理员来选定某些策略。操作系统的一部分用于实现机制，而其他部分——系统软件、应用软件决定了策略。保护机制实现身份认证功能，使得策略可以验证作为某个实体的用户或远程计算机是否确实是其宣称的那样。认证机制还被用于检查某实体是否拥有访问某些资源的权限。

安全策略是对系统的安全需求，以及对设计和实现安全控制有一个清晰的、全面的理解和描述。安全机制的主要功能是实现安全策略描述的安全问题，它关注的是如何实现系统的安全性，主要包括：认证机制、授权机制、加密机制、审计机制等。

8.2.2　身份认证机制

身份认证是安全操作系统应具备的最基本的功能，是用户要进入系统访问资源或网络中通信双方在进行数据传送之前实施审查和证实身份的操作。身份认证分为内部和外部身份认证。外部身份认证涉及验证某用户是否像其宣称的那样。例如，某用户用一个用户名登录了某系统，此系统的外部身份认证机制将进行检查，以证实此用户的登录确实是预想中拥有此用户名的用户。最简单的外部验证是赋予每个账户一个口令，账户可能是广为人知的，而口令则对不使用此账号的人员保密。此口令只能被此账号的拥有者或系统管理员改变。内部身份认证机制确保某进程不能表现为除了它自身以外的进程。若没有内部身份验证，则某用户可创建一个看上去属于另一个用户的进程。因此，即使是最高效的外部验证机制也会因为把这个用户的伪造进程看做另一个合法用户的进程而被轻易地绕过。

1．用户身份认证

当用户与系统进行交互时，操作系统是两者进行交互的软件代理。操作系统需要验证这些用户是否确实具有其宣称的特征，这就是用户身份认证。在操作系统中，用户标识符和口令的组合被广泛用来进行用户身份认证。操作系统还可以使用其他附加手段来确认某用户是否为其宣称的用户。例如，用户的指纹或钥匙卡等。

2．网络中的身份认证

网络文件的传输要求计算机能够将信息从一个计算机系统传送到另一个计算机系统的文件空间中。发送方在发送文件之前要能够获得对接收方机器的访问权限，而接收方可以接收任意的数据并保存到自己的文件空间中，因此，为了保证数据传送的安全性，文件传输的端口通常包含一组授权机制以证实发送方的合法性。

现代网络认证机制在检测接收文件是否含有病毒和蠕虫方面尤为重要。病毒和蠕虫不同之处在于它们进入计算机系统后的反应不同。病毒是一个隐藏于其他模块的软件模块，通过伪装成修错或升级补丁替换某个已存在的模块，病毒可根植于一个文件系统，也可以在运行免费游戏或其他软件时被装载，这个隐藏文件将执行它要做的任务。而蠕虫是一个活动的入侵实体，它可能以文件的形式进入计算机系统，但此后它将独立运行。一旦一个蠕虫文件进入文件系统，蠕虫就会查找进程管理器中的漏洞以便执行自己。

案例研究：Kerberos 网络身份认证

Kerberos 网络认证系统是由美国麻省理工学院在 1980 年为研究计划"Athena"开发的认证服务，适用于 C/S 模式的开放式网络。Kerberos 经由值得信赖的中央认证服务器，对其他服务器提供认证用户的服务，同时，其也对用户提供认证其他服务器的服务。Kerberos 可用于 TCP/IP 网络。

在 Kerberos 中，假设一台计算机（客户机）上的进程利用网络通信调用另一台计算机（服务器）上进程的服务。Kerberos 提供了一台身份认证服务器及协议，以允许客户机和服务器传送验证消息到特定会话段中。在协议中，遵守如图 8-1 所示的会话步骤。

（1）客户机向身份认证服务器请求服务器进程的证书。

（2）身份认证服务器把一张以用户密码加密过的令牌和一个会话密钥当做证书返回。令牌和会话密钥（及其组合）只有客户机才能读取。令牌中含有客户机证明和用服务器密钥加密过的会话密钥的副本域，这意味着能够解释该令牌域的进程只能是服务器。

（3）当客户机获得证书后，它将解密令牌和会话密钥，并保留一份会话密钥的副本以便验证来自服务器的信息。客户机发送一份加密域不变的令牌副本给身份认证服务器。

（4）身份认证服务器对票据和鉴别符进行解密，验证请求，生成请求服务许可票据。

（5）身份认证服务器将票据和鉴别符发往服务器。

（6）服务器对令牌的副本进行解密，以便获得一份客户机证明和会话密钥的安全副本。

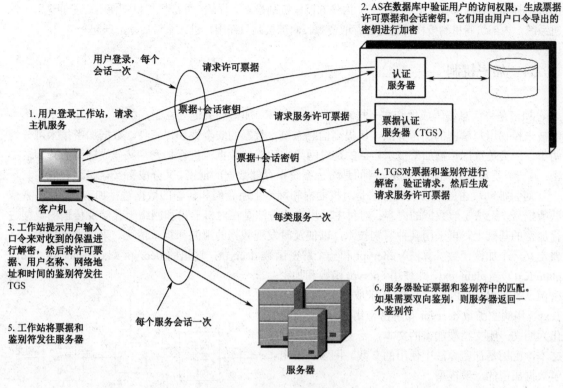

图 8-1　Kerberos 会话的步骤

在此协议中，身份认证服务器必须是可信的，因为它拥有一份客户机证明的安全副本，它知道如何进行只有客户机才能解密的信息加密方法，还可以创建一个独特的会话密钥来代表客户机和服务器间的对话。

8.2.3　授权机制

　　授权机制确认用户或进程在策略许可某种使用时使用计算机的实体（如资源）。授权机制依赖于安全的认证机制。图 8-2 显示了经典的计算机系统授权访问的关键点。当一个用户试图访问计算机时，外部访问机制先验证用户的身份，再检查其是否拥有使用本计算机的权限。一旦某用户被授权使用某机器，此机器的操作系统就代表该用户分配一个执行进程。在登录验证完毕后，用户可自由使用命令行解释器进程来使用任意资源。

　　在图 8-2 中，每个使用目标资源

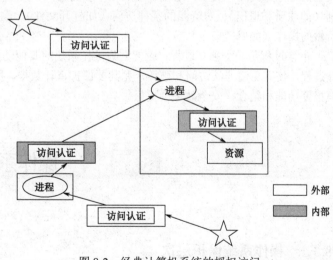

图 8-2　经典计算机系统的授权访问

的进程必须得到内部授权机制的授权。内外部授权机制是不一样的：外部授权机制使用户能够进入计算机系统，内部访问机制授权使进程可存取资源。内部机制只在用户进入系统后才活跃起来。

8.2.4　加密机制

加密是将信息编码成像密文一样难解形式的技术。加密的关键处在于高效地建立从根本上不可能被未授权用户解密的加密算法，以提高信息系统、数据的安全性和保密性。数据加密技术可分为两类：一类是数据传输加密技术，目的是对网络中传输的数据流进行加密，又分成链路加密和端加密；另一类是数据存储加密技术，目的是防止系统中存储数据的泄密，又分成密文存储和存取控制。

对付被动攻击的最有效的方法是对机器内和网络上所存储和传输的数据进行加密，使攻击者截获数据后，无法了解数据的内容；对付主动攻击的方法是在对机器内和网络上存储及传输的数据进行加密的基础上，再采用某种鉴别技术，以便及时发现数据的泄漏和篡改情况。采用加密技术，需要定义一个加密函数（算法）encrypt 和一个解密函数 decrypt，这里的 decrypt（kd, encrypt（ke, plain text））= plain text，即使用 encrypt 函数和加密密钥 Ke 把明文（Plain Text）加密成密文（Cipher Text），用解密函数 decrypt 和解密密钥 Kd 将密文转化为明文。明文指被加密的文本，密文指加密后的文本，密钥是加密算法中使用的参数。图 8-3 给出了数据加密的一般模型。

图 8-3　数据加密模型

8.2.5　审计

审计作为一种事后追踪手段来保证系统的安全性，是对系统安全性实施的一种技术措施，也是应对计算机犯罪者的利器。实际上，审计就是对涉及系统安全性的操作做完整的记录，以备有违反系统安全规则的事件发生后，能有效地追查事件发生的地点、时间、类型、过程、结果和涉及的用户。必须实时记录的事件类型有：识别和确认机制（如注册和退出）、对资源的某种访问（如打开文件）、删除对象（如删除文件）、计算机管理员所做的操作（如修改口令）等。

审计过程是一个独立过程，应把它与操作系统的其他功能隔开。系统应该生成、维护、保护审计过程，使其免遭非法访问和破坏，尤其要保护审计数据，严格禁止未经授权的用户的访问。审计与报警功能相结合，安全效果会更好。

8.3　●●● 操作系统的内部保护机制

8.3.1　操作系统保护层次

多道程序设计技术的开发使得用户之间可以共享资源。共享的资源不仅有处理器，还包括存储器、I/O 设备，如磁盘和打印机、程序、数据。对资源共享的需要引起了资源保护的需要。操作系统可能在下列层次上提供保护。

无保护：当敏感的过程在独立的时间内运行时是合适的。

隔离：这种方法意味着每个进程并不能感觉到其他进程的存在，也没有任何共享资源或通信行为。每个进程都具有自己的地址空间、文件和其他对象。

全部共享或不共享：对象（如一个文件或一个内存区）所有者宣布它是公有的或私有的。若为前者，则任何进程都可以访问该对象。若为后者，则只有所有者进程才能访问。

通过访问控制的共享：操作系统检查特定用户对特定对象的访问许可，因此，操作系统就像位于用户和对象之间的护卫，保证只能发生已授权的访问。

通过权限的共享：扩展了访问控制的概念，允许动态生成对对象的访问权限。

限制对象的使用：这种形式的保护不仅限制了对对象的访问，还限制了存取后对对象的使用方式，如一用户已被允许浏览一个机密文件，但不能打印它。又如，用户为了推导分析被允许访问一个数据库文件，从而得到统计结果，但不能确定具体的数据值。

前面的各项大致是按照实现的困难程度以递增的顺序列出的，也是按照它们提供保护的出色程度以递增的顺序排列的。一个特定的操作系统可能对不同的对象、用户或应用程序提供不同程度的保护。操作系统需要在资源共享和资源保护之间做出平衡，这将增强需要保护个人用户资源的计算机系统的用途。下面介绍操作系统对一些对象实现保护的机制。

8.3.2　内存储器的保护

在多道程序设计环境中，保护内存储器是最重要的，这里所关注的不仅仅是安全性，还包括处于活跃状态的各个进程的正确运行。如果一个进程能够不经常地写到另一个进程的存储空间中，则后一个进程可能会不正确地执行。

各个进程的存储空间分离可以很容易地通过虚存方法来实现，分段、分页，或两者的结合，提供了管理主存的一种有效的方法。如果完全隔离，则操作系统必须保证每个段或页只能由所属的进程来控制和存取，这可以简单地通过在页表或段表中没有相同的表项来实现。

如果允许共享，则相同的段或页可能在不止一个表中。这种类型的共享在一个支持分段或支持分段和分页相结合的系统中最容易实现。在这种情况下，段的结构对应用程序是可见的，并且应用程序可以说明某段是共享的或非共享的。在纯粹分页环境中，由于存储器结构对用户透明，因此区分两种类型的存储器会十分困难。

8.3.3　面向用户的访问控制

在数据处理系统中，访问控制采取的方法有两类：与用户有关的和与数据有关的。

在共享系统或服务器上，用户访问控制的最普遍技术是用户登录，这需要一个用户标识符（ID）和一个口令。如果用户的标识符是系统知道的，且用户知道与此标识符相关的口令，则系统允许该用户登录。这种用户标识符/口令系统是用户访问控制的一种很差的、不可靠的用户控制方法。用户可能会忘记其口令，也可能有意或无意地泄露其口令。黑客在猜测特殊用户的标识符方面变得越来越熟练。所以，ID/口令文件容易遭到攻击。

用户存取控制在通信网络中更重要，因为登录会话必须通过通信媒体进行，所以窃听是一种潜在的威胁，必须采取有效的网络安全措施。

在分布式环境中，用户的访问控制可以是集中式的，也可以是分散式的。使用集中式方法时，网络提供登录服务，用来确定允许哪些用户使用网络以及用户可以与哪些人连接。分散式用户访问控制将网络当做一个透明的通信链路，正常的登录过程由目的主机来执行。当然，在网络中传送口令的安全性也是必须解决的。

在许多网络中，可能要使用两级访问控制。首先，要为个人主机提供一个登录工具，以保护特定主机的资源和应用程序。其次，网络总体上可以提供保护，限制授权用户的网络访问。这种两级工具是目前的普通情况所需要的，即网络连接了完全不同的主机，并仅仅提供了一个终端主机可访问的便利方式。在更统一的主机组成的网络中，某些中心式访问策略可以由一个网络控制中心实施。

8.3.4 面向数据的访问控制

在成功登录后，用户有权访问一台或一组计算机及其相关信息。对于数据库中存有机密数据的系统来说，这一般是不够的。通过用户访问控制过程后，系统要对用户进行验证。系统中有一个权限表，它与每个用户相关，指明用户被许可的合法操作和文件访问。操作系统能够基于用户权限表进行访问控制。然而，数据库管理系统必须控制对特定的记录甚至记录的某些部分的存取，例如，允许管理员查询公司职员名单，但是只有特定的人才能访问职员的工资信息，这个问题需要更多细节。尽管操作系统可能授权给一个用户存取文件或使用一些数据，在此之后不再有进一步的安全性检查。但数据库管理系统必须针对每个独立访问企图做出决定，该决定将不仅取决于用户身份，还取决于被访问的特定部分的数据，甚至取决于已公开给用户的信息。

文件或数据库管理系统采用的访问控制的一个通用模型是访问矩阵，该模型的基本要素如下。

（1）主体（Subject）：能够访问对象的实体。一般的，主体概念等同于进程。任何用户或应用程序获取一个对象的访问实际上是通过一个代表该用户或应用程序的进程进行的。

（2）客体（Object）：被访问的客体（也称为对象），如文件、文件的某部分、程序、设备及存储器段等。

（3）访问权（Access Authority）：主体对客体的访问方式，如读、写、执行、删除等。

8.4 ••• 访问控制机制

在操作系统中，进程必须受到保护，防止其他进程的活动对它造成损害。为此，可使用各种机制保护文件、内存区、CPU 和其他资源，使它们只被授权的进程操作。保护是一种机制，它控制程序、进程或用户对计算机系统资源的访问。这种机制必须提供各种控制的方法及某些执行手段。

8.4.1 保护域

计算机系统是进程和对象的集合体。"对象"既可以是硬件对象（如 CPU、内存、打印机、磁盘和磁带驱动器等），又可以是软件对象（如文件、程序和信号量等）。每个对象有唯一的名称，可与系统中其他对象区分；每个对象只能通过预先定义的有意义的操作进行访问。从本质上讲，对象是抽象的数据类型。

能够执行的操作取决于对象。例如，CPU 仅可以执行，内存区可以读写，而 CD-ROM 或 DVD-ROM 只可以读，数据文件可以创建、打开、关闭、读、写和删除。程序文件可以读、写、执行和删除。

进程只能访问被授权使用的资源，进一步说，任何时候，进程应该只访问完成当前任务所需要的那些资源。这种需求通常称为"需要则知道"原则。这种方法可以有效地限制因系统中一个进程发生故障而造成的破坏程度。例如，若进程 P 要引用过程 A，则只允许过程 A 访问自己的变量和传给它的形式参数，它不能访问进程 P 的全部变量。同样，当进程 P 调用编译程序编译某个具体文件时，编译程序不能随意访问文件，它只能访问与被编译文件相关的一组文件（如源文件、前导文件等）。反之，编译程序也会有自己的私有文件，用于统计或者优化，这些文件是进程 P 不能访问的。

为了描述进程对对象的保护机制，在计算机系统中引入了域的概念。假定一个进程只在一个保护域内操作，该保护域指定了进程可以访问的资源。每个域定义一个集合，集合的元素是对象和运用于集合中每个对象上的操作的类型。在一个对象上执行一个操作的权限是一种访问权限，域是一个访问权限的集合，每一个访问权限是一个有序对，即<对象名，权限集合>。例如，如果域 D 定义为<文件 F，{读，写}>，那么域 D 中执行的进程能读写文件 F，但进程不能对文件 F 执行其他操作。

不同的域可以相交，相交部分表示它们有共同的权限。例如，在图 8-4 中给出了三个域，它们分别是 $D1$、$D2$ 和 $D3$。其中 $D2$ 和 $D3$ 相交，表明访问权限<O_4, {print}>被 $D2$ 和 $D3$ 共享，这意味着运行在 $D2$ 和 $D3$ 上的任意一个进程都可以打印对象 O_4。注意：进程只有在 $D1$ 中执行时才能读写对象 O_1，只有域 $D3$ 中的进程才能执行对象 O_1。

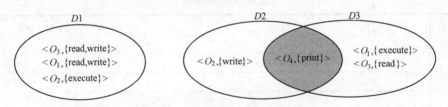

图 8-4　有三个保护域的系统

进程和域之间的联系可以是静态联系或动态联系。如果进程的可用资源集在进程的整个生命期中是固定的，那么这种联系是静态联系，反之为动态联系。

如果进程和域之间的关联固定不变，并且不想违背"需要则知道"原则，那么必须保证存在一个能够改变域的内容的机制。一个进程可能会有两个不同的执行阶段。例如，它可能在一个阶段需要读访问，在另一个阶段需要写访问。如果域是静态的，那么必须在域的定义中同时包含读和写访问，但是，在进程执行的两个阶段中，这种安排都提供了过多的权限，因为在只需要写权限的阶段中还拥有读权限。因此，这里违反了"需要则知道"原则，所以必须允许修改域的内容，以便域能够随时反映必需的最少访问权限。

如果关联是动态的，则必须提供一个允许进程在域之间切换的机制，并应当允许改变域的内容。如果不能改变域的内容，则可通过其他途径达到相同的效果，例如，可以根据修改后的内容创建一个新域，然后在想更改域的内容时，切换到这个新域。

一个域可以通过以下几种不同的方式来实现。

（1）每个用户可以是一个域。此时，被访问的一组对象依赖于用户标识符（UID）。当更换用户时，通常是一个用户退出，另一个用户登录，即执行域切换。

（2）每个进程可以是一个域。此时，被访问的一组对象依赖于进程标识符（PID）。当一个进程向另外一个进程发送消息，并等待回答时，发生域切换。

（3）每个过程可以是一个域。此时，被访问的一组对象对应该过程内部定义的局部变量。当执行过程调用时，发生域切换。

一个进程可以在核心态（管理模式）和用户态（用户模式）下执行。当进程在核心态下执行时，它可以执行特权指令，从而获得对计算机系统的全面控制。当进程在用户态下执行时，只能使用非特权指令，在预先定义的内存空间内执行。利用这两种模式可以保护操作系统（在管理域中执行）不受用户进程（在用户域执行）的侵害。在多道程序设计操作系统中，只有两个保护域是不够的，因为用户也要保护自己免受他人侵害，因此，在这种情况下需要更精彩的策略。

8.4.2 访问矩阵

保护域机制是实现系统资源保护的一种模型，这种模型可以抽象为一个矩阵，称之为访问矩阵，矩阵的行代表域，矩阵的列代表对象。矩阵的每个条目是一个访问集合。由于列明确定义了对象，因此可以在访问权限中删除对象名称。条目$<i,j>$定义了在域 D_i 中执行的进程在访问对象 O_i 时被允许执行的操作集合。例如，在表 8-2 所示的访问矩阵中，当进程在域 $D1$ 中执行时，它可以读文件 $F1$ 和 $F3$，进程在域 $D4$ 中执行时，它拥有和在域 $D1$ 中执行时一样的特权，但它还可以访问写文件 $F1$ 和 $F3$。只有在域 $D2$ 中执行的进程才可以访问激光打印机。

表 8-2 访问矩阵

域 \ 对象	F1	F2	F3	打印机
D1	读		读	
D2				打印
D3		读	执行	
D4	读、写		读、写	

如果将域本身也看做一个保护对象，可以把域的切换操作添加到访问控制矩阵中，这样即可控制域切换。当需要将一个进程切换到另一个域时，其实是在一个对象（域）上执行一个操作（切换）。进程必须能够在域之间进行切换，当且仅当访问权限 switch∈access(i,j)时，才允许从域 D_i 切换到域 D_j。因此，在表 8-3 中，一个在域 $D2$ 中执行的进程可以切换到域 $D3$ 或域 $D4$。一个域 $D4$ 中的进程可以切换到域 $D1$，而 $D1$ 中的进程可以切换到域 $D2$。

表 8-3 将域作为对象的表 8-2 的访问矩阵

域 \ 对象	F1	F2	F3	打印机	D1	D2	D3	D4
D1	读		读			切换		
D2				打印			切换	切换
D3		读	执行					
D4	读、写		读、写	切换				

8.4.3　访问矩阵的实现

从表 8-3 可以看出,访问控制矩阵可能很大,且空白的条目很多,存储这样大的一个稀疏矩阵会造成磁盘空间的极大浪费。因而,在实际的实施中,会把访问矩阵加以分解以实现保护域,通常有两种划分方法,即按行或按列来存储访问矩阵,而且只存储非空元素。

1. 访问控制表

把访问矩阵按列向量分解并存储称为**访问控制表**,即 ACL,每个向量存储为受保护对象(客体)的列表,在任何主体想访问对象的时刻,对象检查器只需简单地查询列表。访问控制表列出了用户和其允许对所有可存取对象的存取权。访问控制表可使用默认值,表示没有显式具有某权限的用户享有默认的权限。例如,主体 1 为进程 A,主体 2 为进程 B,主体 3 为进程 C;客体 1 为文件 X,客体 2 为程序 Y,客体 3 为内存段 Z,图 8-5(a)所示为访问控制表的部分内容。

访问控制表已经使用了很多年,在这种方式下,资源管理者为每种资源配置了一个 ACL。在大多数应用中,主体只有在它被打开或被分配资源(而不是每次访问)时才会受到访问权限的检查。如果该主体及它的访问权限不在 ACL 中,那么打开或分配资源失败。

2. 权限表

把访问矩阵按行分解并存储称为**权限表**(Capability List,CL),它按主体来设立,记录了授权给该主体对客体、操作的访问和执行权限。一旦某主体执行一个访问,保护系统检查列表就查看此主体是否拥有权限访问指定的客体。图 8-5(b)所示为权限表的一个例子,权限为用户指定其授权可访问的客体及相应存取方式。每个用户都有许多权限,并可把权限转移给别人。由于权限分散在系统中,因此它会引起比存取控制表更严重的安全性问题。

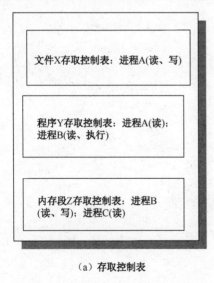

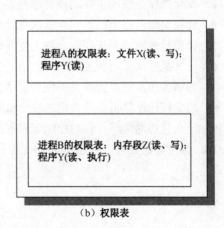

（a）存取控制表　　　　　　　　　　　　（b）权限表

图 8-5　访问控制表和权限表

权限包括两部分,即对象名和访问权。从权限的角度来看,系统内的所有成分都是对象,拥有权限代表了主体对描述对象的授权,这是基于权限的系统的关键点,也就是说,当一个主体获得某种权限时，验证就会发生。一旦某权限被发布，就没有必要使运行检查器和访问矩阵检查每次访问了。

8.5 ••• 总结与提高

　　随着计算机应用的深入，信息安全变得越来越重要。信息安全涉及很多方面，包括物理设备、软件等的安全。由于操作系统的特殊地位，因此，操作系统的安全是系统安全的基础。

　　对计算机系统和网络通信的安全要求是机密性、完整性、可用性和真实性。计算机系统或网络通信受到的安全威胁可分为切断、截取、篡改和伪造。

　　安全策略是对系统的安全需求，以及对设计和实现安全控制有一个清晰的、全面的理解和描述。安全机制的主要功能是实现安全策略描述的安全问题，它关注的是如何实现系统的安全性，主要包括认证机制、授权机制、加密机制、审计机制等。

　　操作系统可以在不同层次实现对计算机资源的管理。对计算机系统进行保护的重要技术是访问控制技术。访问控制的一个通用模型是访问控制矩阵，该模型的基本要素是三元组（主体、客体、访问权），访问矩阵是一种具体实现方法。由系统中所有主体和客体组成的访问矩阵会相当大，为了节省时空开销，会对访问控制矩阵按列或按行进行分解，这就形成了访问控制表和权限表。它们在实际的操作系统中使用广泛。

习　题　8

1．说明计算机系统的可靠性和安全性的区别和联系。
2．叙述计算机系统安全的主要内容。
3．安全操作系统的主要功能有哪些？
4．计算机和网络系统的安全要求是什么？
5．计算机或网络系统在安全性上受到的威胁有哪些？
6．什么是被动威胁和主动威胁？它们发生在什么场合？
7．列举操作系统可能提供的保护层次及其主要内容。
8．简单叙述计算机系统常用的安全机制。
9．什么是访问矩阵、存取控制表和权限表？
10．参考其他资料，叙述 Windows 操作系统提供的安全机制。

参 考 文 献

[1] （美）William Stallings．操作系统精髓与设计原理[M]．孙向群，陈渝，等译．北京：机械工业出版社，2010.

[2] Andrew S. Tanenbaum. Modern Operating System[M]．北京：机械工业出版社，2009.

[3] Abraham Silberschatz, Peter Baer Galvin, Greg Gagne. Operating System Concepts[M]．北京：高等教育出版社，2010.

[4] 孙钟秀．操作系统教程[M]．北京：高等教育出版社，2008.

[5] Gary Nutt.Operating System：A Modern Perspective (Second Edition Lab Update)[M]．北京：人民邮电出版社，2002.

[6] Lubomir F. Bic, Alan C. Shaw. Operating Systems Principles[M].北京：清华大学出版社，2004.

[7] Rober Love.Linux Kernel Development[M]．北京：机械工业出版社，2004.

[8] Gary Nutt.Kernel Projects for Linux[M]．北京：机械工业出版社，2002.

[9] 蒋静，徐志伟．操作系统原理·技术与编程[M]．北京：机械工业出版社，2004.

[10] 陈向群，向勇，王雷，等．Windows 操作系统原理[M]．第 2 版．北京：机械工业出版社，2004.

[11] 孟庆昌．操作系统[M]．北京：电子工业出版社，2005.

[12] 曾平，曾林．操作系统习题与解析[M]．第 2 版．北京：清华大学出版社，2004.

[13] 蒲晓蓉，张伟丽．操作系统原理与实例分析[M]．北京：机械工业出版社，2004.

[14] 王新光，王晓光．操作系统学练考[M]．北京：清华大学出版社，2004.

反侵权盗版声明

电子工业出版社依法对本作品享有专有出版权。任何未经权利人书面许可，复制、销售或通过信息网络传播本作品的行为；歪曲、篡改、剽窃本作品的行为，均违反《中华人民共和国著作权法》，其行为人应承担相应的民事责任和行政责任，构成犯罪的，将被依法追究刑事责任。

为了维护市场秩序，保护权利人的合法权益，我社将依法查处和打击侵权盗版的单位和个人。欢迎社会各界人士积极举报侵权盗版行为，本社将奖励举报有功人员，并保证举报人的信息不被泄露。

举报电话：（010）88254396；（010）88258888

传　　真：（010）88254397

E-mail：　dbqq@phei.com.cn

通信地址：北京市万寿路 173 信箱

　　　　　电子工业出版社总编办公室

邮　　编：100036

操作系统
原理与实践

- 内容新颖
- 组织合理
- 强调实践
- 注重实战

■ 内容简介

操作系统是计算机系统的核心和灵魂,是其他软件运行的支撑环境,其性能的优劣直接影响整个计算机系统的性能。本书采用理论与实践相结合的方式,系统地介绍了现代操作系统的经典理论和最新应用技术,选择具有代表性的主流操作系统Linux和Windows作为案例贯穿全书。

全书共分8章,基本覆盖了操作系统的基本概念、设计原理和实现技术,尽可能系统全面地介绍现代操作系统的基本原理和实现技术。其中,第1章介绍操作系统的概念、发展历史、操作系统结构和设计的相关问题;第2章讨论操作系统的工作环境和用户界面;第3章和第4章详细阐述处理器管理、进程同步、通信机制及死锁;第5章~第7章分别介绍操作系统的存储管理、文件管理和设备管理功能;第8章分析操作系统的安全和保护问题。

本书可作为高等学校计算机科学与技术、软件工程及其相关专业本科、专科学生的教材,也可作为考研、考证参考书,还可以作为从事计算机工作的科技人员学习和开发的参考书。

ISBN 978-7-121-27846-4

9 787121 278464 >

定价:42.00元

策划编辑:袁　玺

责任编辑:郝黎明
责任美编:徐海燕